Springer-Lehrbuch

Jörg Becker · Michael Rosemann

Logistik und CIM

Die effiziente Material- und Informationsflußgestaltung im Industrieunternehmen

Mit 90 Abbildungen

Springer-Verlag

Berlin Heidelberg New York
London Paris Tokyo
Hong Kong Barcelona
Budapest

Prof. Dr. Jörg Becker
Dipl.-Kfm. Michael Rosemann

Westfälische Wilhelms-Universität Münster
Institut für Wirtschaftsinformatik
Grevener Str. 91
D-48159 Münster

ISBN 3-540-57146-9 Springer-Verlag Berlin Heidelberg New York Tokyo

The greatest improvements in current logistical operations would be derived from progress in information techniques.

[Oskar Morgenstern, 1955]

An Stelle eines Vorwortes

Vorworte haben immer etwas sehr Persönliches: man dankt, man lobt, man gedenkt der Entbehrungen. Deswegen(?) erfreuen sich Vorworte der Tatsache, häufig gelesen zu werden (zuweilen im Gegensatz zu den nachfolgenden Seiten). Wir wollen die exponierte Stelle eines Vorwortes nutzen, die Motivation unserer Beschäftigung mit dem Gebiet der Logistik und des Computer Integrated Manufacturing deutlich zu machen.

Sind CIM und Logistik "ein Widerspruch", "zwei Wege zum gleichen Ziel", "siamesische Zwillinge"? "CIM con" oder "CIM contra Logistik"? (vgl. Kapitel 1.3).

Es gibt eine Reihe von Aufsätzen (und bisher wenige Monographien), die sich der gemeinsamen Betrachtung von Logistik und CIM annehmen. Die Autoren haben z. T. grundverschiedene Auffassungen über Gemeinsamkeiten und Unterschiede der beiden Konzepte.

So wurden z. B. Überschneidungen im Anwendungsbereich und im Betrachtungungsobjekt, aber Unterschiede in der Art der Betrachtungsweise definiert. Je nach Autor sind Überschneidungsbereiche größer oder kleiner, Abgrenzungen schärfer oder schwammiger.

Wir folgen einer anderen (radikaleren) Richtung und nehmen eine strikte Trennung zwischen Logistik und CIM vor: Logistik umfaßt danach die Aufgaben, die den Materialfluß betreffen, CIM ist das Konzept der Gestaltung des Informationsflusses. Diese begriffliche Trennung hat uns einiges an Kritik eingebracht, von Vertretern sowohl der Logistik als auch des CIM. Und wir sind uns natürlich bewußt, daß die beiden Konzepte ohne das jeweils andere unvollständig bleiben. Ein (vernünftiger) Materialfluß kann ohne einen steuernden Informationsfluß nicht erreicht werden, ein Fließen von Informationen ohne ein Objekt in der Realwelt, auf das eingewirkt werden soll, bleibt Spielerei.

Welchen Sinn hat es aber trotzdem, zunächst eine begriffliche Trennung zwischen verwandten Konzepten herbeizuführen, um sie dann gemeinsam zu betrachten?

Dies hat etwas zu tun mit Beherrschbarkeit von Modellwelten und damit auch mit Beherrschbarkeit von Realwelten.

Es ist ein bewährtes Vorgehen, die Gesamtkomplexität einer Funktion dadurch zu verringern, daß man sie in Teilfunktionen zerlegt, um sie dann am Ende (teilweise) wieder zusammenzufügen.

In der Organisationstheorie ist die auf Kosiol zurückgehende Aufgabenanalyse (durch Verrichtungs-, Sachmittel-, Rang-, Phasen- und Zweckbeziehungsanalysen) und darauf folgende Aufgabensynthese der Teilaufgaben (Elementaraufgaben) *das* Vorgehen zur Bildung einer Aufbauorganisation.

In der Produktionsplanung zerlegt man, da Modelle der Simultanplanung wegen ihrer Komplexität zum Scheitern verurteilt sind, die Gesamtaufgabe in sukzessiv zu durchlaufende Subaufgaben der Material- und der Kapazitätswirtschaft.

Bei der Gestaltung von Softwaresystemen findet eine (zunächst unabhängige) Betrachtung von Daten und Funktionen statt. Daneben gibt es in der Softwareentwicklung andere Paradigmen, die eine abweichende Zerlegung der Gesamtaufgabe vornehmen.

Experimente in der Naturwissenschaft haben geradezu das Ziel der Zerlegung in Einzelkomponenten; es soll der Einfluß einer einzigen Variablen ermittelt werden, ohne daß die vielen anderen Variablen (die in der Realwelt natürlich immer gemeinsam auftreten) diesen verfälschen. Auch hier interessiert aber letztendlich das Zusammenwirken aller Einflußfaktoren.

In einer Gedichtinterpretation ist es möglich, daß man sich zunächst unabhängig voneinander dem formalen Aufbau und der inhaltlichen Analyse widmet, um die beiden Betrachtungsweisen anschließend zusammenzuführen. Auch hier kann es sein, daß die losgelöste Durchdringung der formalen Gestalt für die Interpretation des Gesamten Zusammenhänge erschließt, die bei ausschließlich gemeinsamer Betrachtung verborgen geblieben wären.

Es zeigt sich ein zweiter, durchaus wichtiger Aspekt der Zerlegung in getrennte Betrachtungsweisen: Eine Zerlegung macht Freiheitsgrade deutlich, die bei gemeinsamer Betrachtung des Gesamtkomplexes möglicherweise nicht hätten erkannt werden können.

Auf diese Weise können in den Teilmodellen Optimallösungen entwickelt werden, die positive Auswirkungen auf die Erreichung des Gesamtziels haben, d. h. es kann Rationalisierungspotential dadurch erreicht werden, daß man die Sichtweise nur auf Ausschnitte des Ganzen fokussiert.

So weit zur begrifflichen Einordnung der Betrachtungsobjekte Logistik und CIM.

Die gegenseitige Beeinflussung von Logistik und CIM wird in zwei Haupt-kapiteln bearbeitet. Wir stellen jeweils eins der Konzepte in den Vordergrund und definieren Anforderungen an bzw. Auswirkungen auf das jeweils andere. Kapitel 2 nimmt sich der logistischen Subsysteme, nämlich der Beschaf-fungs-, Produktions-, Distributions- und Entsorgungslogistik, an und unter-sucht, welche Anforderungen an die Gestaltung der Informationsversorgung resultieren. Realisierungen dieser Anforderungen werden, soweit vorhanden, aufgezeigt. CIM aus Sicht der Logistik (Kapitel 3) analysiert klassische CIM-Bereiche, nämlich PPS, CAD, CAP, CAM sowie die Stammdatenversorgung, unter dem Blickwinkel der Logistikgerechtheit. Es wird die Frage untersucht, welche CIM-Entwicklungen entscheidenden Einfluß auf Logistikentschei-dungen haben bzw. diese erst ermöglichen. In Kapitel 4 werden die material- und informationsbezogenen Implikationen und Anforderungen zweier inten-siv diskutierter organisations- und technikzentrierter Konzepte, der Ferti-gungsinsel und des Flexiblen Fertigungssystems, miteinander verknüpft.

Das Buch ist aus Sicht von Wirtschaftsinformatikern geschrieben. Betrach-tungen zu Logistik und CIM dienen einem ökonomischen Ziel, der effektiven und effizienten Aufgabenerfüllung (die richtigen Dinge richtig tun) aller mit Materialbewegungen zusammenhängenden Aufgaben. Die Gestaltung der In-formationsverarbeitung muß diesem ökonomischen Ziel dienen.

Wir glauben, daß die begriffliche Differenzierung von Logistik und CIM - die dadurch entstehende beherrschbare Komplexität und das Ausnutzen von Freiheitsgraden in jedem der Konzepte - und das "Wieder-Zusammenfügen" durch Aufzeigen der Interdependenzen eine Strecke auf dem Weg zum Ziel überwinden helfen.

Zum Schluß doch noch ein Vorwort: wir danken allen, die zum Entstehen dieses Buches beigetragen haben!

Münster, im Juni 1993   Jörg Becker

Michael Rosemann

Inhaltsverzeichnis

Abbildungsverzeichnis

Tabellenverzeichnis

Abkürzungsverzeichnis

AQL	Acceptable Quality Level
BDE	Betriebsdatenerfassung
BoA	Belastungsorientierte Auftragssteuerung
Btx	Bildschirmtext
CAD	Computer Aided Design
CAE	Computer Aided Engineering
CAL	Computer Aided Logistics
CAM	Computer Aided Manufacturing
CAP	Computer Aided Planning
CAQ	Computer Aided Quality Assurance
CIL	Computer Integrated Logistics
CIM	Computer Integrated Manufacturing
CNC	Computerised Numerical Control
DBP	Deutsche Bundespost
DIN	Deutsches Institut für Normung e. V.
DNC	Direct bzw. Distributed Numerical Control
DRIVE	Dedicated Road Infrastructure for Vehicle safety in Europe
DV	Datenverarbeitung
EAN	Europäische Artikel-Nummer
EDI	Electronic Data Interchange
EDIFACT	Electronic Data Interchange for Administration, Commerce and Transport
ERMES	European Radio Message System
ETSI	European Technical Standardisation Institute
FMEA	Failure Modes and Effects Analysis

FFS	Flexibles Fertigungssystem
FFZ	Flexible Fertigungszelle
GPS	Globales Positionierungssystem
GSM	Groupe Spéciale Mobile bzw. Global System for Mobile Communication
IGES	Initial Graphics Exchange Specification
Incoterms	International Commerce Terms
ISDN	Integrated Services Digital Network
ISO	International Organization for Standardisation
JIT	Just-in-time
MAP	Manufacturing Automation Protocol
MMS	Manufacturing Message Specification
MRP	Material Requirement Planning
MRP II	Manufacturing Resource Planning
NC	Numerical Control
OCR	Optical Character Recognition
ppm	parts per million
PCN	Personal Communications Network
PPS	Produktionsplanung und -steuerung
Prometheus	Programme for a European Traffic with Highest Efficiency and Unprecendeted Safety
RC	Robot control
ROC	Rank Order Clustering
SE	Simultaneous Engineering
SET	Standard d´Echange et de Transfert
SPC	Statistical Process Control
SPS	Speicherprogrammierbare Steuerung
SQL	Structured Query Language
STEP	Standard for the Exchange of Product Model Data
TIA	Teilintelligenter Agent
TQM	Total Quality Management
TUL	Transportieren, Umschlagen, Lagern
UDM	Unternehmensdatenmodell
VDAFS	Verband der Deutschen Automobilindustrie Flächenschnittstelle

Verzeichnis der Abkürzungen zitierter Zeitschriften und Buchreihen

BFuP	Betriebswirtschaftliche Forschung und Praxis
FB/IE	Fortschrittliche Betriebsführung/Industrial Engineering
HMD	Handbuch der modernen Datenverarbeitung
it	Informationstechnik
krp	Kostenrechnungspraxis
PIK	Praxis der Informationsverarbeitung und Kommunikation
SzU	Schriften zur Unternehmensführung
VDI-Z	Verein Deutscher Ingenieure-Zeitschrift
WiSt	Wirtschaftswissenschaftliches Studium
WISU	Das Wirtschaftsstudium
ZfB	Zeitschrift für Betriebswirtschaft
zfbf	Zeitschrift für betriebswirtschaftliche Forschung
zfo	Zeitschrift für Führung und Organisation
ZwF	Zeitschrift für wirtschaftliche Fertigung und Automatisierung

1 Logistik und CIM als material- und informationsflußtechnische Integrationsansätze

1.1 Logistik

1.1.1 Der Logistik-Begriff

Der Logistik-Begriff besitzt eine ausgesprochen lange Entwicklungsgeschichte. Anders als bei der Flut der CA-Akronyme handelt es sich bei Logistik nicht um eine Wortschöpfung. Seine etymologischen Wurzeln liegen im griechischen *logos* (Vernunft, Verstand, Rechnung) und im französischen *logis* (Unterkunft, Quartier).[1] Über Jahrhunderte hinweg wurde der Logistik-Begriff vor allem im militärischen Bereich verwendet, ehe er 1955 erstmalig für ökonomische Fragestellungen Verwendung fand.[2] Die Betriebswirtschaftslehre in Deutschland beschäftigt sich erst seit etwa 1970 mit dem Problembereich der Logistik.[3]

Grundsätzlich sind logistische Prozesse notwendig, wenn zwischen der Bereitstellung und der Entnahme von Gütern eine räumliche und/oder zeitliche Diskrepanz liegt.[4] Gegenwärtig liegt jedoch umfassenden Definitionen der Logistik kein einheitliches Begriffsverständnis zugrunde. Allerdings lassen sich mit den betrieblichen Basisfunktionen, den logistischen (Kern-) Aufgaben, den Objekten der Logistik sowie der Bedeutung und dem Planungshorizont logistischer Planungen vier wesentliche Sichtweisen

---

[1] Vgl. Ihde (1991), S. 28-30; Jünemann (1989), S. 4-9; Bjelicic (1987), S. 154-156.

[2] Vgl. Morgenstern (1955).

[3] Vgl. Pfohl (1970); Ihde (1972); Pfohl (1972); Kirsch u. a. (1973).

[4] Vgl. Ihde (1978), S. 1.

herausheben, die - selbstverständlich nicht überschneidungsfrei - die Logistik umfassend charakterisieren (vgl. Abbildung 1.1).

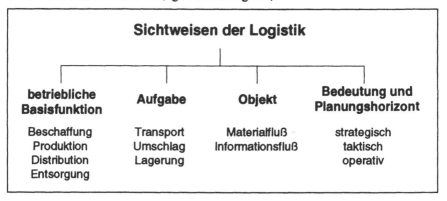

Abb. 1.1: Sichtweisen der Logistik

a) Betriebliche Basisfunktionen

Gemäß der üblichen Unterteilung der betrieblichen Basisfunktionen wird das logistische Gesamtsystem funktionell in Beschaffungs-, Produktions- und Distributionslogistik gegliedert. Mittlerweile gleichrangig hierzu steht die Entsorgungslogistik. Diese vier Subsysteme der Logistik lassen sich phasen- orientiert voneinander abgrenzen und unterscheiden sich entsprechend in ihren Aufgaben, aber auch in den Objekten, die sie zum Gegenstand haben.

Aufgabe der *Beschaffungslogistik* (physical supply) ist die bedarfsgerechte, wirtschaftliche Versorgung des Unternehmens mit betriebsfremden Roh-, Hilfs- und Betriebsstoffen, Handelswaren, nicht selbst gefertigten Einzelteilen sowie mit Kaufteilen, also Teilen, die nicht weiterveräußert werden. Insbe- sondere durch die Auswahl der Lieferanten werden Rahmenbedingungen für nachfolgende beschaffungslogistische Vorgänge determiniert. Welcher Be- reich des Materialflusses von der Beschaffungslogistik abzuwickeln ist, wird durch die Lieferkonditionen abgesteckt, die festlegen, ab wann das Unterneh- men die physische Verfügbarkeit über die zu beschaffenden Güter besitzt. Der Beschaffungslogistik obliegt auch die Betreuung der Beschaffungslager. Ihre Zuständigkeit endet, wenn die Güter diese Eingangslager verlassen.

Die *Produktionslogistik* (innerbetriebliche Logistik, Intrasystemlogistik) setzt mit Eintritt der Güter in den Fertigungsprozeß ein und schließt sich somit nahtlos an die Beschaffungslogistik an. Über alle Produktionsstufen hinweg sind Materialien, Bauteile und Baugruppen bis zum Erreichen des Endlagers zu transportieren, umzuschlagen und zwischenzulagern. Im Ge- gensatz zum Beschaffungs- und Absatzbereich sind die Objekte innerhalb der Fertigung durch die Be- und Verarbeitung einem ständigen Wandel unterzogen und stellen folglich entlang des Materialflusses unterschiedliche Ansprüche an die Logistik.

Eng verwoben ist die Logistik in der Produktion mit der Fertigungsorganisation und -technik. Die Organisation (Werkstatt-, Gruppen-, Fließfertigung) stellt die grundsätzlichen Anforderungen an die Ausgestaltung der Logistik und wird gleichsam auch gerade wegen ihrer logistischen Konsequenzen gewählt. In der Fertigungstechnik sind Entwicklungen hin zu Konzepten der flexiblen Automatisierung für ein Verfließen der Grenzen zwischen fertigungstechnischen und logistischen Systemen verantwortlich.[5] So läßt sich beispielsweise innerhalb eines Flexiblen Fertigungssystems nicht mehr eindeutig zwischen fertigungs- und materialflußtechnischem Ablauf trennen.

Bei der *Distributionslogistik* (physical distribution, Vertriebslogistik, Absatzlogistik) liegt die Verantwortung für den Materialfluß zwischen dem Unternehmen und der Nachfragerseite, die sich aus Händlern, weiterverarbeitender Industrie und Endverbrauchern zusammensetzen kann. Dabei fallen die Aufgaben der Absatzwegewahl und der Gestaltung des Distributionsnetzes (Festlegung der Anzahl, Funktion und Standorte der Lager), der Tourenplanung, der Lagerhaltung im Distributionskanal und der Warendistribution an.[6] Analog zum Einkauf, der mit dem Abschluß von Einkaufsverträgen beschaffungslogistische Vorgänge begründet, ist auf der Absatzseite der Verkauf mit abgeschlossenen Lieferverträgen Auslöser für distributionslogistische Prozesse.

Das jüngste Subsystem in einer funktional definierten Logistik stellt die *Entsorgungslogistik* dar. Knapper werdende Rohstoffreserven, eine durch abnehmende Deponiekapazitäten und verschärfte Umweltschutzregelungen bedingte Verteuerung der Entsorgung sowie die gestiegene Umweltsensibilität der Bevölkerung haben zu einer Aufwertung der Entsorgungsaufgabe geführt. Gegenstand der Entsorgungslogistik ist sowohl das Recycling, d. h. das interne bzw. externe Aufbereiten und Verwerten von Reststoffen mit dem Ziel des Wiedereinsatzes oder des Absatzes des so gewonnenen Wertstoffes als auch die Beseitigung nicht verwertbarer Rückstände (Abfall i. e. S.). Die Entsorgungslogistik entlastet damit die drei klassischen logistischen Subsysteme um derartige Aufgaben.

Die folgende Abbildung 1.2 faßt die funktionale Abgrenzung der Logistik zusammen und bringt zum Ausdruck, daß die Entsorgungslogistik als Querschnittsfunktion Verbindungen zu jeder der drei anderen Basisfunktionen aufweist.

---

[5] Vgl. Maier-Rothe (1986), S. 9.

[6] Vgl. Jünemann (1989), S. 55.

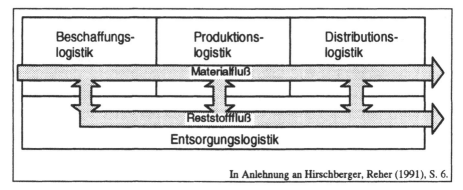

In Anlehnung an Hirschberger, Reber (1991), S. 6.

Abb. 1.2: Funktionale Abgrenzung der Logistik

b) Aufgaben der Logistik

Als logistische Aufgaben werden gemeinhin alle Tätigkeiten angesehen, die die "raum-zeitliche Gütertransformation"[7] zum Inhalt haben. Hierzu gehören im Kern die Funktionen Transportieren, Umschlagen und Lagern (sog. *TUL-Prozesse*).[8]

Die Funktion *Transportieren* zerfällt in den internen und den externen Transport.[9] Der innerbetriebliche (interne) Transport sorgt für die Güterbewegungen zwischen den einzelnen Produktionsstufen bzw. zwischen diesen und (Zwischen-)Lagern. Aufgrund des breiten Spektrums betriebsindividueller Anforderungen hinsichtlich der zu transportierenden Güter und der verlangten Transportkapazitäten sowie der dabei zurückzulegenden Wege werden eine Vielzahl unterschiedlicher Transport- bzw. Fördermittel eingesetzt, die vor allem auch baulichen Randbedingungen Rechnung zu tragen haben.[10] Durch den externen Transport wird die räumliche Distanz zwischen dem Betriebsstandort und den Marktpartnern (Lieferanten, Kunden) sowie innerhalb der geographisch verteilten Produktions- und Lagerstätten eines Unternehmens überwunden. Die zum Einsatz kommenden Transportmittel wie Straßen- und Schienenfahrzeuge, Binnen- und Seeschiffe sowie Flugzeuge zeigen, daß das mikrologistische System des Betriebs unmittelbar mit Randbedingungen der Makrologistik (der gesamtwirtschaftlichen Betrachtung der Logistik) konfrontiert wird bzw. um diese erweitert wird.

---

7   Vgl. Pfohl (1990), S. 12.

8   Vgl. u. a. Pfohl (1990), S. 8; Bjelicic (1987), S. 159; Ihde (1978), S. 3.

9   Vgl. auch Teller (1982), S. 5-22.

10   Zu einer ausführlichen, technischen Systematik und Darstellung unterschiedlicher Fördermittel vgl. Jünemann (1989), S. 190-278.

Transport- und Lagermittel werden in der Materialflußkette durch *Umschlag* gewechselt. Dabei wird entweder das Gut selbst, das Gut mitsamt Transporthilfsmittel wie Palette oder Container oder das Gut inklusive des gesamten Transportmittels umgeschlagen (z. B. Huckepackverfahren). Die jeweils einsetzbare Umschlageinrichtung wird wesentlich durch das umzuschlagende Gut bestimmt. Da jeder Umschlag die Überbrückung einer Schnittstelle in der Logistikkette darstellt, ist eine wichtige Größe, die den Umschlagaufwand determiniert, das Ausmaß der Standardisierung im Material- und Informationsfluß.

Bedingt durch zunehmende Automatisierung gewinnt die Funktion *Handhabung* als ein Aspekt des Umschlagens an Bedeutung.[11] So werden mit der technischen Weiterentwicklung flexibler Greifer und intelligenter Sensoren Konzepte wie z. B. Flexible Fertigungssysteme erst realisierbar.

Während die Aufgaben des Transportierens und Umschlagens im wesentlichen der räumlichen Transformation dienen, werden durch die logistische Aufgabe des *Lagerns* ausschließlich Zeiträume überbrückt. Tendenziell sinkende Eigenkapitalquoten verschärfen die Anstrengungen, die Kapitalbindung im Umlaufvermögen entlang der gesamten Wertschöpfungskette zu reduzieren. Bestände werden weniger aus ihrer Sicherheitsfunktion heraus betrachtet. Vielmehr widmet man sich verstärkt den Planungsmängeln, die durch die Bestände verdeckt werden und strebt über eine Elimination dieser Fehler eine geringere Bindung des Kapitals im Umlaufvermögen an. Besondere Bedeutung kommt dabei Konzepten zu, deren primäres Ziel der Bestandsabbau ist (z. B. Just-in-time).

Die sich unmittelbar aus dem Material- und Warenfluß als originärem Gegenstand der (physischen) Logistik ergebenden Aufgaben werden außerdem von einer *dispositiven Logistik* begleitet, der die Aufgaben der Bestelldisposition, der Produktionsplanung und -steuerung und der Versanddisposition zugerechnet werden.[12] Diesem umfangreichen Verständnis von Logistik liegt die Vorstellung zugrunde, daß die Logistik auch kurzfristige Aufgaben aus anderen Unternehmensbereichen übernimmt.

c) Objekte der Logistik

Einigkeit besteht in allen Logistik-Definitionen darüber, daß der inner-, zwischen- und überbetriebliche Materialfluß das zentrale Objekt der Logistik ist.

---

[11] Auch Pfohl definiert Handhaben als Subfunktion des Umschlagens. Vgl. Pfohl (1990), S. 8. Bei anderen Autoren ist die Zuordnung nicht eindeutig. Vgl. z. B. Jünemann (1989), S. 339ff u. S. 417ff.

[12] Vgl. Weber (1991), S. 19.

Der innerbetriebliche Materialfluß findet innerhalb eines Betriebsstandorts statt, der zwischenbetriebliche zwischen den Standorten eines Unternehmens und der überbetriebliche verbindet rechtlich unabhängige Unternehmen. Dabei unterscheiden sich die logistischen Objekte in Abhängigkeit von der betrachteten betrieblichen Basisfunktion. Die Beschaffungslogistik sorgt für die Verfügbarkeit aller betriebsfremden Einsatzmaterialien. Die Produktionslogistik ist zuständig für sämtliche Materialbewegungen innerhalb des Fertigungsprozesses. Sie hat somit zusätzlich zu den beschaffungslogistischen Objekten die erst durch die Produktion entstehenden Baugruppen und Fertigprodukte sowie beispielsweise Werkzeuge, Paletten und Vorrichtungen zum Gegenstand. Die Objekte der Distributionslogistik sind hingegen eingeschränkt auf alle absetzbaren Einzelteile, Baugruppen und Fertigprodukte sowie Transporthilfsmittel und Verpackungen. Objekte der Entsorgungslogistik sind die ungewollten Kuppelprodukte, die während der Produktion (z. B. Ausschuß, Verschnitt) und der Konsumtion (z. B. Batterien, Schrott) auftreten. Ferner gelten u. a. auch Leergut, Lagerhüter oder Retouren als entsorgungslogistische Objekte.

In der Regel wird auch im Informationsfluß, der dem Materialfluß vorangehen, ihn begleiten oder ihm bestätigend nachfolgen kann[13], ein logistisches Objekt gesehen. Unterschiedlich sind jedoch die Ansichten darüber, welcher Stellenwert dem Informationsfluß innerhalb der Logistik in Relation zum Materialfluß einzuräumen ist. Während WEBER im Informationsfluß ein grundlegendes logistisches Objekt sieht ("Untrennbar mit diesen Güterströmen verbunden betrachtet die Logistik in gleicher Weise die entsprechenden [...] Informationsströme"[14]), sind nach PFOHLS Meinung Informationsströme kein "Selbstzweck, sondern vom physischen Güterfluß abgeleitet"[15]. Folglich behandelt er in seinem Werk nur "Logistiksysteme, deren Objekte Sachgüter sind"[16]. Auch im Rahmen dieses Buches wird vor allem der Materialfluß als logistisches Objekt angesehen. Ihn zu steuern, bedarf es Informationen. Die Informationsbereitstellung (Informationsflußgestaltung) wird im Integrationsansatz des Computer Integrated Manufacturing als einem zur Logistik komplementären Konzept, das sich ausschließlich dem Informationsfluß widmet, zugewiesen.

---

[13] Vgl. Pfohl (1990), S. 8; Jünemann (1989), S. 13; Städtler (1985), S. 53.

[14] Vgl. Weber (1990), S. 977. Weber weist an anderer Stelle darauf hin, daß eine "gesonderte [..] Informationslogistik [..] keine große praktische Bedeutung" besitzt. Weber (1991), S. 15. Damit sieht er Informationen als integralen Bestandteil der Logistik, die Bereitstellung der Informationen ("Informationslogistik") aber nicht. Vgl. hierzu die Abgrenzung in Kapitel 1.3.2.

[15] Pfohl (1990), S. 5.

[16] Ebenda.

In speziellen Logistikdisziplinen wie der Militärlogistik stellen zudem Personen ein wesentliches logistisches Objekt dar. Dies gilt für die hier ausschließlich betrachtete *Unternehmenslogistik* (business logistics, logistics of the firm) jedoch nur in Spezialfällen.[17]

d) Bedeutung und Planungshorizont von logistischen Entscheidungen

Logistikentscheidungen können strategischer, taktischer oder operativer Natur sein.[18] Diese Abgrenzung beruht auf der unterschiedlichen Bedeutung und der unterschiedlichen Wirkungsdauer von Entscheidungen.[19] Strategische Entscheidungen haben Grundsatzcharakter, d. h. sie sind von lang anhaltender Wirkung und bestimmen die grundsätzliche Unternehmenspolitik. Operative Aufgaben sind hingegen detaillierte Problemstellungen mit geringer und kurzer Erfolgswirkung. Taktische Fragestellungen befinden sich hinsichtlich Bedeutung und Planungshorizont zwischen strategischen und operativen Entscheidungen. Strategische Entscheidungen bilden den Bezugsrahmen für taktische Entscheidungen, welche wiederum die Freiheitsgrade der operativen Planung begrenzen.

Auf jeder dieser drei Ebenen erfolgt zusätzlich eine phasenorientierte Gliederung in Planung, Steuerung und Kontrolle. Exemplarisch seien für die Beschaffungs-, die Produktions-, die Distributions- und die Entsorgungslogistik entsprechende Aufgaben nachstehend angeführt.

	Beschaffungslogistik	Produktionslogistik	Distributionslogistik	Entsorgungslogistik
strategisch	Auswahl von Systemlieferanten	Layoutplanung	Standortwahl für Auslieferungslager	Entscheidung über "make or buy" der Entsorgung
taktisch	Optimierung der Prozeßkette	Wahl der Transportmittel	Festlegung des Serviceniveaus	Bestimmung der Umschlagpunkte
operativ	Feinabruf (Menge, Zeit)	Auslösen von Transportaufträgen	kurzfristige Tourenplanung	Demontage-steuerung

Abb. 1.3: Beispielhafte Aufgaben mit unterschiedlicher Bedeutung und Fristigkeit innerhalb einer funktional abgegrenzten Logistik

---

17 Beispiele sind die Personalbereitstellung auf Baustellen oder der reibungslose Schichtwechsel in einem Großbetrieb. Vgl. Ihde (1991), S. 30. Innerhalb der Ersatzteillogistik sind Techniker, die die Instandsetzung vornehmen, Gegenstand logistischer Planungen.

18 Vgl. Stenzel (1987), S. 72.

19 Vgl. Adam (Planung) (1993), S. 269f. sowie die dort angegebene Literatur.

Zusammenfassend wird Logistik hier wie folgt definiert:

> Logistik hat die mit Ver- und Entsorgungsprozessen verbundene strate-
> gische, taktische und operative Planung, Steuerung und Kontrolle sowie die
> Durchführung der Aufgaben Transportieren, Umschlagen und Lagern und
> damit sämtliche inner-, zwischen- und überbetrieblichen Materialflüsse zum
> Gegenstand.

Im folgenden wird der Begriff der Logistik im Sinne der Unternehmenslogistik betrachtet, da Gegenstand dieses Buchs ausschließlich betriebswirtschaftliche Sachverhalte sind und nicht Systeme allgemein oder spezielle Lo-
gistiken, wie die Militärlogistik oder die Krankenhauslogistik. Das Schwergewicht der Ausführungen liegt folglich in der Mikro- und nicht in der
Makrologistik. Zudem wird die Logistik im wesentlichen nur in solchen
Unternehmen behandelt, bei denen logistische Leistungen zur Erbringung des
unternehmerischen Sachziels notwendig sind, nicht aber den Hauptzweck
darstellen, wie dies bei den sog. *Logistischen Betrieben* (z. B. Speditionen)
der Fall ist.

1.1.2 Die betriebswirtschaftliche Bedeutung der Logistik

Lange Zeit wurde der Stellenwert der Logistik vorrangig in der Funktion eines Rationalisierungsinstruments gesehen. Entsprechend forderte man von
der Logistik als Servicefunktion die kostenminimale Erfüllung einer vorgegebenen Aufgabe. In diesem Sinne erbringt die Beschaffungslogistik einen Ver-
sorgungsservice und die Distributionslogistik einen Lieferservice.[20] Seine
markanteste Formulierung findet diese Vorstellung in den sogenannten
5Rs[21], wonach Logistikkonzepte dafür zu sorgen haben, daß das richtige
Material zur richtigen Zeit in der richtigen Menge am richtigen Ort in der
richtigen Qualität zu minimalen Kosten zur Verfügung steht. Diese Definition
spricht der Logistik eine reine Unterstützungsfunktion innerhalb gegebener
Rahmendaten zu.[22]

---

[20] Vgl. Pfohl (1990), S. 25.

[21] Vgl. auch Pfohl (1972), S. 28f. Wie wenig diese 5Rs die eigentliche Innovation der Logistik darstellen, läßt sich mit einem Verweis auf Grochla belegen, der bereits 1958 (!) die ursprüngliche
Aufgabe der Materialwirtschaft darin sah, *"das zur Produktion benötigte Material in der erforderlichen Menge und Güte zur rechten Zeit am rechten Ort bereitzustellen."* Vgl. Grochla
(1958), S. 14.

[22] Vgl. Ihde (1991), S. 13; Weber (1990), S. 978.

Der zu beobachtende Wandel in Richtung Käufermarkt zeigt aber, daß die Bedeutung der Logistik in dieser Form unterschätzt wird. Wie die folgenden Entwicklungen exemplarisch zeigen, steigen die Anforderungen an die Logistik derart, daß mittlerweile unterschiedliche Qualitäten logistischer Leistungen eine direkte Marktwirkung und somit Erlöswirksamkeit besitzen.

- Eine steigende Produktvielfalt erhöht bei gleichzeitig kürzer werdenden Produktlebenszyklen die Differenziertheit der Anforderungen an die Logistik.

- Das Konzept der bedarfssynchronen Beschaffung (Just-in-time) fordert vom Zulieferer die Anlieferung kleinerer Bestellmengen in kürzeren Bestellintervallen und die Gewährleistung höchster Termintreue.

- Kundenwünschen an die Ausgestaltung logistischer Merkmale (z. B. Verpackung, Transporteinheit) ist angesichts eines Angebotsüberhangs verstärkt Rechnung zu tragen.

Diese geänderten Marktverhältnisse führten dazu, daß sich die Aufgaben innerhalb der logistischen Subsysteme gewandelt haben. Die Beschaffungslogistik hat nicht mehr ausschließlich die Verfügbarkeit betriebsfremder Einsatzgüter zu gewährleisten, sondern - insbesondere bedingt durch eine abnehmende Fertigungstiefe - für eine langfristige Integration der Lieferanten in die Logistikkette zu sorgen. Die Produktionslogistik muß aktiv an Reorganisationen der Fertigungsstrukturen, wie sie derzeit vor allem in Form der Objektorientierung (z. B. Fertigungsinseln) vorgenommen werden, mitwirken. Einerseits sind dabei alternative Organisationskonzepte aus logistischer Sicht zu bewerten, andererseits gilt es, die einzelnen Organisationseinheiten materialflußtechnisch optimal miteinander zu verketten. Für die Distributionslogistik hat die Verschärfung des Wettbewerbs zur Folge, daß über einen verbesserten Lieferservice oder eine gesteigerte Termintreue weitere Möglichkeiten zur Produktdifferenzierung ausgeschöpft und somit zur Herausbildung von Konkurrenzvorteilen genutzt werden. Verstärkte Umweltschutzregelungen schließlich stellen durch steigende Kostenbelastungen an die sich ohnehin gerade erst entwickelnde Entsorgungslogistik erhöhte Ansprüche.

Konsequenterweise rückt dadurch auch die Planung und Steuerung der gesamten Logistikkette (Systemdenken, total channel approach) - und damit die materialflußtechnische Koordination als eigentliche Innovation der Logistik[23] - in den Vordergrund. Neben der Erzielung weiterer Kostensenkungen, die auf verstärkten Abstimmungssynergien und der Einbeziehung logistischer Fragestellungen in langfristige Entscheidungen (z. B. durch logistikgerechte

---

[23] Vgl. Weber (1992), S. 880; Weber, Kummer (1990), S. 776.

Konstruktion) beruhen, gehen durch die positive Marktwirkung verkürzter Durchlaufzeiten, größerer Flexibilität und eines erhöhten Lieferservice von der Logistik auch unmittelbare Erlöskonsequenzen aus.

Je stärker aber die Logistik zur Schaffung von Wettbewerbsvorteilen eingesetzt wird, desto ungenügender ist ihr Stellenwert als rein dienendes Element innerhalb der Unternehmensorganisation. Entsprechend haben Unternehmen, in denen die strategische Bedeutung der Logistik erkannt wurde, eine hierarchische Aufwertung hinsichtlich der aufbauorganisatorischen Integration der Logistik vollzogen. Anstelle von ehemaligen Stabsstellen werden die Interessen der Logistik mittlerweile oft von einem Logistikmanagement in Linienfunktion vertreten. Ihm obliegt die Planung, Steuerung, Koordination und Kontrolle der gesamten Logistikkette. Damit erfolgt eine Erweiterung der ehemals im wesentlichen operativ formulierten Aufgaben der Logistik um taktische und strategische Aspekte. Das logistische Bereichsziel ist nicht ausschließlich die Minimierung aller durch die Logistik beeinflußbaren Kosten (Gesamtkostendenken[24]), sondern wird unter Einbeziehung der Erlösseite, beispielsweise als Maximierung der Differenz der von der Logistik beeinflußbaren Erlöse und Kosten, formuliert. Abbildung 1.4 faßt die skizzierte Entwicklung zusammen.

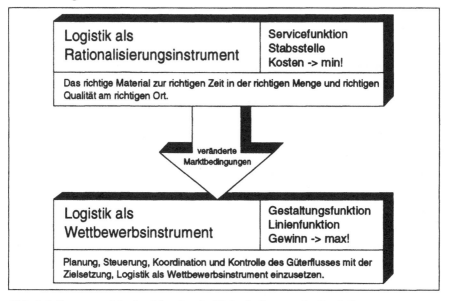

Abb. 1.4: Der gewandelte betriebswirtschaftliche Stellenwert der Logistik

---

[24] Eine wesentliche Intention des Gesamtkostendenkens liegt in der Beachtung aller Kostenkonflikte. Vgl. Pfohl (1990), S. 21-24.

Literaturempfehlungen zu Kapitel 1.1:

Ihde, G.-B.: Transport, Verkehr, Logistik. Gesamtwirtschaftliche Aspekte und einzelwirtschaftliche Handhabung. 2. Aufl., München 1991.

Ihde behandelt in seinem Buch vor allem makrologistische Aspekte der Logistik. Dazu zählen im wesentlichen Darstellungen der Verkehrsträger, des kombinierten Verkehrs sowie der gesamtwirtschaftlichen Rahmenbedingungen der Logistik. Unter dem Titel Logistikmanagement werden Aufgaben und besondere Problemstellungen der vier Subsysteme sowie abschließend das Logistik-Controlling dargestellt.

Pfohl, H.-C.: Logistiksysteme. Betriebswirtschaftliche Grundlagen. 4. Aufl., Berlin u. a. 1990.

Jünemann, R.: Materialfluß und Logistik. Systemtechnische Grundlagen mit Praxisbeispielen. Berlin u. a. 1989.

Beide Bücher bieten gemeinsam "die integrativen Grundlagen der Logistik". Pfohl widmet sich dabei mehr den betriebswirtschaftlichen und Jünemann mehr den technischen Inhalten. Nach einer gut strukturierten Charakterisierung der Logistik skizziert Pfohl einer funktionalen Gliederung folgend Aufgaben und Entscheidungstatbestände verschiedener Subsysteme (u. a. Auftragsabwicklung, Lagerhaltung, Transport). Ferner behandelt er institutionelle und gesamtwirtschaftliche Aspekte von Logistiksystemen. Jünemann erläutert im Kern verschiedene Systemtechniken für Stückgut-Materialflußmittel. Darunter fallen Verpackungs-, Lager-, Förder-, Verkehrs- Handhabungs-, Kommissionier-, Montage- und Umschlagtechniken. Des weiteren werden Informations- und Steuerungssysteme und rechnergestützte Planungstechniken in eigenen Kapiteln dargestellt. Nichtzuletzt eine umfangreiche Einführung in die Logistik macht dieses Buch auch für den Nicht-Techniker interessant.

RKW-Handbuch Logistik. Integrierter Material- und Warenfluß in Beschaffung, Produktion und Absatz. Hrsg.: H. Baumgarten u. a. in Zusammenarbeit mit dem RKW e. V. Berlin 1981.

Diese jährlich einmal ergänzte Loseblattsammlung verfolgt "auf sicherer theoretischer Grundlage" die anwendungsorientierte Zielsetzung, Unternehmen bei der Einführung bzw. beim Ausbau der Logistik behilflich zu sein. Das dreibändige Werk deckt die wesentlichen betriebswirtschaftlich-technischen Inhalte der Logistik ab. Einzelne Kapitel haben beispielsweise die Organisation der Logistik, das Logistik-Controlling, die Subsysteme Beschaffungs-, Produktions- und Absatzlogistik oder Aspekte der Handelslogistik zum Gegenstand.

Schulte, C.: Logistik. München 1991.

Schulte zeigt in der Intention eines Grundlagenwerks in zehn Kapiteln den aktuellen Stand der Logistik auf. Neben der Beschaffungs-, Produktions- und Distributionslogistik werden Transport-, Lager- und Kommissioniersysteme vorgestellt. Ferner widmen sich eigene Kapitel aufbauorganisatorischen und personellen Aspekten der Logistik sowie dem Logistik-Controlling.

1.2 Computer Integrated Manufacturing (CIM)

1.2.1 Der CIM-Begriff

Der Begriff des Computer Integrated Manufacturing (CIM) wurde zuerst 1973 von HARRINGTON verwandt.[1] HARRINGTON stellte vor allem eine Verbindung der Konstruktion, der Arbeitsplanung und der eigentlichen Fertigung in den Vordergrund. Heute wird der CIM-Begriff weiter gesehen. Er umfaßt nicht nur die technischen Aufgaben der Konstruktion (CAD), der Arbeitsplanung (CAP), der NC-Programmierung, der Fertigung (CAM), der Instandhaltung und der Qualitätssicherung (CAQ), sondern darüber hinaus die betriebswirtschaftlich-dispositiven Aufgaben der Produktionsplanung und -steuerung (PPS), d. h. der Steuerung eines Auftrags vom Vertriebssystem ausgehend (Kundenauftrag) über die Produktionsplanung, d. h. Materialwirtschaft und Kapazitätswirtschaft (Fertigungsauftrag), bis hin zur prozeßbegleitenden, kurzfristigen Steuerung und letztlich zur Versandsteuerung. Zuzüglich der Stammdatenhaltung, insbesondere in Form der Stücklisten, Arbeitspläne und der Betriebsmitteldaten, ergibt sich das Y-CIM-Modell von Scheer (vgl. Abbildung 1.5). Im CIM-Konzept stehen vor allem die Möglichkeiten der informatorischen Durchdringung im Vordergrund. Gerade für die Belange der hier angestellten Betrachtung ist z. B. im CAM-Bereich weniger die eigentliche Fertigungstechnik als vielmehr deren Steuerung durch EDV-Systeme und die daraus resultierenden Integrationsmöglichkeiten sowie ihr Einfluß auf Materialflußentscheidungen von Bedeutung.

Während sich CIM im engeren Sinne auf die Belange der Produktion (Manufacturing) konzentriert, geht ein umfassenderes CIM-Verständnis darüber hinaus. Demnach schließt CIM auch die Gestaltung der zwischen- und überbetrieblichen Informationsflüsse mit ein. Hierzu zählt sowohl der Aufbau einer DV-Verbindung zu den Lieferanten als auch die informationsflußtechnische Durchdringung des Distributionskanals. Damit wird CIM definiert als eine Leitlinie zum Ausschöpfen des Rationalisierungspotentials, das sich entlang der gesamten Logistikkette durch informationsflußtechnische Integration ergibt. Zum Teil wird diese Betrachtung auch unter den Begriffen CIE (Computer Integrated Enterprise) oder CIB (Computer Integrated Business) diskutiert. Sie haben sich aber nicht durchsetzen können.

---

[1]   Vgl. Harrington (1973).

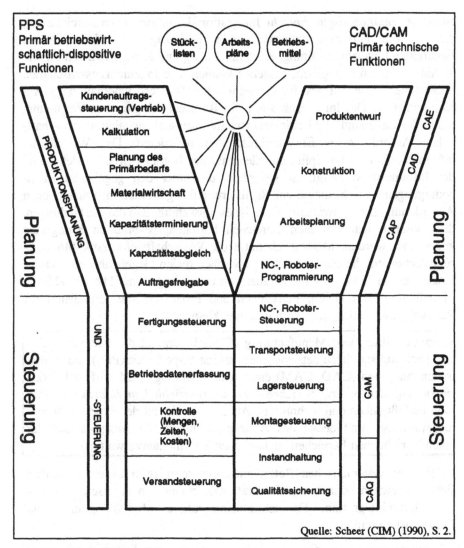

Abb. 1.5: Das Y-CIM-Modell

Im Rahmen des CIM stehen weniger die Einzelfunktionen im Vordergrund als vielmehr deren geordnetes Zusammenwirken. Dazu müssen organisatorisch die Schnittstellen zwischen den einzelnen Bereichen definiert und ingenieurtechnisch bzw. informationstechnisch umgesetzt werden. Ingenieurtechnische Disziplinen, Betriebswirtschaftslehre, Wirtschaftsinformatik und Informatik haben zur Gestaltung von CIM-Systemen zusammenzuarbeiten.[2] Die Betriebswirtschaftslehre stellt die inhaltlich-funktionalen Anforderungen

---

[2]   Vgl. ausführlich hierzu Becker (1992).

an die *informationsflußtechnische* Integration der betrieblichen Bereiche auf, die für die Fertigungssteuerung unter Einbezug der administrativen Funktionen Finanzbuchhaltung, Kostenrechnung und Personalwirtschaft, wie in Abbildung 1.6 angegeben, aussehen können. Die Ingenieurwissenschaften übernehmen diese Aufgabe für die technischen Bereiche innerhalb der CAx-Komponenten. Die Informatik stellt die Basistechnologien zur Verfügung, die in der Lage sind, die betriebswirtschaftlichen und ingenieurwissenschaftlichen Anforderungen EDV-technisch zu realisieren. Die Wirtschaftsinformatik als eine Disziplin, die Elemente der Betriebswirtschaftslehre und der Informatik vereinigt, ist gefordert, die unter den gegebenen Randbedingungen beste Strategie zur Realisierung der gestellten informatorischen Anforderungen zu entwickeln. Dazu ist es notwendig, daß die Verbindungen, die zwischen den einzelnen Bereichen bestehen, bestimmten Kategorien zugeordnet werden. Methodisch nutzt die Wirtschaftsinformatik Modellierungstechniken, die die Verbindung zwischen realen Gegebenheiten und der Umsetzung in EDV-Systeme herzustellen in der Lage sind. Hierzu zählt die Modellierung von Daten, Funktionen und Prozessen, die formalisiert die Realwelt beschreiben, aber auch gestalten können.

Computer Integrated Manufacturing (CIM) beschreibt die integrative Gesamtsicht auf sämtliche betriebswirtschaftlich-dispositiven (PPS) und technischen Aufgaben (CAD, CAM) einer Unternehmung. CIM wirft dabei den *Fokus auf den inner-, zwischen- und überbetrieblichen Informationsfluß* und umfaßt neben den technischen Aufgaben während des Produktentstehungsprozesses und denen des Auftragsdurchlaufs die Ausgestaltung der allen betrieblichen Bereichen zugänglichen Stammdatenverwaltung.

Bei einer systematischen Betrachtung der Integration zwischen betrieblichen Bereichen können vier Integrationskomponenten unterschieden werden: Datenintegration, Datenstrukturintegration, Modulintegration und Funktionsintegration.[3]

Datenintegration ist die gemeinsame Nutzung von Daten durch unterschiedliche Bereiche. So benötigen Vertrieb, Materialwirtschaft, Kapazitätsterminierung, Kapazitätsabgleich, Fertigungssteuerung, Konstruktion, Instandhaltung und Qualitätssicherung den Teile-Stammsatz.

---

[3]   Vgl. Becker (Integrationsmodell) (1991), S. 166-191.

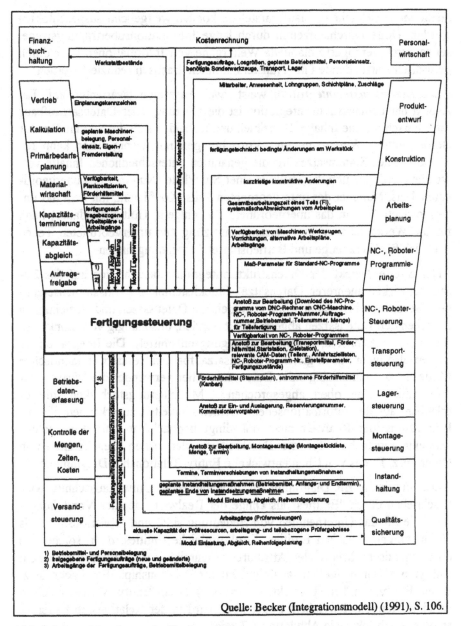

Quelle: Becker (Integrationsmodell) (1991), S. 106.

Abb. 1.6: Interdependenzen der Fertigungssteuerung

Die Datenintegration führt dazu, daß Daten, die in einem Bereich anfallen, allen anderen Bereichen zur Verfügung stehen. Durch den Wegfall der Mehrfacheingaben gleicher Daten wird der Aufwand für das Änderungswesen (organisatorisch, personell und EDV-technisch) wesentlich verringert. Inkonsistenzen bei der Informationsübermittlung, die heute häufig eine Fehlerquelle im betrieblichen Ablauf darstellen, können weitgehend ausgeschlossen werden. Hohe Durchlaufzeiten durch lange Informationsübertragungswege, sei es durch verzögerte manuelle Weitergabe von Informationen oder durch periodisch stattfindende File-Transfers, können drastisch reduziert werden.

Die *Datenstrukturintegration* weist zwei Ausprägungsvarianten auf. Ein Aspekt der Datenstrukturintegration ist die Nutzung eines Datensatzaufbaus für unterschiedliche Inhalte. Prinzipiell unterscheiden sich die Stammsätze für Betriebsmittel, Werkzeuge und Vorrichtungen nur wenig. Hier kann die Struktur eines Stammsatzes für die genannten unterschiedlichen Inhalte verwendet werden. Auch die Struktur einer Stückliste (Nummer des übergeordneten Teils, Nummer des untergeordneten Teils, Koeffizient, mit dem das untergeordnete Teil in das übergeordnete Teil eingeht, Gültigkeitsdauer) kann für die Werkstücke in ihrer Zusammensetzung aus untergeordneten Teilen wie auch für Werkzeuge und Betriebsmittel Anwendung finden.

Der zweite Aspekt der Datenstrukturintegration bezieht sich auf das Zusammenwirken mehrerer Datensätze. Stücklistenmäßige Zusammensetzungen, Bedarfe und Bestände können in gleichen Datensätzen und Beziehungen zwischen den Datensätzen abgespeichert werden, unabhängig vom konkreten Inhalt (Produktionsteil, Ersatzteil, Fertigungshilfsmittel). Die Integration resultiert also nicht nur in gleichen Datensatzaufbauten, sondern in identischen Modellen zusammenhängender Datensätze. Hier verwendet die Wirtschaftsinformatik - wie oben angesprochen - Modellierungstechniken, die es erlauben, auf der Informationsebene Gemeinsamkeiten zu erkennen, die bei Betrachtung der Realwelt nicht unbedingt beobachtbar sind. Eine solche Modellierungstechnik für die Beschreibung der realen Gegebenheiten in Daten ist z. B. das von Chen entwickelte Entity-Relationship-Diagramm.[4]

Der in einem ER-Diagramm zu modellierende Umweltausschnitt wird beschrieben durch "Entities" als Dinge der Realwelt oder der Vorstellungswelt, die für das Unternehmen von Bedeutung sind, und "Relationships" als Verbindungen zwischen Entities. Strukturgleiche Entities, d. h. solche, die durch identische Merkmale (Attribute) beschreibbar sind, werden zu einem Entitytyp zusammengefaßt; analoges gilt für Relationships. Ein Lager ist z. B. ein Entity, ein Teil (Produkt, Baugruppe) ist ein Entity. Welches Teil in welcher Menge auf welchem Lager liegt, wird in der Relationship Lagerbestand ausgedrückt, wie Abbildung 1.7 zeigt.

---

[4]   Vgl. Chen (1976).

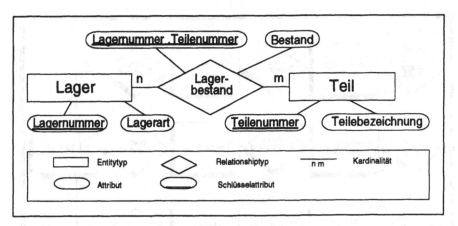

Abb. 1.7: Einfaches Entity-Relationship-Diagramm

Da ein Teil an mehreren Lagerorten liegen kann, ein Lagerort aber mehrere Teile aufnehmen kann, besteht zwischen Lager und Teil eine "many-to-many"-Beziehung (n- zu m-Beziehung).

Ein Datenmodell hilft, gleiche Datenstrukturen in einem Entity-Relationship-Ansatz zu erkennen und damit die Datenstrukturintegration zu realisieren. Die Analyse der Attribute macht die Datenstrukturintegration im Sinne von "gleicher Datensatzaufbau" deutlich, die Analyse der Verbindungen zwischen Entitytypen und Relationshiptypen gibt Hinweise auf die Datenstrukturintegration im Sinne von "Zusammenwirken mehrerer Datensätze", wie Abbildung 1.8 zeigt.

Der Vorteil der Datenstrukturintegration liegt darin, daß sich durch die Mehrfachnutzung einer einmal definierten Datenstruktur der Entwicklungsaufwand für die Systeme der Datenverwaltung verringert. Da die Daten Grundlage der betrieblichen Funktionen sind, sinkt auch der Entwicklungsaufwand für die Anwendungssysteme, die diese Funktionen abdecken, da jeweils unterschiedliche Daten derselben Datenstruktur Basis für gleiche Funktionen sind.

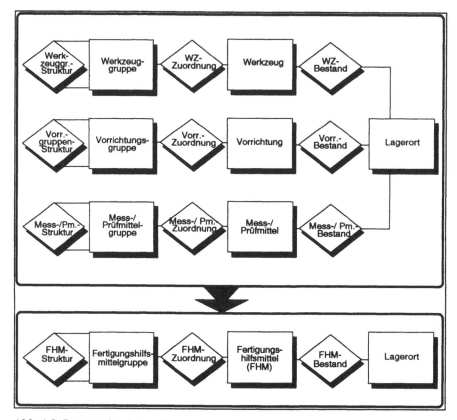

Abb. 1.8: Datenstrukturintegration

Modulintegration ist die gemeinsame Nutzung von EDV-Modulen durch mehrere CIM-Bereiche. So wird ein Modul zur Lagerverwaltung von der Materialwirtschaft (für Roh-, Hilfs-, Betriebsstoffe, Einzelteile und Baugruppen), von der Auftragsabwicklung (zur Verwaltung der Fertigwaren- und Versandlager), von der Fertigungssteuerung (zur Verwaltung der Werkstattbestände) und von der Instandhaltung (für die Instandhaltungsmaterialien) benötigt, darüber hinaus von der Arbeitsplanung, wenn ihr das Werkzeugwesen zugeordnet ist, sowie von der Prüfplanung als Teil der Qualitätssicherung für die Prüfmittel.

Der Vorteil der Modulintegration liegt im verringerten Aufwand für die Erstellung und Pflege von Anwendungssoftwaresystemen und durch ihren Standardisierungscharakter in der Vereinheitlichung der Ablauforganisation für unterschiedliche Abteilungen.

Die *Funktionsintegration* weist zwei Facetten auf: Zum einen liegt Funktionsintegration vor, wenn das Ergebnis einer Bearbeitung in *einem* Bereich die Bearbeitung in einem *anderen* Bereich anstößt, und zwar immer dann, wenn bestimmte Schwellenwerte überschritten werden (Triggern von Funktionen). Zum anderen ist eine Funktionsintegration gegeben, wenn zwei vorher getrennte Funktionen zusammenwachsen (vgl. Abbildung 1.9).

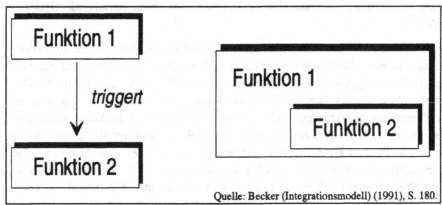

Quelle: Becker (Integrationsmodell) (1991), S. 180.

Abb. 1.9: Alternativen der Funktionsintegration

Die Funktionsintegration im zuerst beschriebenen Sinn bewirkt eine Beschleunigung des Ablaufs durch Verkürzung der Liegezeit von Vorgängen zwischen zwei Teilvorgängen. Da diese Zeit den überwiegenden Anteil an der Durchlaufzeit ausmacht, birgt die Funktionsintegration durch Triggern von Funktionen ein hohes Rationalisierungspotential.

Funktionsintegration im Sinne von Vereinigung von Funktionen ist immer dann sinnvoll, wenn durch die Verschmelzung von bisher sequentiell verlaufenden Vorgängen der Gesamtablauf beschleunigt und iterative Prozesse, die aufgrund der mangelnden Gesamtsicht der Entscheidungsträger zu Mehrfacharbeit führen, verringert werden können.

Bei der *Realisierung der vier CIM-Integrationskomponenten* als besondere Aufgabe der Wirtschaftsinformatik stehen mit der direkten Kopplung von Systemen, dem Unternehmensdatenmodell und dem CIM-Interface-System drei verschiedene Möglichkeiten zur Verfügung.[5]

Die *direkte Kopplung* von Anwendungssystemen ist zwar sehr weit verbreitet, aber relativ aufwendig und sehr änderungsintensiv, da mit der Anzahl der zu koppelnden Systeme die Anzahl von Kopplungsmodulen quadratisch wächst. Bei der direkten Kopplung wird die Datenintegration nur über eine angestrebte Harmonisierung der Daten erreicht, die eigenen Datenbestände

---

[5]   Vgl. Becker (Integrationsmodell) (1991), S. 192-214.

der Bereiche bleiben bestehen. Deshalb spricht man auch von einer Quasi-Integration. Funktionsintegration im Sinne von Triggern von Funktionen kann durch entsprechende Softwareprogramme sichergestellt werden. Das heißt aber, daß die Kopplung nicht - wie meistens anzutreffen - sich nur auf Daten bezieht, sondern in Richtung einer Programm-zu-Programm-Kommunikation erweitert werden muß. Funktionsintegration im Sinne von Vereinigung von Funktionen läßt sich nicht ohne Eingriff in bestehende Systeme realisieren.

Die Umsetzung der Integration über das logische Konzept eines *Unternehmensdatenmodells (UDM)* unterstützt insbesondere die Daten- und die Datenstrukturintegration. Indirekte Wirkung geht dadurch zudem auf die Modulintegration und die Funktionsintegration im Sinne des Zusammenwachsens von Funktionen aus, da diese die Daten- und die Datenstrukturintegration zur Voraussetzung haben. In der Praxis werden allerdings für die unterschiedlichen CIM-Systeme oft verschiedene Datenverwaltungssysteme eingesetzt, so daß der theoretisch wünschenswerten Umsetzung der Integration über eine einheitliche, auf einem UDM beruhende Datenbank noch erhebliche Realisierungsschwierigkeiten gegenüberstehen.

Die Alternative hierzu ist die Gestaltung einer systemneutralen Schnittstelle, die die Aufgaben der Integrationswahrung der Datenbestände übernimmt - das *CIM-Interface-System*.[6] Im Vergleich zu der direkten Kopplung verringert sich die Anzahl der Kopplungsmodule von $n \cdot (n - 1)$ auf $2 \cdot n$.

Welche Bedeutung eine generalisierte Schnittstelle für den Kommunikationsaufwand hat, verdeutlicht Abbildung 1.10. Ein CIM-Interface-System hat zuvorderst die Aufgabe, einen Datenabgleich über unterschiedliche Systeme herbeizuführen. Damit wird zwar keine Datenintegration im Sinne von Nutzung identischer Daten ermöglicht, aber der Abgleich führt zu inhaltlich gleichen (wenn auch in unterschiedlichen Systemen geführten) Daten. Damit ist eine Harmonisierung der Datenbestände erreicht, eine Quasi-Integration. Auf die Datenstrukturintegration hat ein CIM-Interface-System dann einen Einfluß, wenn die Struktur dieser ursprünglichen "Datendurchschleusungsfunktion" normativen Einfluß auf die Bildung von Datenstrukturen ausübt, d. h. sich die internen Strukturen an den Schnittstellenstrukturen orientieren.

---

6   Vgl. hierzu auch Becker, Priemer (1991).

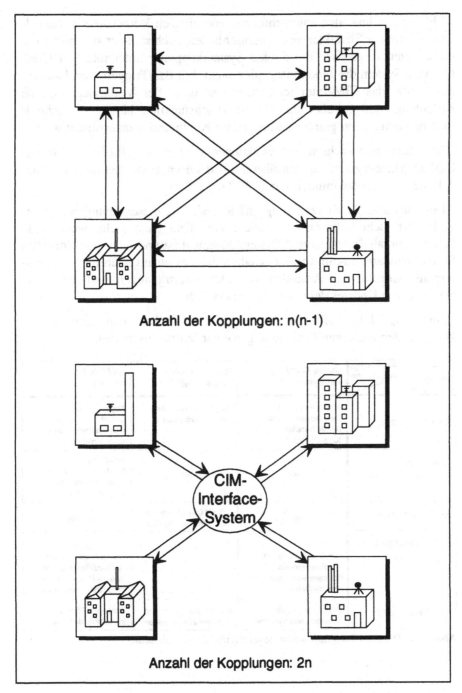

Abb. 1.10: Integrationsrealisierung durch direkte Kopplung und durch ein CIM-Interface-System

Mit der zunehmenden unternehmensübergreifenden Vernetzung ist ein solcher normativer Charakter nicht auszuschließen, auch wenn er sich bisher nur in Ansätzen zeigt. Wie die direkte Systemkopplung unterstützt ein CIM-Interface-System die Modulintegration nicht. Für das Triggern von Funktionen besitzt das CIM-Interface-System nur unter der Voraussetzung eine Bedeutung, daß es über die Datenabgleichsfunktion hinaus als Schnittstellensystem zur Programm-zu-Programm-Kommunikation erweitert wird.

Das Zusammenwachsen von Funktionen wird dann gefördert, wenn das CIM-Interface-System bereichsübergreifend Daten zusammenfaßt, wie dies z. B. bei dem Produktmodell von STEP[7] der Fall ist.

Der Aufwand der Konzipierung und Realisierung dieser neutralen Schnittstelle darf nicht unterschätzt werden; vor allem dann nicht, wenn diese Schnittstelle als "intelligentes" System ausgelegt ist und nicht nur Vorgaben für die Standardstruktur vorgibt, sondern darüber hinaus noch für die Transformationsregeln, das Anstoßen von Datenübertragungen und die Überwachung von Updates der Daten verantwortlich ist.

Abbildung 1.11 faßt die Beziehungen zwischen den Integrationskomponenten und deren Realisierung in einer Matrix zusammen.

Integrations-komponenten \ Realisierungsmöglichkeiten	direkte Kopplung von Systemen	Unternehmens-datenmodell	CIM-Interface-System
Datenintegration	Abgleich redundanter Datenbestände über direkte Kopplung (Quasi-Integration)	gut (logisch redundanz-freier Datenbestand)	Abgleich redundanter Datenbestände über das CIM-Interface-System (Quasi-Integration)
Datenstruktur-integration	nein	gut	indirekt (das CIM-Interface-System gibt für die Schnittstelle eine Struktur vor)
Modulintegration	nein	indirekt über Daten- und Datenstrukturintegration	nein
Funktionsintegration a) Triggern	nein (Erweiterung des Kopplungsmoduls -> Programm-zu-Programm-Kommunikation)	.	nein (Erweiterung der standardisierten Schnittstelle -> Programm-zu-Programm-Kommunikation)
b) Vereinigung	nicht ohne Eingriff in bestehende Systeme	indirekt über Daten- und Datenstrukturintegration	nicht ohne Eingriff in bestehende Systeme

Abb. 1.11: Die CIM-Integrationskomponenten und ihre Realisierung

---

[7] Zu STEP vgl. Kapitel 2.1.2, S. 64f.

> Die informationsflußtechnische Integration der betrieblichen Bereiche läßt sich über vier Integrationskomponenten herbeiführen: Daten-, Datenstruktur-, Modul- und Funktionsintegration. Deren Realisierungsalternativen sind die direkte Kopplung von Systemen, das Unternehmensdatenmodell (UDM) und das CIM-Interface-System.

1.2.2 Die betriebswirtschaftliche Bedeutung des CIM

CIM - umfassend definiert - schließt die gesamte, an den Leitlinen der Daten- und Funktionsintegration orientierte Gestaltung der informationsflußtechnischen Abläufe innerhalb einer Unternehmung ein. Integrierte Informationssysteme stellen jedoch keinen Selbstzweck dar, sondern sind - ebenso wie der Materialfluß - in Orientierung an der unternehmerischen Wettbewerbsstrategie zu gestalten. Aufgrund der Interdependenzen zu anderen Bereichen ist CIM dabei im engen Wechselspiel mit organisatorischen und personalwirtschaftlichen Ausgestaltungsalternativen zu sehen.

Der Entwicklungspfad für die nur sukzessiv realisierbare CIM-Implementation muß sich aus den unternehmenspolitischen Schwerpunkten ableiten. Entsprechend ergeben sich in Abhängigkeit von der unternehmensstrategischen Zielsetzung unterschiedliche CIM-Strategien, die beispielhaft skizziert wie folgt aussehen können:[8]

In innovationsintensiven Branchen wie der Elektronikindustrie kommt dem Faktor time-to-market eine überragende Erlösbedeutung zu. Konsequenterweise ist einer Verkürzung der Durchlaufzeit in den produktions- und materialflußvorgelagerten Phasen (Entwurf, Konstruktion, Arbeitsvorbereitung, Vorkalkulation) die oberste Priorität einzuräumen. CIM leistet hierfür durch *Funktionsintegration innerhalb der Konstruktion* einen entscheidenden Beitrag. Neben der konstruktiven Produkterstellungsaufgabe stehen dabei die konstruktionssynchrone Erledigung arbeitsplanerischer und kalkulatorischer Aufgaben an. Die Funktion Konstruktion wird hierfür durch CAD-Systeme, integrierte Datenbanken (Datenintegration) und Teileklassifikationssysteme, die den Zugriff auf ähnliche Teile ermöglichen, unterstützt. Neben dem erlöswirksamen früheren Markteintritt ist mit der Funktionsanreicherung in der konstruktiven Phase auch ein Kostenreduktionspotential verbunden. Dies ergibt sich durch die Berücksichtigung von Produktions- und Logistikgegebenheiten bei der sukzessiven Konkretisierung der definitorischen Produktmerkmale. Der konstruktionssynchronen Kostenprognose und der sorgfäl-

---

[8] Vgl. auch Becker, Scheer (1989).

tigen Teileklassifikation kommt des weiteren eine besondere Bedeutung angesichts der rasch wachsenden Teilevielfalt - zumindest auf Endproduktebene - zu. Hier gilt es, die Umsatzwirksamkeit eines breiten Produktspektrums mit den Kostendegressionsvorteilen einer verstärkten Gleichteileverwendung zu verbinden. Ansatzpunkte hierfür sind insbesondere der forcierte Einsatz der Normung bei Einsatzteilen, die nicht für die Ausprägung verschiedener Varianten verantwortlich sind (z. B. nicht leistungsbestimmende Motorteile in einem Kfz).

Während die Funktionsintegration innerhalb der Konstruktion den Produktentstehungsprozeß beschleunigt, sorgt das *PPS-System* für die Verkürzung der Auftragsdurchlaufzeit. Der Kernansatzpunkt liegt dabei in den nicht wertschöpfenden Liegezeiten, die bis zu 90 % der Auftragsdurchlaufzeiten ausmachen. Im Rahmen der *Produktionsplanung* ist die zeitliche, konstruktive, fertigungstechnische und ökonomische Auftragsrealisierbarkeit frühzeitig abzusichern, um Wettbewerbsvorteile aus einer hohen Lieferzuverlässigkeit und einer permanenten Auskunftsbereitschaft über den Auftragsfortschritt zu erwerben. Der *Produktionssteuerung* fällt die Aufgabe zu, den durch einen vermehrten Einsatz von Konzepten der flexiblen Automatisierung möglichen Ausgleich von Produktivität und Flexibilität durch steuernde Maßnahmen herbeizuführen.

Da CIM hier auch unternehmensübergreifend definiert wird, ist die sich durch eine effiziente informationsflußtechnische Einbindung der Lieferanten ergebende Auftragsdurchlaufzeitverkürzung ebenfalls Ansatzpunkt von CIM. Hierzu zählt nicht nur der Austausch von operativen Beschaffungsdaten, sondern auch der von Produktdaten bei gemeinsamer Entwicklung oder von Qualitätsdaten bei Verschiebung der Qualitätssicherungsaufgaben auf die Zulieferer.

Innerhalb des Produktionsprozesses ist die *CAM-Komponente* des CIM-Systems verantwortlich für die koordinierende Steuerung verschiedener Subsysteme wie Teilefertigung, Transport, Montage und Lagerung. Die Verkürzung der Produktionsdurchlaufzeit reduziert dabei die Lieferzeiten; beherrschte, transparente Produktionsbedingungen senken die Bestände und damit die umlaufinduzierten Kosten. Eine prozeßparallel stattfindende Qualitätssicherung (*CAQ*) beeinflußt über eine hohe Produktqualität ebenfalls ein umsatzrelevantes Produktmerkmal.

Der CIM-Einsatz birgt ohne Zweifel ein hohes Rationalisierungspotential und eine unmittelbare Erlöswirksamkeit in sich. Allerdings bestehen erhebliche Schwierigkeiten bei der Quantifizierung der Nutzeffekte von CIM. Hierfür gibt es zwei Gründe: Erstens sind die mit CIM verbundenen Vorteile nicht direkt monetärer Natur, sondern drücken sich in reduzierten Durchlaufzeiten, einer gesteigerten Flexibilität, höherer Informationsbereitschaft und allgemein einer größeren Integration unternehmerischer Prozesse aus. Zweitens resultieren die Bewertungsdefekte von CIM aus den intensiven Veränderungen, die CIM in vielen Funktionalbereichen des Unternehmens verursacht. Beispielhaft seien die Veränderungen in der Organisation, der Personalwirtschaft, der Kostenrechnung und der Logistik skizziert.

Die von CIM postulierte Funktionsintegration hat in der *Aufbauorganisation* ihr Pendant in umfassenderen Inhalten der Stellenbeschreibungen (Job Enrichment); in der *Ablauforganisation* gilt es, die Schnittstellenzahl drastisch zu reduzieren bzw. durch einen stärkeren Fokus auf die Abläufe (Prozeßorganisation) den Durchlauf zu optimieren. Das *Personal* ist durch den Wandel von operativen hin zu dispositiv-steuernden und überwachenden Tätigkeiten der neuen Aufgabe gemäß zu qualifizieren. Die *Kostenrechnung* sieht sich steigenden Gemeinkosten als Ergebnis wachsender Automatisierung gegenüber. Für die *Logistik* eröffnen sich mit der effizienten, insbesondere auch überbetrieblichen, informationsflußtechnischen Integration neue Gestaltungsalternativen (z. B. Just-in-time). Stellt bereits die Quantifizierung der Nutzeffekte für CIM allein ein Problem dar, so sind erst recht die sich in der Wechselwirkung der diversen Bereiche ergebenden positiven Effekte und die diesen gegenüberstehenden Kosten theoretisch nur noch in einem Totalmodell, praktisch nicht bestimmbar.

Der betriebswirtschaftliche Wert von CIM ist zweiseitig. Einerseits leitet sich CIM aus der strategischen Ausrichtung des Unternehmens ab und ist der Wettbewerbsposition und -ausrichtung entsprechend individuell zu gestalten. Andererseits initiiert CIM selbst aber auch Veränderungen in anderen Unternehmensbereichen und hat damit eine über die reine Informationsflußgestaltung hinausgehende Rationalisierungsperspektive. Es trägt zur Restrukturierung unternehmerischer Prozesse bei und leistet folglich einen wichtigen Beitrag zur Gestaltung einer effizienten Organisation.

Beispiele für die Wettbewerbswirksamkeit von CIM sind die Parallelisierung von Produktentstehungsphasen sowie die Beschleunigung des Auftragssteuerungsprozesses durch PPS-Systeme und durch die koordinierte Steuerung technischer Subsysteme. CIM als situativ auszugestaltende Realisierungsstrategie für die Informationsflußgestaltung leistet einen Beitrag zur Marktattraktivität der Unternehmung, indem es die Zielgrößen Erlöse/Kosten, Zeit und Qualität positiv beeinflußt.

Literaturempfehlungen zu Kapitel 1.2:

Die Literatur zu CIM ist mittlerweile kaum noch überschaubar. Im folgenden werden deshalb vor allem die in diesem Kontext besonders relevanten Quellen genannt.

Becker, J.: Das CIM-Integrationsmodell. Die EDV-gestützte Verbindung betrieblicher Bereiche. Berlin u. a. 1991.

Das Buch folgt - basierend auf dem Y-CIM-Modell - einer funktionalen Gliederung von CIM und zeigt die zwischen den einzelnen CIM-Komponenten zuzüglich der administrativen Systeme Kostenrechnung, Finanzbuchhaltung und Personalwirtschaft bestehenden Interdependenzen auf. Zu ihrer allgemeinen Charakterisierung auf einem höheren Abstraktionsgrad werden die vier Integrationskomponenten ausführlich erläutert und Alternativen zu deren Realisierung vorgestellt.

Scheer, A.-W.: CIM. Der computergesteuerte Industriebetrieb. 4. Aufl., Berlin u. a. 1990.

Innerhalb dieses Buches beschreibt Scheer das Y-CIM-Modell, die Quasi-Standard-Definition für CIM. Er geht dabei auf die einzelnen CIM-Funktionen sowie die zwischen diesen bestehenden Schnittstellen ein. Anhand verschiedener Prozeßketten werden Wege zur Implementierung von CIM aufgezeigt. Diverse Realisierungsbeispiele runden dieses Werk ab.

Scholz-Reiter, B.: CIM-Informations- und Kommunikationssysteme. Darstellung von Methoden und Konzeption eines rechnergestützten Werkzeugs für die Planung. München, Wien 1990.

Die Konzeption einer rechnergestützten Methode für die Planung unternehmensindividueller Informations- und Kommunikationssysteme (IKS) für den CIM-Bereich stellt den Mittelpunkt dieses Werks dar. Scholz-Reiter geht dabei auf bestehende Ansätze zur IKS-Planung ein und charakterisiert insbesondere existierende Referenzmodelle für CIM-IKS. Als Ergebnis seiner Arbeit skizziert er ausführlich die CIM-Kommunikationsstrukturanalyse (KSA) sowie Möglichkeiten ihrer Weiterentwicklung.

CIM-Handbuch. 2. Aufl., Hrsg.: U. W. Geitner. Braunschweig 1991.

CIM. Expertenwissen für die Praxis. Hrsg.: H. Krallmann. München, Wien 1990.

Beide Werke enthalten Aufsätze renommierter CIM-Forscher zur gesamten Bandbreite von CIM. Die Funktionskomponenten von CIM (PPS, CAD, CAP, CAM, CAQ) bilden die wesentliche Gliederungsgrundlage und werden ebenso dargestellt wie Möglichkeiten zur Integration oder zum Einsatz von Expertensystemen. Während innerhalb des CIM-Handbuchs insbesondere auch auf die technischen Ausgestaltungsalternativen des CIM eingegangen wird, finden sich in CIM-Expertenwissen für die Praxis des weiteren Ausführungen zur betriebswirtschaftlichen Seite von CIM sowie zu Implementierungskonzepten.

1.3 Die Berührungspunkte von Logistik und CIM

1.3.1 Bisherige Sichtweisen von Logistik und CIM

Sowohl Logistik als auch CIM werden hinsichtlich ihrer integrativen Bedeutung derzeit zwar intensiv, jedoch oft unabhängig voneinander diskutiert. Dies bedeutet insbesondere, daß die wechselseitigen Beziehungen zwischen Logistik und CIM nicht betrachtet werden. Dadurch, daß die meisten CIM-Lehrbücher Ausführungen zu logistischen Aspekten enthalten (z. B. innerhalb von CAM Darstellung von Lager- und Transportsystemen) und sich umgekehrt in dem Großteil der Logistik-Lehrbücher Beschreibungen des materialflußbegleitenden Informationsflusses sowie logistischer Informationssysteme finden, geht zudem die Trennschärfe zwischen beiden Konzepten verloren.

Das Ziel einer Auseinandersetzung mit Logistik *und* CIM ist die Klärung der Beziehung zwischen diesen beiden Integrationsansätzen. Trotz der Anstrengung, mit der die Diskussion um Logistik bzw. um CIM geführt wird, kann die allgemeine - nicht die unternehmensindividuelle - Relation zwischen diesen beiden Konzepten als ungeklärt gelten, wie die folgenden, weitgehend offenen Fragen zeigen:[1]

-   Wo liegen die inhaltlichen Überschneidungen von Logistik und CIM? Ist die Logistik eventuell eine Untermenge des CIM oder gilt die umgekehrte Beziehung?

-   Sind Logistik und CIM konkurrierende, sich gegenseitig substituierende Ansätze?

-   Gehen Logistik und CIM von identischen Zielen aus? Hinsichtlich welcher Ziele besteht ein harmonisches, ein neutrales bzw. ein konfliktäres Zielverhältnis?

-   In welcher Art und Weise beeinflussen sich Logistik und CIM gegenseitig?

Eine steigende Anzahl an Literaturbeiträgen widmet sich der Charakterisierung der Berührungspunkte von Logistik und CIM. Zumeist identifizieren sie eine Schnittmenge, in der sich beide Konzepte treffen. Je nachdem, ob die Anwendung von logistischen Prinzipien auf die Informationsversorgung

---

[1] Vgl. Venitz (1991), S. 36; Treutlein, Lohmann (1988), S. 13; Maier-Rothe (1986), S. 3.

(*Informationslogistik*[2]) oder die Beschreibung eines Informationssystems für die Logistik (*Computer Aided Logistics (CAL)*[3], *Computer Integrated Logistics (CIL)*[4], *Computer Integrated Logistic Enterprise*[5] oder gar *Computer Integrated Logistics Manufacturing*[6]) im Vordergrund steht, wurde eine Vielfalt an neuen Begriffen geprägt.

Ein unterschiedliches Verständnis darüber, wo die Berührungspunkte von Logistik und CIM liegen, kann zwei Ursachen haben: Es kann in abweichenden Definitionen von Logistik und/oder CIM begründet sein, oder es kann - bei identischen Begriffsdefinitionen - auf einem unterschiedlichen Verständnis der Schnittmenge beider Konzepte beruhen. Bisherige Ausführungen, die für sich in Anspruch nehmen, die wechselseitige Beziehung von Logistik und CIM aufzuzeigen, weisen in ihrer Gesamtheit beide Aspekte auf.

Im folgenden soll eine Kategorisierung grundsätzlicher bisheriger Sichten der Schnittmenge von Logistik und CIM erfolgen. Der Vielfalt der Veröffentlichungen zu den Themen Logistik und CIM entsprechend kann an dieser Stelle selbstverständlich kein Anspruch auf Vollständigkeit erhoben werden.

a) PPS als Schnittmenge

Die am häufigsten genannte Schnittstelle von Logistik und CIM ist die Produktionsplanung und -steuerung (PPS). Damit erfolgt aus Sicht des CIM eine Konzentration auf die Funktionen, die im Zusammenhang mit dem Auftragsdurchlauf stehen, also auf den linken Ast des Y-CIM-Modells. Unmittelbare Logistikrelevanz wird damit nicht in dem Produktentstehungsprozeß (CA-Schiene) sowie der Stammdatenverwaltung gesehen. Die PPS als Schnittmenge zu sehen, bedeutet aus logistischer Sicht, daß die Bereiche Beschaffungslogistik (indirekt erfaßt in der Funktion Materialwirtschaft), Distributionslogistik (teilweise durch die Versandsteuerung abgebildet) und Entsorgungslogistik im wesentlichen von der der Gegenüberstellung mit CIM ausgeschlossen sind. Die von diesem Ansatz erfaßten Schnittmengenbereiche

---

[2] Vgl. Krcmar (1992); Augustin (1990). Informationslogistik wird zumeist definiert als die Versorgung von Entscheidungsträgern (richtiger Ort) mit den richtigen Informationen zum richtigen Zeitpunkt in der richtigen Qualität und in der richtigen Menge.

[3] Vgl. Jünemann (1989), S. 482. Jünemann sieht in CAL ein die Beschaffung, Produktion, Distribution und Entsorgung umfassendes Logistikinformationssystem.

[4] Vgl. Jourdan (1990).

[5] Vgl. Jünemann (1989), S. 483. CIL als "durchgängige rechnergestützte Vernetzung in Logistischen Betrieben" wird von Jünemann synonym zu CIM in Industriebetrieben eingeführt.

[6] Dies war der Titel eines Symposiums auf der ONLINE '92, 15. Europäische Congressmesse für Technische Kommunikation in Hamburg.

innerhalb von CIM bzw. innerhalb der Logistik sind in Abbildung 1.12
hervorgehoben.

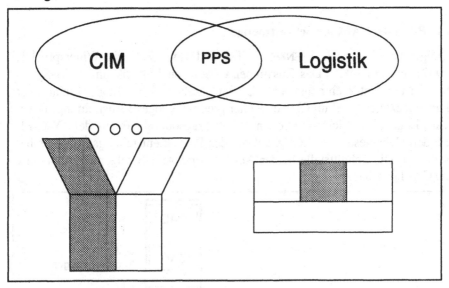

Abb. 1.12: PPS als Schnittmenge von Logistik und CIM

Vergegenwärtigt man sich jedoch,

-   daß innerhalb der Stammdatenverwaltung auch logistikrelevante Daten
    gehalten und gepflegt werden,

-   daß auch die produktions- und materialflußvorgelagerten Phasen der
    Konstruktion und der Arbeitsplanung logistikgerecht gestaltet werden
    können und

-   daß die Transport-, Lager- und Montagesteuerung originär logistische
    Funktionen darstellen,

so wird deutlich, daß diese Art der Schnittmengendefinition die Beziehung
zwischen Logistik und CIM zu eng faßt. Vor diesem Hintergrund - nicht aber
allgemein - überrascht andererseits hierbei die Auffassung, z. B. in den Funktionen der Primärbedarfsplanung, der Kapazitätsterminierung oder der Auftragsfreigabe logistische Aspekte auszumachen.

Die Ansicht, daß die PPS die Schnittmenge von Logistik und CIM darstellt
findet sich beispielsweise bei NEDESS ('PPS zwischen CIM und Logistik',

1992), JOURDAN ('Computerintegrierte Logistik', 1990) und MAIER-ROTHE[7] ('Gemeinsame Strategien für Logistik und CIM', 1986).

b) PPS und CAM als Schnittmenge

Einige Autoren (z. B. STENZEL ('CIM und Logistik - ein Widerspruch?', 1987) und HANDKE ('Das Zusammenwirken von Logistik und CIM-Systemen in der Unternehmensstruktur', 1986)) sehen in der Logistik eine eher kundenbezogene und im CIM eine eher produktbezogene Ausrichtung. Dabei wird Logistik mit den Funktionen des Auftragsdurchlaufs aus dem Y-CIM-Modell gleichgesetzt und CIM auf die des Produktentstehungsprozesses beschränkt. Die Schnittstelle beider Ansätze wird gemäß folgender Abbildung im CAM gesehen.

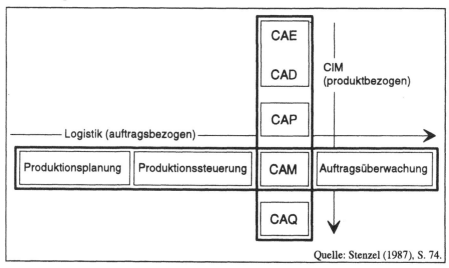

Quelle: Stenzel (1987), S. 74.

Abb. 1.13: CAM als Schnittstelle von Logistik und CIM

Versteht man CIM aber umfassend gemäß dem Y-CIM-Modell, welches Produktionsplanung und -steuerung explizit als Bestandteil enthält, so stellt dieses Verständnis PPS und CAM als Schnittmenge von Logistik und CIM heraus (vgl. BICHLER, KALKER, WILKEN ('Logistikorientiertes PPS-System', 1992)).

---

[7] Maier-Rothe bezeichnet genau genommen nicht die gesamte PPS als Schnittmenge, sondern nennt explizit nur die Produktionsplanung und die Fertigungssteuerung als Überschneidungsbereich von Logistik und CIM. Vgl. Maier-Rothe (1986), S. 3 und S. 5.

c) Materialwirtschaft, Produktionssteuerung und CAM als Schnittmenge

Eine detailliertere Ermittlung der Schnittmenge zwischen Logistik und CIM ergibt sich, indem jede einzelne CIM-Funktion auf ihren Logistikbezug untersucht wird und zudem gleichzeitig die Logistik funktional in die Subsysteme Beschaffungs-, Produktions- und Distributionslogistik getrennt wird. Eine solche Analyse findet sich beispielsweise bei VENITZ ('CIM und Logistik - Zwei Wege zum gleichen Ziel?', 1991), der laut seinen textlichen Ausführungen die Produktionslogistik bzw. CAM als Treffpunkt von Logistik und CIM ausmacht, dessen Abbildung, die nachstehend angeführt ist, aber eine etwas verfeinerte Darstellung wiedergibt.[8]

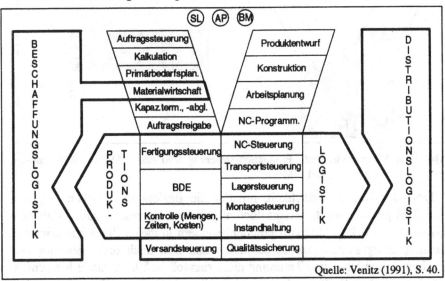

Quelle: Venitz (1991), S. 40.

Abb. 1.14: Die Überschneidungsbereiche von Logistik und CIM nach Venitz

Der gesteigerte Erklärungswert dieses Ansatzes liegt in der Aufnahme der CAM-Funktionen in die Schnittmenge sowie in der funktionalen Aufspaltung der Logistik. Innerhalb der Produktionsplanung wird nur noch der Materialwirtschaft besonderer Logistikbezug zugesprochen. Weiterhin kommt jedoch nicht zum Ausdruck, daß auch aus einer logistikgerechten Gestaltung der Stammdatenverwaltung, der Konstruktion und der Arbeitsplanung Rationalisierungspotentiale resultieren können. Zudem erscheint es fraglich, ob sich die einzelnen CIM-Funktionen stets einem logistischen Subsystem zuordnen lassen. So ist beispielsweise die Lagersteuerung eine Aufgabe, die auch innerhalb des Distributionskanals anzutreffen ist; oder die Qualitätssicherung

---

[8] Vgl. Venitz (1991), S. 39f.

ist auch innerhalb der Beschaffungs- und Produktionslogistik bedeutsam, insbesondere wenn sie im Sinne des Total Quality Managements als Querschnittsfunktion verstanden wird. Schließlich ist der Bereich der Entsorgungslogistik überhaupt nicht erfaßt (vgl. Abbildung 1.15).

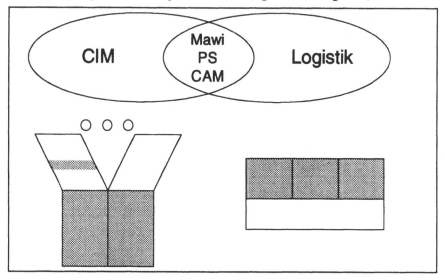

Abb. 1.15: Materialwirtschaft, Produktionssteuerung (PS) und CAM als Schnittmenge von Logistik und CIM

Trotz der Unterschiedlichkeit, mit der die Beziehung zwischen Logistik und CIM gesehen wird, besteht doch allgemeiner Konsens darüber, daß Logistik und CIM keine konkurrierenden, sondern in vielen Bereichen komplementäre Integrationskonzepte darstellen und sich auch nicht getrennt betrachten lassen bzw. eine Trennung nicht sinnvoll ist.[9] Im Grunde betrachten sie den gleichen Sachverhalt nur aus zwei verschiedenen Perspektiven, so daß man sie mit Recht als 'siamesische Zwillinge' bezeichnen kann.[10] Dies kommt auch in den folgenden, gemeinsamen Zielen zum Ausdruck:

-     der durchgängigen, d. h. alle Funktionen berührenden Integration der Auftragsabwicklung[11],

-     der "Gestaltung von integrierten Gesamtlösungen des Material- und Informationsflusses"[12],

---

[9]   Vgl. Bichler, Kalker, Wilken (1992), S. 13; Nedeß (1992), S. 7; Kuhn (1991), S. 11; Treutlein (1987), S. 47; Stenzel (1987), S. 74f.; Handke (1986), S. 20; Maier-Rothe (1986), S. 7.

[10]   Vgl. Rück, Stockert, Vogel (1992), S. 11. Vgl. auch Maier-Rothe (1986), S. 7.

[11]   Vgl. Rück, Stockert, Vogel (1992), S. 15.

[12]   Treutlein, Lohmann (1988), S. 13.

-      der Verkürzung der Durchlaufzeiten, Erhöhung der Termintreue, Re-
       duzierung der Bestände und Steigerung der Kapazitätsauslastung.

1.3.2 Begriffliche Trennung von Logistik und CIM

Im vorangehenden Kapitel wurden zwei Gründe für die Vielfalt, mit der die
Beziehung zwischen Logistik und CIM gesehen wird, identifiziert: die
Spannbreite, mit der Logistik und CIM definiert werden und die Uneinheit-
lichkeit darüber, wo die Schnittmenge beider Konzepte liegt. Innerhalb dieses
Buches wird diesen beiden Aspekten wie folgt begegnet:

-      Logistik und CIM werden auf ihren Kerngehalt, den Materialfluß
       (Objekt der Logistik) und den Informationsfluß (Objekt des CIM), zu-
       rückgeführt;[13]

-      es wird gar nicht erst der Versuch unternommen, eine wie auch immer
       geartete Schnittmenge herauszuarbeiten, sondern wechselseitig werden
       die gegenseitigen Einflüsse beleuchtet.

Die Zurückführung auf den Material- bzw. den Informationsfluß erfolgt vor
allem deshalb, weil sich nur so eine hinreichende Trennung zwischen beiden
Konzepten aufbauen und erhalten läßt. Keineswegs soll damit allerdings eine
Einschränkung des Verantwortungsbereichs der Logistik oder gar eine Un-
terordnung der Logistik unter die Belange der Produktion erfolgen. Es geht
auch nicht um die Beziehung zwischen CIM als Informationssystem der
Produktion und CAL als Logistikinformationssystem. CIM wird hier vielmehr als integratives Informationssystem "oberhalb" der miteinander ver-
zahnten fertigungstechnischen und logistischen Abläufe verstanden.[14] Während die Anforderungen der Produktion an CIM vielfach dokumentiert sind,
geht es in diesem Werk um die aus Sicht der Logistik interessanten Aspekte
in der betrieblichen und überbetrieblichen Informationssystemgestaltung. Die
Logistik gibt dementsprechend vor, *welche* Funktionen DV-technisch zu unterstützen sind, und CIM gestaltet das *Wie* der DV-Unterstützung für die
Fälle, in denen mehrere Funktionen zu verbinden sind. Die Informationslogistik, die die Aufgabe hat, "die richtigen Informationen zur richtigen Zeit
in der richtigen Menge und Qualität (z. B. im richtigen Aggregierungsgrad)

---

[13] Eine Ansicht, die auch durch das praxisorientierte und bislang umfangreichste Werk zu Logistik
      und CIM vertreten wird. Vgl. Rück, Stockert, Vogel: CIM und Logistik im Unternehmen (1992),
      S. 15. Vgl. auch Venitz (1991), S. 39.

[14] Eine ähnliche Sicht von CIM findet sich bei Jünemann (1989), S. 483ff. Unterhalb von CIM
      sieht er CAM (Computer Aided Manufacturing and Material Flow) und CAL. Bei Logistischen
      Betrieben tritt CIL an die Stelle von CIM.

dem richtigen Empfänger" zur Verfügung zu stellen, ist der gewählten Definition gemäß als ein Informationsflußproblem Bestandteil von CIM. Während die Logistik eine unmittelbare Marktwirkung besitzt, ist es Aufgabe des CIM, die adäquate Realisierungsstrategie im Bereich der Informationsverarbeitung zu formulieren und zu realisieren.[15] CIM in Zusammenhang mit Logistik betrachten heißt folglich, die Bereiche Beschaffung, Distribution und Entsorgung auch hinsichtlich ihrer informationstechnischen Anforderungen in Verbindung mit der Produktion zu sehen.

Ausgehend von den Kernaufgaben des Transportierens, Umschlagens und Lagerns stellt die Logistik Anforderungen an eine adäquate informationsflußtechnische Realisierung, die durch CIM in Einklang mit sämtlichen anderen Unternehmensaufgaben umzusetzen sind.

Damit wird auf die Herausarbeitung eines zweiten, oft genannten Unterschieds zwischen Logistik und CIM verzichtet, demzufolge sich CIM im Kern auf innerbetriebliche Prozesse beschränkt, während Logistik insbesondere auch die Gestaltung der überbetrieblichen Ablaufkette zum Gegenstand hat.[16] CIM wird hier vielmehr auch als Ansatz verstanden, der auch den überbetrieblichen Informationsaustausch einbezieht.[17]

Der 'rote Faden' ist also die Skizzierung der informationstechnischen Anforderungen der Logistik bzw. die Erweiterung bestehender Informationssysteme um Logistikaspekte, nicht aber die informatorische Vereinnahmung der Logistik durch ein produktionsorientiertes Informationskonzept (CIM).

Würde ein explizites Logistik-Informationssystem dargestellt werden, so widerspräche dies der (hier gewählten) Definition von CIM als einem *alle* technischen und betriebswirtschaftlichen Informationssysteme integrierenden Konzept. Als ein solches ließe es sich nicht auf gleicher Ebene mit einem anderen Informationssystem, in diesem Fall mit einem Logistik-Informationssystem, integrieren.

Zudem kann nur so die hinsichtlich des Materialflusses bestehende enge Verzahnung von Produktion und Logistik auch informationsflußtechnisch wiedergegeben werden. Ansonsten bestände insbesondere bei flexibler Automatisierung und der damit einhergehenden Notwendigkeit, die TUL-Vorgänge prozeßnah zu steuern, die Gefahr, daß zwei Informationssysteme mit möglicherweise eigenen Datenstrukturen und Rechnerarchitekturen

---

[15] Vgl. Stenzel (1987), S. 72.

[16] Vgl. Venitz (1991), S. 39.

[17] Vgl. auch Seite 12.

nebeneinander exisitieren. Dies würde umständliche Informationswege verursachen, da die von den Informationssystemen abgebildeten Prozesse eine hohe Interdependenz aufweisen.[18] Wir halten fest:

> Die Logistik hat die Materialflußgestaltung zum Inhalt (Planung, Steuerung, und Durchführung von Güterströmen), CIM beschäftigt sich mit der Informationsflußgestaltung (Planung, Steuerung und Durchführung von Informationsströmen). Die Informationslogistik ist demnach Teilbereich der Informationsflußgestaltung, also des CIM. Die Konzepte werden in der Begrifflichkeit als (weitgehend) überschneidungsfrei definiert, weisen aber gegenseitige Interdependenzen auf.

Auf die Identifikation einer Schnittmenge von Logistik und CIM wird verzichtet, weil - wie im Kapitel 1.3.1 dargestellt - jeder derartige Versuch angreifbar ist, da er sich vorhalten lassen muß, nicht umfassend zu sein. Die bis hierhin erreichte begriffliche Klarstellung von "Logistik" und "CIM" ist an sich schon ein Wert, gilt doch, "daß eine saubere analytische Entwicklung der Grundbegriffe das Fundament aller Wissenschaften ist."[19] Aus der Sicht der Wirtschaftsinformatik hat die begriffliche Trennung des Gesamtkomplexes in die Betrachtung des Materialflusses einerseits und des Informationsflusses andererseits aber darüber hinausgehende Vorteile.

Die Vorteile der begrifflichen Trennung sind:

-    Jede Betrachtungsebene für sich zeichnet sich durch eine geringere Komplexität aus als das Ganze und ist damit auch beherrschbarer.

-    Jede Betrachtungsebene erschließt für sich genommen Freiheitsgrade, die bei ausschließlich gemeinsamer Betrachtung nicht offensichtlich gewesen wären.

So gibt es z. B. im Bereich des CIM Entwicklungen, die nur aus Informationsgesichtspunkten völlig unabhängig von einer zugrunde gelegten Materialflußkonzeption entstanden sind, bei denen ein zu starker "Realweltbezug" in Form einer Fokussierung auf das logistische Anwendungsgebiet sicherlich eher hemmend gewesen wäre. Die Entwicklung einer allgemeingültigen branchenübergreifenden EDIFACT[20]-Syntax liefert ein Beispiel dafür. Die Schnittstelle - entstanden losgelöst von einem genau spezifizierten Applikationsbereich - ist jedoch für ganz konkrete Anwendungen von Vorteil. Beispiele aus dem Bereich Logistik sind die materialflußgerechte Layout-

---

[18] Vgl. Pape (1990), S. 11.

[19] Seiffert (1991), S. 23.

[20] Zu EDIFACT vgl. Kapitel 2.1.3, S. 76-80.

planung, die Festlegung von Außenlagern im Distributionskanal oder die Definition geeigneter logistischer Einheiten, Aufgaben, die ohne Einbeziehung der Informationsflußgestaltung durchgeführt werden, natürlich aber mit Konsequenzen für und Anforderungen an diese. Die begriffliche Trennung erlaubt, gegenseitige Beeinflussungen formulieren und fordern zu können, die eine effiziente Gestaltung des betrachteten Umfeldes fördern.

CIM unterstützt logistische Entscheidungen in Abhängigkeit von deren Bedeutung und Fristigkeit in unterschiedlichem Maße. Der besondere Nutzen einer hohen EDV-Durchdringung, die den Leitlinien der Daten- und Funktionsintegration folgt, liegt in der raschen und konsistenten Informationsbereitstellung für häufig anstehende, zeitkritische Entscheidungen. Somit unterstützt CIM insbesondere die Lösung von operativen und taktischen Problemstellungen. Strategische Entscheidungen zeichnen sich hingegen dadurch aus, daß sie eine lange zeitliche Reichweite haben und - in Relation zu operativen und taktischen Entscheidungen - eher selten zu treffen sind. Zeitkritisch ist hierbei weniger die Bereitstellung atomistischer Daten als vielmehr die Gewinnung relevanter, zumeist erst durch Verdichtung gewonnener Daten. Der mittelbare Nutzen von CIM für strategische Entscheidungen liegt also in der Bereitstellung einer einheitlichen Datenbasis, die durch flexibel formulierbare Abfragen beliebig kombinierbare und verdichtbare Daten bereitstellt. Die sich als Ergebnis von CIM, das eher durch eine funktions- denn eine hierarchieübergreifende Stoßrichtung gekennzeichnet ist, einstellende, redundanzbeherrschte Datenhaltung und die darauf aufsetzende Möglichkeit zur vielfältigen Verdichtung der atomistischen Daten stellt so gesehen eine Begleiterscheinung - und nicht unbedingt eine eigenständige Zielsetzung - von CIM dar, die sich beispielsweise sinnvoll für den Aufbau eines Executive Information Systems nutzen läßt. Folglich werden die informationsflußtechnischen Möglichkeiten zur Unterstützung logistischer Abläufe im Rahmen dieses Buchs schwerpunktmäßig für operative und taktische Entscheidungen und weniger für strategische Fragestellungen diskutiert.

Wir stellen im folgenden wechselseitig jeweils eines der beiden Konzepte in den Vordergrund (in Kapitel 2 die Logistik und in Kapitel 3 CIM) und beleuchten die gestalterischen Aufgaben, die durch die Interdependenzen mit dem jeweils anderen induziert werden. Das bedeutet, daß wir erst eine begriffliche Trennschärfe definieren und dann gegenseitige Einflüsse zweier getrennter Betrachtungsweisen vor dem Hintergrund einer gemeinsamen ökonomischen Zielsetzung aufzeigen. Dies scheint erfolgversprechender zu sein als die Bildung einer Schnittmenge, die - wie oben erwähnt - immer angreifbar ist und sich zudem die Frage nach dem Nutzen gefallen lassen muß, da z. B. die pauschale Aussage, daß die PPS die Berührungsfläche von

Logistik und CIM bildet, für sich alleine ohne Bedeutung ist[21], wenn keine Konsequenzen für die dahinterliegende Zielsetzung aufgezeigt werden.

Die Logistik wird in den folgenden Ausführungen funktional in Beschaffungs-, Produktions-, Distributions- und Entsorgungslogistik gegliedert; CIM wird in Anlehnung an das Y-CIM-Modell definiert. Ausgehend von dem jeweiligen Materialfluß in dem betrachteten Subsystem werden unter dem Blickwinkel 'Logistik aus Sicht des CIM' (Kapitel 2) die zugehörigen Informationsflüsse dargestellt und informationstechnische Realisierungen vorgestellt. In der Perspektive 'CIM aus Sicht der Logistik' (Kapitel 3) steht die logistikgerechte Gestaltung der CIM-Funktionen im Vordergrund. Diese wechselseitige Betrachtung wird auch durch die folgende Abbildung wiedergegeben.

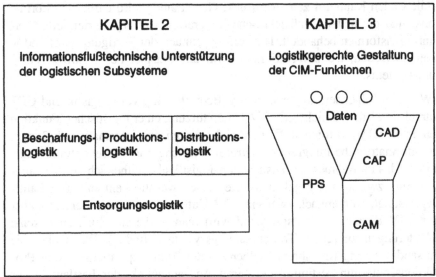

Abb. 1.16: Betrachtungsgegenstand und Blickwinkel der Kapitel 2 und 3

Eine solche Vorgehensweise ist trotz der vorgenommenen begrifflichen Trennung wegen der engen Verzahnung von Material- und Informationsfluß nicht vollständig überschneidungsfrei. Als Zuordnungskriterium dafür, ob es sich eher um eine logistische Problemstellung oder um einen CIM-Aspekt handelt, dient die Feststellung, ob die material- oder die informationsflußtechnische Komponente überwiegt. Dennoch ist einzugestehen, daß die Einordnung eines Themas zu einem Konzept - Logistik oder CIM - nicht immer einfach gewesen ist.[22] Ein Zuordnungsproblem ergab sich ins-

---

[21] Vgl. Treutlein, Lohmann (1988), S. 13.

[22] Vgl. auch Rück, Stockert, Vogel (1992), S. 613.

besondere bei PPS-Systemen, bei denen eine Einbettung sowohl in Kapitel 2 (Produktionslogistik aus Sicht des CIM) als auch in Kapitel 3 (Logistik-gerechte Produktionsplanung und -steuerung) hätte vertreten werden kön-nen. Wir haben uns für die letztere entschieden, da der Steuerungsaspekt als Resultat des Informationsflusses in PPS-Systemen der dominierende Faktor ist und wir die aus der PPS folgenden Einflüsse auf Logistikentscheidungen untersucht haben. Umgekehrt stellt das branchenneutrale, internationale Übertragungsprotokoll EDIFACT primär die Realisierung einer aus dem Materialfluß folgenden Anforderung dar und ist demzufolge Bestandteil des Kapitels 2.

Der gemeinsame Ansatz von Logistik und CIM, die jeweils mit einem be-sonderen Schwerpunkt erfolgende Integration von Prozessen, kommt im ab-schließenden Kapitel 4 zum Ausdruck. Gleichrangig wird darin die informa-tions- und die materialflußtechnische Integration von objektorientierten Or-ganisationsformen behandelt. Dies erfolgt anhand der Fertigungsinsel und in einer speziellen, technikzentrierten Form am Beispiel des Flexiblen Ferti-gungssystems.

Wenn im folgenden die gegenseitige Beeinflussung von Logistik und CIM betrachtet wird, soll nicht jede DV-Unterstützung einer logistischen Funktion den Titel "CIM" verdienen. Es geht vielmehr um den Informations*fluß*, d. h. die informatorische Integration *mehrerer* Bereiche. Ein Tourenoptimierungs-system, das im Rahmen der Distributionslogistik als Teilbereich der Versand-steuerung zwischen *n* gegebenen Orten einen wegstreckenminimalen Fahrt-weg festlegt, ist demnach zwar eine DV-Unterstützung eines Bereichs, aber kein CIM-Bestandteil (entsprechend wird man in diesem Buch auch keine Erläuterungen zu reinen Tourenplanungssystemen finden). Wenn aber die Versandsteuerung (mit ihrem Teilbereich der Tourenoptimierung) den Pro-duktionsendtermin bestimmt und damit Ausgangspunkt der Festlegung der Material- und Kapazitätswirtschaft ist (z. B. in der Möbelindustrie), so läßt sich dies aus Sicht des Informationsflusses als CIM-Bestandteil interpretie-ren. Aus Sicht der Logistik spiegelt dieses Phänomen die Entscheidungsrele-vanz der Distributionslogistik für die Produktionslogistik wider.

Wir sind uns bewußt, daß die Beantwortung der Frage, wann "einfache" und wann "integrierte" DV-Unterstützung vorliegt, nicht immer unstrittig zu beantworten ist. Es zeigt sich jedoch, daß eine Arbeitsdefinition, nach der in-tegrierte (also CIM-) DV-Unterstützung immer dann gegeben ist, wenn der Informationsfluß zwischen mehreren CIM-Bereichen (aus der Y-Definition) betrachtet wird, die Frage nach der Zuordnung der DV-Systeme in "einfach" und "integriert" mit ausreichender Trennschärfe beantwortet.

> *Zielsetzung dieses Buches* ist es, das Verhältnis von Logistik und CIM neu zu definieren, indem
>
> - die adäquate informationstechnische Unterstützung aller vier logistischen Subsysteme aufgezeigt und das Informationssystem einheitlich gestaltet wird, wobei der (produktionszentrierte) CIM-Begriff so ausgeweitet wird, daß er die Informationsflußgestaltung für die gesamte Logistikkette umfaßt,
> - logistische Aspekte in den CIM-Funktionen identifiziert werden, um die insbesondere in den Produktions- und Materialfluß vorgelagerten Phasen (Konstruktion, Arbeitsplanung) liegenden Freiheitsgrade auch hinsichtlich ihrer Konsequenzen auf die Logistik zu gestalten.

Literaturempfehlungen zu Kapitel 1.3:

Die einzelnen Quellen sind innerhalb des Kapitels weitestgehend thematisiert worden, so daß eine weitere Charakterisierung hier entfallen kann.

Handke, G.: Das Zusammenwirken von Logistik und CIM-Systemen in der Unternehmensstruktur. RKW-Handbuch Logistik. Kennzahl 6810. Berlin 1986.

Kuhn, A.: CIM und Logistik. CIM-Management, 7 (1991) 4, S. 4-11.

Maier-Rothe, C.: Gemeinsame Strategien für Logistik und Computer-Integrated Manufacturing. RKW-Handbuch Logistik. Kennzahl 6820. Berlin 1986.

Nedeß, C.: PPS zwischen CIM und Logistik. In: ONLINE '92. 15. Europäische Congressmesse für Technische Kommunikation. Symposium VIII-4. Hamburg 1992.

Rück, R.; Stockert, A.; Vogel, F. O.: CIM und Logistik im Unternehmen. München, Wien 1992, S. 1-19.

Stenzel, J.: CIM und Logistik - ein Widerspruch? CIM-Management, 3 (1987) 2, S. 70-76.

Treutlein, K.: CIM contra Logistik? Zeitschrift für Logistik, 8 (1987) 3, S. 47-49.

Treutlein, K.; Lohmann, R.: Wie können CIM- und Logistik-Konzepte koordiniert werden? CIM-Management, 4 (1988) 5, S. 13-16.

Venitz, U.: CIM und Logistik - Zwei Wege zum gleichen Ziel? In: Integrierte Informationssysteme. Hrsg.: H. Jacob, J. Becker, H. Krcmar. Wiesbaden 1991, S. 35-47 (SzU, Band 44).

1.4 Aktuelle Unternehmensstrategien aus Sicht von Logistik und CIM

Die gegenwärtige "Japan-Euphorie" hat dazu geführt, daß in Strategien, die den wirtschaftlichen Erfolg Japans begründen (sollen), gleichzeitig Handlungsempfehlungen für westliche Unternehmen gesehen werden. Zu diesen Unternehmensstrategien zählen im Logistik- und CIM-Umfeld insbesondere die Konzepte der Lean Production sowie des Total Quality Managements (TQM). TQM wird oft auch als Bestandteil der Lean Production interpretiert. Aufgrund des eigenständigen Stellenwerts des Qualitätsmanagements werden hier beide Ansätze getrennt voneinander diskutiert und jeweils in Verbindung mit Logistik und CIM betrachtet.

1.4.1 Lean Production

Zu intensiven Diskussionen und nachhaltigen Veränderungen in der produktionswirtschaftlichen Begriffs- und Denkwelt hat die fünfjährige Studie innerhalb des MIT International Motor Vehicle Programm (IMVP) zur weltweiten Situation der Autoindustrie geführt.[1] Deren Ergebnisse erregten besondere Aufmerksamkeit, weil sie zeigten, daß der wirtschaftliche Erfolg der Japaner nicht auf längeren Arbeitszeiten, niedrigeren Faktorkosten oder technologischen Vorteilen beruht, sondern auf deutlich effizienteren Ablaufstrukturen im gesamten Produktentstehungsprozeß. Dies drückt sich u. a. in signifikant geringeren Entwicklungs- und Fertigungszeiten, niedrigeren Fehlerraten, einem verminderten Ressourcenbedarf (Personal, Fläche) und als Folge davon deutlich reduzierten Kosten aus.

Die schlanke Fertigung als "neues Fertigungsprinzip" wurde in den 50er Jahren von Toyota konzipiert und 1990 durch das populärwissenschaftliche Buch "The Machine That Changed the World" (dt.: "Die zweite Revolution in der Autoindustrie") erstmalig ganzheitlich unter dem Begriff Lean Production[2] vorgestellt. Trotz oder gerade wegen der Intensität der Diskussion um die Lean Production gibt es für diesen Begriff eine Vielzahl äußerst facettenreicher Definitionen. Im Regelfall wird er - wie in Abbildung 1.17 - durch eine Aufzählung von Prinzipien, Methoden und Werkzeugen charakterisiert.

---

[1]   Die Ergebnisse dieser Studie sind enthalten in: Womack, Jones, Roos: Die zweite Revolution in der Autoindustrie. 7. Aufl., Frankfurt, New York 1992.

[2]   Daneben finden sich auch die Begriffe Lean Management und Lean Enterprise. Beide Begriffe geben wieder, daß die Lean Production weit über den Produktionsbereich hinausgeht. Der Begriff der Lean Production wurde von Krafcik (1988) eingeführt.

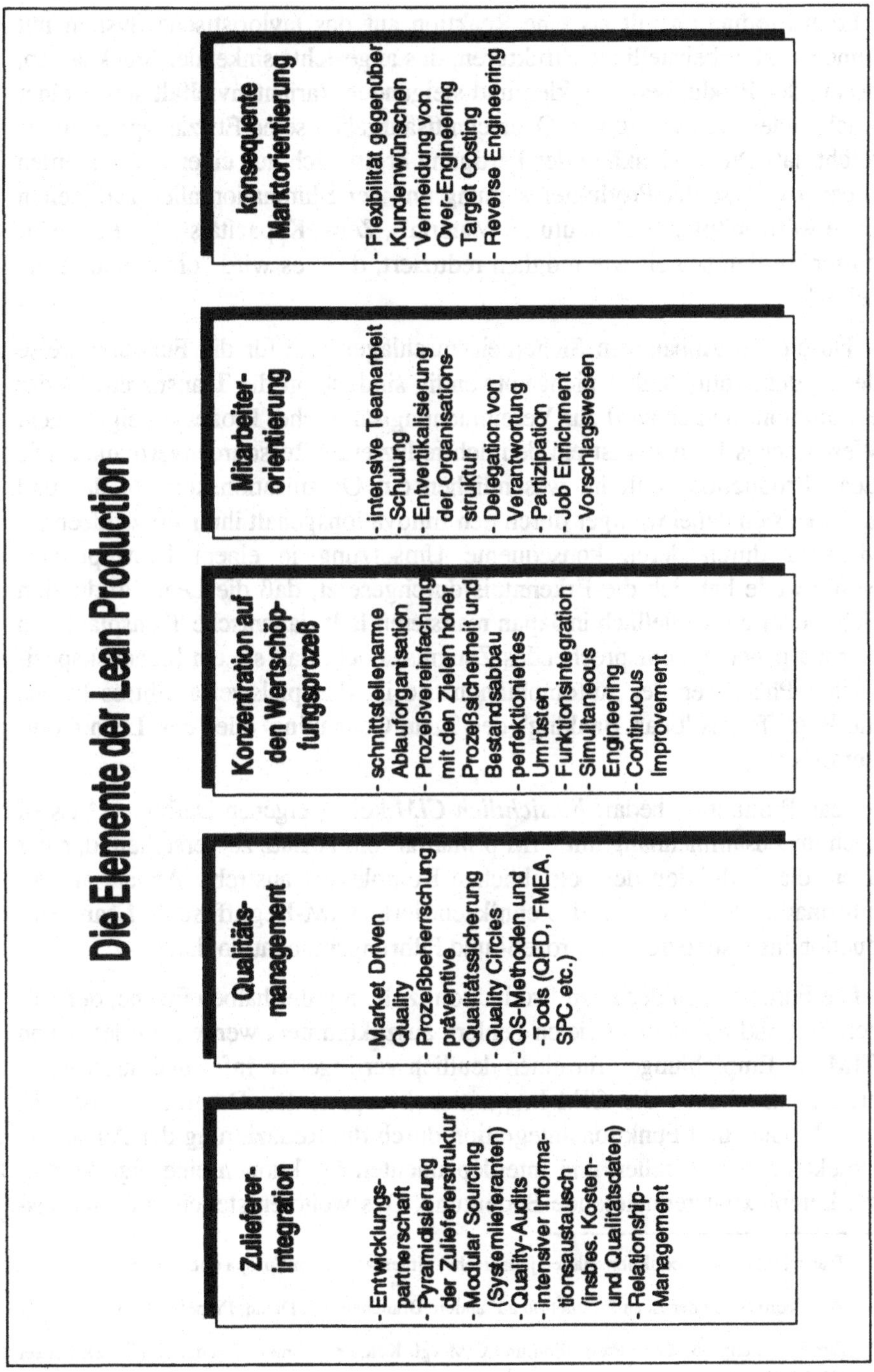

Die Elemente der Lean Production

Zulieferer-integration

- Entwicklungs-partnerschaft
- Pyramidisierung der Zuliefererstruktur
- Modular Sourcing (Systemlieferanten)
- Quality-Audits
- intensiver Informa-tionsaustausch (insbes. Kosten- und Qualitätsdaten)
- Relationship-Management

Qualitäts-management

- Market Driven Quality
- Prozeßbeherrschung
- präventive Qualitätssicherung
- Quality Circles
- QS-Methoden und -Tools (QFD, FMEA, SPC etc.)

Konzentration auf den Wertschöp-fungsprozeß

- schnittstellenarme Ablauforganisation
- Prozeßvereinfachung mit den Zielen hoher Prozeßsicherheit und Bestandsabbau
- perfektioniertes Umrüsten
- Funktionsintegration
- Simultaneous Engineering
- Continuous Improvement

Mitarbeiter-orientierung

- intensive Teamarbeit
- Schulung
- Entvertikalisierung der Organisations-struktur
- Delegation von Verantwortung
- Partizipation
- Job Enrichment
- Vorschlagswesen

konsequente Marktorientierung

- Flexibilität gegenüber Kundenwünschen
- Vermeidung von Over-Engineering
- Target Costing
- Reverse Engineering

Abb. 1.17: Charakterisierung der Lean Production

Lean Production gilt als eine Reaktion auf das tayloristische System mit seinen stark arbeitsteiligen Strukturen, das angesichts sinkender Stückzahlen, verkürzter Produktlebenszyklen und steigender Variantenvielfalt sowie einer wachsenden Bedeutung von Querschnittsaufgaben seine Effizienzgrenzen erreicht hat. Die Schlankheit der Fertigung ergibt sich aus einer konsequenten (Lean-)Analyse der Produktentstehung und der Elimination aller Tätigkeiten ohne wertschöpfende Bedeutung. Material-, Zeit-, Kapazitäts- und Personalpuffer werden soweit wie möglich reduziert, d. h. es wird "ohne Netz gearbeitet".

Durch den Abbau von Sicherheitszuschlägen, die für die Funktionsweise des Systems unmittelbar nicht notwendig sind, steigt die Transparenz in der Produktion, und es wird zur Vereinfachung sämtlicher Prozesse beigetragen. Wesentliches Ergebnis ist ein deutlich reduzierter Ressourcenverbrauch. Die Lean Production stellt im wesentlichen ein Organisationskonzept dar und zeichnet sich dabei weniger durch den Innovationsgehalt ihrer Einzelideen als vielmehr durch deren konsequente Umsetzung in einem Konzept aus. Mittlerweile hat sich die Erkenntnis durchgesetzt, daß die Lean Production sich weder ausschließlich in Japan realisieren läßt (japanische Transplants[3] in Europa geben ein entsprechendes Zeugnis) noch, daß sie ein branchenspezifisches Phänomen der Automobilindustrie ist (beispielsweise gibt es bereits die Begriffe des 'Lean Banking', des 'Lean Consulting' oder des 'Lean Computing').[4]

Lean Production bedarf *hinsichtlich CIM* keiner eigenen Definition.[5] Es ist auch im Zusammenhang mit CIM primär als ein Ansatz zu verstehen, der vor allem die Reduktion der betrieblichen Komplexität anstrebt. Anders als der informationstechnisch- und technikzentrierte CIM-Begriff stellt Lean Production insbesondere eine Prozeß- und Führungsinnovation dar.[6]

Die Forderungen der Lean Production, z. B. mit der halben Fläche, der halben Zeit und nur halb so vielen Fehlern auszukommen, werden seit jeher von CIM um Empfehlungen für einen deutlich verringerten Informationsaufwand ergänzt. So haben die CIM-Integrationskomponenten Daten-, Datenstruktur-, Modul- und Funktionsintegration durch die Reduzierung der Anzahl an Objekten, Schnittstellen und interdependenten Funktionen eine eigenständige, komplexitätsreduzierende Bedeutung. Des weiteren stellen informations-

---

[3]   Transplants sind Produktionsstätten japanischer Unternehmen in Europa und Amerika.

[4]   Zur Übertragung der Lean Production auf andere Branchen vgl. Daum, Piepel (1992).

[5]   Zur Beziehung von Lean Production und CIM vgl. Kettner, Schmidt, Friederich (1992); Scheer (1992); Westkämper (1992).

[6]   Vgl. Seger (1992), S. 412.

technische Dezentralisierungstrends wie Downsizing, Client-Server-Architekturen oder Groupware adäquate Ansätze für die organisatorischen, mitarbeiterorientierten Gestaltungsempfehlungen der Lean Production dar. In diesem Sinne stellen grafische oder multimediale Benutzeroberflächen einen geeigneten Ansatz dar, um die Benutzerakzeptanz zu erhöhen. Der Anspruch der Lean Production, die Abläufe permanent zu verbessern (*Continuous Improvement*) gibt Anlaß, die Gestaltung der CIM-Architektur laufend in Frage zu stellen und aktuellen Erfordernissen anzupassen.

Komplexitätsreduktion im Sinne der Lean Production wird aber nicht nur über Informationssysteme erreicht, sondern insbesondere auch durch hochqualifizierte Mitarbeiter. Nachdem das Akronym CIM anfangs mit der Vorstellung einer menschenleeren Fabrik verbunden wurde, ist Lean Production nunmehr als Ansatz auch zum Ausschöpfen der individuellen (Planungs-) Fähigkeit des Menschen in den Planungsprozeß und zur Verbesserung organisatorischer Strukturen anzusehen.

Der Einfluß des Lean-Production-Ansatzes auf CIM ist darin zu sehen, daß von der (komplexen) Vision einer unmittelbar realisierbaren, informationstechnisch vollständig integrierten Fabrik Abstand genommen werden sollte. Unter intensiver Einbeziehung der Mitarbeiter sind stattdessen Strategien zu entwerfen, die sukzessiv Prozesse anstreben, welche sich primär durch eine sichere Beherrschung und nicht durch ihre technische Optimierung auszeichnen. Der Integrationsansatz des CIM ist allerdings als Fernziel weiterhin Vorgabe. Lean Production verändert aber nicht nur die Gewichtung innerhalb der gesetzten Ziele, sondern auch die Planungsphasen und -inhalte. Der Grundsatz des 'simplify before automating' verdeutlicht, daß der informationstechnischen Integration organisatorische Restrukturierungen voranzugehen haben. Dies führt zugleich zu einer Entflechtung der Informationsflüsse und mithin zu einer Vereinfachung der CIM-Umsetzung. Entsprechend der Betonung der Zulieferer-Integration innerhalb der Lean Production ist CIM außerdem stärker als bislang unternehmensübergreifend zu verstehen.[7]

Eine wesentliche Aufgabe ist hierbei die datentechnische Unterstützung eines unternehmensübergreifenden *Simultaneous Engineering*[8]. Unter Simultaneous Engineering versteht man die synchronisierte Produkt- und Prozeßentwicklung mit dem Ziel der Durchlaufzeitverkürzung im Produktionsvor-

---

[7] Vgl. auch S. 12.

[8] Auch Concurrent Engineering genannt. Die *simultane Entwicklung* ist neben der *Führung durch einen* mit umfangreichen Kompetenzen versehenen *Teamleiter*, der *Arbeit in* interdisziplinären, kleinen *Teams* und der frühzeitigen, intensiven *Kommunikation* das vierte Element der schlanken Konstruktion als Funktion innerhalb der Lean Production. Vgl. Womack, Roos, Jones (1992), S. 117-123.

feld. Daraus resultieren Erlöskonsequenzen, wenn eine frühzeitigere Marktpräsenz erzielbar ist und vom Markt durch- erhöhte Nachfrage honoriert wird.[9] Spezifikationen für ein Bauteil oder ein Werkzeug konkretisieren sich bei simultaner Entwicklung zeitparallel zum Produktentstehungsprozeß, so daß schon frühzeitig - basierend auf groben Vorgaben - mit Entwicklungsarbeiten begonnen werden muß. Der wechselseitigen Abhängigkeit dieser Entwicklungsarbeiten entsprechend bedarf es einer konsistenten, stets aktuellen Datenbasis, die den verteilt arbeitenden Beteiligten zugänglich sein muß.

Aus logistischer Sicht ist Lean Production als dritter Weg neben der tayloristischen Massenfertigung und objektorientierten Konzepten wie Fertigungsinseln anzusehen.[10]

Die Verbindung von Gruppenarbeitsprinzipien und getaktetem Fließband ist das wesentliche Merkmal der "*Lean-Produktionslogistik*". Interessant ist, daß jedem Mitarbeiter die Kompetenz eingeräumt wird, das gesamte Fließband anzuhalten, wenn ein Problem auftritt.[11] Hohe Prozeßsicherheit, integrierte Qualitätssicherung (Selbstkontrolle) und die Beseitigung von Nacharbeitszonen sorgen für einen beruhigten und übersichtlichen Materialfluß sowie für einen weitgehenden Bestandsabbau. Explizit empfohlen wird die wegeminimierende U-Form (u-shaped Production Line Systems). Die schlanke Fabrik zeichnet sich durch segmentierte, flußorientierte Strukturen aus. Empirische Ergebnisse zeigen, daß ein Resultat dieser Bemühungen ein deutlich reduzierter Flächenbedarf ist.

Die verstärkte Vergabe von Teilefertigungen an Zulieferer und die damit unmittelbar verbundene Verringerung der Fertigungstiefe[12] verlangte eine intensivere Einbindung der Zulieferer über die *Beschaffungslogistik* und führte in den achtziger Jahren zur Entwicklung neuer logistischer Konzepte des zwischenbetrieblichen Materialflusses (Just-in-time). Aus einer Senkung der Fertigungstiefe resultieren zwar eine reduzierte Kapitalbindung und verringerte Lagerkosten, aber die Risiken schwankender Lieferqualitäten und Termintreue erschweren den reibungslosen Produktionsablauf. Deshalb ist die logistische Integration des Zulieferers eine notwendige Voraussetzung für die schlanke Fertigung. Andererseits erleichtert aber auch eine perfekte logistische Vernetzung die weitere Verringerung der Fertigungstiefe. Dement-

---

[9]   Vgl. Bullinger, Wasserloos (1990), S. 5f.

[10] Vgl. Hentze, Kammel (1992), S. 632f.

[11] Vgl. Womack, Jones, Roos (1992), S. 62.

[12] So sank die Fertigungstiefe der deutschen Automobilhersteller im Durchschnitt von 43 Prozent (1980) auf 36,1 Prozent. Vgl. Lean Production ... (Hrsg.: FPN) (1992), S. 31.

sprechend ist die schlanke Beschaffung vor allem durch ein intensives Vertrauensverhältnis zwischen dem Hersteller und seinen Systemlieferanten gekennzeichnet, welches permanent gepflegt wird (Relationship-Management).[13] Beispielsweise sind die Erstzulieferer innerhalb des Lean Production-Konzepts integraler Bestandteil der Produktentwicklungsteams beim Hersteller, da sich nur so Aspekte einer lieferantenseitigen fertigungsgerechten Konstruktion berücksichtigen lassen. Zudem werden insbesondere Qualitäts- und Kostendaten mit erstaunlicher Offenheit ausgetauscht. Dadurch, daß nur noch wenige Zulieferer als Erstzulieferer (First Tier) auftreten und eine Vielzahl von Unterzulieferern Zweit- oder Drittzulieferer (Second bzw. Third Tier) darstellen, kommt es zu einer Pyramidisierung der Zulieferstruktur.

Hinsichtlich der *Distributionslogistik* zeichnet sich die Lean Production durch eine im Vergleich zu westlichen Verhältnissen begrenzte Anzahl an intensiv gepflegten Händlerbeziehungen aus. Weitere Kennzeichen der schlanken Distribution sind ein deutlich reduzierter Bestand im Vertriebskanal durch auftragsorientierte Produktion und eine besondere Form der Kundenbetreuung, die den Verkauf auch als ausgiebiges Marktforschungsinstrument versteht, wodurch wiederum die relativ hohen Vertriebskosten gerechtfertigt werden.

1.4.2 Total Quality Management

Unter Total Quality Management (TQM)[14] versteht man eine Management-Philosophie, die unter Einbeziehung aller Mitarbeiter auf allen Unternehmensebenen sowie insbesondere einschließlich der Lieferanten- und Abnehmerseite, d. h. entlang der gesamten Wertschöpfungskette *(Total)*, einem anwendungsbezogenen Qualitätsbegriff folgt *(Quality)* und top-down eingeführt eine Vorbildfunktion mit partizipativ-kooperativen Führungsstil *(Management)* verfolgt. Zur operativen Umsetzung dieser Strategie dient eine Vielzahl an Methoden und Werkzeugen zur Qualitätssicherung. Wenngleich TQM eine Teilmenge der Lean Production darstellt, so rechtfertigt die wachsende Bedeutung des Qualitätsmanagements, dieses als eine Strategie in einem zur Lean Production gleichrangigen, eigenen Kapitel darzustellen.

---

[13] Für die Beziehungspflege haben japanische Automobilproduzenten Zulieferer-Verbände institutionalisiert.

[14] Zu TQM vgl. beispielsweise Wildemann (Qualitätssicherung) (1992); Oess (1991); Engelhardt, Schütz (1991); Ishikawa (1985).

Oberster Grundsatz innerhalb von TQM ist absolute *Kundenorientierung*. Die TQM-Philosophie erweitert das oft rein an der Erfüllung von Spezifikationen gebundene Verständnis von Qualität. Qualität definiert sich nicht mehr ausschließlich durch die fertigungstechnische Fehlerfreiheit eines Produkts, sondern das Produkt muß insbesondere den Erwartungen des Kunden genügen. In gleicher Weise wird auch innerbetrieblich verfahren. Das *Prinzip des internen Kunden* ('the next process is your customer') verlagert die Qualitätsverantwortung und -überprüfung von eigenständigen Qualitätsinstanzen (Fremdkontrolle) hin zu einer In-Prozeß-Kontrolle (Selbstkontrolle) der einzelnen Mitarbeiter, was eine motivierende Arbeitsanreicherung (Job Enrichment) zur Folge hat. Treten Fehler auf, wird die Verantwortung der Stufe zugeordnet, in der der Fehler verursacht wurde. Damit wird der Erkenntnis Rechnung getragen, daß Fehlervermeidung die kostengünstigste Form der Qualitätssicherung ist. Einer Addition kleinerer Fehler, die zu einem letztlich außerhalb der Toleranzgrenzen fallenden Produkt führt, wird somit frühzeitig entgegengewirkt.

Dieses Prinzip der Fehlerfreiheit (zero defects) am Arbeitsplatz erfordert einen *mitarbeiterbezogenen Führungsstil*, der über eine partizipativ-kooperative Ausgestaltung (Teamarbeit, Vorschlagswesen etc.) zu einer erhöhten Mitarbeitermotivation führt. Im Gegensatz zur herkömmlichen Vorstellung wird die Qualitätssicherung nicht ergebnisorientiert, sondern *prozeßorientiert* verstanden. Die verstärkte Betrachtung von Prozessen und Arbeitsabläufen bietet die Grundlage für *präventive Fehlerverhütungsmaßnahmen*. Die Vorbeugung von Fehlern und nicht ihre Aufdeckung und nachträgliche Korrektur sind das Ziel des TQM.

Das *CIM-Konzept* berücksichtigt die Qualität des zu erstellenden Produkts über die Funktion der Qualitätssicherung.[15] Es wird hierbei im wesentlichen ein fertigungsbezogener Ansatz[16] zugrundegelegt, der auf die Erfüllung technischer Spezifikationen und Normen abzielt. Produktqualität ergibt sich demnach vornehmlich aus der Qualität der Prozesse. Die Funktion der Qualitätssicherung, innerhalb von CIM als CAQ-System[17] realisiert, ist ausschließlich auf eine Erhöhung der Qualität der Prozesse ausgerichtet.

---

[15] Vgl. zur gemeinsamen Betrachtung von CIM und TQM Rosemann, Wild (1993).

[16] Zum fertigungsbezogenen Ansatz vgl. Oess (1991), S. 33.

[17] CAQ steht für Computer Aided Quality Assurance und bezeichnet die rechnerunterstützte Abwicklung der Prüfplanung, -steuerung, -durchführung und -auswertung sowie der Prüfmittelverwaltung und -überwachung.

Neben einer starken Kundenorientierung werden bei TQM auch die Beziehungen zu den Zulieferern weit stärker betont als bei CIM. Im Gegensatz zu einer rein informationstechnischen Integration durch elektronischen Datenaustausch (Electronic Data Interchange, EDI) werden bei TQM die Lieferanten vor allem als integrale Bestandteile der Wertschöpfungskette verstanden (Relationship-Management).

Während das CIM-Konzept die informationsflußtechnische Infrastruktur einer Unternehmung zum Inhalt hat, findet im TQM-Konzept das gesamte soziale System seinen Niederschlag. Mitarbeitermotivation und die Delegation von Aufgaben, Kompetenzen und Verantwortung bilden Kernelemente dieser Philosophie. Durch die Bildung abteilungsübergreifender Quality Circles und Improvement Teams werden Mitarbeiter über die gesamte Unternehmensbreite in das Qualitätsprogramm eingebunden. Qualität wird also nicht mehr als die Aufgabe nur einer Funktion verstanden, sondern alle betrieblichen Bereiche sind einzubeziehen und haben gemäß einem unternehmensweit einheitlich definierten Qualitätsverständnis zu handeln. Vor allem gilt es, die indirekten Bereiche, also die Funktionen, die keinen unmittelbaren Einfluß auf das Produkt haben, zu involvieren. Grundlage hierfür ist ein umfassender, anwendungsbezogener und damit aus Sicht des Kunden definierter Qualitätsbegriff, so daß Produktqualität nicht mehr als ausschließliche Aufgabe des Produktentstehungsprozesses angesehen werden kann. Vielmehr sind sämtliche Leistungen, die der Abnehmer erhält (u. a. Auskunftsbereitschaft, Reklamationsbearbeitung) entscheidend für die kundenseitige Qualitätsbeurteilung. Diese hohe Kundenorientierung bedeutet auch, daß der steigenden Umweltsensibilität der Gesellschaft durch die Ergänzung von TQM um eine ökologische Dimension Rechnung zu tragen ist.[18]

Gleichzeitig zur funktionsübergreifenden Verbreitung dieses Qualitätsverständnisses erfolgt eine vertikale Integration durch die Einbeziehung aller Hierarchieebenen. Besondere Bedeutung hat hier die Verankerung des TQM-Gedankens im Top-Management, die eine langfristige und wirkungsvolle Unterstützung der Maßnahmen sicherstellt sowie die Top-Down-Umsetzung von TQM ermöglicht, wodurch die TQM-Promotoren eine Vorbildstellung erhalten.

Die folgende Abbildung 1.18 gibt die einzelnen Aspekte von TQM in der CIM-Konzeption in Anlehnung an das Y-CIM-Modell wieder, welches zusätzlich um betriebswirtschaftlich-administrative Funktionen erweitert wurde.

---

[18] Vgl. Adam (Ökologie) (1993), S. 10.

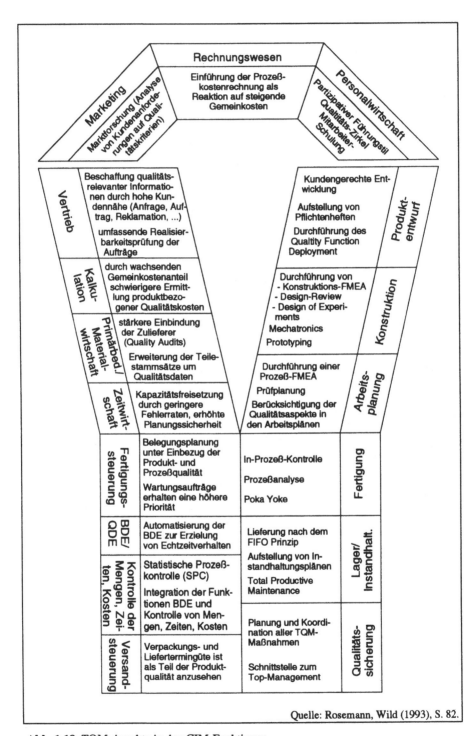

Abb. 1.18: TQM-Aspekte in den CIM-Funktionen

Sowohl CIM als auch TQM sind strategische Unternehmensziele, die lediglich in Teilschritten realisiert werden können. Dabei bedarf TQM der informationsflußtechnischen Infrastruktur, die CIM über integrierte Informationssysteme zur Verfügung stellt, um qualitätsrelevante Daten allen betrieblichen Bereichen zugänglich zu machen. Im Gegenzug bringt die Fokussierung auf Qualität neuen Antrieb in die Bemühungen der Unternehmen zur Steigerung der Produktivität. So bedeutet die Reduzierung von Ausschuß und Nacharbeit auch die Vermeidung von Mehrfacharbeiten, und eine Verminderung von eigenständigen Prüfvorgängen führt zu kürzeren Durchlaufzeiten.

Darüber hinaus führt auch die Übertragung der Verantwortung für die produzierte Qualität auf die Mitarbeiter und die abteilungsübergreifende Abstimmung innerhalb von Cross-Functional-Teams zu einem besseren Informationsaustausch durch neue informelle Gruppen. TQM ergänzt somit CIM um adäquate Empfehlungen für die Ausgestaltung des sozialen Systems.

Für die *Interdependenzen zwischen TQM und Logistik* kann im wesentlichen auf die Ausführungen innerhalb der Lean Production verwiesen werden, da das Konzept der schlanken Fertigung die Elemente des TQM-Ansatzes beinhaltet. TQM setzt damit - wie auch Lean Production - an der gesamten, d. h. insbesondere auch an der überbetrieblichen Logistikkette an. Beide Konzepte unterstützen so ein Verständnis des Produktentstehungsprozesses, daß sowohl den Beschaffungsmarkt als auch den Absatzmarkt als integralen Bestandteil der Wertschöpfungskette versteht (vgl. Abbildung 1.19).

Zusätzlich hierzu soll der organisatorisch-führungstechnische Aspekt eines geänderten Qualitätsverständnisses in Bezug auf die Logistik betrachtet werden.

Logistische Qualität läßt sich neben einer erhöhten Automatisierung und Prozeßüberwachung auch dadurch realisieren, daß die Mitarbeiter für qualitätsrelevante Probleme stärker als bislang in die Pflicht genommen werden.[19] Damit besteht im Bereich der Logistik ein hoher Handlungsbedarf, die eigentliche Innovation des TQM gegenüber herkömmlichen Qualitätssicherungsmaßnahmen umzusetzen: die "thought-revolution"[20], die Veränderung der Sensibilität jedes einzelnen Mitarbeiters bezüglich der Art und der Bedeutung der zu erbringenden Qualität.

---

[19] Vgl. Wildemann (Qualitätssicherung) (1992), S. 29.

[20] Ishikawa (1985), S. 3.

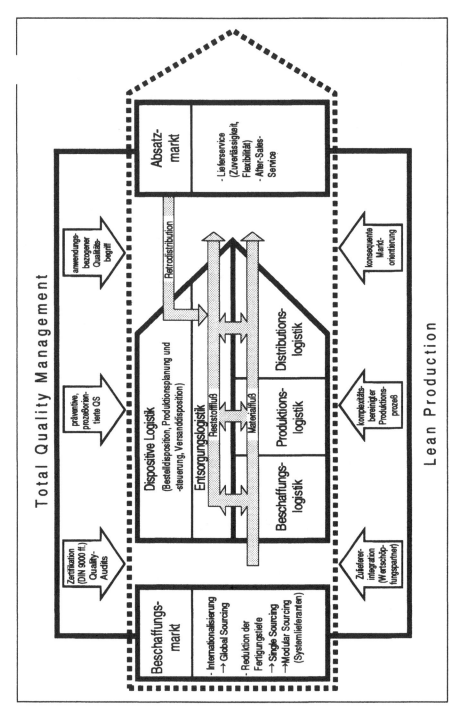

Abb. 1.19: Der Einfluß der Lean Production und des TQM auf die Logistikkette

So gesehen konkretisiert TQM die Zieldimension Qualität und gibt eine Handlungsorientierung für die Ausführung logistischer Aktivitäten. In diesem Sinne sind die Anforderungen an die Logistik aus einer unmittelbar kundenorientierten Sicht zu definieren (u. a. Lieferservice, Lieferflexibilität) und permanent zu verbessern (Continuous Improvement, jap. Kaizen).[21]

Schließlich ist es innerhalb der Distributionslogistik wichtig, ein Verständnis dafür zu schaffen, daß die "Erzeugung" von Qualität nicht mit der Produktion endet, sondern daß der Kunde die Produktqualität auch entscheidend an der Qualität der Produktzustellung (z. B. Termintreue, Ingangsetzung) und des After-Sales-Service bemißt.

Insbesondere für den Beschaffungsbereich existieren im TQM-Ansatz diverse Empfehlungen, die separate Qualitätserfassung im Wareneingang zu eliminieren. Hierzu zählen die Delegation von Aufgaben der Qualitätssicherung auf die Zulieferer, die Einigung auf normierte Qualitätsstandards (DIN ISO 9000ff.) oder die Durchführung von Quality-Audits.

> Die Ausführungen zu Lean Production und Total Quality Management haben verdeutlicht, daß beide Strategien sich gegenseitig durchdringen. Gemeinsames Kennzeichen von Lean Production und TQM ist ihre Anwendung auf die gesamte Wertschöpfungskette von den Lieferanten über den Produzenten bis hin zu den Abnehmern.

---

[21] Vgl. Lambert, Stock (1993), S. 460.

Literaturempfehlungen zu Kapitel 1.4:

Womack, J. P., Jones, D. T., Roos, D.: Die zweite Revolution in der Autoindustrie. 7. Aufl., Frankfurt, New York 1992. [Originalausgabe: The Machine that Changed the World].

Dieses Buch gilt als Begründung der Lean Production-Diskussion. Basierend auf den Ergebnissen einer umfangreichen Forschungsarbeit, wird der weltweite Umbruch in der Automobilindustrie dargestellt. Dabei erfolgt für alle Glieder der logistischen Kette eine Gegenüberstellung der Verhältnisse in der Massenproduktion und in der schlanken Produktion.

Scheer, A.-W.: CIM und Lean Production. In: Scheer, A.-W. (Hrsg.): EDV und Rechnungswesen. 13. Saarbrücker Arbeitstagung. Heidelberg 1992, S. 137-151.

Westkämper, E.: CIM und Lean Production. VDI-Z, 134 (1992) 10, S. 14-21.

Beide Autoren zeigen die bislang noch wenig dokumentierten Wechselbeziehungen zwischen CIM und Lean Production auf.

Oess, A.: Total Quality Management. 2. Aufl., Wiesbaden 1991.

Oess beschreibt in seinem umfassenden Werk TQM als Managementkonzept, das sich aus technischen und sozialen Elementen zusammensetzt. Aufgeteilt nach strategischen, taktischen und operativen Aufgaben, stellt er die TQM-Aspekte in den einzelnen betrieblichen Funktionen dar.

Wildemann, H.: Qualitätsentwicklung in F&E, Produktion und Logistik. ZfB, 62 (1992) 1, S. 17-41.

Ausführlich stellt Wildemann die Kernelemente der aktuellen Qualitätsentwicklung vor, zu denen er u. a. die kundengerechte Entwicklung, Qualitätssicherung durch Prävention, Automation, Selbstkontrolle, Prozeßkontrolle sowie insbesondere die Qualitätssicherung von Zulieferungen zählt. Zudem skizziert er die Gestaltungsprinzipien des TQM.

Specht, G.; Schmelzer, H. J.: Instrumente des Qualitätsmanagements in der Produktentwicklung. zfbf, 44 (1992) 6, S. 531-547.

Die Autoren beschreiben Methoden der Qualitätssicherung (u.a. FMEA, QFD, SPC) und beurteilen ihre Bedeutung anhand einer empirischen Studie.

Rosemann, M.; Wild, R. G.: Die CIM-orientierte Einbettung von TQM. io Management Zeitschrift, 62 (1993) 5, S. 81-86.

Ausgehend von der Frage, in welchen Bereichen TQM für eine Ergänzung von CIM sorgt, werden relevante Aspekte in den einzelnen CIM-Funktionen herausgestellt, um abschließend die Intentionen von CIM und TQM vergleichend gegenüberzustellen.

2 Logistik aus Sicht des CIM

Im Kapitel "1.1.1 Der Logistik-Begriff" wurden vier Sichtweisen der Logistik vorgestellt. Die erste Sichtweise stellte die betrieblichen Basisfunktionen Beschaffung, Produktion, Distribution und Entsorgung in den Vordergrund. Die sich aus dieser funktionalen Abgrenzung der Logistik ergebenden vier Subsysteme liegen der Gliederung des folgenden Kapitels zugrunde. Dabei geht es nicht um eine detaillierte Beschreibung der Basisfunktionen selber, sondern mehr darum, welche Anforderungen die Funktionen der Beschaffung, der Produktion, der Distribution und der Entsorgung an CIM, also den informationstechnischen Aspekt, stellen und wie diese realisiert sind bzw. werden sollten.

Zu jeder der vier Basisfunktionen werden zunächst die Aufgaben und die wesentlichen Objekte dargestellt. Es werden stets nur die Prozesse aufgegriffen, die aus Sicht des Informationsflusses interessant sind. Es ist nicht Ziel, im Sinne eines reinen Logistiklehrbuchs die Subsysteme ausschließlich aus ihren logistischen Inhalten heraus darzustellen.

Die weitere Gliederung folgt den anderen eingangs erläuterten Sichtweisen der Logistik, nämlich Aufgaben, Objekte und Bedeutung/Planungshorizont.

Bei der Darstellung der Beschaffungslogistik wird die Untergliederung nach dem Planungshorizont in taktische und operative Beschaffungslogistik gewählt, da in beiden Ebenen Einflüsse der integrierten Informationsverarbeitung auf Materialflüsse deutlich sichtbar sind. Auf der taktischen Ebene spielen die Aufgabenverteilung im Zusammenspiel zwischen Lieferant und Hersteller und deren informationsflußtechnische Bewältigung eine wesentliche Rolle. Außerdem geht es darum, die Prozeßkette zwischen Hersteller und Lieferant optimal zu gestalten. Auf der operativen Ebene steht eine möglichst rationelle Abwicklung des konkreten Beschaffungsvorgangs im Vordergrund.

In der Produktionslogistik folgt die Gliederung den Aufgaben Transportieren, Umschlagen und Lagern. Für diese logistischen Kernfunktionen werden grundsätzliche informationsflußtechnische Anforderungen und die Verbindungen zu produktionstechnischen Prozessen herausgearbeitet.

Die Distributionslogistik wird unter objektorientierten Aspekten - Material-
und Informationsfluß - untersucht. Hier können vertikale Informationsflüsse
entlang der distributionslogistischen Kette ausgemacht werden, wobei dispositive Instanzen die operativen Instanzen mit Informationen versorgen. Ein
besonderer Schwerpunkt wird dabei auf den Nutzen und die kommunika-
tionstechnischen Möglichkeiten der Einbindung des Frachtführers gelegt. Andererseits verbinden horizontale Informationsflüsse Instanzen gleicher Ebene
miteinander, wie es z. B. bei Frachtraumbörsen der Fall ist. Auch die Ersatzteillogistik, als Bestandteil der Distributionslogistik, wird unter dem Gesichtspunkt des den Materialfluß steuernden Informationsflusses betrachtet.

Um Redundanzen in der Darstellung zu vermeiden, die aus der Spiegelbild-
lichkeit beschaffungs- und distributionslogistischer Abläufe resultieren, wird
bei äquivalenten Sachverhalten auf die entsprechenden Stellen verwiesen. Im
wesentlichen wird dabei davon ausgegangen, daß der Materialfluß innerhalb
der Beschaffung vom Lieferanten und innerhalb der Distribution vom hier
betrachteten Industrieunternehmen vollzogen wird.

Die Entsorgungslogistik schließlich wird unter dem Gesichtspunkt der logistischen Kernaufgaben (Transportieren, Umschlagen, Lagern) und unter dem
Gesichtspunkt des Objekts (Materialfluß, Informationsfluß) beleuchtet. Gemäß der Zielsetzung, den entsorgungslogistischen Aufwand zu minimieren,
indem umweltschutzrelevante Aspekte innerhalb des Produktlebenszyklus
vorverlagert werden, steht äquivalent hierzu die Integration der aus entsorgungslogistischer Sicht interessanten Informationsströme in das gesamtbetriebliche Informationssystem im Vordergrund.

Die Abbildung 2.1 gibt die Gliederung des 2. Kapitels wieder.

Beschaffungslogistik	Produktionslogistik	Distributionslogistik
Kapitel 2.1, Seite 56	Kapitel 2.2, Seite 91	Kapitel 2.3, Seite 109
Entsorgungslogistik		
Kapitel 2.4, Seite 141		

Abb. 2.1: Gliederung des Kapitels 2

Die Darstellungen dieses Kapitels finden ihre Durchgängigkeit, indem für
das jeweils zugrundegelegte logistische Subsystem die entsprechenden Infor-
mationsfluß-Zusammenhänge herausgestellt werden, mithin Logistik aus
Sicht des CIM betrachtet wird. Dabei werden - sofern CIM für eine entsprechende Unterstützung sorgt - folgende Merkmale untersucht:

-      Möglichkeiten der Unterstützung taktischer und operativer Logistik-
       entscheidungen durch CIM,

-      informationsflußtechnische Unterstützung der logistischen Kernfunk-
       tionen Transportieren, Umschlagen und Lagern,

-      Einsatzbeispiele der vier CIM-Integrationskomponenten Daten-, Da-
       tenstruktur-, Modul- und Funktionsintegration sowie

-      deren jeweilige Realisierungsmöglichkeiten: die direkte Kopplung von
       Systemen, das Unternehmensdatenmodell (UDM) und das CIM-Inter-
       face-System.

Insbesondere die Verwendung der vier CIM-Integrationskomponenten sowie
deren Realisierung zeigen im vergleichenden Überblick, mit welchen informationsflußtechnischen Möglichkeiten den individuellen Anforderungen der logistischen Subsysteme Rechnung zu tragen ist. Die Darstellungen in allen Kapiteln (Beschaffungs-, Produktions-, Distributions- und Entsorgungslogistik)
münden in eine zusammenfassende Abbildung mit nachstehender Struktur. In
ihr werden die für jeden Logistikbereich wichtigen Integrationskomponenten
und deren Realisierung wiedergegeben (Abbildung 2.2).

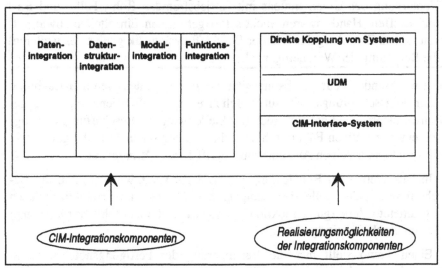

Abb. 2.2: Systematik zur Darstellung der jeweiligen informationsflußtechnischen Unterstützung der logistischen Subsysteme

2.1 Beschaffungslogistik

2.1.1 Aufgaben und Objekte

Die Beschaffung wird zuweilen in die Bereiche Einkauf und Beschaffungslogistik zerlegt.[1] Nach diesem Verständnis obliegen dem Einkauf administrative Aufgaben wie Lieferantenauswahl, Vertragsverhandlungen, -gestaltung und -abschluß, während die Beschaffungslogistik für die Abwicklung des physischen Materialflusses verantwortlich ist. Da jedoch durch den Einkauf wesentliche Rahmenbedingungen für den Materialfluß vorgegeben werden, wird im folgenden von einer umfassenderen Betrachtung der Beschaffungslogistik ausgegangen, die u. a. auch die Lieferantenauswahl miteinbezieht. Gleichzeitig wird damit einer allgemeinen Aufwertung der Logistik Rechnung getragen. Der Gegenstand der Beschaffungslogistik wurde bereits im ersten Kapitel wie folgt beschrieben:

> Aufgabe der Beschaffungslogistik ist die bedarfsgerechte, wirtschaftliche Versorgung des Unternehmens mit betriebsfremden Roh-, Hilfs- und Betriebsstoffen, Handelswaren, nicht selbst gefertigten Einzelteilen sowie mit Kaufteilen. Zum Aufgabenfeld der Beschaffungslogistik gehört des weiteren die Betreuung der Wareneingangslager.

Die wachsende Wettbewerbsintensität hat zu einer intensiveren Betrachtung jeder Wertschöpfungsstufe auf Möglichkeiten zur Effizienzsteigerung geführt. Entsprechend hat sich auch der Stellenwert des Beschaffungsvorgangs von einer operativen Funktion hin zu einer strategischen Aufgabe gewandelt. Dies findet u. a. seinen Ausdruck im Begriff *Supply Management*.

Insbesondere zwei Entwicklungen sind dafür verantwortlich, daß die Beschaffung aus der Rolle einer lediglich aus Absatz- und Produktionsplänen abgeleiteten Versorgungsfunktion entwächst und in erhöhtem Maße zum Gesamtergebnis beiträgt.

Einen Trend stellt hier die Verringerung der Fertigungstiefe in vielen Industrieunternehmen dar, gemäß dem sie bestrebt sind, den Anteil des eigenen Wertschöpfungsbeitrags am Umsatz eines Produkts zu senken. Die Zielsetzung hierbei ist die Reduzierung der Komplexitätskosten, die aus dem Anspruch, vielfältige Funktionen abdecken zu wollen, resultieren. Zugleich steigt aber dadurch die Anzahl der fremd zu beziehenden Teile, deren Ver-

---

[1] Vgl. z. B. Schulte (1991), S. 19f.

fügbarkeit durch die Beschaffungslogistik sicherzustellen ist. Zum Abbau dieser beschaffungslogistischen Komplexität werden Strategien forciert, die eine Beschränkung der Lieferantenanzahl (*Single* oder *Double Sourcing*) sowie den Bezug ganzer Moduleinheiten (*Modular Sourcing*) fordern.

Für einen wesentlichen Antrieb zur Reduktion der Fertigungstiefe sorgt auch CIM, indem es die Transaktionskosten senkt.[2] Abnehmende Transaktionskosten[3] sind Ergebnis einer wachsenden Standardisierung der an Informationsflüssen beteiligten Hard- und Softwarekomponenten. Sinkende Transaktionskosten intensivieren die überbetriebliche Arbeitsteilung, da die Kostenvorteile einer rein innerbetrieblichen Lösung verschwinden.

Eine andere wichtige Entwicklung ist die allgemeine Liberalisierung der internationalen Beschaffungsmärkte (z. B. EG-Binnenmarkt). Die dadruch induzierte systematische Ausweitung der Zulieferquellen über Landesgrenzen hinweg wird als *Global Sourcing* bezeichnet.[4] Damit differenzieren sich jedoch auch die Beschaffungswege immer mehr, und die beschaffungslogistischen Anforderungen steigen, weil die Anlieferwege länger, zeitaufwendiger und hinsichtlich der zeitlichen Planbarkeit unsicherer werden. Beispielsweise sind mit wachsender Transportentfernung in der Regel mehr Transaktionspartner beteiligt, und die Notwendigkeit, unterschiedliche Verkehrsträger kombiniert einsetzen zu müssen, nimmt zu. Insbesondere der Bedarf, weltweit unterschiedliche Formalitäten und Auftragsabwicklungsprinzipien in Einklang bringen zu müssen, sowie die bei neuen Geschäftsbeziehungen fehlende Standardisierung des Ablaufs führen beim Global Sourcing im Vergleich zum National Sourcing zu tendenziell steigenden Transaktionskosten. Aufgabe der Beschaffung im allgemeinen sowie speziell der Beschaffungslogistik ist es deshalb, dafür Sorge zu tragen, daß der Vorteil der weltweiten Beschaffung, der für ein rohstoffarmes Hochlohnland wie Deutschland in personalbedingt niedrigen Produktkosten in den Bezugsländern liegt, nicht durch steigende Kosten der Auftragsabwicklung und der Beschaffungslogistik überkompensiert wird.

Die Ausführungen in den folgenden Kapiteln zur Beschaffungslogistik nehmen in vielen Darstellungen Bezug zur Automobilindustrie, da diese Branche bezüglich der Ausgestaltung der Beschaffungslogistik einen sehr

---

[2] Vgl. Chancen und Risiken von CIM (1991), S. 39f.

[3] Transaktionskosten umfassen die Kosten der Anbahnung, Vereinbarung, Abwicklung, Kontrolle, Anpassung und Beendigung eines Vertrags.

[4] Vgl. Kummer, Lingnau (1992). Der Import von Zulieferteilen beträgt in der deutschen Automobilindustrie bereits 20 bis 25 Prozent, Tendenz steigend. Vgl. Lean Production ... (Hrsg.: FPN) (1992), S. 35.

hohen Entwicklungsstand hat und bereits in der Vergangenheit des öfteren eine Vorreiterrolle bei der Umsetzung neuer Konzepte (z. B. Just-in-time) einnahm. Des weiteren ist hier der Rationalisierungsdruck aufgrund eines weltweiten Wettbewerbs besonders hoch. Durch ihre Zuliefererbeziehungen ist sie gleichwohl mit unterschiedlichen Industrien eng verbunden, so daß die dortigen Entwicklungen große Folgewirkung auch auf andere Branchen haben.[5]

Der skizzierten gestiegenen Bedeutung und Kompliziertheit des Beschaffungsvorgangs wird vor allem durch ein grundlegend geändertes Verhältnis zu den Lieferanten begegnet. Eine Vorbildfunktion angesichts der empirisch belegten Effizienzvorteile nimmt hier das Konzept der Lean Production ein, zu deren Kernforderungen u. a. die stärkere Zuliefererintegration in den Entwicklungs- und Fertigungsprozeß gehört. Die Zielsetzung ist dabei ein langfristiges Partnerschaftsverhältnis mit den Zulieferern, das die Basis für eine EDV-technische Integration und eine darauf aufbauende neue Aufgabenverteilung zwischen Hersteller und Lieferant darstellen soll. Aufgrund der angestrebten Intensität der Beziehung bedarf es einer deutlichen Beschränkung der Anzahl an Lieferanten, also eines Wechsels vom Multi zum Single Sourcing. Auf die Vorteile des *Multi Sourcing*, durch eine hohe Wettbewerbsintensität im Zuliefermarkt Produktqualitäten, Preise und Beschaffungskonditionen verschiedener Lieferanten gegeneinander konkurrieren zu lassen und eine hohe Versorgungssicherheit zu besitzen, wird zugunsten des Potentials des *Single Sourcing* verzichtet. Dieses liegt insbesondere in Kostendegressionseffekten (hohe Stückzahlen, niedrige Werkzeugkosten) und mündet zumeist in eine langfristige Zusammenarbeit mit einem bzw. wenigen Zulieferern. Single Sourcing bedeutet ferner die Erzielung von Abstimmungssynergien durch gemeinsame Produktentwicklung, durch die Verkürzung der Prozeßkette mittels abgestimmter Qualitätssicherungs- und Logistikkonzepte oder durch die von einem logistischen Dienstleister wahrgenommene, gemeinsam optimierte Lagerhaltung.

Die Auswahl des oder der Lieferanten kann folglich nicht mehr eine rein taktische oder sogar operative Aufgabe sein, die ausschließlich einstandspreisorientiert erfolgt. Vielmehr steigt angesichts eines höheren Wertschöpfungsbeitrags seitens der Zulieferer und der angestrebten Länge der Geschäftsbeziehungen die strategische Bedeutung der Bestimmung der Lieferanten als die wesentliche Aufgabe der Beschaffungsmarktforschung. Entsprechend ist der übliche Kriterienkatalog zur Lieferantenauswahl, der Punkte wie Preis, Liefer- und Zahlungskonditionen, Lieferzuverlässigkeit (Qua-

---

5   Vgl. die Aufstellung in Lean Production ... (Hrsg.: FPN) (1992), S. 17f. Hier werden insgesamt
    16 Industriezweige genannt, die als mit der Automobilindustrie verbunden gelten.

lität, Menge, Termin), Standort, technologische Ausstattung, Beschaffungs-
nebenleistungen und Produktqualität enthält, zur Beurteilung potentieller
Lieferanten um jene Kriterien zu ergänzen, die vor allem bei langfristiger und
intensiver Zusammenarbeit relevant sind:

-   Die *Forschungs-, Entwurfs- und Konstruktionskapazität und -kompe-
    tenz* des Zulieferers bestimmt sowohl seinen Innovationsgrad als auch
    die Möglichkeiten des Abnehmers, Detailkonstruktionen vollständig
    auf den Lieferanten zu delegieren.

-   Die beiderseits eingesetzten *Informationssysteme* determinieren den
    Abstimmungsweg und -aufwand einer EDV-technischen Integration
    des Zulieferers.

-   Das *Qualitätssicherungssystem* des Lieferanten sowie seine *Quali-
    tätsphilosophie* sind relevant für eine Verkürzung der Prozeßkette
    durch Verlagerung der Qualitätsaufgaben.

Für alle drei Aspekte ist sowohl der gegenwärtige Stand als auch das vorhandene Entwicklungspotential zu bestimmen. Die Lieferantenauswahl liegt konsequenterweise nicht mehr in der Verantwortung eines entweder kauf-
männisch oder technisch ausgebildeten Einkäufers, sondern wird von einem
aus Mitarbeitern der Abteilungen Einkauf, Konstruktion, Produktion, Qualitätssicherung und Finanzen funktionsübergreifend zusammengesetzten Team
wahrgenommen. Da zu Beginn einer Lieferanten-Hersteller-Beziehung beiderseits noch große Vorbehalte hinsichtlich eines allzu unbefangenen Infor-
mationsaustauschs bestehen, ist es wichtig, daß sich der Hersteller um das
Vertrauen des Lieferanten bemüht (*Relationship-Management*). Unterstützend wirkt hierbei die Tatsache, daß die gemeinsame Zusammenarbeit beim
Zulieferer die Planungssicherheit erhöht und damit auch seine Kosten verringert. Zudem wird durch die steigenden Qualitätsanforderungen die Wett-
bewerbsfähigkeit des Lieferanten insgesamt gesteigert.

Die meisten Automobilhersteller haben eigenständige Anforderungsrichtli-
nien an die Qualitätssicherungssysteme ihrer Lieferanten entwickelt. So beinhaltet beispielsweise das Konzept Q-101 von Ford die in Tabelle 2.1 wieder-
gegebenen Bewertungspunkte.

Seitens des Zulieferers sind Standardisierungen hilfreich, wie sie z. B. mit
der Reihe der Normen DIN ISO 9000-9004 vorliegen.[6] Diese Normen legen
Kriterien für Qualitätssicherungssysteme fest und attestieren einem Lieferan-

---

[6]   Vgl. Oess (1991), S. 60-67.

Kriterien	Bewertungselemente
Angemessenheit des Lieferanten-Qualitätssystems (30 Punkte)	20 Fragen (Systemüberprüfung), z. B.: Werden Fehler-Möglichkeiten und Einfluß-Analysen (FMEAs) für neue Produkte zugrunde gelegt? Werden die Methoden der Statistischen Prozeßregelung (SPC) für wichtige und kritische Produktmerkmale und Prozeßparameter angewandt? Werden für neue Produkte Prozeßfähigkeitsuntersuchungen durchgeführt? Hat der Hersteller ein genau umrissenes Programm zur ständigen Qualitätsverbesserung?
Qualitätsbewußtsein der Führungskräfte und ihre Einstellung zur Qualität (20 Punkte)	Ständige Verbesserung - Verständnis/Einstellung zur Qualität - Schulung - Kontrolle und Durchführung Reaktion beim Auftreten von Qualitätsbeanstandungen
Fortdauernde Qualitätsleistung (50 Punkte)	Qualität von Produkten und Dienstleistungen im Herstellerwerk, in den Ford Werken und im Fahrbetrieb beim Kunden.
Quelle: Systemüberprüfung ... (Hrsg.: Ford Werke AG) (1990); Weltweites ... (Hrsg.: Ford Werke AG) (1990).	

Tab. 2.1: Kriterien und Elemente der Lieferantenbewertung bei Ford

ten eine international[7] standardisierte Qualitätsfähigkeit. Für die Auditierung und Zertifizierung der Qualitätssicherungssysteme wurde vom Deutschen Institut für Normung (DIN) und der Gesellschaft für Qualität die DQS (Deutsche Gesellschaft zur Zertifizierung von Qualitätssicherungssystemen) gegründet.

Die Lieferantenauswahl als zunehmend strategische Aufgabe ist weder ausschließlich noch primär eine Aufgabe der Beschaffungslogistik oder des CIM, sondern bildet für beide Konzepte den Bedingungsrahmen. Entsprechend ist die Lieferantenauswahl insbesondere auch in Hinblick auf die angestrebte material- und informationsflußtechnische Integration vorzunehmen. Dabei hängen die Anforderungen, die Logistik und CIM an die Lieferanten stellen, von der gewählten Materialbereitstellungsstrategie, vom Jahresverbrauchs-

---

[7]   Die EG-Staaten, Kanada und die USA wollen die ISO-Normen zum nationalen Standard erklären.

wert des Produkts, der Bedarfshäufigkeit und dem Teilewert, der beabsichtigten Aufgabenverteilung zwischen Hersteller und Lieferant sowie von der generellen Beschaffungsstrategie (z. B. Single oder Multi Sourcing) ab.

Logistischer Abstimmungsbedarf zwischen Hersteller und Lieferant besteht u. a. bezüglich der Vorlaufzeit, des Volumens, der Spannbreite und der Frequenz der Bestellungen, im Hinblick auf die Vereinheitlichung von Transportbehältern oder hinsichtlich der Abstimmung zwischen Transportmedium des Zulieferers und Wareneingangslayout beim Hersteller.

Aus Sicht des CIM ist der Aufwand zur Abstimmung des zwischenbetrieblichen Kommunikationsverbunds abzuschätzen. Daß dies bei der Bezugsquellenwahl wesentlich ist, zeigt beispielsweise die Automobilindustrie, in der in den 80er Jahren das Kriterium "Einrichtungen zum elektronischen Datenaustausch vorhanden und bereitgestellt" durchaus von ausschlaggebender Bedeutung bei der Lieferantenauswahl war.[8] Mittlerweile steht die Angleichung unterschiedlicher Übertragungssysteme im Vordergrund, denn je heterogener die bei Hersteller und Zulieferer eingesetzte Hard- und Software ist, desto umfangreicher und teurer sind die notwendigen EDV-technischen Vorleistungen. Diese Arbeiten haben für zwei wesentliche Informationsströme zu erfolgen: Produktdefinierende, technische Geometriedaten werden ausgetauscht, falls der Hersteller den Zulieferer in den Entwicklungsprozeß miteinbezieht oder falls er eigene Konstruktionszeichnungen als Fertigungsvorgabe übermittelt (vgl. Kapitel 2.1.2). Hingegen sind betriebswirtschaftliche Daten der Bestellabwicklung (Anfragen, Angebote, Bestellungen als Daten vom Hersteller zum Lieferanten, Bestellbestätigungen, Versandanzeigen, Rechnungen als Daten vom Lieferanten zum Hersteller) in jedem Fall Gegenstand der Kommunikationsbeziehungen zwischen Hersteller und Lieferant (vgl. Kapitel 2.1.3).

Insbesondere durch eine abnehmende Fertigungstiefe steigt der Ergebnisbeitrag der Beschaffung. Wesentliches Rationalisierungpotential liegt noch in einer an der Leitlinie der Lean Production orientierten Einbindung der Zulieferer als Wertschöpfungspartner. Diese findet ihre Realisierung im Entwicklungsverbund und in gemeinsam abgestimmten Qualitätskonzepten.

---

[8] Vgl. Maier (1992), S. 77. Beispielsweise machten Volvo und Saab 1988 die Vergabe eines Auftrags vom Datenaustausch nach dem europäischen ODETTE-Standard abhängig. Vgl. EDI ohne «FACT» (1992), S. 6. Zu ODETTE vgl. auch Kapitel 2.1.3, S. 76.

2.1.2 Taktische Beschaffungslogistik: Aufgabenverteilung und Prozeßkettengestaltung

Durch die organisatorische und EDV-technische Integration von Hersteller und Zulieferern bieten sich Möglichkeiten, die Funktionen in der Beschaffungslogistik zwischen diesen Transaktionspartnern neu aufzuteilen. Doppelarbeiten können so vermieden und (Entwicklungs- oder Durchlauf-)Zeiten verkürzt werden.

Schon im Produktentstehungsprozeß kann durch eine enge Hersteller-Lieferanten-Anbindung eine optimierte Aufgabenverteilung gefunden werden. Durch die Verringerung der Fertigungstiefe ist es sinnvoll, auch einen Teil der Konstruktionsverantwortung an den Lieferanten zu übertragen, also auch die eigene Entwicklungstiefe zu reduzieren und so durch die Parallelisierung von Entwicklungsarbeiten Durchlaufzeiten zu verkürzen. Dabei wirkt CIM unterstützend für die Restrukturierung der überbetrieblichen Aufgabenverteilung und verleiht dieser - im Hinblick darauf, daß das innerbetriebliche Rationalisierungspotential oft als weitestgehend erschöpft gilt - eine neue Qualität.

Im Rahmen der Gesamtverantwortung für das Endprodukt gibt der Hersteller Funktionalität und grobe geometrische Maße (Außenmaße) an den Lieferanten, dieser übernimmt jedoch die detaillierte Konstruktionsausarbeitung. Damit bietet sich die Möglichkeit einer aus Zulieferersicht fertigungsgerechteren Konstruktion, die für beide Seiten weiteres Kostensenkungspotential eröffnet. Als zusätzliche Information benötigt der Zulieferer hierfür zudem eine genaue Kenntnis von der Einbindung des von ihm zu fertigenden Teils in das spätere Endprodukt, da er nur so die wichtigen und die überflüssigen Funktionen bestimmen kann. Für diese auch als Outsourcing bezeichnete Funktionsverlagerung ist es insbesondere bei parallelen, interdependenten Entwicklungsarbeiten (unternehmensübergreifendes Simultaneous Engineering) unerläßlich, daß Daten über die zu konstruierenden Teile schnell und ohne großen Aufwand zwischen Hersteller und Zulieferer übertragen werden können.

Traditionell liegen diese produktbezogenen Informationen in technischen Zeichnungen, Texten, Tabellen und Berechnungsunterlagen vor. Bei Einsatz von CAD-Systemen zur Konstruktionsunterstützung werden sie durch auf elektronischem Weg übermittelbare Informationen ersetzt. Dies setzt eine hardware- und softwareseitige Verknüpfung der Systeme voraus. Auf der einen Seite geschieht diese Kopplung über Netze und Protokolle, die eine gesicherte Übertragung von Bits ermöglichen; auf der anderen Seite muß auch sichergestellt werden, daß die Bitfolge auf Sender- und Empfängerseite in gleicher Weise interpretiert werden (d. h. die Daten über z. B. Gestalt, Struktur und Toleranzen für das Konstruktionsteil inhaltlich nicht verfälscht werden).

Zum Datenaustausch von Konstruktionsdaten bestehen unterschiedliche Möglichkeiten:

-   Die Marktpartner haben identische Systeme, so daß lediglich die technische Seite der Kommunikation (Netz, Kommunikationsprotokoll) geklärt werden muß.

-   Die Marktpartner haben unterschiedliche Systeme, so daß für jeweils zwei Marktpartner zwei Konvertierungsprogramme implementiert werden müssen, die die Daten des Marktpartners A in das Datenformat des Marktpartners B übertragen und umgekehrt. Da aber ein Hersteller mehrere Zulieferer hat, diese Zulieferer selber wieder Zulieferer haben, die wiederum teilweise auch direkt an den besagten, im wesentlichen aber an andere Hersteller liefern, bläht sich die Anzahl der zu implementierenden Kopplungsmodule sehr stark auf. Wenn jeder Marktpartner mit jedem Marktpartner in Verbindung tritt, steigt die Anzahl der Kopplungsmodule auf $n \cdot (n - 1)$, d. h. sie wächst mit der Anzahl der teilnehmenden Marktpartner quadratisch.

-   Die Marktpartner haben unterschiedliche Systeme, einigen sich aber auf ein gemeinsames Standardformat zur Datenübertragung, das als zentrale Schnittstelle zwischen allen dient (CIM-Interface-System). Jetzt muß nur noch von jedem System eines Marktpartners zu dieser gemeinsamen Schnittstelle die Verbindung hergestellt werden. Damit wächst die Anzahl der Konvertierungsprogramme (die die Daten eines beliebigen Systems in diese Standardschnittstelle und von dieser in das Konstruktionssystem wandeln müssen) linear zur Anzahl der Konstruktionssysteme. Insgesamt sind $2 \cdot n$ Verbindungen zu realisieren.

Der erste Fall (Marktpartner haben einheitliche Systeme) ist zwar wünschenswert, aber utopisch. Allein auf dem deutschen Markt werden derzeit über 75 CAD-Systeme angeboten und eingesetzt.[9]

Die große Anzahl der CAD-Systeme macht auch deutlich, daß eine direkte Kopplung jeweils zweier Systeme (zweiter Fall) zu einem erheblichen Aufwand führen würde.

Schon seit langem werden deshalb standardisierte Schnittstellen entwickelt und eingesetzt (dritter Fall). Solche Standardschnittstellen sind z. B. IGES

---

[9] Vgl. ISIS Unix Report (1992); ISIS Personal Computer Report (1992).

(Initial Graphics Exchange Specification)[10], VDAFS (Verband der Automobilindustrie Flächenschnittstelle)[11], SET (Standard d'Echange et de Transfert) und STEP (Standard for the Exchange of Product Model Data)[12]. IGES ist die am weitesten verbreitete Schnittstelle, SET wird insbesondere in Frankreich im Flugzeugbau und VDAFS vor allem in Deutschland zum elektronischen Datenaustausch von Freiformflächen zwischen Automobilherstellern und deren Zulieferern angewandt, STEP stellt die neueste Entwicklung auf internationaler Standardisierungsbasis dar. Die oben genannten Schnittstellen werden zukünftig in diesen Standard eingehen.[13]

Der in Entwicklung befindliche STEP-Standard soll "eine externe Repräsentation eines umfassenden Produktmodells über alle Phasen des Produktlebenszyklus definieren [..], um eine langfristig gesicherte Zugriffsmöglichkeit und Verständlichkeit, die Vollständigkeit und Integrität und die Austauschfähigkeit zwischen verschiedenartigen Systemen zu erreichen"[14].

Das in STEP definierte Produktmodell gliedert sich in topologisch/geometrische, technologische und organisatorische Produktdaten und geht damit über die älteren, sich auf Geometriedaten konzentrierenden Standardschnittstellen VDAFS, IGES und SET hinaus. Insbesondere tangiert STEP über die Entwicklung und Konstruktion hinaus noch weitere Unternehmensbereiche wie Arbeitsplanung, Materialwirtschaft, Versand und Wartung.

STEP gibt Regeln zur Darstellung produktdefinierender Daten in Form eines Gestalt-, Komplexteil-, Toleranzen-, Material- und Lebenszyklusmodells und daraus abgeleiteter Form eines Zeichnungs-, Finite-Element-, Fertigungsplanungs- und Produktstrukturmodells vor.[15]

Die CIM-Integration als Kopplung von CAD-Systemen unterstützt die Beschaffungslogistik im taktischen (Festlegung der Arbeitsteilung zwischen Lieferant und Hersteller) und im operativen Bereich (schneller Datenaustausch, flexibles Änderungsmanagement). Bei der vorgestellten Kopplung sind die Integrationskomponenten *Datenintegration* (allerdings nicht im Sinne des

---

[10]   Vgl. Initial Graphics Exchange Specification (IGES) Version 4.0 (1988); Mally (1991); Trippner (1986); Weissflog (1986).

[11]   Vgl. VDA-Flächenschnittstelle (VDAFS) Version 1.0 (1983); Renz (1986).

[12]   Vgl. STEP (Standard for the Exchange of Product Model Data) (1989); Grabowski, Anderl, Schmitt (1989).

[13]   Zu den Schnittstellen vgl. auch Anderl (1993), S. 177-194 u. 197-205; Brändli (1991), S. 11-13; Scholz-Reiter (1991), S. 59-72 u. S. 75-77; Normung ... (1987), S. 214-216 u. 219f.

[14]   Scholz-Reiter (1991), S. 75.

[15]   Vgl. Grabowski, Schilli (1991), S. 94.

gemeinsamen Zugriffs auf redundanzfrei gespeicherte Daten, sondern als Zugriff auf gleiche Daten in unterschiedlichen Systemen), *Datenstrukturintegration* (wobei hier die Schnittstelle STEP die von beiden Systemen zu bedienende Datenstruktur mit normativer Wirkung auch auf die Gestaltung der internen Datenbasen der Anwendungssysteme darstellt) und *Funktionsintegration* (als Triggern von Aufgaben im Konstruktionsprozeß und als Vereinigen von Funktionen beim Zulieferer) angestrebt. STEP, IGES, VDAFS und SET sind Ausprägungen einer neutralen, allgemeinen Schnittstelle zwischen heterogenen Systemen. Damit ist die am häufigsten auftretende Realisierungsalternative für die Integrationskomponente in der taktischen Beschaffungslogistik ein CIM-Interface-System.

> Analog zur Verringerung der Fertigungstiefe läßt sich auch die Entwicklungstiefe reduzieren, um die aus einer neuen Aufgabenverteilung mit den Zulieferern resultierenden Vorteile umfassend zu nutzen. Die unternehmensübergreifende Entwicklung wird durch externe CAD-Schnittstellen wie IGES, SET, VDAFS oder STEP unterstützt. Als Produktmodellansatz stellt STEP dabei den umfangreichsten Ansatz dar.

Durch eine stärkere Integration der Lieferanten wird das Spektrum nutzbarer Rationalisierungsmöglichkeiten vergrößert, da nun die gesamte Wertschöpfungskette Gegenstand von Optimierungsbemühungen ist und nicht nur die auf den betrieblichen Bereich entfallenden Vorgänge. Einen Ansatz zur Optimierung zwischenbetrieblicher Abläufe in Form reduzierter Auftragsdurchlaufzeiten und Bestände stellt das *Just-in-time*-Konzept dar. Die Zielsetzung dieses Konzepts, "die Bereitstellung des richtigen Materials in der richtigen Menge zum richtigen Zeitpunkt am richtigen Ort"[16], zeigt, daß es sich um einen logistischen Ansatz handelt. Just-in-time ist im Kern eine Materialbereitstellungsstrategie der Serien- und Massenfertigung, die die benötigten Komponenten einsatzsynchron beschafft. Hierzu bedarf es einer engen informationstechnischen Verknüpfung von Hersteller und Zulieferer, um den Nutzen einer verkürzten Materialdurchlaufzeit auf die gesamte Auftragsabwicklungszeit insbesondere auch durch einen entsprechend beschleunigten Informationsfluß zu gewährleisten.

Grundlage des vor allem von der Automobilbranche forcierten Just-in-time sind längerfristige Rahmenverträge, innerhalb derer tages- oder stundengenaue, selten sequenzgenaue Abrufe erfolgen. Der Hersteller bezieht von Systemlieferanten gesamte Montagekomponenten in Modulbauweise (z. B. komplette Sitzgarnitur) anstelle von Einzelteilen. Neben einer Beschränkung

---

[16] Wildemann (1990), S. 59.

der Lieferantenanzahl[17] führt dieses *Modular Sourcing* zu einer deutlichen Reduzierung der unterschiedlichen Arten von Transportvorgängen und der physischen Warenanlieferungen. Durch die hohe Frequenz der Abrufe wiederum wird jedoch die Anzahl gleichartiger Transportvorgänge erhöht. Zudem sind komplett gelieferte Baugruppen großvolumiger und damit sperriger, so daß sich auch diesbezüglich der logistische Aufwand erhöht. Aus informationsflußtechnischer Sicht verringert die Konzentration auf Systemlieferanten zwischen zwei Stufen die Anzahl an Dispositionsvorgängen. In der gesamten Zulieferpyramide reduziert sich der Kommunikationsaufwand nicht zwangsläufig.

Ein weiteres Konzept, das in diesem Zusammenhang die Anzahl an logistischen und damit auch an informationsflußtechnischen Schnittstellen abbaut und das insbesondere bei großem Beschaffungsvolumen effizient ist, ist der Einsatz von *Gebietsspediteuren*[18]. Dabei werden regional zusammenliegenden Lieferanten einzelne Spediteure zugeordnet, die dann in Sammeltouren die einzelnen Beschaffungsvorgänge konsolidieren und gebündelt anliefern. Die "frei Haus"-Lieferung wird also abgelöst durch eine Beschaffung "ab Werk". Für das abnehmende Unternehmen bedeutet dies vor allem eine Entspannung der Situation am "Engpaß Rampe". Es kommt zu einer Entlastung der Werksinfrastruktur und zu einer Reduzierung des logistischen und des informatorischen Aufwands im Wareneingangsbereich. Zudem reduzieren sich die Transportkosten, indem sog. Werks-Sammelladungen gebildet werden und dadurch die Anzahl an Kleinsendungen abnimmt. Logistische Funktionen wie Verpacken, Lagerhaltung und Bestandsführung werden auf den Spediteur übertragen, der entsprechend intensiv in die Informationsflußkette einzubinden ist. Der Spediteur übernimmt eine Datensammel- und -verteilungsfunktion, wenn Sammelbestellungen für alle einem Spediteur zugeordneten Zulieferer erteilt werden. Das Prinzip der Gebietsspedition wird durch die folgende Abbildung 2.3 wiedergegeben.

Eine elementare Voraussetzung von Just-in-time ist die hohe Qualität der Eingangsteile, da die produktionsnahe Bereitstellung zum spätest möglichen Zeitpunkt eine Wareneingangskontrolle ausschließt und ausgleichende Pufferlager weitgehend abgeschafft sind. Die verschärften Qualitätsforderungen an die Zulieferer finden ihren Ausdruck auch in den Bewertungsmaßstäben.

---

[17] So hat z. B. Ford in den letzten 10 Jahren die Anzahl seiner Lieferanten um 40 % reduziert. Vgl. Böndel (1992).

[18] Vgl. hierzu Werner (1992), S. 73f.; Ihde (1991), S. 214f; Schulte (1991), S. 71-74; Wildemann (1988), S. 103-110.

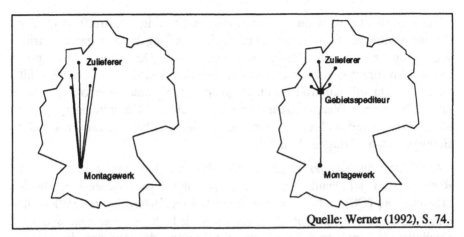

Quelle: Werner (1992), S. 74.

Abb. 2.3: Das Prinzip der Gebietsspedition

War dies ehemals der Acceptable Quality Level (AQL) als Prozent- oder Promille-Angabe, so wird nunmehr in parts per million (ppm) gemessen.

Die unternehmensübergreifende Abstimmung von Qualitätskonzepten mit Zulieferern ist ein Element des bereits vorgestellten *Total Quality Managements.* Die konsequente Anwendung präventiver Fehlerverhütungs-maßnahmen bedingt, daß die Zulieferer vollständig in eine gemeinschaftliche Qualitätskonzeption einzubeziehen sind. Ausgehend von standardisierten Lieferantenbeurteilungsmaßstäben und Qualitäts-Audits kann dies soweit gehen, daß der Hersteller beim Zulieferer Qualitätssicherungs-Schulungen veranstaltet.

Welche Stufen der Prozeßkette zwischen Zulieferer und Hersteller durch Just-in-time und TQM abgebaut werden können, wird im folgenden skizziert.[19]

Der konventionelle Produktdurchlauf (vgl. Stufe I in Abb. 2.4) umfaßt vereinfacht sechs Stufen. Der Fertigung beim Lieferanten schließt sich eine Endkontrolle an, bevor das Endprodukt bis zum Versand im Warenausgangslager eingelagert wird. Nach dem Transport zum Hersteller nimmt dieser eine Wareneingangsprüfung vor und lagert das Teil im Wareneingangslager bis zum Fertigungsbeginn ein.

Dieser Ablauf läßt sich verkürzen, indem der *Hersteller* die Kontrollintensität im Zeitablauf reduziert und die Qualitätsanforderungen erhöht. Die Frequenz und der Umfang der Stichproben wird kleiner, sofern die Qualitätsanforderungen stets erfüllt sind, bis schließlich vollständig auf jegliche Wareneingangsprüfung verzichtet wird (II).

---

[19] Vgl. auch Oess (1991), S. 225-228; Venitz (1991), S. 42f.; Ishikawa (1985), S. 165-168.

Die Prozeßkette wird durch Just-in-time noch weiter gestrafft, denn der Grundgedanke der fertigungssynchronen Beschaffung besteht gerade darin, Wareneingangslager überflüssig zu machen (III). Der externe Transport reicht dann direkt in den Produktionsprozeß des Abnehmers. Damit entfällt neben der Qualitätskontrolle, welche qualifiziertes Personal erfordert, auch noch ein eigener Wareneingangsbereich. Durch die Dezentralisierung der Materialannahme[20] eröffnet sich eine weitere Möglichkeit zur Entzerrung der Bedingungen am "Engpaß Rampe".

Auf Seiten des *Zulieferers* erfolgt die Ablaufbeschleunigung durch die im Rahmen des Total Quality Managements postulierte prozeßintegrierte Quali-tät*ssicherung* (QS), d. h. es werden eigenständige, nachgelagerte Stellen zur Qualitäts*kontrolle* abgebaut (IV). Dabei ist jedoch zu beachten, daß die Qualitätsanforderungen aufgrund der Verlagerung der Aufgabe der Quali-tätssicherung auf den Zulieferer steigen. QS-Prinzipien innerhalb des Fertigungsprozesses beim Zulieferer wären beispielsweise die Selbstkontrolle und die statistische Prozeßregelung. Selbstkontrolle[21] bedeutet, daß jeder Mitarbeiter die Qualität seiner eigenen Arbeit beurteilt und Fehler unmittelbar behebt. Die Selbstkontrolle wird unterstützt durch das Prinzip des internen Kunden, wonach der im Arbeitsablauf folgenden Stelle der Anspruch eines externen Marktpartners unterstellt wird. Statistische Prozeßregelung (SPC)[22] beinhaltet die regelmäßige Kontrolle der Produktmerkmale im Bearbeitungsprozeß. Ziel ist es, den Prozeß unter "statistische Kontrolle" zu bringen. Bei Über- oder Unterschreiten einer Toleranzgrenze, ab der ein Teil als fehlerhaft gilt, oder bei siebenmaliger Abweichung des beobachteten Mittelwerts vom Sollwert in die gleiche Richtung wird durch Variation von Prozeßparametern wie Druck, Temperatur oder Schnittgeschwindigkeit gegengesteuert. Das SPC-System weist auf notwendige Korrekturmaßnahmen hin, falls die zufallsbedingte Streuung überschritten wird. Daraus folgt umgekehrt, daß bei Werten innerhalb der Eingriffsgrenzen die Veränderungen der Produktmerkmale nur zufällig sind.

Damit Just-in-time nicht nur zu einer Verlagerung des Lagers auf den Lieferanten - und damit auf eine frühere Stufe der Wertschöpfungskette - führt, ist auch die Produktion des Zulieferers mit der Herstellerfertigung zu synchronisieren (V).

---

[20] Vgl. Schulte (1991), S. 51.

[21] Zu Qualitätssicherung durch Selbstkontrolle vgl. z. B. Wildemann (Qualitätssicherung) (1992), S. 26f.; Oess (1991), S. 128f.

[22] Zu SPC vgl. Dutschke (1989).

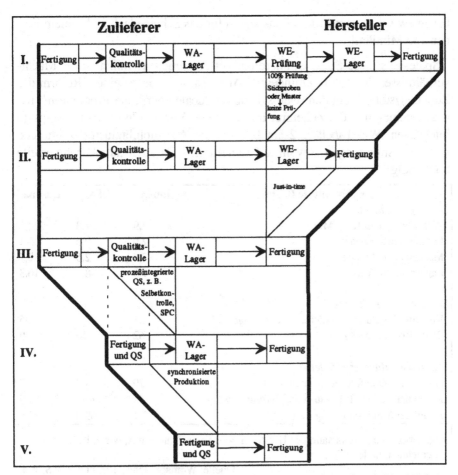

Abb. 2.4: Verkürzung der materialflußtechnischen Prozeßkette durch Just-in-time und Qualitätssicherungskonzepte

Die dadurch verminderte Kapitalbindung im Umlaufvermögen läßt sich allerdings zumeist nur durch anlagenintensive Investitionen in flexible (schnelle Umrüstbarkeit und damit hohe Reaktionsgeschwindigkeit auf wechselnde Aufträge) und z. T. auch in redundante und damit ausfallsichere Aggregate herbeiführen. Ein extremes Beispiel für eine synchronisierte Fertigung stellt die Produktion beim VW-Lieferanten Rockwell Golde dar.[23] In der in Werksnähe von VW angesiedelten Produktionsstätte beginnt die Fertigung des Schiebedachs für einen VW-Golf 3, wenn dessen Karosse einen Erfassungspunkt in der Transferstraße des VW-Werks passiert (Einbauimpuls), nach dem keine Sequenzveränderung mehr erfolgt. Dabei

---

[23] Vgl. Fleing (1992).

liegen zwischen dem Produktionsbeginn für das Schiebedach und seinem Einbau 135 Minuten!

Spätestens diese Stufe ist allerdings oft Ausdruck asymmetrischer Machtverhältnisse. Es bedarf zumindest in Amerika und Europa einer "Reform des Zuliefersystems", um den oben skizzierten Idealen der Lean Production[24] nahezukommen und die Zulieferer im Sinne von Value-Adding-Partnerships zu integrieren. Wie Tabelle 2.2 am Beispiel der Automobilindustrie zeigt, sind hierzu Anstrengungen sowohl auf Lieferanten- als auch auf Abnehmerseite notwendig.

Durchschnitt je Region	Japan	USA	Europa
Leistungsverhalten:			
Werkzeugwechselzeit (Min.)	7,9	114,3	123,7
Lohngruppen-Anzahl	2,9	9,5	5,1
Maschinen je Arbeiter	7,4	2,5	2,7
Lagerbestand (Tage)	1,5	8,1	16,3
Entwicklungsbeteiligung:			
Konstruktion durch Zulieferer (% der Gesamtstd.)	51	14	35
Black-Box-Teile (%)	62	16	39
Beziehung Zulieferer/Hersteller:			
Anzahl der Zulieferer je Montagewerk	170	509	442
Anteil der Teile mit Just-in-time-Lieferung (%)	45	14,8	7,9
Anteil der Single-Sourcing-Teile (%)	12,1	69,3	32,9

Angegeben sind jeweils nationale Hersteller, also keine Transplants, wie z. B. japanische Unternehmen in den USA.

Quelle: Womack, Jones, Roos (1992), S. 165.

Tab. 2.2: Regionaler Vergleich der Zulieferer

Seitens der Zulieferer ist das Leistungsverhalten den gestiegenen Flexibilitätsansprüchen anzupassen, um damit überhaupt erst Partizipationsfähigkeit zu erreichen. Dies bedeutet oft erhebliche Investitionen in neues Anlagevermögen, um keine umlaufintensive Beständeflexibilität zu führen, sowie den Aufbau der geforderten Entwicklungskompetenz und -kapazitäten, um als Systemlieferant gelten zu können. Die Abnehmerseite hat durch eine aktive und langfristige Lieferanteneinbindung dieses Potential entsprechend zu nutzen und dies z. B. durch Mehrjahresverträge zu dokumentieren. Die sich daraus ergebenden stabilen Güterströme bieten gerade durch ihre Kontinuität wesentliches Rationalisierungspotential. So besitzt der Zulieferer beispielsweise eine fundierte Grundlage für seine Kapazitätsplanung.

---

[24] Vgl. Kapitel 1.4.1, S. 40-45.

Durch die technologische Verknüpfung mit dem Hersteller (Einigung auf Schnittstellen und Standards für die Datenfernübertragung) stärkt er zudem seine Position gegenüber anderen Wettbewerbern. Gleiches gilt für die Übernahme von Entwicklungsaufgaben, wodurch sowohl zusätzliches Umsatzpotential als auch weitere Möglichkeiten zur Kostensenkung, z. B. durch eine aus Sicht des Zulieferers fertigungsgerechtere Konstruktion, geschaffen werden. Andererseits bedeutet die Delegation von Entwicklungsaufgaben für den Hersteller auch eine erhöhte Abhängigkeit vom Zulieferer, so daß sich als Folge dieses Prozesses eine zumindestens *gegenseitige*, wenn auch nicht gleichgewichtige Abhängigkeit ergibt, da die Absatzabhängigkeit zumeist größer als die Beschaffungsabhängigkeit sein dürfte.

Überraschend erscheint in der vorstehenden Tabelle der Vergleich des prozentualen Anteils an Single-Sourcing-Teilen. In Japan ist dieser Anteil in Relation zu den USA bzw. Europa ausgesprochen gering. Die übliche Vermutung, dieses Verhältnis wäre genau umgekehrt, wird also widerlegt. Damit zeigt sich, daß die partnerschaftlichen, langfristigen Beziehungen in Japan nicht vom Single Sourcing abhängen, sondern von auf Kooperation ausgelegten Vertragsbedingungen. Dies kommt auch in der im Vergleich zu Amerika oder Europa geringen Zahl an Zulieferern pro Montagewerk zum Ausdruck. Gleichwohl bleibt auch dort der Leistungsdruck auf die Zulieferer durch den Bezug aus mehreren Quellen erhalten.[25]

Neben dem Direktabruf und der für eine synchronisierte Produktion oft notwendigen Ansiedlung des Zulieferers in Werksnähe des Abnehmers stellt die gemeinsame Bestandssteuerung das dritte Grundmodell der produktionssynchronen Beschaffung dar.[26] Dabei erfolgt eine ausschließliche Belieferung eines Speditionslagers gemäß den Orders des Abnehmers. Verantwortlich für die Just-in-time-Kommissionierung und -Zulieferung ist der Spediteur, der vom Abnehmer Abrufe erhält. Aus informationsflußtechnischer Sicht steigt mit dem Konzept der gemeinsamen Bestandssteuerung sowohl für den Abnehmer als auch für die Lieferanten die Menge der verfügbaren Informationen (vgl. Abbildung 2.5).

Wie das Prinzip der Gebietsspedition[27] so sorgt auch das Speditionslagermodell für eine Reduzierung der informations- und materialflußtechnischen Schnittstellen.

---

[25] Vgl. Womack, Jones, Roos (1992), S. 167.

[26] Vgl. Schulte (1991), S. 40-42; Wildemann (1988), S. 107-110.

[27] Vgl. S. 66f.

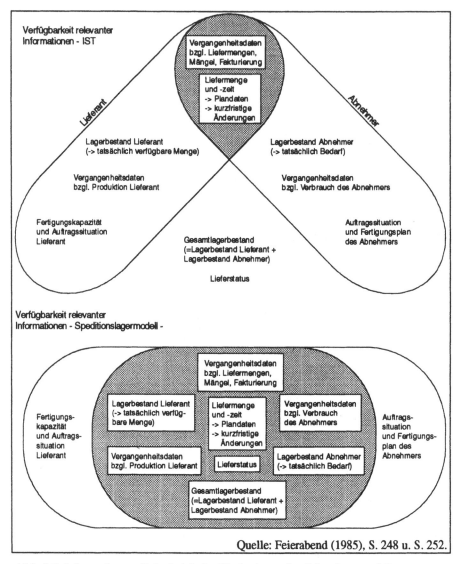

Quelle: Feierabend (1985), S. 248 u. S. 252.

Abb. 2.5: Informationsverfügbarkeit beim Wechsel zum Speditionslagermodell

Die Implikationen des Just-in-time für den überbetrieblichen Informationsaustausch sind zweiseitig. Einerseits kommt es zu einer Ausdünnung der bei
konventioneller Auftragsabwicklung notwendigen Schritte, wie Einholung
von Angeboten oder Klärung von Konditionen, da dies im Rahmenvertrag
generell geregelt ist. Andererseits bedarf es zur Realisation einer kurzen
Vorlaufzeit, d. h. einer kleinen Zeitdifferenz zwischen Lieferabruf durch den
Abnehmer und Versand durch den Zulieferer, eines direkten Informations-
austauschs zwischen Lieferant und Hersteller. Hierbei gilt, daß die Bedarfsin-

formation umso früher übermittelt werden kann, je geringer die Auftragsab-
hängigkeit eines Teils ist.[28] Der Zulieferer besitzt also einen umso längeren
Zeitraum, in dem er seine Produktion durch dispositive Maßnahmen optimieren kann, je auftragsanonymer er fertigt. Je auftragsspezifischer er produziert, desto größer ist hingegen tendenziell die notwendige Anlagenintensität
seitens des Zulieferers, da er nur so der geforderten Produktivität und
Flexibilität nachkommen kann.

Just-in-time ist ein Beispiel dafür, wie erst die rationelle Informationsflußgestaltung als Aufgabe des CIM veränderten logistischen Abläufen - hier hohe
Transportfrequenz, umschlagfreie Belieferung direkt an das Montageband,
weitestgehender Lagerabbau - den notwendigen Bedingungsrahmen liefert.
Logistische Ansätze, die die Anzahl informationsflußtechnischer Schnittstellen abbauen, sind die Gebietsspedition und die gemeinsame Bestandssteuerung.

Schließlich gilt aber auch, daß eine beschleunigte Kommunikation zwischen
Hersteller und Lieferant noch lange nicht die materialflußtechnische Prozeßkette verkürzt. Der Nutzen einer direkten Bestellübermittlung tritt nicht ein,
wenn trotzdem weiterhin nur einmal wöchentlich ausgeliefert wird.[29]

2.1.3 Operative Beschaffungslogistik: Beschaffungsabwicklung

Traditionellerweise läuft der Beschaffungsprozeß in sequentiellen Schritten
ab. Aus dem Dispositionssystem des Herstellers resultieren (neben den Ferti-
gungsbedarfen) die Beschaffungsbedarfe, die in den Einkaufssystemen zu Be-
schaffungsaufträgen transformiert werden. Diese Aufträge gelangen per gel-
ber Post, Telex, Teletex oder Telefax zum Zulieferer und werden dort als
Aufträge erfaßt. Wenn es sich um Lageraufträge handelt, werden sie dem
Termin gemäß zum Versand eingeplant, ansonsten werden sie über die Primärbedarfsplanung an die weiteren Schritte der Produktionsplanung und
-steuerung übermittelt. Sie werden materialmäßig und kapazitätsmäßig eingelastet, freigegeben, in der kurzfristigen Fertigungssteuerung feinterminiert
und nach Fertigstellung zum Versand gebracht. In beiden Fällen verstreicht
eine nicht unerhebliche Zeit vom Zeitpunkt der Feststellung des Bedarfs beim
Hersteller bis zu dem Zeitpunkt, zu dem das Material physisch beim Hersteller vorhanden ist. Hinzu kommt oft eine beträchtliche Varianz innerhalb der
Lieferzeiten.

---

[28] Vgl. Zeilinger (1987), S. 15f.

[29] Vgl. Maier (1992), S. 81.

Im Regelfall ist ein solches Vorgehen unwirtschaftlich. Wenn Zulieferteile besonders voluminös oder sehr teuer sind, sollten sie möglichst erst dann beim Hersteller eintreffen, wenn sie zur Weiterverwendung gebraucht werden. Mit Hilfe der Analyse des kumulierten Wertzuwachses während des Fertigungsprozesses (*Wertzuwachskurvenanalyse*) und der gerade für die Logistik wichtigen Volumenentwicklung (*Volumenzuwachskurvenanalyse*) lassen sich Ansatzpunkte für eine Reduktion der Durchlaufzeit von Komponenten mit hoher Kapitalbindung bzw. hohem Volumen sowie deren Bestände identifizieren.[30] Damit können Logistikkosten (im Fall der voluminösen Teile) oder eine hohe Bindung des Kapitals im Umlaufvermögen (bei teuren Teilen) vermieden werden. Voraussetzung für die Beschaffungsplanung anhand von Wert- und Volumenzuwachskurven ist allerdings eine gute Zusammenarbeit mit den Zulieferern, denn wenn die Lagerkosten bzw. die Kapitalbindungskosten den Zulieferer einseitig belasten würden, läge hier nur eine Verschiebung der Kosten vom Hersteller auf den Zulieferer vor. Dadurch wäre in einer die Zulieferseite einbeziehenden Wertschöpfungskette wenig gewonnen.

Insgesamt soll die logistische Kette so gestaltet werden, daß an keiner Stelle (unnötige) Lager- und Kapitalbindungskosten auftreten. Dies wird dadurch erschwert, daß bei zunehmender Variantenvielfalt der Hersteller oft erst kurz vor Produktionsbeginn weiß, welche Varianten eines bestimmten Teils (Baugruppe, Endprodukt) als nächstes ansteht. Demzufolge ist ihm auch erst dann die genaue Definition der Zulieferteile bekannt. Erst zu diesem Zeitpunkt kann er die genaue Spezifikation der Beschaffungsaufträge an den Zulieferer melden. Damit verkürzt sich natürlich gegenüber dem traditionellen Vorgehen die Lieferzeit, die dem Zulieferer zur Verfügung steht, um das Teil fertigzustellen und zum Hersteller zu bringen, beträchtlich. Daß dazu produktionstechnische Änderungen vorzunehmen sind, ist unerläßlich.[31]

In der Betrachtung der operativen Beschaffungslogistik geht es nur um die *Verbindung* zwischen Zulieferer und Hersteller, nicht um die daraus resultierenden Konsequenzen für die jeweils internen Fertigungs- und Organisationsstrukturen. Ziel aus logistischer Sicht ist es, Lieferzeiten zu verkürzen und insbesondere die Varianzen der Lieferzeiten auf ein Minimum zu reduzieren. Diese logistische Maßgabe ist durch ein entsprechendes informationstechnisches Konzept zu unterstützen. Wenn z. B. alle 40 Sekunden ein Auftrag bei einem Zulieferer eingeht, wie es bei Automo-

---

[30] Zur Wertzuwachskurvenanalyse vgl. Wildemann (Modulare Fabrik) (1992), S. 370ff. Schulte Herbrüggen beschreibt die auf die Volumenentwicklung erweiterte Analyse. Vgl. Schulte Herbrüggen (1991), S. 71-75.

[31] Vgl. die Ausführungen im vorangegangenen Kapitel 2.1.2.

bilzulieferern derzeit schon praktiziert wird, dann kann dies nicht über die gelbe Post geschehen. Hier ist ein elektronischer Datenaustausch zwischen den einzelnen Marktpartnern unerläßlich.

Das Volumen der im Rahmen von beschaffungslogistischen Aktivitäten auszutauschenden Informationen hängt dabei entscheidend von der Art der Beziehung zwischen Hersteller und Lieferant sowie dem zu beschaffenden Mengenvolumen ab. Handelt es sich um einen zwischenbetrieblichen Beschaffungsvorgang, finden also Materialflußbewegungen lediglich zwischen Betriebs- bzw. Lagerstätten eines Unternehmens statt, so kann dies im günstigsten Fall informationsflußtechnisch bereits durch eine Umbuchung im Lagerverwaltungssystem abgewickelt werden. Ist der Beschaffungsvorgang Bestandteil eines in einem längerfristigen Rahmenvertrag definierten Gesamtvolumens, so reichen Lieferabrufe aus, die die zu beschaffenden Güter nicht weiter spezifizieren müssen und im wesentlichen lediglich Artikelnummer, Termin und Menge enthalten. Umfangreiche Produktbeschreibungen sind hingegen notwendig, wenn es sich um die Beschaffung eines neu entwickelten Teils oder um den Beginn einer Geschäftsbeziehung handelt. Besonders informationsintensiv ist hierbei auch die Vorbereitung des Beschaffungsvorgangs (Lieferantenauswahl, Vertragsvereinbarung).

Analog zum Austausch von Konstruktionsdaten bestehen auch für den Austausch von operativen Beschaffungsinformationen zwischen Marktpartnern grundsätzlich drei Möglichkeiten.[32]

Die erste Möglichkeit besteht darin, daß alle Marktpartner identische Beschaffungssysteme und zu den Beschaffungssystemen kompatible Verkaufssysteme haben. Damit kann ein direkter Datenaustausch zwischen den einzelnen Systemen stattfinden. Diese Möglichkeit ist allerdings auch für die operative Beschaffungsabwicklung wegen der bestehenden Hard- und Softwarevielfalt bei den Marktpartnern unrealistisch.

Gleiches gilt für die zweite Möglichkeit, bei der durch Konvertierungsprogramme direkte Verbindungen zwischen jeweils zwei Marktpartnern geschaffen werden, in deren Folge die Anzahl an Kopplungsmodulen quadratisch wächst.

Die dritte Möglichkeit ist die, daß sich alle Marktpartner auf ein einheitliches Austauschformat einigen. Die $2 \cdot n$ insgesamt zu realisierenden Verbindungen zeigen, daß es sich nur noch um ein lineares Wachstum handelt.[33]

---

[32] Vgl. Seite 63f.

[33] Vgl. hierzu auch Abbildung 1.10, S. 21.

Die Automobilindustrie war eine der ersten, die solche standardisierten Schnittstellen zum Austausch von Daten mit ihren Zulieferern geschaffen haben. Die Standardisierung des elektronischen Datenaustausches innerhalb der Automobilindustrie findet in den branchenindividuellen VDA-Richtlinien 4905-4925 (national) und ODETTE[34] (international) derzeit ihren verbreitetsten Niederschlag. Die VDA-Empfehlungen für die Datenfernübertragung zwischen Hersteller und Zulieferer sind Abbildung 2.6 zu entnehmen. Erklärend sei darauf hingewiesen, daß Lieferabrufe in einem zeitlichen Intervall von 2 bis 4 Wochen, Feinabrufe täglich und produktionssynchrone Abrufe stundengenau erfolgen. Die neueren Empfehlungen für Anfrage, Angebot und Bestellung wurden bereits auf Basis von ODETTE entwickelt. Im Gegensatz zu den vorherigen Empfehlungen zeichnen sie sich durch variable Satz- und Feldlängen aus. Zu den in der Praxis am meisten eingesetzten ODETTE-Nachrichten zählen Lieferabruf, Feinabruf, Lieferankündigung, Rechnung und das barcodefähige Transportlabel. Ein wesentliches Argument für die anhaltend weite Verbreitung der VDA-Standards bei deutschen Zulieferern ist die langjährige Einsatzpraxis. So arbeiten ca. 1.200 deutsche Automobilzulieferer mit dem VDA-Standard, hingegen nur 50 mit ODETTE.[35]

Ähnliche Standardisierungen in anderen Branchen sind beispielsweise CEFIC in der Chemischen Industrie, EDIFICE in der Elektronikindustrie, RINET bei den Versicherungen, SWIFT bei den Banken oder SEDAS im Handel. Branchenübergreifende, jedoch nationale Standards stellen das in den USA verbreitete ANSI X.12 und das britische TRADACOM dar.

International laufen die Bemühungen um eine branchenübergreifende, normierte Schnittstelle unter dem Stichwort EDIFACT (Electronic Data Interchange for Administration, Commerce and Transport).[36] Die internationale Normungsinstitution ISO (International Standardisation Organisation) hat diese Regeln unter der ISO-Norm 9735 festgelegt. Sie wurde übernommen von der UN/ECE (Economic Commission for Europe of the United Nations, Wirtschaftskommission der Vereinten Nationen für Europa) als europäische Norm EN 29735 und vom Deutschen Institut für Normung unter der Norm DIN 16556. Für die Datenübertragung einer Rechnung und einer Bestellung besteht bereits eine verabschiedete Norm. Vornormen bzw. Entwürfe bestehen für die Datenübertragungen für Bestellbestätigung, Bestelländerung, Lieferabruf, Feinabruf, Zahlungsavis, Qualitätsdaten, Anfrage, Angebot, Partnerstammdaten, Preisliste/Katalog und Kunden-Kontoauszug.

---

[34] Organisation for Data Exchange by Tele Transmission in Europe.

[35] Vgl. EDI ohne «FACT» (1992), S. 11.

[36] Zu EDIFACT vgl. z. B. Dirlewanger (1992); Rösch (1991); Schade (1991), S. 227-232.

**Datenfernübertragung zwischen
Automobilherstellern und der Zulieferindustrie
nach einheitlichen Regeln**

Vom VDA Arbeitskreis "Vordruckwesen/Datenaustausch"
entwickelte DFÜ-Anwendungen

Anwendung/ Sachgebiet	Automobil- hersteller Zulieferer	VDA-Empfehlung	
		Stand	DFÜ
Anfrage	├───────────→	1/92	4923
Angebot	←───────────┤	1/92	4924
Bestellungen	├───────────→	1/92	4925
Lieferabruf (VDA)	├───────────→	10/88	4905, V. 1
Lieferabruf (Odette)	├───────────→	1/91	4905, V. 2
Feinabruf	├───────────→	11/89	4915
produktions- synchroner Abruf	├──────→	5/91	4916
Lieferschein- und Transportdaten	←───────────┤	8/90	4913
Preise	←───────────┤	1/89	4911
Rechnung	←───────────┤	6/84	4906
Zahlungsavis	├───────────→	2/86	4907
File-Transfer- Protokoll	←───────────→	3/88	4914

Abb. 2.6: VDA-Empfehlungen zur Datenfernübertragung

Im Gegensatz zu den VDA-Richtlinien, die im wesentlichen ein Format fester Satzlänge für den Austausch von Daten vorsehen, werden die Segmente im EDIFACT-Datenformat von der Länge her nicht beschränkt. Die einzelnen Segmente werden durch sogenannte Segment-Trennzeichen voneinander abgehoben und jeweils mit Kopfsegmenten eingeleitet. Den prinzipiellen Aufbau einer EDIFACT-Übertragungsdatei zeigt Abbildung 2.7.

Da die Spezifikation des Übertragungswegs nicht Gegenstand von EDIFACT ist, bedarf es weiterer "Umschläge" um die EDIFACT-Nachricht. Hierzu gehören beispielsweise X.400 als allgemeines Kommunikationsprotokoll sowie ISDN als Übertragungsweg.

X.400-Nachrichten enthalten Rahmeninformationen wie Sender, Empfänger, Zustelldringlichkeit, Benachrichtigung des Absenders über (Nicht-)Empfang, Mitteilungen an Teilnehmergruppen, Weiterleitung von Informationen etc. Der eigentliche Nachrichteninhalt ist dabei weder reglementiert noch formatiert. Hier genau setzt EDIFACT als Anwendung auf.

ISDN (Integrated Services Digital Network - integriertes digitales Netz) für die schnelle und sichere Sprach-, Daten-, Text- und Bildkommunikation[37] ist eine geeignete Basis zur Übertragung von EDIFACT/X.400-Nachrichten. Der EDIFACT-X.400-ISDN-Verbund ist besonders zukunftsträchtig, allerdings sind auch andere Übertragungen von EDIFACT-Dateien möglich (ohne X.400, über Datex-P, Datex-L, Standleitung, per Datenträgeraustausch etc.).

Der umfassende Anspruch von EDIFACT, einen branchen- und nationenübergreifenden Standard darstellen zu wollen, führt allerdings zu einer hohen Mächtigkeit, die sich in einer Vielzahl an Kann-Feldern ausdrückt. Der Aufwand, der bilateral zu betreiben ist, um sich auf die Semantik der zu übertragenden Nachrichten zu einigen, ist dafür verantwortlich, daß eine steigende Anzahl an Subsets entwickelt und verwendet werden.[38] Jedes Subset stellt eine branchenspezifische Untermenge der EDIFACT-Funktionalität dar, die beim DIN anzumelden ist. Durch diese auf spezielle Anwendungen zugeschnittene Einschränkung werden vorherige bilaterale Absprachen überflüssig. Die Subsetbildung konterkariert jedoch die Standardisierungsbemühungen von EDIFACT. Unternehmen, die in verschiedenen Branchen agieren (z. B. Handel) sehen sich so wieder einer Vielzahl von Standards gegenüber.

---

[37] Vgl. Hansen (1992), S. 694f.

[38] Zur Subsetbildung vgl. Schade (1991), S. 232.

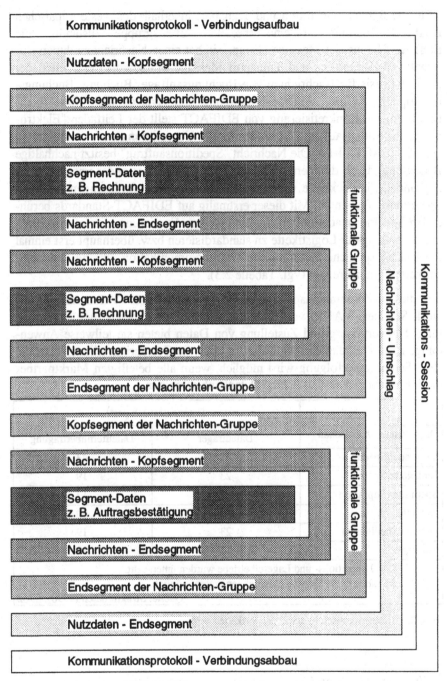

Abb. 2.7: Aufbau einer EDIFACT-Übertragungsdatei

Für die Bereiche Spedition und Transport innerhalb des westeuropäischen EDIFACT-Boards[39] ist eine spezielle Arbeitsgruppe zuständig, die EDIFACT Transport Message Group. Sie hat einen Nachrichtenrahmen (International Forwarding and Transport Message Framework) erarbeitet, der die Datenbasis für Nachrichten wie Buchungsanfrage, Buchung, Buchungsbestätigung, Auftrag, Auftragsbestätigung und Avis darstellt. Eine speditionsbezogene Konkretisierung von EDIFACT stellt der Leitfaden "Elektronischer Speditionsauftrag - Leitfaden für die Übermittlung von Auftragsdaten nach EDIFACT" dar.[40] Die Nachricht "Speditionsauftrag" besitzt nachhaltige Bedeutung, da sie die Vertragsbeziehung zwischen Versender und Spediteur begründet. Sie deckt die wesentlichen Informationsanforderungen typischer Speditionsaufgaben ab. Mit dieser erstmalig auf EDIFACT-Standards beruhenden Speditionsnachricht erfolgt eine weitere Forcierung, die Informationsinhalte entlang der Logistikette zu standardisieren bzw. überhaupt erst einmal die bislang spärliche elektronische Datenkommunikation entlang der Logistikkette voranzutreiben (vgl. Tabelle 2.3).

In diesem Zusammenhang sind auch Mehrwertdienste (Value Added Network Services, VANS) von Bedeutung. Neben der Speicherung, Verarbeitung, Konvertierung und Zustellung von Daten bieten sie teilweise Anwendungen, die z. B. die Frachtabrechnung oder die Gutschrifterteilung erlauben. Eine Sendungsverfolgung wird möglich, wenn alle beteiligten Marktpartner die Informationen aktuell in eine Datenbank schreiben.

Datenaustausch zwischen	Datenaustausch per[a)]	
	Datenträger	Datenfernübertragung
Versender/Spedition	48	43
Einlagerer/Spedition	23	19
Spedition/Empfänger	22	17
Niederlassungen	70	60
anderen Spediteuren	23	19
Sonstigen	17	31
[a)] 4.400 Speditions- und Lagereibetriebe wurden untersucht. Angaben in %. Mehrfachnennungen waren möglich. Quelle: Strukturdaten (1990), S. 62		

Tab. 2.3: Datenaustausch in der Transportkette

---

[39] Vgl. im folgenden Zänker (1992).

[40] Der Leitfaden wurde vom Bundesverband Spedition und Lagerei zusammen mit dem Zentralverband der Spediteure, Wien herausgegeben.

Es wird deutlich, daß materialflußbezogene und informationstechnische Konzeptionen miteinander einhergehen müssen. Die logistische Anforderung von kurzen und genau einzuhaltenden Lieferzeiten muß durch rasche Informationsübertragung ohne doppelte Dateneingabe für Bestellung auf der einen Seite und Auftrag auf der anderen Seite unterstützt werden. Somit sind Logistik und CIM-Konzeptionen nur zwei unterschiedliche Betrachtungsweisen auf dem Weg zu einer einheitlichen Zielsetzung der geringen Durchlaufzeiten, der kurzen Lieferfristen, der geringen Bindung von Kapital und der geringen Lagerhaltungskosten.

Im kurzfristigen Beschaffungsvorgang vollzieht sich damit eine ähnliche Integration wie bei der Aufgabenverteilung hin zu einem gemeinsamen Entwicklungsverbund (Kap. 2.1.2). Daten werden direkt - ohne manuelle Neu-Erfassung oder Umwandlung - durch Nutzung einer vereinheitlichten Datenübertragungsstruktur weiterverarbeitet (Datenintegration). Die Systeme, die die Daten aus der EDIFACT-Schnittstelle weiterverarbeiten, sind so zu gestalten, daß die Bereitstellung der EDIFACT-Daten die nachfolgenden Bearbeitungsschritte anstoßen (Funktionsintegration durch Trigger).

Die Realisierung der Integrationskomponenten erfolgt durch die systemneutrale Schnittstelle EDIFACT (CIM-Interface-System). Die informationstechnische Integration über Standard-EDV-Schnittstellen unterstützt die Beschaffungslogistik durch die hohe Geschwindigkeit des Ablaufs, die Vermeidung der Mehrfacherfassung von Daten und dadurch, daß Fehler vermieden werden.

> Die informationsflußtechnischen Verknüpfungen zwischen Hersteller und Lieferant zur Unterstützung der operativen Beschaffungsabwicklung stellen eine Realisierung des CIM-Interface-Gedankens dar. Langjährige Einsatzpraxis und branchenindividuelle Erfordernisse sind verantwortlich dafür, daß sich der internationale, branchenübergreifende Übertragungsstandard EDIFACT gegenüber branchenspezifischen Lösungen bislang nicht auf breiter Front hat durchsetzen können.

2.1.4 Informationsfluß zur Unterstützung der Beschaffungslogistik

Hinsichtlich der Beschaffungslogistik zeigt sich, daß CIM die Reorganisation unternehmensübergreifender Funktionsverknüpfungen, insbesondere auch in produktionsvorgelagerten Phasen, unterstützt. Eine zusammenfassende Betrachtung der informationstechnischen Unterstützung beschaffungslogistischer Aufgaben zeigt, daß Datenintegration i. S. des Zugriffs auf gleiche Daten in unterschiedlichen Systemen, Datenstrukturintegration in sehr eingeschränktem Ausmaß durch eine eventuell normative Wirkung des STEP-Produktmodells auf die interne Datendarstellung sowie Funktionsintegration vorzufinden ist. Letztere liegt sowohl in der Form des Triggerns von Funktionen vor (Produktionsanstoß beim Zulieferer durch Abruf) als auch in der Zusammenfassung unterschiedlicher Funktionen, indem die Aufgaben der Produktentwicklung und -konstruktion sowie die Qualitätssicherung auf den Zulieferer verlagert werden. Die Komponente Modulintegration ist gegenwärtig in der Beschaffungslogistik hingegen kaum vorzufinden. Der Schwerpunkt der Realisierung der Komponenten liegt auf der Vereinheitlichung von Standards zur Datenfernübertragung. Dies gilt sowohl für die Übertragung technischer als auch betriebswirtschaftlicher Daten. Zur Realisierung der Integration wird also insbesondere der Philosophie des CIM-Interface-Systems gefolgt.

Innerhalb der Beschaffungslogistik werden taktische und operative Entscheidungen informationsflußtechnisch unterstützt. Zur Unterstützung der *taktischen* Beschaffungslogistik leisten vor allem die externen CAD- und CAD/NC-Schnittstellen wie STEP, IGES, SET und VDAFS einen Beitrag. Dabei kommt STEP als integriertem Produktmodell mit funktionsübergreifendem Nutzen die weitestreichende Bedeutung zu. Außerdem sind hier die mit der Entscheidung für ein Just-in-time-Konzept verbundenen Anforderungen an die Ausgestaltung des überbetrieblichen Informationsflusses zu nennen, die vor allem in der Schnelligkeit der Übertragung sowie in der unmittelbaren, von Medienbrüchen freien Weiterverarbeitung der empfangenen Dateninhalte zu sehen sind. Auf *operativer* Ebene ist EDIFACT als internationaler, branchenübergreifender Übertragungsstandard sowie eine Vielzahl an branchenindividuellen Standards (VDA-Empfehlungen, ODETTE, CEFIC etc.) anzusiedeln (Abbildung 2.8).

Die Entscheidungen in der taktischen und operativen Beschaffungslogistik zeigen interessante gegenseitige Wechselbeziehungen auf. Die Entscheidung für die Realisierung des Just-in-time-Konzepts, die (mindestens) auf der taktischen Ebene angesiedelt ist, stellt Anforderungen an die informationsflußtechnische Verknüpfung mit dem Zulieferer. Andererseits erlaubt die enge Informationsverbindung zwischen Marktpartnern in der operativen Beschaffungsabwicklung erst, daß solche Konzeptionen realisiert werden können. Allgemein gilt, daß die Logistik Anforderungen an die Ausgestaltung des Informationsflusses stellt, daß aber ebenso bestimmte Informationsflußentscheidungen logistische Entscheidungen erst ermöglichen.

Abb. 2.8: Die Unterstützung beschaffungslogistischer Aufgaben durch CIM nach der Bedeutung und Fristigkeit

Abbildung 2.9 stellt zusammenfassend dar, welche Integrationskomponenten zur rationellen Gestaltung der Aufgaben der Beschaffungslogistik anzutreffen sind und welcher Realisierungsschwerpunkt (CIM-Interface-System) existiert.

Exkurs: Bestandswirksamkeit von Informationen

Die Konsequenzen verbesserter Informationssysteme auf logistische Zielgrößen kommen in dem oft zitierten Satz "Informationen können Bestände ersetzen" zum Ausdruck.[41] Die konkreten Wirkungen eines beschleunigten Informationsflusses auf die Bestandssituation werden jedoch in der Regel nicht ausgeführt. Ein Erklärungsansatz besteht darin, Informationen als Produktionsfaktoren zu verstehen und sie im Sinne substitutionaler Produktionsfunktionen daraufhin zu untersuchen, inwieweit sie andere Produktionsfaktoren (absolut oder partiell) ersetzen können.

---

[41] Vgl. z. B. Schulte (1991), S. 317; Jünemann (1989), S. 653.

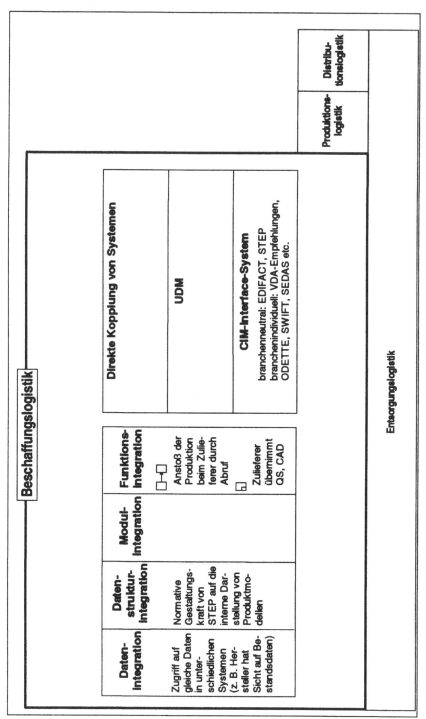

Abb. 2.9: Die informationsflußtechnische Unterstützung der Beschaffungslogistik

Die Ausführungen beschränken sich auf fremd zu beziehende Teile, weil sich die Bestandswirksamkeit von Informationen hierbei deutlicher zeigen läßt als bei Eigenfertigung. Basis der Darstellung ist ein s/q-Bestellpunktmodell, das innerhalb der Grundmodelle zur Lagerhaltung wie folgt einzuordnen ist:

Bestell-menge ⟍ Zeit	fixer Bestellrhythmus	variabler Bestellpunkt
fix	t/q-Politik	*s/q-Politik*
variabel	t/S-Politik	s/S-Politik

Quelle: Schulte (1991), S. 175.

Abb. 2.10: Grundmodelle der Lagerhaltung

Die verwendeten Variablen haben dabei folgende Bedeutung:

t   : Intervallänge zwischen zwei Bestellungen

q   : fixe (optimale) Bestellmenge

s   : Meldemenge

S   : Differenz zwischen Lager- und Richtbestand

Darüber hinaus bestehen die t/s/q- und die t/s/S-Politik als Kombinationen aus Bestellrhythmus- und Bestellpunktmodellen.

Die Parameter des s/q-Bestellpunktmodells[42] sind die Melde- und die Bestellmenge, die nach einmaliger Festlegung im Zeitablauf konstant bleiben. Die Bestellintervalle ergeben sich durch die Lagerabgänge und variieren entsprechend. Für die einzelnen Parameter der Bestellpolitik ist im folgenden zu untersuchen, welchen Einfluß eine rationellere Informationsflußgestaltung hat. Dabei können keine deterministischen Zusammenhänge unterstellt werden, sondern die Ausführungen müssen den *Charakter von Tendenzaussagen* haben.

Die optimale *Bestellmenge* ergibt sich durch den Grenzausgleich von Bestell- und Lagerkosten. Da es sich bei dem klassischen Modell der optimalen Bestellmenge für den Einproduktfall um ein zeitablaufunabhängiges Modell

---

[42] Zum Bestellpunktmodell und seinen Erweiterungen vgl. beispielsweise Reichwald, Dietel (1991), S. 528-533. Zum Einsatz von Simulationsmodellen zur Lagerdisposition vgl. Grob (1993), S. 219-230.

handelt, gilt eine ganze Reihe von Restriktionen, wie z. B. die Konstanz der Lagerabgangsgeschwindigkeit, die Vernachlässigung etwaiger Lagerkapazitätsengpässe oder die Vernachlässigung von Verbundwirkungen zwischen mehreren Produkten.

Während die Lagerkostensätze in ihrer Höhe vom Einsatz von Informationssystemen unberührt bleiben, besitzt eine intensivere DV-technische Durchdringung auf die Höhe der bestellfixen Kosten einen Einfluß.[43] Langfristig lassen sich durch eine rationalisierte Bestellabwicklung (Automatisierung der Bedarfsmeldungen, der Angebotseinholung, der Lieferantenauswahl, der Bestellung etc.) die bestellfixen Kosten der Einkaufsabteilung - und somit die Kostenbelastung jedes Bestellvorgangs - durch den Wegfall personalintensiver Tätigkeiten abbauen. So trägt der Einsatz von Informationssystemen z. B. dazu bei, die Anzahl an Doppelerfassungen und Erfassungsfehlern zu reduzieren. Der Einsatz zwischenbetrieblicher Informationssysteme kann des weiteren zu einer Reduzierung der Kosten der Bestellübermittlung führen. Sinken die bestellfixen Kosten Cr bei unveränderten Lagerkosten Cl, so resultiert daraus eine kleinere optimale Bestellmenge y_{opt}, wie die folgenden Herleitungen verdeutlichen (R steht für den Periodenbedarf). Gleichung (1) stellt die Gesamtkosten $K(y)$ je Bestellmenge y als Summe aus Bestell- und Lagerkosten dar. Differenziert man (1) nach der Bestellmenge y und setzt den erhaltenen Ausdruck gleich null, so erhält man Gleichung (2). Aus der Umformung nach y_{opt} (3) erkennt man, daß mit abnehmenden bestellfixen Kosten auch die optimale Bestellmenge sinkt.[44]

$$(1) \qquad K(y) = Cr \cdot \frac{R}{y} + \frac{y}{2} \cdot Cl$$

$$(2) \qquad K'(y_{opt}) = -\frac{Cr \cdot R}{y_{opt}^2} + \frac{Cl}{2} = 0$$

$$(3) \qquad y_{opt} = \sqrt{\frac{2 \cdot Cr \cdot R}{Cl}}$$

Eine Verringerung der bestellfixen Kosten führt auf jeden Fall zu verringerten Gesamtkosten pro Periode. Allerdings können einzelne Kostenbestandteile durchaus steigenden Charakter aufweisen. Da sich nämlich die bestellfixen Kosten aus den bestellfixen Kosten für das Informationshandling

---

[43] Oppelt, Nippa haben "im konkreten Fall" durch den Einsatz von EDI und zusätzliche organisatorische Anpassungen die Bestellabwicklungszeiten und -kosten halbiert. Den alleinigen Einfluß von EDI auf die Bestellzeitreduktion beziffern sie mit 25 %. Vgl. Oppelt, Nippa (1992), S. 59.

[44] Der Nachweis, daß die 2. Ableitung positiv ist, bleibt aufgrund des Bekanntheitsgrads dieser 'Wurzelformel' dem Leser überlassen.

(Durchführung der Bestellung) und den bestellfixen Kosten für das Güter-handling (fixe Bestandteile der Kosten für die Warenvereinnahmung) zusammensetzen, führt eine aus sinkenden Informationskosten pro Bestellung resultierende Verringerung der Bestellmenge modellinhärent zu einer Erhöhung der pro Periode insgesamt anfallenden bestellfixen Logistikkosten.

Untersuchen wir nun den Einfluß der besseren Informationsverfügbarkeit auf andere Größen und mögliche Bestandswirksamkeit.

Schließt man stochastische Einflüsse aus, ergibt sich die *Meldemenge* als Summe aus den in der Wiederbeschaffungszeit abgehenden Lagermengen.

Die *Wiederbeschaffungszeit* zerfällt in Zeitbedarf für den Informationsfluß und für den Materialfluß. Der Informationsfluß nimmt durch administrative Tätigkeiten wie Lieferantenauswahl oder die Vorbereitung und Übermittlung der Bestellunterlagen Zeit in Anspruch. Die Materialdurchlaufzeit setzt sich aus der noch ausstehenden Fertigungszeit, die wesentlich von der Bevorratungsebene abhängt, der Transportzeit und der Warenprüfzeit vor der Einlagerung zusammen. Bereits durch Automatisierung der informationsflußtechnischen Teile des Bestellvorgangs läßt sich der Bestellvorgang - und damit die Wiederbeschaffungszeit - verkürzen. Beispielsweise entfällt eine erneute Beschreibung des Beschaffungsobjekts innerhalb des Einkaufs, wenn durch Datenintegration diese vom jeweiligen Bedarfsträger angelegten Daten dem Einkauf zur Verfügung stehen. Weitere Rationalisierungen ergeben sich, falls das Beschaffungsmodul eigenständig den aktuellen Teilebestand und die im Teilestamm abgelegte Meldemenge vergleicht (permanente Bestandskontrolle) und ggf. eine Bestellung bei einem ebenfalls automatisch aus der Lieferantendatei ausgewählten Lieferanten auslöst.[45] Die Übermittlungszeit einer Bestellung läßt sich durch Wechsel von Briefverkehr auf elektronischen Datenaustausch beschleunigen. Denkbar ist, daß der Abnehmer seine Bestellung über ein Mailbox-System erteilt und dabei bereits Funktionen der Auftragserfassung wahrnimmt. Die Integration von Bestellung und Auftragsbearbeitung kann sogar soweit gehen, daß der Besteller die entsprechende Verfügbarkeitsprüfung durchführt und im folgenden durch Abfragen den Auftragsdurchlauf bis zur Versandanzeige verfolgen kann.[46] Damit verringert sich die Informationsdurchlaufzeit also auch auf Seiten des Herstellers.

Im Bestellpunktmodell hat die kürzere Wiederbeschaffungszeit bei sicheren Daten keinen Einfluß auf die Bestellmenge, wohl aber auf den Bestellzeitpunkt und auf die Meldemenge (bei sicheren Planungsdaten bedarf es keines

---

[45] Zur theoretischen und praktischen Ausgestaltung einer automatisierten Lieferantenauswahl vgl. Mertens (1991), S. 87-90.

[46] Vgl. Scheer (CIM) (1990), S. 104-108.

Sicherheitsbestands). Die Bestellung kann nun um die Verkürzung der Wiederbeschaffungszeit später erfolgen. Die Meldemenge nimmt in diesem Fall um die gesamten während der Verkürzung der Wiederbeschaffungszeit abgehenden Waren ab.[47]

Erst wenn man die Existenz von stochastischen Einflüssen zugrundelegt, besitzt die Verkürzung der Wiederbeschaffungszeit aufgrund ihres Einflusses auf den Sicherheitsbestand Bestandswirksamkeit. Unsicher können die Länge der Wiederbeschaffungszeit und der Lagerabgang je Zeiteinheit sein.

Die Länge der Wiederbeschaffungszeit ist entscheidend durch den Auslastungsgrad des Lieferanten determiniert, da mit wachsender Kapazitätsbelastung die Durchlaufzeiten steigen (Dilemma der Ablaufplanung[48]). Mithin sind Lieferzeiten in den entsprechenden Lieferantenstammsätzen stets aktuell zu halten, um eine hohe Prognosegenauigkeit hinsichtlich der vorhergesagten Wiederbeschaffungszeit zu erzielen.[49]

Zur Verbesserung der *Bedarfsprognose* eignen sich beispielsweise verfeinerte Prognosemethoden oder Kundeninformationssysteme.

Sowohl eine kürzere als auch eine besser prognostizierbare Wiederbeschaffungszeit haben bei Planung unter Unsicherheit für den *Sicherheitsbestand* positive Konsequenzen. Eine kürzere Wiederbeschaffungszeit verringert den maximalen Prognosefehler (Differenz aus maximaler und tatsächlicher Nachfrage innerhalb der Wiederbeschaffungszeit) und leistet somit einen Beitrag zum Abbau des Sicherheitsbestands. Eine höhere Vorhersagegenauigkeit hinsichtlich der Wiederbeschaffungszeit verringert deren Varianz und bewirkt so eine weitere Reduktion des *Sicherheitsbestands*, der neben den bestandswirksamen Konsequenzen von Prognosefehlern bezüglich der Lagerabgänge auch die hinsichtlich der Wiederbeschaffungszeit aufzufangen hat. Ein derartiger Bestandsabbau führt aufgrund der geringen Umschlagintensität des Sicherheitsbestands zu größeren Kostensenkungen je abgebauter Lagereinheit als der Bestandsabbau durch eine Bestellmengenreduzierung, da der durchschnittliche "normale" Lagerbestand gleich der *halben* Bestellmenge ist.

Abbildung 2.11 verdeutlicht, daß durch die verkleinerte Bestellmenge, die zu einer Erhöhung der Bestellfrequenz führt, sowie den geringeren Sicherheitsbestand der durchschnittlich gebunde Bestand sinkt (von DB1 auf DB2). Die aus der verkürzten Wiederbeschaffungszeit resultierende geringere Meldemenge (MM) ist nicht bestandswirksam.

---

[47] Vgl. Kirsch (1973), S. 322f.

[48] Unmöglichkeit der gleichzeitigen Optimierung von Kapazitätsauslastung und Durchlaufzeiten.

[49] Vgl. Mertens (1991), S. 80.

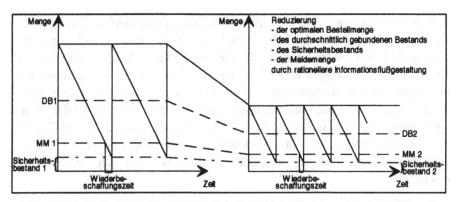

Abb 2.11: Die Bestandswirksamkeit von Informationen

Diese Ausführungen zeigen, welche Wirkungen eine rationellere Informationsflußgestaltung auf logistische Zielgrößen, in diesem Fall die Bestandshöhe, haben kann. Über die oben anhand eines konkreten, theoretischen Bestellpunktmodells aufgezeigte Bestandswirksamkeit von Informationen hinaus gibt es diverse weitere Formen, wie Informationen bereits in ihrem ureigentlichen definitorischen Sinne als neue, zweckgebundende Nachricht Bestände reduzieren können:

- Detailliertere Informationen über z. B. Reichweiten, Abrufverhalten, Schwankungsbreiten etc., die innerhalb der globalen Vertragsgestaltung zwischen Abnehmer und Lieferant festgehalten werden, geben beiden Seiten eine konkretere Dispositionsgrundlage und bauen so Sicherheitsbestände beim Zulieferer ab, die ansonsten aus Unkenntnis über derartige Größen gehalten werden.

- Von ähnlicher Bedeutung ist die genaue Kenntnis des Herstellers über die Bestands- und Produktionssituation beim Zulieferer (Stichwort: "Zulieferer mit gläsernen Taschen"). Hierzu zählt neben der Kenntnis über die Bestände und den Produktionsstand beim Zulieferer auch die Information über die sich bereits im Transport befindlichen Bestände.

- Ist der Hersteller durch die Möglichkeit, Qualitätsinformationen beim Zulieferer abzurufen, noch vor Erhalt der Ware über deren Güte informiert, kann ein für den Zweck der Wareneingangskontrolle gehaltenes Wareneingangslager abgebaut werden.

Wie diese Beispiele zeigen, sind nicht nur schnellere, sondern vor allem *mehr* Informationen notwendig, um Bestände durch Informationen zu ersetzen. Die Grundlage für eine derartige Informationsbereitschaft des Zulieferers ist ein auf Langfristigkeit ausgelegtes Vertragsverhältnis, das mit der Zusicherung wohl definierter Absatzvolumina die Bereitschaft zur Übermittlung von detaillierten Informationen seitens des Lieferanten erfordert. In diesem Sinne stellt das insbesondere durch die Automobilindustrie betriebene Just-in-time-Konzept den idealtypischen Fall für die konsequente Nutzung der Bestandswirksamkeit von Informationen dar. An die Stelle bestandsverursachender "stochastischer Unwägbarkeiten" treten hier langfristige Rahmenvertrags- und Schnittstellenvereinbarungen sowie der im operativen Geschäft hohe Nutzen überbetrieblicher Informationssysteme. "Vorrangig ist nämlich nicht die Optimierung von Sicherheitsbeständen, sondern die reibungsfreie Gestaltung des Zusammenspiels von Zulieferern und Abnehmern mit dem Ziel, [...] Sicherheits- sowie Zwischenlagerbestände wenn möglich unnötig zu machen"[50].

Es läßt sich sowohl an einem einfachen theoretischen Lagerhaltungsmodell als auch an einer Vielzahl praktischer Einsatzbeispiele zeigen, daß Bestände und Informationen in einer substitutiven Beziehung zueinander stehen. Informations- und materialflußtechnische Konzepte wie CIM und Logistik erlauben es folglich, das überfällige Bestandsmanagement durch ein flexibles, weil aktuelles, Informations- und Bewegungsmanagement zu ersetzen.

Literaturempfehlungen zu Kapitel 2.1:

Ausführungen zu den Aufgaben und Objekten der Beschaffungslogistik finden sich in der gesamten Standardliteratur zur Logistik. Beispielhaft seien genannt:

Schulte, C.: Logistik. München 1991, S. 19-53.

Hervorzuheben ist hierbei die in einem Exkurs dargestellte Entwicklung einer Beschaffungsstrategie. Schulte geht außerdem auf die Inhalte einer produktionssynchronen Beschaffung ein und beschreibt, wie neue Kommunikationstechnologien die Informationsdurchlaufzeit reduzieren können. Zudem widmet er sich den Material- und Informationsflußbewegungen im Wareneingang.

Lean Production und die Situation der Zulieferer. Hrsg.: FPN Arbeitsforschung + Raumentwicklung. Kassel 1992.

Der besondere Wert dieser Studie liegt darin, daß sie als eines der ersten Werke empirisch den Verbreitungsgrad von Elementen der schlanken Produktion in Deutschland aufzeigt. Es handelt sich dabei um eine branchenindividuelle Untersuchung (Automobilindustrie) in Südniedersachsen/Nordhessen. Die Ergebnisse werden in den Kontext aktueller Rahmenbedingungen gestellt und beschreiben Anforderungen und Handlungsmöglichkeiten innerhalb der Zulieferindustrie.

---

[50] Günther (1991), S. 643.

2.2 Produktionslogistik

2.2.1 Aufgaben und Objekte

Die Produktionslogistik beschäftigt sich mit den innerbetrieblichen Transport-, Umschlag- und Lageraufgaben, und zwar sowohl mit deren Planung (lang- und mittelfristig) als auch mit deren kurzfristig-operativer Steuerung. Die die einzelnen Produktionsprozesse verbindenden TUL-Aufgaben sind in engem Zusammenhang zu diesen Prozessen zu sehen, da Technik und Organisation des Produktionsvollzugs die Ausgestaltung der Logistik entscheidend mitbestimmen. Die Werkstattorganisation hat grundsätzlich andere Anforderungen an die Logistikgestaltung als die gruppenzentrierte Fertigung. In Fließprozessen wiederum ist z. B. eine simultane Planung von Produktions- und Logistikeinheiten unerläßlich (Wahl der für die Produktionsprozesse geeigneten Transportmittel und Transporthilfsmittel, Abstimmung von Produktions- und Transportkapazitäten und -geschwindigkeiten).

Im folgenden soll kurz auf die informationsflußtechnischen Implikationen unterschiedlicher produktionslogistischer Organisationsformen eingegangen werden, da es sich dabei um eine Entscheidung handelt, die die wesentlichen Rahmenbedingungen für CIM determiniert. Gruppenzentrierte Organisationsformen werden ausführlich in Kapitel 4 behandelt, weil ihre material- und informationsflußtechnische Integration in die Produktionsperipherie eigenständige Fragestellungen aufweist.

Die *Werkstattorganisation* folgt dem Verrichtungsprinzip, d. h. Betriebsmittel gleicher Funktion sind organisatorisch und räumlich zusammengefaßt (z. B. Dreherei, Bohrerei, Fräserei). Hohen Degressionseffekten in der Ausführung der einzelnen Bearbeitungsaufgaben durch besonders qualifiziertes Personal an Maschinen, die in der Lage sind unterschiedliche Werkstücke zu bearbeiten, stehen intensive Transportbewegungen gegenüber, da jeder Auftrag mehrere Werkstätten durchlaufen muß. Aufgrund der geringen Möglichkeiten zur Ablaufstandardisierung (hohe Individualität der einzelnen Fertigungsaufträge) stellt die Fertigungssteuerung eine komplexe Aufgabe dar. Aus der Unmöglichkeit, Kapazitätsbedarf und -angebot unter Beachtung der Liefertermine optimal aufeinander abzustimmen, resultieren oft Durchlaufzeiten, die sich zum Großteil aus ablaufbedingten Liegezeiten zusammensetzen. Die hohe Flexibilität der Werkstattfertigung prädestiniert diese Organisationsform für die Einzel- und Kleinserienfertigung.

Aus informationsflußtechnischer Sicht bedarf es zur Beachtung der Arbeits-
ganginterdependenzen einer werkstattübergreifenden Transparenz. In Abhängigkeit davon, ob zentral mit detaillierten Daten arbeitsplatzgenau geplant
wird oder ob dezentraler Dispositionsspielraum vorgesehen ist und zentral
nur auf Eckterminebene geplant wird, unterscheidet man zentrale und dezentrale Planungskonzepte. Letztere haben den Vorteil, daß Entscheidungen
kurzfristig in prozeßnahen Regelkreisen getroffen werden können.

Dem Verrichtungsprinzip der Werkstattfertigung steht das *Objektprinzip*
gegenüber, d. h. die Betriebsmittelanordnung erfolgt in Orientierung an den
zu produzierenden Werkstücken. Falls die Werkstücke unterschiedliche Bearbeitungsfolgen nehmen, handelt es sich um das *Gruppenprinzip*. Hierzu
zählen beispielsweise Fertigungsinseln und Flexible Fertigungssysteme.[1] Bei
identischen Ablauffolgen liegt das *Flußprinzip* vor. Sind die einzelnen
Bearbeitungsprozesse ohne zeitliche Taktung verbunden, wird dies als
Reihenfertigung bezeichnet. Bei getaktetem Arbeitsfortschritt werden das
Fließband, bei dem die einzelnen Bearbeitungsstationen durch Innenverket-
tung (z. B. durch ein Förderband) verbunden sind, und die *Transferstraße*,
bei der zusätzlich die Fertigungseinrichtungen automatisiert sind und die
damit ein automatisiertes Gesamtsystem darstellt, unterschieden. Innenver-
kettung bedeutet, daß der Weg, den das Werkstück durch die Fertigung
nimmt, vorbestimmt ist.

Die Anlagenintensität von Fließbändern und Transferstraßen rechtfertigt ihren Einsatz nur für die Großserien- und Massenfertigung. Die Standardisierung des Ablaufs ermöglicht eine hohe Automatisierung der Produktionsprozesse und der Transportvorgänge. Der mit dem Flußprinzip verbundene
Zwangsablauf sowie der in der Regel hohe Automatisierungsgrad erleichtern
die Steuerung erheblich. Während den strategischen Entscheidungen bei der
Auslegung der Dimensionen eine wesentliche Bedeutung zukommt, entfallen
die kurzfristige Ablaufplanung im Sinne einer prozeßnahen Maschinenbelegungsplanung - und alle mit ihr verbundenen Informationsströme.

In der Praxis finden sich nicht die reinen Extreme einer ausschließlichen
Werkstatt- oder Fließfertigung, sondern es existieren Zwischenformen, die in
Teilbereichen der Fertigung eher eine verrichtungsorientierte und in anderen
Bereichen eher eine objektorientierte Organisationsform aufweisen.

Besondere Fertigungsformen stellen die *Werkbank- und Baustellenferti-*
gung dar, bei denen die Werkstücke während des Bearbeitungsprozesses
ortsfest bleiben. Die Abbildung 2.12 systematisiert die skizzierten Fertigungsformen.

---

[1]   Vgl. zusätzlich Kapitel 4.

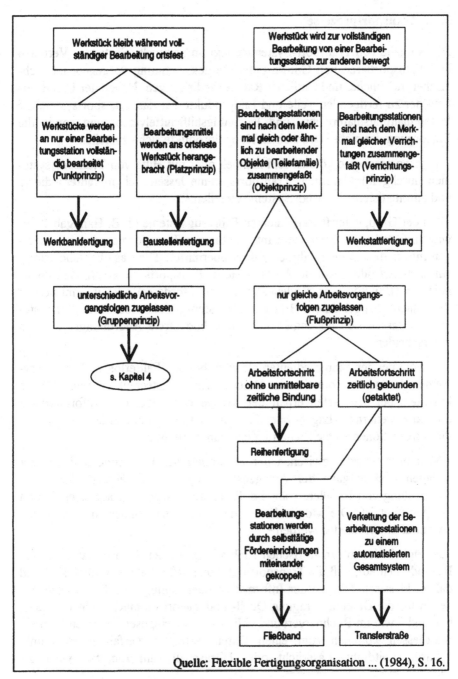

Quelle: Flexible Fertigungsorganisation ... (1984), S. 16.

Abb. 2.12: Organisationsformen der Fertigung

2.2.2 Transportprozesse

Die Aufgabe von Transport-Systemen liegt im Sammeln, Sortieren, Verteilen und Transportieren von Gütern unter Berücksichtigung vorgegebener technischer, räumlicher und zeitlicher Rahmenbedingungen. Neben der Bereitstellung der zu fertigenden Teile und Endprodukte hat das Transportsystem die Instandhaltungsmaterialien- und Fertigungshilfsmittelversorgung sowie die Entsorgung der nicht erwünschten Kuppelprodukte sicherzustellen.

Transportprozesse können rein manuell oder mit Hilfe von Transportsystemen durchgeführt werden. Transportsysteme lassen sich in fahrerbediente und automatisierte Transportsysteme einteilen.[2]

Bei der Gruppe der fahrerbedienten Fahrzeugsysteme (z. B. Handgabelhubwagen, Gabelstapler) werden sämtliche für den Transportvorgang notwendigen Informationen dem Fahrzeugführer übermittelt. Die Lastübergabe erfolgt automatisiert oder manuell. Automatisierte Transportsysteme arbeiten kontinuierlich (Bandförderer, Rollenbahnen, Kettenförderer) oder intermittierend (Einschienenhängebahnen, Brückenkransysteme, Fahrerlose Transportsysteme). Es lassen sich bodengebundene und bodenfreie Anordnungsprinzipien unterscheiden.

Sowohl bei den fahrerbedienten als auch bei den Fahrerlosen Transportsystemen können automatisierte Datenübertragungstechniken zum Einsatz kommen; bei den ersten erhält der Transportmittelbediener Informationen über anzusteuernde (Lager- oder Fertigungs-) Orte, bei den letzteren gehen die Informationen an die Steuerung im Transportmittel.

Man unterscheidet zwischen der Steuerung der Fahrzeuge und der der Anlagen. Kernaufgabe der Anlagensteuerung ist im weitesten Sinne die Vermeidung von Unfällen, während die Fahrzeugsteuerung auf einen Zielort hin gerichtet ist. Die Möglichkeiten der Steuerung können in zentral und dezentral unterschieden werden.[3]

Bezüglich der informatorischen Einbindung weisen Transportsysteme die Besonderheit auf, daß die Transportmittel qua definitione beweglich sind und daher "klassische" Wege der Informationsübertragung über Datennetze, bei denen für die Datenübertragung Quell- und Zielort räumlich nicht veränderbar sind - wie im Rechnerverbund üblich -, nicht eingesetzt werden können. Stattdessen kommen zum einen Datenübertragungsverfahren via Funk, Infrarot, Leitdraht, Laserlicht oder Ultraschall zum Einsatz, wenn die

---

[2] Zu innerbetrieblichen Transportsystemen vgl. Schulze (1991), S. 416-427; Jünemann (1989), S. 189-278.

[3] Vgl. ausführlich hierzu Müller (1981), S. 13f.

Informationen von der Leitstelle zum Transportmittel übertragen werden. Zum anderen können Transportinformationen auch direkt dem Werkstück oder einem dem Werkstück fest zugeordneten Transporthilfsmittel mitgegeben werden, indem eine Identifikations- und Auftragskarte auf einem Magnetstreifen, einem Chip oder einem sonstigen Datenträger die Folge von zu durchlaufenden Arbeits- und Transportstationen enthält. Die Auswahl der geeigneten Datenübertragungstechnik hängt u. a. von baulichen Gegebenheiten, vom zu übertragenden Datenvolumen, von der geforderten Sicherheit und von der gewünschten Flexibilität ab. Beispielhaft seien einige Vor- und Nachteile der Datenfunk- und der Infrarot-Datenübertragung aufgezeigt (vgl. Tabelle 2.4):

	Datenfunkübertragung	Infrarot-Datenübertragung
Vorteile	mittlere Reichweite relativ geringer Installationsaufwand	hohe Übertragungsgeschwindigkeit bis 19200 bit/s keine Beeinträchtigung durch elektromagnetische Strahlung keine behördlichen Auflagen
Nachteile	Störungen durch Fremdimpulse und Kanalmehrfachbenutzung geringe Übertragungsgeschwindigkeit (1.200 - 4.800 bit/s) Zahl der verfügbaren Frequenzen begrenzt	Störungen durch Fremdlicht und Verunreinigungen Geringe Reichweite (ca. 100 m) hoher Installationsaufwand inflexibel bei baulichen Veränderungen
		Quelle: Jünemann (1989), S. 516ff.

Tab. 2.4: Vor- und Nachteile der Datenfunk- und der Infrarot-Datenübertragung

Von den Integrationskomponenten kommt in der Transportintegration vor allem die Funktionsintegration im Sinne von Triggern von Funktionen zum Tragen, indem aus übergeordneten Systemen (Leitsystem) der eigentliche Transportvorgang in der Steuerung des Transportmittels angestoßen wird.

2.2.3 Umschlagprozesse

Umschlagen definiert die DIN 30781 als "Gesamtheit der Förder- und Lagervorgänge beim Übergang der Güter auf ein Transportmittel, beim Abgang der Güter von einem Transportmittel und wenn Güter das Transportmittel wechseln"[4].

---

4   DIN 30781.

Umschlagen bedeutet nicht nur der Übergang von einem Transportmittel zu einem anderen Transportmittel oder einem anderen Arbeitsmittel, sondern in den meisten Fällen auch ein Übergang zwischen zwei Verantwortungsbereichen. Mit dem Übergang des Guts muß gleichzeitig ein Übergang der Informationen sichergestellt werden. Hier treten mehrere Probleme auf:

Beim Übergang von einem Verantwortungsbereich zum nächsten muß der abgebende Verantwortungsbereich entlastet und der aufnehmende belastet werden. Damit eine richtige Ent- bzw. Belastung erfolgen kann, ist das übertragende Gut eindeutig zu identifizieren. Dies kann manuell geschehen (z. B. beim Wareneingang durch Abarbeiten des Lieferscheins und Wareneingangskontrolle durch optische Identifikation der angelieferten Stücke) oder automatisch durch Identifikationssysteme[5].

Ein besonderes Problem tritt auf, wenn eine "Uminterpretation" des empfangenen Gutes beim Umschlagprozeß vorzunehmen ist. Dies ist z. B. dann der Fall, wenn Güter, die vor dem Umschlagprozeß als unterschiedliche Artikel identifiziert worden sind, nach dem Umschlagprozeß einheitliche Artikel sind (z. B. haben innerbetrieblich identische Güter je nach Herkunftsland unterschiedliche EAN-Nummern).

Gerade beim Übergang von einem Verantwortungsbereich zu einem anderen Verantwortungsbereich ist es notwendig, die Schnittstelle logistisch genau zu definieren, d. h. festzulegen, wie der logistische Übergang zu erfolgen hat. Wichtig ist hierbei vor allem die Bildung logistischer Einheiten, d. h. die Zusammenfassung der auszutauschenden Güter zu größeren Einheiten. Dieser Vorgang wird im angelsächsischen Raum prägnant mit "unitization" bezeichnet. Die logistische Einheit sollte so gewählt werden, daß sie einen guten Kompromiß zwischen den Anforderungen der beiden Verantwortungsbereiche darstellt. Dabei wird u. a. das gemeinsame Transporthilfsmittel (Palette, Behälter, Paket, Box) und die Abpackgröße festgelegt.

Auch wenn man sich über eine geeignete logistische Einheit für die Übergabe geeinigt hat, kann es vorkommen, daß zur Weiterverarbeitung der Produkte andere logistische Einheiten gebildet werden. Problem für die Informationsverarbeitung ist, daß der Übergang dieser logistischen Einheiten identifikationsmäßig richtig nachvollzogen werden muß. Jede logistische Einheit ist mit einer eigenen Identifikationsnummer ausgestattet. Das kann dazu führen, daß ein Teil durch mehrere Identifikationsnummern gekennzeichnet wird, je nach dem, in welcher logistischen Einheit es sich befindet (eigene Identifikationsnummern für die Palette mit Produkt x, die darauf gelagerte Kiste mit Produkt x, der darin gelagerte Hunderterkasten des Teiles x, das

---

5   Zu Identifikationssystemen vgl. Kapitel 3.1, S. 165ff.

Einzelteil x). Als Übergabeeinheit im Rahmen des Umschlagprozesses wird z. B. eine Palette definiert (und damit wird informationstechnisch eine Einheit der Identifikationsnummer für die Palette übergeben), die Weiterbehandlung im empfangenden Verantwortungsbereich geschieht allerdings auf Basis der Kiste (des Kartons, des Einzelteils). Beim Übergang des Guts von einem Verantwortungsbereich zum nächsten muß sofort eine Auflösung der empfangenden logistischen Einheit des Übergangs in die logistische Einheit der Weiterverarbeitung durchgeführt werden.

Die Hierarchie logistischer Einheiten sollte deshalb informationstechnisch ihr Pendant in einer stücklistenartig geführten Struktur des Datenbestands finden. Wenn rückverfolgt werden muß, aus welcher logistischen Übergabeeinheit eine logistische Einheit der Weiterverarbeitung resultiert, muß informationstechnisch der Zusammenhang zur Übergabeeinheit immer gewahrt bleiben, was das Datenvolumen nicht unbeträchtlich aufbläht.

Betriebswirtschaftlich gesehen erfordert Umschlagen Zeit, bindet Kapazitäten und benötigt einen Planungsaufwand in Form von Computerleistung und menschlicher Arbeitskraft. Der Umschlagprozeß bietet allerdings keinen direkten produktiven Beitrag zur Wertschöpfungskette. Ziel der Überlegungen zur Gestaltung von optimalen Logistikprozessen sollte es sein, jeden Umschlagprozeß daraufhin zu untersuchen, ob er wirklich unbedingt notwendig ist. Vor der Optimierung des Umschlagprozesses selber sollte immer eine In-Frage-Stellung des Umschlagprozesses an sich stehen. Umschlagprozesse sind sozusagen dann optimal gestaltet, wenn ihre Anzahl auf ein Minimum reduziert worden ist. Unter logistischen Gesichtspunkten kommen Bearbeitungszentren, bei denen an einer Werkzeugmaschine durch einen automatischen Werkzeugwechsel unterschiedliche Bearbeitungen an einem Werkstück vollzogen werden können, dem Ziel der Umschlagoptimierung durch Umschlagreduzierung nahe. Während bei der überbetrieblichen Logistik die Optimierung des Umschlagprozesses an sich im Vordergrund steht, gilt die Forderung Umschlagoptimierung durch Umschlagreduzierung vor allem im innerbetrieblichen Bereich.

Umschlagen bedeutet nicht nur den Wechsel zwischen verschiedenen logistischen Ressourcen, sondern zugleich die Übergabe von Informationen. Dabei sind Fragen der Identifikation, der Bildung logistischer Einheiten sowie der datenmäßigen Abbildung dieser Einheiten und ihrer Beziehungen zu klären.

2.2.4 Lagerprozesse

Während Transportprozesse primär die räumliche Transformation von Gütern betreffen, bezieht sich die Lagerung auf die zeitliche Transformation. Zu den strategischen Aufgaben der Produktionslogistik bzgl. des Lagerns gehören u. a. die Festlegung der Aufgabe des Lagers (Bevorratung, Pufferung, Verteilung), der Bauweise (z. B. Flach-, Etagen-, Hochregallager), der Lagermittel (Boden- oder Regallagerung; Kompakt- oder Zeilenlagerung; statisch oder dynamisch), der Anzahl sowie des Automatisierungsgrads des Lagers[6]. Es ist des weiteren festzulegen, wo und mit welcher Dimensionierung geschlossene Lager sowie Werkstattlager als Pufferung zwischen zwei Bereichen bestehen sollten. Schließlich ist die Art der Lagerorganisation - die Disposition und Verwaltung des Lagers - zu bestimmen.

Taktische Fragestellungen des Lagerns sind die Auswahl der Automatisierungstechnik für unterschiedliche Lager, Fragen der konkreten Ausgestaltung der Lagerorganisation (Festlegung der Anzahl und räumlichen Anordnung von Lagerbereichen, Lagerplätzen, Zuordnungsregeln von Teilen zu Lagerorten und Lagerplätzen), Fragen der Kopplung von Lager- und Produktionsorganisation und Einbindung der Lagerverwaltung und -steuerung in die Produktionsplanung und -steuerung.

Zu den operativen Aufgaben zählen die "Elementaraufgaben" des Einlagerns, Umlagerns, Auslagerns und zusätzlich die Durchführung von Inventuren unter Beachtung der ökonomischen Ersatzziele. Diese sind für Vorratslager der geplante Ausgleich von unterschiedlichen Eingangs- und Verbrauchsmengen und -geschwindigkeiten sowie ein Auffangen von Beschaffungsschwankungen. Pufferlager haben die Funktion des kurzfristigen Ausgleichs von (ungeplant) unterschiedlichen Zu- und Abgangsraten. Verteillager übernehmen Kommissionieraufgaben.

Der strategische Bereich des Lagerns stellt vor allem Anforderungen an die Verdichtungsmöglichkeit von Daten aus den operativen Systemen. Die verdichteten Daten können die Entscheidungen bzgl. der Dimensionierung, der Lagerart-, Lagermittel- und Lagerhilfsmittelauswahl unterstützen. Wegen der Einmaligkeit dieser Aufgaben soll hier nicht von einer "CIM-Unterstützung" gesprochen werden.

Im taktischen Bereich ist eine stärkere Integration der Lagerverwaltungs- und Lagersteuerungssysteme zu fordern. Während die Einbindung von Lagersteuerungssystemen in PPS-Systeme als weitgehend vollzogen gelten

---

[6] Zur Systematisierung von Lagertechniken vgl. Jünemann (1989), S. 143-168.

kann, läßt die Einbindung der Lagersteuerung in die Systeme zur Fertigungssteuerung zu wünschen übrig. Hier besteht noch großer Nachholbedarf.

Anforderungen an integrierte Informationssysteme stellt der Lagerprozeß vor allem im operativen Bereich.

Aus Sicht der integrierten Informationsverarbeitung ist die Verwaltung und Steuerung von Materiallagern insofern besonders schwierig, als in ganz unterschiedlichen betrieblichen Dispositions- und Steuerungssystemen Lagerverwaltungsmodule implementiert sind. Das Materialwirtschaftssystem verwaltet das Wareneingangslager und alle geschlossenen Lager, das Auftragsabwicklungssystem das Fertigwaren- und das Versandlager, Fertigungssteuerungssysteme die Werkstattlager, eigene Systeme die Fertigungshilfsmittellager der Werkzeuge, Vorrichtungen und Meß- und Prüfmittel und das Instandhaltungssystem das Lager für Instandhaltungsmaterialien. Letztendlich übernehmen auch die Systeme zur technischen Steuerung der Lager Verwaltungsfunktionen, indem sie Lagerbestände pro Lagerplatz und Lagerbestände insgesamt pro Teil führen.

In allen Lagerverwaltungssystemen werden funktional gleiche Aufgaben EDV-technisch unterschiedlich unterstützt, nämlich zumindest die Grundfunktionen Einlagern, Umlagern, Auslagern, Bewertung und Inventur. Hier hat die logistische Steuerung aus Sicht des CIM zwei Aufgaben zu erfüllen:

- Für gleiche Aufgaben des Lagerns sollten auch gleiche EDV-Module verwendet werden. Gerade im Lagerbereich eröffnet die Modulintegration ein hohes Rationalisierungspotential. Voraussetzung dafür ist, daß aus organisatorischer Sicht die Verwaltung der Lager vereinheitlicht wird (Fragen der Inventurdurchführung, Entscheidung, ob bei Einlagerung ein Produkt nochmals eigens identifiziert werden muß).

- Zweitens muß eine genaue Schnittstelle zwischen den Lagersteuerungssystemen, die - plakativ gesprochen - die Aufgabe haben, daß das Regalförderzeug die Teile in den richtigen Regalplätzen einlagert, und dem Materialwirtschaftssystem, das die physischen und dispositiven Bestände pro Teil insgesamt verwaltet, geschaffen werden. Eine mögliche Zuordnung könnte so aussehen, daß das Lagersteuerungssystem die Aufgaben bis einschließlich der Verwaltung der Lagerplätze wahrnimmt, während das Materialwirtschaftssystem die Bestände pro Lagerort und insgesamt verwaltet.

Aus Gründen der Kontrolle sind geschlossene Lager, in denen Ein- und Auslagerung gesondert festgehalten werden und damit zu jedem Zeitpunkt der Bestand festgehalten werden kann, wesentlich einfacher zu verwalten und zu steuern als Lager, die sich innerhalb der Fertigung als Zwischenlager

bilden. Diese sind nur zu erfassen, wenn innerhalb des Fertigungssteuerungs-
systems eine lückenlose Verfolgung der logistischen Kette stattfindet, d. h.

-   wann ein Teil (oder Auftrag) an einem Betriebsmittel bearbeitet
    worden ist,

-   wann es dieses Betriebsmittel verlassen hat,

-   wann und wie lange es nach der Bearbeitung hinter dem Betriebsmittel
    gelagert hat,

-   wann ein Umschlagprozeß auf ein Transportmittel stattgefunden hat,

-   wieviel Stück mit welchem Transportmittel wohin transportiert worden
    sind,

-   wann sich in welcher Höhe ein Lager vor dem nächsten Betriebsmittel
    aufgebaut hat und

-   wann die nachfolgende Maschine welche Menge diesem Zwischenlager
    entnommen hat.

Zur lückenlosen Verfolgung und Steuerung ist ein umfassendes Betriebsdatenerfassungssystem mit einem sehr detaillierten Fertigungssteuerungssystem,
das auch die TUL-Prozesse umfaßt, notwendig. Dies ist bisher in den sel-
tensten Fällen anzutreffen.

> Die Lagerverwaltung ist ein idealtypischer Einsatzbereich für die Modul-
> integration, da so der Einsatz diverser Lagerverwaltungsmodule in unter-
> schiedlichen Dispositionssystemen vermieden wird. Die Aufgabenverteilung
> zwischen Lagersteuerungs- und Materialwirtschaftssystem ist festzulegen.

2.2.5 Informationsfluß zur Unterstützung der Produktionslogistik

Der Fristigkeit und Bedeutung gemäß wird auch in der Produktionslogistik
die Unterteilung in strategische, taktische und operative Entscheidungen
vorgenommen.

Auf der strategischen Ebene sind es Aufgaben des Fabriklayouts, der Planung des Produktionsprogramms, der Produktionsprozesse und der Trans-
port-, Umschlag- und Lagereinrichtungen. Damit diese Entscheidungen
datenmäßig unterstützt werden, sind Informationen aus den DV-Systemen
des Vertriebs und aus dem Marketing (insb. Marktforschung) notwendig.
Aus vergangenen Absätzen werden zukünftige Absatzmöglichkeiten von
Endprodukten/Endproduktgruppen prognostiziert. Diese Daten geben Hinweise für den Ausbau von vorhandenen oder den Rückzug aus bestimmten

Geschäftsfeldern. Letztlich ist über den Eintritt in neue Geschäftsfelder zu entscheiden. Daten aus der Konstruktion und der Arbeitsplanung sind Voraussetzung für die Teilefamilienbildung und die daraus resultierende Organisation der Fertigung. Simulationssysteme unterstützen die optimale Auslegung von Transport-, Umschlag- und Lagersystemen. Bei den genannten DV-Unterstützungen handelt es sich weitgehend um Auswertungen aus vorhandenen Informationssystemen. Damit diese Auswertungen erzeugt werden können, sind integrierte Informationssysteme auf den darunter liegenden Ebenen hilfreich. Gemäß den Ausführungen in Kapitel 1.3.2 (insb. S. 35) zählen hochaggregierte Auswertungen über integrierten operativen Systemen nicht zum direkten Betrachtungsobjekt von CIM, da sie weniger zeitkritisch sind und daher ein *unmittelbarer* Informationsfluß zwischen Bereichen nicht notwendig ist. Deswegen sollen sie im weiteren nicht vertieft werden.

Integrierte Informationsflüsse, die Bestandteil des CIM-Konzepts sind, können die Produktionslogistik auf der taktischen und operativen Ebene wirkungsvoll unterstützen (vgl. Abbildung 2.13).

Abb. 2.13: Die Unterstützung produktionslogistischer Aufgaben durch CIM nach der Bedeutung und Fristigkeit

Auf der taktischen Ebene sind Fertigungs-, Transport-, Umschlag- und Lagerprozesse für gebildete Aufträge den entsprechenden Fertigungs- und Logistikbereichen zuzuweisen. Produktionsplanungssysteme, die das wichtigste Anwendungssystem im Produktionsbereich darstellen und einen hohen Durchdringungsgrad aufweisen, deren Fokus aber bisher allein auf der Fertigungsseite liegt, sind um die speziellen Anforderungen der Logistik zu ergänzen, so daß die Aufgaben der Fertigung und der Logistik gleichberechtigt nebeneinander stehen.

Operativ sind die die Fertigungsprozesse verbindenden Transport-, Umschlag-, Lager-, Kommissionier- und Pufferungsaufgaben im Sinne einer kybernetischen Regelung aufeinander abzustimmen. Durch geeignete Informationssysteme sind DNC-Betrieb, Bearbeitungszentren, Flexible Fertigungszellen und Flexible Fertigungssysteme, Flurförderzeuge und Regalförderzeuge miteinander zu koordinieren.

Damit sind in der Produktionslogistik die logistischen Prozesse des Transportierens, Umschlagens und Lagerns angesprochen. Die Implementierung und Nutzung geeigneter integrierter Informationssysteme kann alle drei Prozesse unterstützen. Transportprozesse werden z. B. mit Hilfe der Steuerung von induktiv gesteuerten Fahrerlosen Transportsystemen oder Gurtförderbändern durch Datenübertragung von übergeordneten Rechnern zu den Transportmitteln oder durch Identifikationssysteme, die dem Werkstück oder dem Transporthilfsmittel beigegeben sind, durchgeführt. Auch die Umschlageinrichtungen werden entweder von übergeordneten Systemen angesteuert oder erhalten die Informationen von nebengeordneten Systemen wie Transport- oder Lagersystemen. Hier besteht ebenfalls die Möglichkeit, daß diese Information entweder von dem nebengelagerten System direkt an das Umschlagsystem übertragen wird oder durch den Transporthilfsmittel oder dem Werkstück zugeordneten Identifikationsträgern mitgegeben wird. Lagerprozesse werden z. B. durch die Steuerung von automatisierten Hochregallagern unterstützt.

Bezüglich der Integrationskomponenten bietet gerade die Produktionslogistik Möglichkeiten, alle vier Integrationskomponenten in Betracht zu ziehen. Die Forderung nach Datenintegration ist offensichtlich. Teile-, Transportmittel- und -hilfsmittel-, Umschlag- und Lagerdaten werden in der Produktionsplanung und der Fertigungssteuerung, in der Transport-, Umschlag- und Lagersteuerung benötigt und sollten konsistent und integriert für alle Bereiche zur Verfügung stehen.

Auch die Datenstrukturintegration kann die Produktionslogistik unterstützen, indem die logistischen Objekte Rohstoffe, Einzelteile, Baugruppen und Fertigfabrikate in gleichen Datenstrukturen abgebildet werden, indem Transporthilfsmittel, Lagerhilfsmittel und Fertigungshilfsmittel gleich modelliert werden und indem weiterhin Betriebsmittel, Umschlagmittel, Transportmittel in ihren Gemeinsamkeiten erkannt werden. Die Modellierung der Verbindung von Daten kann über Fertigungs-, Transport-, Umschlag- und Lagerprozesse ebenfalls vereinheitlicht werden.

Die Modulintegration soll bewirken, daß strukturell gleiche Abläufe mit identischen Systemen unterstützt werden, d. h. daß z. B. gleiche Lagerverwaltungssysteme genutzt werden für Materiallager, Werkstattlager, Baugruppenlager oder Montagelager, daß Umschlagprozesse und Transportprozesse jeweils in gleicher Weise modelliert werden, unabhängig von den zugrundeliegenden Transport- oder Umschlagprozessen.

Die Funktionsintegration manifestiert sich vor allem in der Anforderung des Triggerns von Funktionen aus anderen Funktionen heraus, wie sie in der kurzfristigen Produktions- und Logistiksteuerung als zentrale Leitstelle beobachtbar ist.

Die Fertigungssteuerung ist die zentrale Leitstelle in der kurzfristigen Disposition und Überwachung. Sie erhält von den Planungssystemen die Fertigungsaufträge und plant diese arbeitsganggenau auf den Maschinen ein. Zur Fertigung auf den technischen Systemen gibt die Fertigungssteuerung den Anstoß. An alle computergesteuerten Systeme erfolgt eine automatische Übertragung der Soll-Daten. Über das Betriebsdatenerfassungssystem wird dem Werker der nächste Arbeitsgang angezeigt, so daß er das benötigte Material bereitstellen bzw. einspannen kann. Erfolgt auch die Materialzuführung automatisch, ist es Aufgabe des Werkers, für ausreichend Material zu sorgen.

Bei automatischer Werkstückzufuhr wird die Einspannung des Werkstücks von der Fertigungssteuerung angestoßen; der Vollzug wird an sie zurückgemeldet, worauf der eigentliche Arbeitsgang an der CNC-Maschine angestoßen wird. Dazu wird zunächst veranlaßt, daß das NC-Programm vom DNC-Verwaltungsrechner an die CNC-Maschine geladen wird. Wenn die NC-Programme nicht auf Direktzugriffsmedien vorliegen (sondern z. B. auf Cassetten), wird der Werker über das BDE-System aufgefordert, das entsprechende Programm einzulegen.

Die Steuerung der einzelnen Arbeitsschritte während der NC-Bearbeitung übernimmt das NC-Steuersystem mit den integrierten Qualitätssicherungsinstrumenten.

Das Ende der Bearbeitung wird über das Betriebsdatenerfassungssystem als zentralem Datenbus und das Produktionsdatenanalysesystem an die Fertigungssteuerung zurückgemeldet. Daraufhin wird von dort der Transport des Werkstücks zur nächsten Bearbeitungsstufe bzw. in das entsprechende Lager angestoßen. Hier vollzieht sich prinzipiell das gleiche Vorgehen:

-       Anstoß des Transportsystems (mit Übergabe von Ausgangs- und Zielpunkt des Transports),

-       Aktivieren des entsprechenden Transportprogramms (Errechnen des Transportwegs),

- Durchführung des Transports (unter Einbeziehung des integrierten Qualitätssicherungssystems) und

- Vollzugsmeldung über das BDE- und Kontrollsystem an die Fertigungssteuerung.

Wenn der Zielpunkt eine weitere NC-gesteuerte Maschine ist, erfolgt der oben beschriebene Vorgang; wenn er ein Lager ist, erfolgt analog der Anstoß der Einlagerung. Die Aufnahme durch das Regalförderzeug, die Auswahl eines passenden Regalplatzes und die Einlagerung werden durch die Lagersteuerung vorgenommen. Von dort erfolgt eine Meldung über das eingelagerte Produkt und die Menge an das Lagerverwaltungssystem in der Materialwirtschaft. Der Ablauf ist in Abbildung 2.14 schematisch wiedergegeben.

Neben der Funktionsintegration durch Triggern fordert die Produktionslogistik auch Funktionsintegration im Sinne von Zusammenwachsen von Funktionen. Dazu gehören eine in die TUL-Prozesse integrierte arbeitsschrittbezogene Qualitätssicherung und die Vereinigung von TUL-Prozessen, insbesondere Vereinigung von Transport- und Umschlag- sowie von Transport- und Lagervorgängen. Beides kann dazu beitragen, Durchlaufzeiten zu verkürzen und die Komplexität der Steuerung zu verringern. Mobile Roboter sind ein Beispiel für die Vereinigung von Transport- und Umschlagvorgängen, Regale auf Flurförderzeugen verbinden Lager und Transportprozesse.

Hinsichtlich der Realisierung der Integrationskomponenten sind innerhalb der Produktionslogistik dadurch, daß die Koordination nur innerhalb eines Unternehmens stattzufinden hat, die direkte Kopplung von Systemen und die Vereinheitlichung von Systemen auf Basis eines unternehmensweiten Datenmodells leichter durchzusetzen, als dies in der Beschaffungslogistik und der Distributionslogistik, bei denen jeweils Marktpartner beteiligt sind, der Fall sein kann.

Eine direkte Kopplung von Systemen liegt z. B. vor, wenn ein Lagersteuerungssystem (für die Steuerung eines automatisierten Hochregallagers) mit dem Materialwirtschaftssystem (zur Verwaltung und Steuerung der dispositiven Bestände) direkt miteinander verknüpft wird. Weiterhin können das Fertigungssteuerungssystem, das Transportsteuerungssystem und das Lagersteuerungssystem über direkte Programm-zu-Programm-Kommunikation miteinander gekoppelt werden.

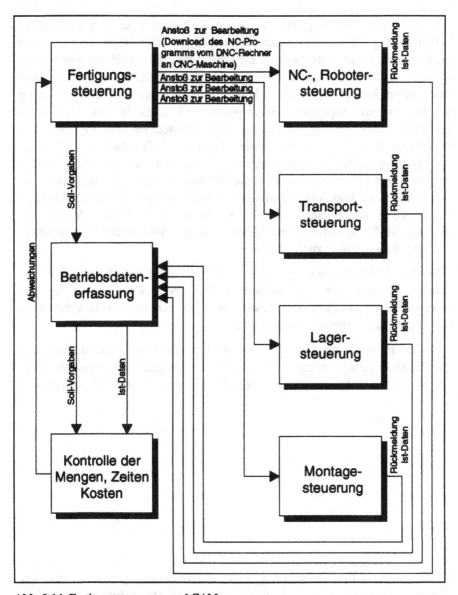

Abb. 2.14: Fertigungssteuerung und CAM

Die Funktionsintegration auf Basis eines einheitlichen Datenmodells ist vor allem bei der Kopplung der Produktionsplanung mit der Fertigungssteuerung möglich. Hier werden in Zukunft mehr und mehr einheitliche Systeme entstehen. Allerdings sieht der Status Quo so aus, daß auch diese Systeme direkt miteinander gekoppelt sind.

Trotz Vereinheitlichungsbemühungen von Datenschnittstellen auch innerhalb der Fertigung zwischen unterschiedlichen CIM-Bereichen, wie sie in den großen Entwicklungsprojekten CIM-OSA[7] und CIDAM[8] vorangetrieben werden, haben sich diese internen Standardschnittstellen bisher nicht durchsetzen können. Eine in zaghaften Anfängen befindliche Realisierung von Integrationskomponenten durch genormte Schnittstellen ist zu erkennen im Bereich der Kopplung von Maschinen und Maschinen bzw. Rechnern und Maschinen durch die internationale Norm des Manufacturing Message Specification (MMS)-Systems auf der Basis von MAP[9]. Hier werden innerhalb der operativen Logistikdurchführung Standardinformationen von Leitrechnern an Maschinen übergeben. Unter anderem gibt es einheitliche Protokolle für Beginn und Ende einer Bearbeitung. Der Einsatz der standardisierten MMS-Definitionen ist bisher allerdings weit hinter den (hochgesteckten) Erwartungen zurückgeblieben.

Für die TUL-Prozesse zeigt sich, daß die Automatisierung logistischer Ressourcen in Form von z. B. Fahrerlosen Transportsystemen oder automatisierten Hochregallagern eine notwendige Voraussetzung für die Umsetzung der Integrationskomponenten darstellt.

Die Zusammenfassung der informationsflußtechnischen Unterstützung der Produktionslogistik - ausgedrückt in den vier Integrationskomponenten sowie ihren drei Realisierungsmöglichkeiten - ist in Abbildung 2.15 enthalten.

---

[7]   Der Entwurf einer für alle Komponenten offenen CIM-Architektur (CIM-OSA, CIM Open Systems Architecture) innerhalb des ESPRIT I Projekts Nr. 688 ist Zielsetzung der Projektgruppe AMICE (rückwärts gelesen: A European Computer Integrated Manufacturing Architecture). Vgl. Kosanke (1991); CIM-OSA (1989). Zu CIM-OSA vgl. auch Scholz-Reiter (1990), S. 65-76.

[8]   Hinter CIDAM (CIM Systems with distributed Database and configurable Modules) verbergen sich vielfältige Teilprojekte, deren Hauptziel die Entwicklung von Software und Software-Tools ist, die die inviduelle Konfiguration eines CIM-Systems unterstützen sollen. Vgl. ESPRIT II Projekt Nr. 2527.

[9]   MAP = Manufacturing Automation Protocol.

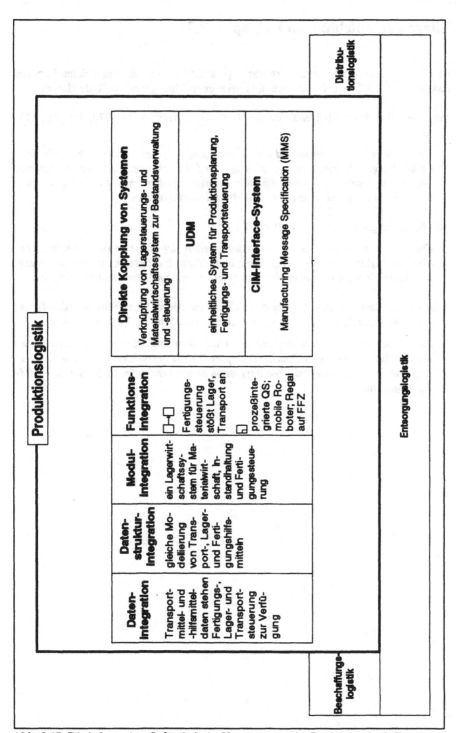

Abb. 2.15: Die informationsflußtechnische Unterstützung der Produktionslogistik

Literaturempfehlungen zu Kapitel 2.2:

Da in diesem Buch produktionslogistische Aspekte (PPS, CAM) auch in anderen Kapiteln diskutiert werden, bestehen bezüglich der Literaturempfehlung bewußte Redundanzen.

Jünemann, R.: Materialfluß und Logistik. Berlin u. a. 1989. S. 143-270, 339-468, 693-699.

Jünemann beschreibt umfassend die Ausgestaltungsalternativen der Lager-, Förder-, Handhabungs-, Kommissionier-, Montage- und Umschlagtechnik. Ein detailliertes Literaturverzeichnis gibt weiterführende Hinweise. Zudem enthält dieses Buch zwei Beispiele für die Realisierung von Produktionslogistiksystemen.

Schulte, C.: Logistik. München 1991. S. 123-220.

Die Ausführungen zur Produktionslogistik gliedert Schulte in zwei Themenbereiche: die materialflußgerechte Fabrikplanung und die Produktionsplanung und -steuerung. In anderen Kapiteln widmet er sich Transport-, Lager- und Kommissioniersystemen.

Schulze, L.: Transport und Lagerung im Computer Aided Manufacturing (CAM). In: CIM-Handbuch. 2. Aufl., Hrsg.: U. W. Geitner. Braunschweig 1991. S. 412-437.

Ausgehend von einer Beschreibung der Funktionen und Objekte innerbetrieblicher Materialflußsysteme, stellt Schulze Transport- und Lagersysteme vor. Dabei zeigt er Wege zur informationstechnischen Integration dieser Systeme in die betriebliche CIM-Konzeption auf.

2.3 Distributionslogistik

2.3.1 Aufgaben und Objekte

Die Distributionslogistik wird zuweilen zusammen mit der Beschaffungslogistik aufgrund ihrer Marktnähe zur Marketing-Logistik zusammengefaßt.[1] Andere Autoren sehen eine Entsprechung der Marketing-Logistik nur in der Distributionslogistik[2] und bringen damit zum Ausdruck, daß für die Distribution intensive Interdependenzen zum Marketing bestehen. Diesem Verständnis folgend, kann die Distributionslogistik als das logistische Subsystem mit der höchsten Wettbewerbswirksamkeit angesehen werden. Im Gegensatz zur Beschaffungslogistik, die primär eine Dienstleistung (Sicherstellung der Güterverfügbarkeit) erbringt, obliegt der Distributionslogistik zusätzlich die Betreuung zugehöriger Ressourcen im Vertriebskanal (Lager, Transportmittel).[3]

Der distributionslogistische Wirkungsbereich beginnt, wenn die Güter den Fertigungsprozeß verlassen, und umfaßt den durch die Lieferkonditionen definierten Einflußbereich des Versenders. Im Maximalfall kann dieser bis zur Regalpflege im Handel reichen. Die zentrale Leistungsgröße der Distribution ist der Lieferservice, der sich aus vier Komponenten zusammensetzt:[4]

- Lieferzeit,

- Lieferzuverlässigkeit,

- Lieferungsbeschaffenheit und

- Lieferflexibilität.

Die *Lieferzeit* erfaßt den Zeitraum von der Auftragserteilung bis zum Warenzugang beim Kunden. Sie beinhaltet also auch die entsprechend der Bevorratungsebene notwendige Produktionsdurchlaufzeit. Die Wahrscheinlichkeit, mit der die veranschlagte Lieferzeit realisiert wird, bezeichnet man als *Liefer-*

---

[1] Vgl. Ihde (1991), S. 41; Jünemann (1989), S. 53. Interessanterweise fanden auch die ersten betriebswirtschaftlichen Auseinandersetzungen mit der Logistik unter dem Begriff Marketing-Logistik statt. Vgl. Pfohl (1970) und Pfohl (1972).

[2] Vgl. z. B. Ahlert (1991), S. 22ff.

[3] Vgl. Paetz (1986), S. 18.

[4] Vgl. Pfohl (1990), S. 26-31.

zuverlässigkeit (Termintreue). Wie die Ausführungen zur Bestandswirksamkeit von Informationen (vgl. Exkurs in Kapitel 2.1) gezeigt haben, sorgt eine kurze Lieferzeit bei Unsicherheit für den Abbau von Sicherheitsbeständen, die für den hinsichtlich der Lagerabgänge möglichen Prognosefehler aufgebaut werden. Eine hohe Termintreue reduziert hingegen die Bestände, die gegen Fehler bzgl. der Vorhersage der Wiederbeschaffungszeit schützen sollen.

Die *Lieferungsbeschaffenheit* charakterisiert eine Lieferung danach, ob der Kunde hinsichtlich Art, Menge und Zustand der Lieferung Beanstandungsgründe besitzt. In der *Lieferflexibilität* findet schließlich das Ausmaß, in dem die Auftragsmodalitäten (z. B. Auftragsgröße, Mindestabnahmemenge) und die Liefermodalitäten (Verpackungsart, Transportmittel etc.) kundenindividuell gestaltet werden können, seinen Ausdruck.

Zu den klassischen distributionslogistischen Aufgaben gehören

- die Wahl und Gestaltung des Distributionskanals,

- die Lagerhaltung innerhalb des Distributionskanals,

- die Tourenplanung und

- der physische Vollzug der Warendistribution (Kommissionieren, Verpacken, Transportieren).

Der Zielsetzung dieses Buches entsprechend, werden diese Aufgaben nicht aus der ohnehin bereits umfangreich dokumentierten, betriebswirtschaftlichen Sichtweise dargestellt, sondern vorrangig unter informationstechnischen Gesichtspunkten betrachtet.

Der *Wahl und Gestaltung des Distributionskanals* sind die Bestimmung der Lagerstufenzahl (vertikale Distributionsstruktur) sowie auf jeder Stufe die Festlegung der Anzahl, Funktionen und Standorte der Lager (horizontale Distributionsstruktur) zuzurechnen.[5] Für die diesem Werk zugrundegelegte Betrachtungsweise ist diese Aufgabe jedoch nur bedingt von Bedeutung. Vielmehr handelt es sich hierbei um eine lang- bzw. mittelfristige Entscheidung, die zwar für die Informationsinfrastruktur relevant ist, jedoch keine wesentlichen, speziellen Anforderungen an die Gestaltung des Informationsflusses stellt. Deshalb wird der Aspekt der Absatzkanalgestaltung an dieser Stelle in seinen informatorischen Konsequenzen auf Ausführungen zur Ersatzteillogistik (Kapitel 2.3.4) beschränkt.

Ähnlich gelagert ist die hier zugrunde gelegte Abhandlung der *Lagerhaltungsplanung*. Die Betriebswirtschaftslehre hat eine Vielzahl von Lagerhal-

---

[5] Vgl. Schulte (1991), S. 221-228.

tungsmodellen entwickelt, die auch den besonderen Problemen innerhalb der Distribution Rechnung tragen. Hinsichtlich des Zusammenhångs zwischen Informationen und Lagerhaltung wird auf die Ausführungen zur Bestandswirksamkeit von Informationen (Exkurs in Kapitel 2.1) und zur Ersatzteillogistik (Kapitel 2.3.4) verwiesen.

Das betriebswirtschaftliche Problem der *Tourenplanung* hat insbesondere aus Sicht des Operations Research, das zahlreiche Algorithmen zur Bestimmung minimaler Transportwege ermittelt hat, eine lange Tradition. Grundlage dieser Ansätze ist im Regelfall eine statische Sichtweise, d. h. es wird von vorliegenden Aufträgen ausgegangen. Aus informations- und kommunikationstechnischer Sicht interessanter ist aber eine dynamische Betrachtung dieses Problems. Neben der regelmäßig notwendigen Soforteinplanung neu eingehender Frachtaufträge (sog. Bedarfs- oder "Trampverkehr") resultiert der Bedarf für eine Dynamisierung dieses Problems auch aus einer wachsenden Anzahl unplanbarer Ereignisse. So stellen in Zeiten zunehmender Verkehrsintensität Straßenüberlastungen oder sogar Stauungen die Optimalität der ermittelten Routen ebenso in Frage wie immer unzuverlässigere Prognosen über den Zeitbedarf für eine Strecke; mithin steigt die Notwendigkeit einer kurzfristigen Echtzeit-Umdisposition, d. h. der jederzeitigen Möglichkeit zur Neuplanung der Touren. Hierzu bedarf es sowohl eines leistungsstarken, insbesondere mobilen Kommunikationssystems als auch konzeptioneller Neuerungen im Planungs- und Zuteilungsverfahren.

Die *physische Abwicklung der Warendistribution* ist durch eine entsprechende Informationsflußgestaltung zu unterstützen. Eine wesentliche Aufgabe hierbei ist es, durch ein Vorauseilen der Informationen vor den Waren Zeitvorteile zu erzielen, die z. B. für eine vorbereitende Disposition genutzt werden können.

Generell gilt, daß die Unterstützungsleistung von CIM für die Distributionslogistik geringer ist als für die übrigen logistischen Subsysteme. Dies liegt darin begründet, daß distributionslogistische Fragestellungen geringere Integrationsanforderungen aufweisen als beschaffungs-, produktions- oder entsorgungslogistische Probleme. Der Produkterstellungsprozeß ist mit dem Verantwortungsübergang auf die Distributionslogistik abgeschlossen, so daß es keiner Koordinierung von produktionstechnischen und logistischen Prozessen bedarf. Wesentliche Aufgaben innerhalb der Distributionslogistik wie die Festlegung der Struktur des Distributionskanals werden aufgrund ihres strategischen Charakters nur geringfügig von CIM unterstützt.[6] Der physische Vollzug der Warendistribution selber weist nur geringe Verbindungen

---

[6]   Vgl. auch S. 36.

zu anderen Funktionen auf.[7] Entsprechend steht für die Perspektive Distributionslogistik aus Sicht des CIM weniger die Integration von Funktionen im
Vordergrund. Es wird in diesem Kapitel insbesondere dargestellt, welche
Möglichkeiten zur informationsflußtechnischen Durchdringung des Distributionskanals bestehen, so daß die am Vertriebsprozeß beteiligten Transaktionspartner informatorisch integriert werden können.

Einer Darstellung unterschiedlicher Formen der informationstechnischen
Unterstützung distributionslogistischer Aufgaben ist die grundsätzliche
Struktur der Material- und Informationsflußbeziehungen im Absatzkanal vor-
anzustellen.

Beim Transport durchlaufen die zu versendenden Güter in der Regel eine
Logistik*kette*, die unterschiedlich viele Stufen zwischen Sender und Empfän-
ger umfassen kann. Mögliche Ausprägungen solcher Logistikketten sind in
Abbildung 2.16 dargestellt.

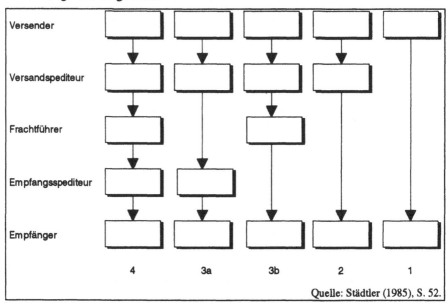

Quelle: Städtler (1985), S. 52.

Abb. 2.16: Alternative Logistikketten

In der einstufigen Logistikkette [1] erfolgt der Transport mittels sender-
oder empfängereigener Transportmittel (sog. Werkverkehr). Stehen solche
nicht zur Verfügung, so werden Unternehmen, die logistische Dienstlei-
stungen erbringen, beauftragt. Liefert ein Versandspediteur eigenständig (im

---

[7] Ein Beispiel ist die in Kapitel 3.2.9, S. 204f. skizzierte Determinierung der Produktionslogistik
durch die Distributionslogistik.

sog. Selbsteintritt[8]) die Güter direkt zum Empfänger, so handelt es sich um eine zweistufige Logistikkette [2]; liefert er an einen Empfangsspediteur, der wiederum für die Anlieferung beim Empfänger zuständig ist, liegt eine drei-stufige Logistikkette vor [3a]. Im Regelfall wird der Versandspediteur aber einem oder mehreren Frachtführern[9] sein Ladegut anbieten, die die Ware ent-weder direkt an den Empfänger [3b] oder an einen Empfangsspediteur [4] liefern. Im letzteren Fall handelt es sich um eine vierstufige Logistikkette. Dabei werden zur Abwicklung des Transports Versandspediteur, Fracht-führer und Empfangsspediteur eingeschaltet. Mehrere Frachtführer können neben- und/oder nacheinander eingesetzt werden.

Lager, die vor und/oder nach der Frachtführereinbindung vorhanden sind, stellen keine selbständigen Stufen innerhalb der Logistikkette dar. Die Ent-wicklung geht dahin, von den Speditionen in immer stärkerem Maße die Übernahme logistischer Dienstleitungen zu fordern, wie Lagerung und Ver-packung, Verkaufsförderung, Versicherung, Informationsbereitstellung (z. B. Statusverfolgung), Finanzierung und Inkasso. Dadurch kommt es bei den Speditionen zur Konzentration auf das Kerngeschäft - die dispositive Betreu-ung des Transportvorgangs - und damit zu einer stärkeren Differenzierung der Speditions- und der Frachtführerfunktion.[10]

Innerhalb der vierstufigen Logistikkette stellt der Versender dem von ihm eingesetzten Versandspediteur die Ware zur Verfügung. Dieser ist für die Organisation des Transports verantwortlich. Für die physische Beförderung zum Empfangsspediteur beauftragt der Versandspediteur einen oder mehrere Frachtführer wie Transportunternehmen, Eisenbahn-, Luftfahrt- oder Schiffahrtsgesellschaften. Der vom Versandspediteur beauftragte Empfangs-spediteur stellt die Güter schließlich dem Empfänger zu. Innerhalb dieser Kette geht es uns nicht um die rechtlichen Grundlagen (Spediteure und Frachtführer als rechtlich selbständige Einheiten), sondern um die *Funktio-nen*, die auf jeder Stufe der Logistikkette zu erfüllen sind. Ob eine bestimmte Funktion im Einzelfall von einem Spediteur oder der versendenden oder empfangenden Einheit durchgeführt wird, ist letzlich für die informatorische Einbindung nicht relevant. Der eingangs formulierten Einschränkung folgend, daß Logistische Betriebe nicht primärer Gegenstand unserer Betrachtung sind, wollen wir hier Spezialprobleme, die ausschließlich für Spediteure oder Frachtführer interessant sind, außer acht lassen. Um keine neuen Begriffe de-finieren zu müssen, sprechen wir im folgenden von "Frachtführer" oder

---

8   Vgl. § 412 HGB. Das Selbsteintrittsrecht wird insbesondere im Straßengüterverkehr ausgeübt.

9   Vgl. § 425 HGB. Frachtführer übernehmen gewerbsmäßig die Beförderung von Gütern.

10   Vgl. Werner (1992), S. 71f.

"Empfangsspediteur", meinen damit aber immer die Funktion und nicht eine rechtliche Einheit.

Die Logistikkette wird üblicherweise in drei Phasen eingeteilt:[11] Im sog. Vorlauf werden die Ladungen von den Lieferpunkten zu einem Sammelpunkt zusammengeführt (Flächenverkehr). Die wesentliche Entfernungsüberbrückung erfolgt im Hauptlauf, der den Sammelpunkt mit einem Verteilpunkt verbindet (Streckenverkehr). Die Zustellung zu den einzelnen Empfangspunkten stellt den Nachlauf dar (Flächenverkehr).

Welche Bereiche der Logistikkette unter die Verantwortung des Versenders und welche unter den Einflußbereich des Empfängers fallen, hängt vom Umfang der *logistischen Kontrollspanne* ab. Die Bestimmung der Grenzen dieser Kontrollspanne wird durch branchenübliche Vereinbarungen erleichtert, die die Transaktionspartner zu einem fest definierten logistischen Leistungsinhalt verpflichten. Beispiele für derartige internationale Regeln (Incoterms: *I*nternational *C*ommerce *T*erms), die der logistischen Prozeßstrukturierung dienen, sind:[12]

Frei-Haus-Verkauf	Der Versender übernimmt sämtliche logistischen Leistungen bis zum Eintreffen der Ware beim Empfänger.
CIF	cost, insurance, freight: Bis zur Ankunft im Empfangshafen liegt die Gestaltung der logistischen Abläufe beim Versender.
FOB	free on board: Der Zuständigkeitsbereich des Herstellers endet bei Übernahme durch das Seeschiff.
Ab-Werk-Verkauf	Dem Auftraggeber obliegt die Gestaltung sämtlicher logistischer Abläufe. Der Versender übernimmt lediglich die Beladung des Transportmittels.

Tab. 2.5: Abgrenzungen der logistischen Kontrollspanne gemäß Incoterms

Der Güterstrom innerhalb der Logistikkette wird von vorauseilenden, transportbegleitenden, nachfolgenden und entgegengesetzten (z. B. Bestelldaten) Informationen begleitet. Einen Überblick über die zwischen jeweils zwei Gliedern der Logistikkette fließenden Informationsströme gibt Tabelle 2.6.

---

[11] Vgl. Pfohl (1990), S. 159.

[12] Weitere Formen wären z. B. FOT (free on truck), C+F (cost and freight) oder FAS (free alongside ship). Vgl. Ihde (1978), S. 64f.

an \ von	Versender	Versandspediteur	Frachtführer	Empfangsspediteur	Empfänger
Versender		Versenderdaten Empfängerdaten Sendungsdaten Termine Nachnahmen Statusdaten Gutschrift			Angebot Rechnung Mahnung
Versandspediteur	Termine Statusdaten Frachtrechnung		Versenderdaten Empfängerdaten Empfangsspediteurdaten Sendungsdaten Termine Nachnahmen Statusdaten Gutschrift	Versenderdaten Empfängerdaten Frachtführerdaten Sendungsdaten Termine Nachnahmen Statusdaten Gutschrift	Termine
Frachtführer		Statusdaten Standortdaten Frachtrechnung		Termine Nachnahmen Statusdaten Frachtrechnung	Nachnahmen
Empfangsspediteur		Statusdaten Frachtrechnung	Statusdaten Anlieferrestriktionen		Versenderdaten Sendungsdaten Statusdaten Frachtrechnung
Empfänger	Anfrage Lieferabruf Empfangsbestätigung Reklamationen Gutschrift				

In Anlehnung an Städtler (1985), S. 54.

Tab. 2.6: Die Informationsströme innerhalb einer vierstufigen Logistikkette[13]

Es fällt auf, daß es sowohl Daten gibt, die unverändert von einer Stufe zur nächsten weitergegeben werden (statische Informationen wie Versender-, Empfänger- und Sendungsdaten), als auch solche, die eine ständige Veränderung erfahren (dynamische Informationen wie Termine oder Statusdaten). Die ausgetauschten Informationen haben offensichtlich den Charakter von

---

[13] Übernimmt der Spediteur auch Lagerhaltungsaufgaben, so werden zusätzlich Lagerbestands- und Produktionsdaten ausgetauscht. Vgl. Schulte (1991), S. 233.

leicht standardisierbaren Nachrichten und sind damit einer einheitlichen Übermittlung, die z. B. den EDIFACT-Konventionen folgt, besonders zugänglich.[14]

"Die Entwicklung der Infrastruktur für den Informationsfluß im System der Güterverteilung hinkt hinter der Entwicklung der Infrastruktur für den Güterfluß hinterher."[15] Der zunehmende Wettbewerbsdruck in vielen Branchen, die kürzer werdenden Produktlebenszyklen und die wachsende Macht der Verbraucher stellen das traditionelle *Push-System* - den forcierten "Hineinverkauf" der Ware in den Absatzkanal - zunehmend in Frage. Es werden vermehrt Ansätze forciert, die dem Pull-Gedanken folgen, bei dem das Absatzvolumen sozusagen aus einem Nachfrage-Sog resultiert. In der Textilindustrie wird diese Idee unter dem Schlagwort *Quick Response Konzept* diskutiert.[16]

Ein großes Problem besteht darin, die notwendige Kommunikation unter Einbezug *jeder* einzelnen Stufe der Logistikkette zu realisieren, wobei die Korrektheit und die Geschwindigkeit der Informationsübermittlung von besonderer Bedeutung sind. Diese Notwendigkeit ergibt sich durch die Tatsache, daß die transportierten Güter häufig ohne die zugehörigen Informationen nicht verwendbar sind bzw. zu spät vorliegende Informationen zu Verzögerungen und somit zu Unwirtschaftlichkeit führen. Zu beachten ist, daß bestimmte Informationen bereits dann zu spät vorliegen können, wenn sie zeitgleich mit Gütern eintreffen. So ist z. B. für einen Empfangsspediteur eine effektive Disposition seiner Betriebsmittel unter Berücksichtigung der Faktoren Kosten und Zeit nur möglich, wenn er bereits vor Eintreffen der Güter die zugehörigen Informationen erhält. Zur Unterstützung einer frühzeitigen Disposition seitens des Empfängers, aber auch seitens des Versenders (der z. B. im Störungsfall erneut Ware versenden muß), gilt es folglich, den Grundsatz *"Informationen vor Ware"* zu verfolgen, d. h. der Informationsfluß ist vom Warenfluß zu entkoppeln. Informationen können dem zu transportierenden Objekt jedoch nur dann vorauseilen, wenn sie in einem von der materialflußtechnischen Infrastruktur entkoppelten Kommunikationssystem bewegt werden.[17]

Ein Informations- und Kommunikationswesen, das sämtliche Stufen der Logistikkette umfaßt, hat in seiner konzeptionellen und technischen Ausle-

---

14 Zu EDIFACT vgl. Kapitel 2.1.3, S. 76-80.

15 Pfohl (1990), S. 249.

16 Hensche (1991), S. 280.

17 Vgl. Szibor, Thienel (1991); Ihde (1991), S. 114f.

gung sowohl das notwendige Zusammenwirken mehrerer Marktpartner (Versender, Versand- und Empfangsspediteur, Frachtführer, Empfänger) als auch die hohe Mobilität des Güterflusses zu beachten. Das konzeptionelle Problem ist in erster Linie die Schaffung eines geeigneten Standards für den Datenaustausch. Hier gibt es Bestrebungen, die bereits teilweise realisiert sind (z. B. EDIFACT). Die komunikationstechnischen Voraussetzungen sind zu einem großen Teil durch die Netze der Telekom gegeben. Ein Problem besteht allerdings noch in der datentechnischen Integration der Fahrer während der Fahrt.

Der vertikale Informationsfluß entlang der Logistikkette ist zu ergänzen um eine horizontale Kommunikation, d. h. Informationsbeziehungen zwischen Marktpartnern einer Stufe. Beispiele sind Ladungs- und Laderaumausgleichs- systeme (sog. Frachtraumbörsen).

Ausführungen zur adäquaten Gestaltung eines den distributionslogistischen Anforderungen genügenden Informations- und Kommunikationssystems müssen zwangsläufig den gleichlautenden Ausführungen zur Beschaffungslo- gistik ähneln, denn die Distributionslogistik des einen Transaktionspartners überschneidet sich mit der Beschaffungslogistik des güterempfangenden Marktpartners. Um Redundanzen zu vermeiden, erfolgen deshalb an dieser Stelle z. B. keine intensiven Ausführungen zur Vereinheitlichung von Daten- übertragungsstandards, sondern es werden im folgenden ausschließlich spe- ziell für die Distributionslogistik interessante Aspekte herausgestellt.

Hierzu zählen die mit der Aufgabe des Aufbaus einer geschlossenen verti- kalen Informationskette verbundenen Möglichkeiten der mobilen Kommuni- kation, die der informatorischen Fahrereinbindung dienen (Kapitel 2.3.2). Als Beispiel für horizontale Informationssysteme werden die mittlerweile praxis- erprobten Frachtraumbörsen skizziert (Kapitel 2.3.3). Eigenständige Anfor- derungen an den Aufbau distributionslogistischer Informationssysteme stellt die Ersatzteillogistik (Kapitel 2.3.4). Die Ausführungen zur Distributionslo- gistik enden mit einem Exkurs, der ein in dem hier gesetzten Kontext interes- santes Forschungsprojekt zum Inhalt hat.

In die vielfältig gestaltbare Distributionslogistik sind diverse Transaktions- partner eingebunden. Das primäre Ziel einer informatorischen Durch- dringung des Distributionskanals ist es, einen möglichst großen zeitlichen Vorlauf der Informationen vor dem Materialfluß herbeizuführen, um so den Dispositionsspielraum zu erhöhen.

2.3.2 Vertikaler Informationsfluß: Frachtführerinformationssysteme

a)   Nutzeffekte eines vollständig integrierten Informationsflusses

Der erst durch die informatorische Einbindung der Frachtführer während der Fahrt vollständig integrierte distributionslogistische Informationsfluß bringt zahlreiche Vorteile sowohl für den Spediteur als auch für den Warenempfänger mit sich. Ein wesentlicher Nutzeffekt ist beispielsweise die Möglichkeit zur dynamischen Tourenplanung. Die Aktualisierung der Tourenplanung kann zentral durch einen koordinierenden Disponenten erfolgen oder aber in Selbstabstimmung der Frachtführer untereinander (dezentrale dynamische Tourenplanung)[18]. Alternativ sind der Einsatz zusätzlicher LKWs oder prioritätsgesteuerte Teilbelieferungen der Kunden denkbar. Lassen sich Verspätungen oder Totalausfall trotz dieser Notstrategien nicht vermeiden, so kann der Empfänger vom Fahrzeug aus rechtzeitig informiert werden. Er wird daraufhin geeignete Maßnahmen ergreifen,[19] wie z. B. im Falle der angekündigten Verspätung die vorgesehene Abladestelle sperren und Sondereinsatzstapler für eine beschleunigte Entladung bereitstellen oder - im Falle des Totalausfalls - seine Produktionsplanung entsprechend modifizieren. Darüber hinaus kann der frühzeitig informierte Empfänger anstehende Wareneingangstermine verschiedener Lieferanten und die mit ihnen verbundenen, oft manuellen Wareneingangskontrollen besser koordinieren und Personal, Ladehilfsmittel und Lagerplätze frühzeitig disponieren.[20] In entgegengesetzter Richtung kann der Informationsfluß vom Kunden zum Fahrer Meldungen über Anlieferrestriktionen (Wartezeit, Warenannahmetor) oder Angaben über etwaige Rückfracht beinhalten.

Im Bedarfsverkehr ergibt sich durch den Einsatz von Mobilkommunikationsdiensten neben den oben genannten zudem die Möglichkeit, neu eingehende Aufträge dynamisch den sich bereits auf ihren Routen befindlichen LKWs zuzuordnen. Hierbei wird der zentrale Disponent durch die in bestimmten zeitlichen Intervallen abgesetzten Standort-, Ladungs- und Fahrerdaten sowie die technischen Fahrzeugdaten in der aktuellen Zuordnung der Aufträge auf die LKWs unterstützt. Ein derartiges Transport-Verfolgungssystem gewährleistet somit die permanente Bestimmung des Aufent-

---

[18] Zur dezentralen dynamischen Tourenplanung vgl. den Exkurs zu Teilintelligenten Agenten, S. 135-137.

[19] Vgl. Straube, Kern (1991), S. 15.

[20] Vgl. Schulte (1991), S. 233. Hierin liegt eine weitere Maßnahme, die den bereits mehrfach angesprochenen "Engpaß Rampe" entzerrt.

haltsorts der Ware und weitet die Transparenz des Auftragsabwicklungsprozesses auf die distributionslogistischen Vorgänge aus.

Über die den dispositiven Bereich betreffenden Vorteile hinaus lassen sich durch einen integrierten distributionslogistischen Informationsfluß auch administrative Aufgaben beschleunigen. Durch den Einsatz von *Bordcomputern*[21] wird der Fahrer befähigt, einen Großteil der administrativen Tätigkeiten on-board zu übernehmen (z. B. Ausstellen von Rechnungen und Lieferscheinen, Eingabe von Reklamationen oder Neubestellungen, Erfassen der Standzeiten, elektronischer Abladenachweis[22]). Zusätzlich erfaßt der Bordcomputer u. a. Wegstrecken, Fahr- und Standzeiten sowie technische Daten wie beispielsweise Geschwindigkeits- und Drehprofile und dient dem Fahrer als Informationsmedium z. B. bzgl. Kundenadressen und Tourabfolge. Gehört zum Fahrzeuginstrumentarium eine Speicherkarte, so können die darauf erfaßten Fahr-, Fahrer- und Tourdaten nach der Fahrt in der Zentrale ausgelesen werden. Über eine serielle Schnittstelle läßt sich durch Möglichkeiten der Mobilkommunikation zudem eine Online-Verbindung zwischen Bordcomputer und dem zentralen DV-System herstellen.

So ergibt sich eine ständige Konsistenz der Datenbestände bei größtmöglicher Aktualität. Durch eine detailliertere Tourenanalyse und die verursachungsgerechtere Zuordnung von Standzeiten ermöglichen Bordcomputer schließlich eine bessere Zurechenbarkeit von Kosten auf einzelne Kunden. Damit liegen dem Fuhrparkmanagement betriebswirtschaftlich aussagekräftigere Bezugsgrößen zugrunde, und die Transparenz im gesamten Transportablauf steigt.

Die Interdependenzen bei der informatorischen Einbindung des Fahrers in die distributionslogistische Kette sind der Abbildung 2.17 zu entnehmen.

---

[21] Vgl. z. B. MAN TransCom GmbH (o. J.).

[22] Beispielsweise Be-/Entladen, Kundenwartezeiten, Pausen etc.

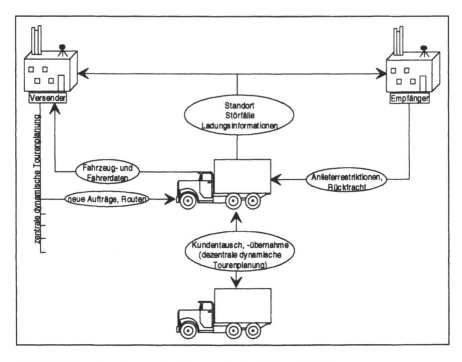

Abb. 2.17: Interdependenzen der informatorischen Fahrereinbindung

b) Dienste der Mobilkommunikation

Bei der informatorischen Einbindung der Frachtführer während der Fahrt sind mobile Kommunikationsdienste von zentraler Bedeutung. Aufgrund der wachsenden Nachfrage nach mobiler Kommunikation auch in anderen wirtschaftlichen und privaten Bereichen hat sich das Angebot in den letzten Jahren erheblich erweitert.

Es können vier grundsätzliche Formen mobiler Kommunikationsdienste unterschieden werden:

-    Funkrufdienste (Paging),

-    Bündelfunk- und Funktelefondienste,

-    Mobile Datenkommunikation und

-    Satelliten-Mobilfunk.

Die Dienste werden im folgenden dargestellt und auf ihre Eignung als distributionslogistisches Kommunikationssystem hin untersucht.

Funkrufdienste (Paging)

Bei Funkrufdiensten[23] werden Nachrichten von einem stationären Sender zu einem mobilen Empfänger übermittelt, die Übertragung ist also nur einseitig. Der älteste und wohl bekannteste Funkrufdienst ist das 1974 eingeführte *Eurosignal*, das flächendeckend in den alten Bundesländern, Frankreich und der Schweiz verfügbar ist. Die Gesamtkapazität beträgt ca. 300.000 Teilnehmer. Es ermöglicht mit Hilfe des Telefons die Aussendung von bis zu vier Nur-Ton-Signalen, ist also im Informationsgehalt sehr beschränkt.

Der 1989 in der Bundesrepublik eingeführte *Cityruf* soll zukünftig in Städten (Rufzonen mit einem maximalen Durchmesser von 70 km) ab 30.000 Einwohner zur Verfügung stehen, ist also nicht flächendeckend. Er bietet jedoch mehr Möglichkeiten als das Eurosignal, da mittels Cityruf je nach Ausstattung des Empfangsgeräts bis zu vier Nur-Ton-Funkrufe, bis zu 16 numerische oder bis zu 80 alphanumerische Zeichen übermittelt werden können.

Eine Erweiterung dieses Systems stellt *Euromessage* dar, das die nationalen Funkrufdienste von Großbritannien, Frankreich, Italien, der Schweiz und der Bundesrepublik zusammenschaltet. Die Teilnahme an diesem Zusatzdienst erfordert einen speziellen Empfänger, der auf einer zweiten Cityruffrequenz arbeitet. Allerdings steht dieses System bisher nur in den wichtigsten Wirtschaftsräumen zur Verfügung.

Mit einem Probebetrieb wird voraussichtlich Anfang 1993 das von der ETSI (European Technical Standardisation Institute) spezifizierte *ERMES* (European Radio Message System) zur Verfügung stehen. ERMES stellt eine entscheidende Weiterentwicklung des Cityruf dar, da es eine Vielzahl zusätzlicher Dienste und Dienstmerkmale aufweist. Hierzu zählen Nur-Ton mit bis zu 8 Signalen je Empfänger, Numerik mit mindestens 20 Ziffern und Alphanumerik mit mindestens 400 Zeichen pro Nachricht. ERMES besitzt darüber hinaus einen hohen Datendurchsatz und, was im Hinblick auf den EG-Binnenmarkt von besonderer Bedeutung ist, soll in ganz Westeuropa bis 1996 eine Bevölkerungsabdeckung von 80 % pro Land erzielen.

Die kostengünstigen Funkrufsysteme sind für die mobile Kommunikation dann geeignet, wenn man auf die Dialogfähigkeit nicht angewiesen ist.

Im europäischen Vergleich ist die Nutzung in Deutschland allerdings noch sehr zögerlich. Wie beim digitalen Mobilfunk soll auch für das Paging-Netz eine zweite private Lizenz vergeben werden.

---

[23] Zu Funkrufdiensten vgl. Schulte-Ebbert (1991).

Bündelfunk- und Funktelefondienste

Funktelefondienste bieten im Gegensatz zu den Funkrufdiensten die Möglichkeit der Erreichbarkeit und Kommunikation in beide Richtungen. Hinzu kommt, daß bei Funktelefondiensten beide Kommunikationspartner mit mobilen Geräten ausgerüstet sein können.

Eine weitverbreitete Möglichkeit des Funktelefondienstes stellt der *Betriebsfunk* dar, wobei jeder Betreiber seine eigene Funkfeststation und mehrere Mobilstationen unterhält. Dieses System ist zwar relativ einfach zu realisieren, enthält jedoch eine ganze Reihe entscheidender Nachteile wie z. B. unzureichende Kanalzahl, fehlende Abhörsicherheit durch die Verwendung von Gemeinschaftsfrequenzen, kleine Versorgungsgebiete und fehlender Zugang zu öffentlichen Netzen.

Diese Nachteile des privaten Betriebsfunks versucht die DBP Telekom mit ihrem 1990 neu eingeführten Bündelfunkdienst *Chekker* zu beseitigen. Hierbei wird ein Bündel von Funkkanälen zur Verfügung gestellt, aus denen bei Bedarf eine freie Frequenz ausgewählt wird, so daß ein Mithören Dritter ausgeschlossen wird und die Wartezeiten sich im Vergleich zum klassischen Betriebsfunk verkürzen bzw. sogar ganz entfallen. Grundlage hierfür ist die rechnergesteuerte, gleichmäßige Verteilung des Verkehrsaufkommens auf alle verfügbaren Funkkanäle. Chekker steht in wichtigen Wirtschaftsregionen mit einer Ausdehnung von bis zu 100 Kilometern zur Verfügung. Kommunikation mit anderen Regionen ist bereits möglich, ein Übergang zum Telefonnetz ist vorgesehen. Aufgrund seiner Leistungsmerkmale bei gleichzeitig geringen Kosten ist Chekker vor allem zum regionalen Flottenmanagement geeignet. Seit der Vergabe von Lizenzen werden Bündelfunkdienste nicht nur von der DBP Telekom, sondern auch von privaten Betreibern angeboten.

Eine bundesweit flächendeckende Erreichbarkeit bieten die klassischen Funktelefondienste der DBP Telekom: B-, C- und D-Netz. Das *B-Netz*, das bereits in den 70er Jahren eingeführt wurde, hat primär den Nachteil, daß die Kapazität mit 27.000 Teilnehmern unterdimensioniert ist. Aus diesem Grund wurde 1985 das *C-Netz* eingeführt. Funkfeststationen, die über Leitungen mit Funkvermittlungsstellen verbunden sind, stellen den Übergang zu anderen Netzen her, wodurch ein weltweites Telefonieren ermöglicht wird. Des weiteren bietet das C-Netz Vorteile durch die bundesweite Erreichbarkeit ohne Kenntnis des Aufenthaltsortes des mobilen Teilnehmers (roaming), die unterbrechungsfreie Weitergabe bei Wechsel der Funkzelle (handover), portable Geräte, Handfunktelefone und die personenorientierte Kommunikation durch Nutzung einer C-Netz-Telekarte ("Phone for People not for Places").

Eine Weiterentwicklung der analogen C-Netze sind digitalisierte Funkte-lefone. Auf europäischer Basis werden von der Groupe Speciale Mobile (GSM[24]) der ETSI Standards für digitale Netze enwickelt. Der *GSM-Standard*[25] bietet eine weitaus größere Kapazität und alle mit der digitalen Übertragung verbundenen Vorteile, wie die nahezu störungsfreie Übertragung und eine erhöhte Abhörsicherheit. In Deutschland existieren als Realisierungen von GSM das *D1-Netz* der DBP Telekom und das *D2-Netz* der Mannesmann Mobilfunk GmbH.

Zusätzlich zu den beiden D-Netzen, die Mitte 1992 ihren Betrieb aufgenommen haben, wurde die Lizenz für ein weiteres Mobilfunk-Netz (*E1-Netz*) an E1-Plus vergeben, ein Konsortium, das von Veba und Thyssen angeführt wird. Der Abschluß des Ausbaus der ausgesprochen kostenintensiven Netzinfrastruktur wird für 1994/95 erwartet. Laut Ausschreibung sollen zum 31.12.1997 75 % der Bevölkerung mit E1-Anschlüssen versorgt sein. E1 gilt gemeinhin nicht als neuer Dienst, sondern als direkte Konkurrenz zu den D-Netzen im digitalen zellularen Mobilfunk, da auch E1 (wenn auch in einem anderen Frequenzbereich) den für D1 und D2 geltenden GSM-Standard realisiert. Bei reduziertem Dienstangebot soll E1 zum einen kostengünstiger als die D-Netze angeboten werden und zum anderen sehr leichte Endgeräte (< 500 g) bieten.

Mobile Datenkommunikation

Da die oben genannten Funktelefondienste für die Sprachkommunikation konzipiert sind, ist mit ihnen eine Datenkommunikation nicht optimal realisierbar. Aus diesem Grund ist es nötig, speziell auf die sogenannte non-voice-Kommunikation zugeschnittene Systeme zu entwickeln.

Die DBP Telekom entwickelt und testet ein solches System derzeit unter dem Namen *Modacom*. Dabei handelt es sich um das erste öffentlich zugängliche Netz für die mobile Datenkommunikation in Deutschland. Der Nutzer dieses Systems benötigt mobile Modacom-Terminals, wobei es sich im einfachsten Fall um Funkmodems mit einer einfachen Schnittstelle zum Anschluß eines mobilen Dateneingabegeräts handeln kann, einen zentralen Host-Rechner, der über Datex-P[26] mit dem Modacom-Netz verbunden ist,

---

[24] GSM steht auch für Global System for Mobile Communication.

[25] Zum GSM-Standard vgl. ausführlich Duelli/Pernsteiner (1992), S. 51-61; Mann (1991).

[26] Datex-P: speichervermittelter Datendienst der Deutschen Bundespost Telekom (Data-Exchange Paketdienst), bei dem eine zu übermittelnde Nachricht in kleine Pakete geteilt wird, die unabhängig voneinander zum Zielort gesendet werden.

und Applikationen, die die anwendungsspezifische Software datenfunkfähig machen.

Der Vorteil dieses Systems liegt zum einen in der digitalen, drahtlosen Übermittlung der Daten und zum anderen in der Kopplung an das bereits nahezu flächendeckend zur Verfügung stehende Datex-P-Netz. Folglich "könnte man sich Modacom als einen kleinen, mobilen Funk-Verlängerungs-Arm von Datex-P vorstellen."[27] Modacom ist im Gegensatz zu den oben genannten Diensten nicht nur für die Kommunikation ausgelegt, sondern es ermöglicht darüber hinaus über das mobile Terminal den Zugang zu einem an das Datex-P-Netz angeschlossenen Rechner, so daß auf dessen Datenbestand und Anwendungen zugegriffen werden kann. Dies hat den Vorteil, daß der Frachtführer bei einem Großteil der administrativen Aufgaben durch die Software des Host-Rechners unterstützt werden kann. Durch die direkte Kopplung an den Datenbestand des Host-Rechners sind die aktuellen Daten jederzeit verfügbar, Redundanzen werden so vermieden. Die Datenübertragung kann zudem nicht nur aktiv, sondern auch passiv stattfinden, d. h. es können z. B. Positions- oder Fahrzeugdaten via Modacom abgefragt werden. Die Telekom strebt in Deutschland eine weitestgehend flächendeckenden Modacom-Dienst für 1995 an.

Coca-Cola liefert ein Beispiel dafür, wie Funkmodems die Routenplanung beeinflussen können. In den USA rüstet Coca-Cola seine Getränkeautomaten mit Funkmodems aus, die automatisch u. a. Füllstand, Temperatur und Gängigkeit der einzelnen Getränkesorten übermitteln. Der zentralen Disposition dienen diese Informationen zum Generieren der Routenplanung für die Nachfüllfahrzeuge.

Satelliten-Mobilfunk

Eine Alternative zu flächendeckend installierten Funkfeststationen, wie die des C- und D-Netzes, stellt der Satelliten-Mobilfunk dar. Dieser bietet sich besonders dort an, wo aufgrund geographischer oder sonstiger Gegebenheiten (z. B. Berge oder Hochhäuser) ein einwandfreier Funkverkehr nicht möglich ist oder wo eine Abdeckung durch Funkfeststationen nicht möglich oder noch nicht vorhanden ist. Entsprechend wird der Satelliten-Mobilfunk in großflächigen Staaten wie den USA deutlich intensiver genutzt als in Europa.

Bereits 1979 wurde damit begonnen, ein solches Netz unter dem Namen *Inmarsat* (International Maritime Satellite Organization) mittels geostationärer Satelliten aufzubauen. Bis heute beteiligen sich daran weltweit über 60 Länder, so daß das System bis auf die Polkappen global flächendeckend zur

---

[27]   Karcher (1992), S. 28.

Verfügung steht. Die Möglichkeiten dieses Systems reichen von voice- über non-voice-Kommunikation bis zu Fernwirken (Fernmessen und Fernsteuern).

In der Bundesrepublik bietet die DBP Telekom innerhalb dieses Systems die beiden Dienste *Inmarsat A* und *Inmarsat C* an, die sich vor allem dadurch unterscheiden, daß Inmarsat A größere und somit leistungsfähigere mobile Anlagen aufweist und neben der auch bei Inmarsat C angebotenen Telex- und Datenverbindung auch Sprachübertragung ermöglicht. Inmarsat A basiert auf analoger Übertragung, während Inmarsat C digitale Übermittlung vorsieht. Aufgrund der Größe der mobilen Anlagen eignet sich vor allem Inmarsat C für die Flottensteuerung und Kommunikation mit dem Frachtführer. Allerdings ist mit Inmarsat ein wahrer Echtzeitbetrieb nicht möglich, da stets ein einige Minuten dauernder Verbindungsaufbau zwischen Fahrzeug und Satellit sowie zwischen Bodenstation und Dispositionszentrale erfolgen muß. Besonders interessant ist die Möglichkeit, durch zusätzlichen Einsatz eines Navigationsempfängers die aktuelle Position der Fahrzeuge jederzeit genau bestimmen zu können.

Die gegenwärtigen Dienste der mobilen Kommunikation sind zusammenfassend in der Tabelle 2.7 dargestellt.

Einen voraussichtlich 1997 in Betrieb gehenden Satellitendienst stellt das *Iridium*-Netz[28] dar. Im Gegensatz zu den bei Inmarsat verwendeten Satelliten werden für Iridium sog. LEO-Satelliten (Low Earth Orbiting) eingesetzt. 77 Satelliten sollen dann - gleichmäßig verteilt auf 7 Umlaufbahnen - in einer Höhe von 765 km bereits durch lediglich mit einer Stabantenne ausgestattete, unter 500 Gramm schwere Handtelefone mit geringer Sendeleistung erreichbar sein. Somit entfallen die bei GEO-Satelliten notwendigen Parabolschüsseln. Die Handtelefone können sowohl über die terrestrischen Mobiltelefonnetze gemäß GSM-Standard als auch über Iridium kommunizieren, wobei Iridium erst dann in Anspruch genommen wird, wenn terrestrisch keine Verbindung hergestellt wird.

Dienste der mobilen Kommunikation erlauben es, die Logistikkette kommunikations- und informationstechnisch zu durchdringen. Daraus ergeben sich Nutzeffekte sowohl für die versendende (z. B. Statusverfolgung) als auch für die empfangende Einheit (größerer Dispositionsspielraum durch Informationen, die der Sendung vorauseilen).

---

[28] Vgl. Karcher (1992), S. 30.

Dienst	seit	Versorgungsbereich	Kapazitätsgrenze	Kommunikationsarten
Funkrufdienste (paging)				
Eurosignal	1974	alte Bundesländer, Frankreich, Schweiz	0,3 Mio.	Nur-Ton
Cityruf	1989	dt. Städte > 30.000	1,4 Mio.	Nur-Ton, Numerik (16 Ziffern), alphanumerik (80 Zeichen)
Euromessage	1990	wie Cityruf und Wirtschaftszentren in GB, F, I, CH	0,2 Mio in Deutschland	Nur-Ton, Numerik (16 Ziffern), alphanumerik (80 Zeichen)
Bündelfunkdienste				
Betriebsfunk	-	regional	-	Sprache
Chekker	1990	verschiedene Wirtschaftsräume <100 km	500.000	Spache, Daten
Funktelefondienste				
B-Netz	1972	alte Bundesländer, NL, LUX, A	27.000	Sprache, Daten
C-Netz	1985	BRD (95%)	1 Mio.	Sprache, Daten
D-Netz	1992	BRD (80 %, bis 1995 100% geplant)	ca. 6 Mio.	Sprache, Daten
Mobile Datenkommunikation				
Modacom	6/1993	bisher Rhein/Ruhr-Gebiet und München; weitere Wirtschaftsgebiete sind geplant	1.000.000	Daten
Satelliten-Mobilfunk				
Inmarsat-A	1982	weltweit	-	Sprache, Daten, Telefax, Telex
Inmarsat-C	1991	weltweit	-	Daten, Telex, Telebox

Quelle: Zentralamt für Mobilfunk (1993)

Tab. 2.7: Die Dienste der mobilen Kommunikation im Überblick

c) Fahrzeugortungssysteme

Eine informationstechnische Voraussetzung für die Statusverfolgung stellen Fahrzeugortungssysteme dar. Diese werden vorrangig bei Speditionen eingesetzt. Es kommt uns aber - wie dargestellt - nur auf die Funktion an, nicht auf den, der sie ausübt. Zusätzlich ist die dadurch erzielbare Transparenz in der Logistikkette für das sendende und für das empfangende Unternehmen bedeutend.

Zur Standortlokalisierung eignet sich insbesondere das inzwischen für zivile Anwendungen freigegebene *Global Positioning System* (GPS). Bei vollständigem Systemausbau werden sich dabei von jedem Punkt der Erde mindestens vier der insgesamt 24 Satelliten anpeilen lassen, die es den mit GPS-Empfängern ausgestatteten LKWs ermöglichen, den Standort in Länge, Breite und Höhe (sog. 3D-Fix) bis auf eine Genauigkeit von 50 Metern zu ermitteln. Diese aktuellen Standorte können z. B. auf der digitalen Karte eines zentralen Disponenten visualisiert werden.

Diverse Anbieter vertreiben Fahrzeugortungs- und Dispositionssysteme, die GPS zur Standortlokalisierung und die Dienste der Datenkommunikation zur Nachrichtenübermittlung verwenden. Beispielhaft sei das System *NuLoc* der Nukem GmbH nachfolgend skizziert.

Das windowsfähige PC-System *NuLoc* stellt die Fahrzeuge per Logo dar. Verwendung finden dabei Rasterkarten, d. h. eingescannte Papierkarten. Dem Vorteil der gewohnten Lesbarkeit durch eine topologie- und farbgerechte Darstellung steht allerdings der Nachteil eines hohen Speicherbedarfs gegenüber. Zudem sind jeweils bedarfsgerecht individuelle Karten mit unterschiedlichen Maßstäben zu erstellen. An CAD-Systemen entworfene Vektorkarten ermöglichen hingegen einen einfachen Maßstabswechsel, gleichen dafür jedoch eher Schnittmustern denn Karten. Ein Ortsverzeichnis erlaubt das leichte Auffinden gesuchter Orte. Die Standortbestimmung erfolgt über das GPS-System. Die Fahrzeuge müssen für die Kommunikation mit der zentralen Disposition über Einrichtungen zur Datenübertragung verfügen (Funktelefondienste, Modacom, Satelliten-Mobilfunk). Zusätzlich zu den Positionsdaten werden dabei Routenvorgaben und -änderungen oder persönliche Mitteilungen ausgetauscht.

Im Bereich des Fuhrparkmanagements ist das Satellitenkommunikationssystem *Euteltracs*, das in der Bundesrepublik von der Alcatel SEL AG, Stuttgart, vertrieben wird, seit dem 1.1.1990 im Einsatz.[29] Zwei geostationäre, in 36.000 km Höhe befindliche Eutelsat-Satelliten, die ganz Europa, den nahen Osten und weite Teile Nordafrikas abdecken, ermöglichen den Zwei-Wege-Austausch schriftlicher Individualnachrichten und vorformatierter Makromeldungen zwischen der Einsatzzentrale und dem Frachtführer sowie eine Fahrzeugortung mit einer Genauigkeit von 500 Metern. In der Dispositionszentrale werden die Fahrzeuge als Farbpunkte in einer digitalisierten Landkarte dargestellt. Mittels des Euteltracs Telefonservice gelangen auch außerhalb der üblichen Bürozeiten Eil- bzw. Alarmnachrichten des Fahrers an den Disponenten. Euteltracs ist als offenes System in verschiedenen Rechner-

---

[29] Das amerikanische Schwestersystem OmniTRACS weist nach Pressemitteilung der Alcatel SEL AG über 20.000 Installationen auf. Zu Euteltracs vgl. auch Duelli/Pernsteiner (1992), S. 194-197.

welten der Speditionen (DOS, UNIX) einsetzbar. Fahrerseitig bedarf es einer Satellitenantenne und eines mobilen Kommunikationsterminals. Unterstützt werden sowohl eine direkte Übertragung von Sensorwerten (Meßergebnisse) als auch eine Übermittlung von Bordcomputer-Informationen an die Zentrale.

Die Vorteile derartiger Fahrzeugortungs- und -dispositionssysteme sind:

-    Verringerung der Leerfahrten und damit erhöhte Wirtschaftlichkeit durch dynamische Tourenplanung,

-    größere Transparenz in der Disposition, insbesondere verbesserte Kalkulationsgrundlage,

-    Möglichkeit der Kommunikation auch in Regionen mit fehlender oder mangelhafter terrestrischer Kommunikationsinfrastruktur,

-    permanente Möglichkeit zum Absetzen von Alarmnachrichten bei Gefahren oder Pannen sowie Sicherheit vor Diebstahl durch ständige Lokalisierung des Fahrzeugs, das periodisch Positionsdaten absetzt.

Einen anderen Ansatz stellt das System *Travelpilot* von Bosch dar.[30] Die Fahrzeugnavigation erfolgt hierbei mittels Koppelnavigation und Map-Matching. Positionsbestimmung durch Koppelnavigation bedeutet, daß ein Bordrechner den zurückgelegten Weg und den aktuellen Ort aus den Umdrehungen der Räder und den erfolgten Richtungsänderungen ermittelt, wobei letzterem die Fahrtrichtungsbestimmung durch einen elektronischen Kompaß zugrundeliegt. Die sich zwangsläufig durch die fortlaufende vektorielle Addition der Wegelemente ergebende wachsende Ungenauigkeit wird durch Map-Matching korrigiert. Dabei werden die aktuellen Ortungsergebnisse mit einer digital gespeicherten Straßenkarte verglichen und die Position auf die nächstliegende Straße korrigiert ("gezwungen"). Map-Matching kommt somit prinzipiell ohne externen Sender aus. Infrastrukturgestützte Maßnahmen (z. B. Bakensender) können aber dazu beitragen, immer wieder neue, genau bekannte Ausgangspunkte zu fixieren. Die auf CD-ROM abgelegten Straßenkarten stellen zugleich ein zusätzliches Fahrerinformationssystem dar, das durch orts- und richtungsangepaßte Anzeige die Orientierung erleichtert.

---

[30] Vgl. Neukirchner (1991), S. 65-68.

2.3.3 Horizontaler Informationsfluß: Frachtraumbörsen

Ein Beispiel für horizontale Kommunikation in der Logistikkette sind Laderaum- und Ladungsausgleichssysteme.[31] Ihre Idee ist fast 20 Jahre alt, weiterentwickelte Informations- und Kommunikationssysteme ermöglichen aber erst jetzt eine den Anforderungen gerecht werdende Funktionalität.[32] Frachtraumbörsen tragen dazu bei, das aufgrund von Informationsdefiziten gleichzeitige Auftreten von Angebots- und Nachfrageüberhängen abzubauen. Dies drückt sich u. a. in einem sowohl ökonomisch als auch ökologisch unbefriedigend hohen Anteil an Leerfahrten (30-50 %) aus.

Frachtraumbörsen besitzen die Funktionalität eines elektronischen Schwarzen Bretts, wobei das zumeist verwendete Medium Bildschirmtext (Btx) ist. Spediteure und Transportunternehmen, die Ladungsüberhänge oder freie LKW-Kapazitäten besitzen, stellen ihr Angebot in die Börse ein, Nachfrager nach Frachtkapazitäten oder Ladungen können aus diesem Angebot nach regionalen und/oder güterspezifischen Kriterien auswählen. Mit Anwahl eines Angebots erhält der Nutzer folgende Informationen: Lade- und Lieferdaten, Art, Gewicht und Ausmaß der Ladung und Kontaktadresse und -person. Nicht erlaubt ist die Angabe von Preisen und Konditionen. Der eigentliche Prozeß der Verhandlung und des Abschlusses geschieht z. B. per Telefon außerhalb des Systems. Beispiele für solche Transportausgleichsysteme sind:

- Das europäische TRANSPOTEL-System, für dessen Systementwicklung die Transpotel Deutschland GmbH verantwortlich ist. Das TELE-FRACHT-System der LOG-SPED-Gruppe, das als erstes funktionsfähiges und erfolgreiches System in Deutschland Btx zum Ausgleich von Laderaum und Ladung einsetzte, ist in dieses System eingegangen.

- Das System TELEROUTE der gleichnamigen Gesellschaft, das im folgenden detailliert dargestellt wird.

Bei TELEROUTE handelt es sich um ein urspünglich (1986) aus Frankreich stammendes, über Bildschirmtext zugängliches Online-Informationssystem für den europäischen Transportmarkt zum Austausch von Informationen über Ladungen und Laderaum.[33]

---

[31] Vgl. Möhlmann (1987), S. 244-255.

[32] Vgl. Kirsch (1973), S. 674ff. Dort wird das SVG-Datafracht-System der Bundeszentralgenossenschaft des Straßenverkehrsgewerbes beschrieben. Dieses wurde allerdings nach nur 12 Monaten Betrieb wieder eingestellt, weil u. a. die technische Realisierung (telefonische Aufgabe des Angebots bzw. der Nachfrage; keine automatische Angebotslöschung) einen ungenügenden Bedienerkomfort aufwies.

[33] Die Informationen zu TELEROUTE entstammen Mitteilungen der TELEROUTE MEDIEN.

Auf dem Zentralrechner im französischen Lille werden im Durchschnitt täglich 92.000 Anfragen (Angebote und Gesuche) abgewickelt. TELE-ROUTE wurde 1989 in Deutschland eingeführt und vermittelt hier bei mittlerweile über 1.000 Mitgliedern ca. 500 Ladungen täglich. Eine hohe Aktualität wird durch die automatische Löschung am Tag nach der Eingabe gewährleistet.

Interessanterweise treten im Regelfall die TELEROUTE-Nutzer sowohl als Nachfrager nach Laderaum (87 % der Teilnehmer in Deutschland) als auch nach Ladungen (95 %) auf, wobei international deutlich mehr Ladungen als LKW-Kapazitäten inseriert werden. Derzeit ist TELEROUTE lediglich ein Kontakt-System. Das System dient also als reine Informationslösung nur der Anbahnung einer Geschäftsbeziehung, die Abwicklung des sich anschließenden Prozesses erfolgt außerhalb von TELEROUTE. Ziel ist es jedoch, ein Kontrakt-System mit der Möglichkeit aufzubauen, per Btx zu buchen, woraufhin das Angebot verschwindet. Ein weiteres Vorhaben ist der Entwurf eines genormten, mehrsprachigen Vertragsformulars. Die Benutzeroberfläche ist europaweit dieselbe, die Dialogabwicklung erfolgt aber landesspezifisch.

Die mit dem Einsatz einer Frachtraumbörse verfolgten Ziele sind vielfältig:

- Verringerung des Leerfahrtenanteils, indem Laderaum angeboten wird, und Nachfragebedienung, indem Ladung inseriert wird,

- eine auf den Ladungsmarkt ausgerichtete Tourenplanung,

- Reduzierung der Kosten und der Zeit zur Angebotseinholung durch die Vermeidung von Leertelefonaten,

- Aufbau neuer Geschäftsbeziehungen, insbesondere im europäischen Raum,

Als Begleiteffekt steht dem Nutzer die ganze Bandbreite der per Btx offererierten Dienste wie elektronisches Telefonbuch, Fahrplanauskunft, electronic shopping und banking etc. zur Verfügung.

Die Effizienz von Btx-Frachtraumbörsen i. S. von Vermittlungswahrscheinlichkeit hängt entscheidend davon ab, ob die kritische Masse erreicht wird bzw. dem Ausmaß, in dem sie überschritten wird. Die älteste Btx-Frachtraumbörse TRANSPOTEL hat einen weltweiten Kundenkreis von ca. 150 Speditionen. In ganz Europa hat TELEROUTE mehr als 20.000 Mitglieder und verzeichnet täglich 7.000 bis 8.000 neue Fracht- und Fahrzeugangebote. Der im Vergleich zu TRANSPOTEL große Kundenkreis ist auf die rasante Entwicklung des französischen Videotext-Systems Teletel (entspricht dem deutschen Btx) zurückzuführen, die sich z. B. darin ausdrückt, daß 95 % der französischen Transportunternehmen dieses Medium nutzen.[34]

Die technische Effizienz dieser Systeme, die derzeit noch Nachteile durch den relativ langsamen und zu teuren Nutzungszeiten führenden Bildaufbau im Btx aufweist, wird zukünftig durch die Verbreitung von ISDN verbessert.

2.3.4 Informationsfluß zur Unterstützung der Ersatzteillogistik

Die Versorgung der Kunden mit Ersatzteilen fällt in den Bereich der After-Sales-Distributionslogistik. Während diese absatzwirtschaftliche Aufgabe außerbetrieblich eng mit dem Kundendienst verbunden ist, besteht innerbetrieblich eine Beziehung zur eigenen Instandhaltung (Wartung, Inspektion, Instandsetzung)[35], mithin zur Produktionslogistik. Die dabei jeweils eingesetzten Techniker werden hier somit zu Objekten der Logistik. Darüber hinaus bestehen Gemeinsamkeiten mit der Beschaffungslogistik (Beschaffung fremdbezogener Ersatzteile) und zur Entsorgungslogistik (Entsorgung ausgewechselter Ersatzteile). Aufgrund der Betonung der Wettbewerbswirksamkeit der Logistik[36] wird die Ersatzteillogistik an dieser Stelle der Distributionslogistik untergeordnet.

Die Anforderungen an die Ersatzteillogistik heben sich von denen, die an die Distribution der Primärprodukte gestellt werden, deutlich ab.[37]

- Ersatzteile sind oft in hohem Maße erklärungsbedürftig, weil sie selbst zumeist ohne eigenständigen Nutzen sind und ihr Einbau oft detaillierte technische Kenntnisse erfordert.

- Durch die Notwendigkeit, auch bereits vom Markt genommene Primärgüter ersatzteilmäßig versorgen zu müssen, kommt es zu einer permanenten Ausweitung der Ersatzteile.

- Die Möglichkeiten das Ersatzteilsortiment - analog zum Primärproduktsortiment - nach Ergebnisbeiträgen festzulegen sind begrenzt, sofern die Ersatzteile für die Funktionsfähigkeit des Primärprodukts notwendig sind.

---

[34] Vgl. Minutenfracht (1990), S. 30.

[35] Vgl. Pfohl (1991), S. 1030, der dies die materialwirtschaftliche Aufgabe der Ersatzteilwirtschaft nennt.

[36] Vgl. Kapitel 1.1.2.

[37] Vgl. Lukas (1984), S. 3f.

Die Ansprüche an die Logistik der Ersatzteile verschärfen sich zusätzlich durch die verkaufsfördernde Einspannung der Ersatzteilversorgung in die Ausgestaltung des Marketing-Mix-Elements Distributionspolitik. So verspricht beispielsweise der amerikanische Baumaschinenhersteller Caterpillar seinen Kunden, sämtliche Ersatzteile weltweit innerhalb von 48 Stunden zur Verfügung zu stellen.[38] Derartige Leistungen sind umso wichtiger, je teurer der Ausfall des Primärprodukts ist. Folglich können also Teile, deren Herstellkosten relativ gering sind, in kürzester Zeit hohe Opportunitätskosten aufweisen, wenn sie am falschen Ort lagern. D. h. innerhalb der Logistikleistung Lieferservice besitzt die Komponente Lieferzeit eine überragende Bedeutung insbesondere für die Höhe der Kosten der Ersatzteillogistik.

Dadurch, daß bei Ausfällen zumeist kaum Teile- und Bezugsalternativen bestehen und die Nachfrage nach Ersatzteilen sich aus der nach Primärprodukten ableitet, ist eine relativ genaue Bedarfsprognose für Ersatzteile möglich. Deren Güte hängt vor allem von der Kenntnis über die zu erwartende Produktlebensdauer ab. Die Prognosequalität läßt sich durch planmäßige, vorbeugende Instandhaltung und Kundeninformationssysteme verbessern.[39]

Aus dem hohen Mengenvolumen und der extrem zeitkritischen Abwicklung der Ersatzteildistribution leitet sich insbesondere die Fragestellung ab, welche Teile auf welcher Distributionsstufe zu lagern sind (*selektive Lagerhaltung*[40]), d. h. für welche Teile eine Nachbevorratung durch Lagerergänzungsaufträge erfolgt, und wie ein schneller Teiletransport für die Teile zu realisieren ist, die zentral gelagert werden und im Bedarfsfall als geplante Eilbestellung ausgeliefert werden.[41] Eine grobe Verteilung der Ersatzteile auf die einzelnen Lagerstufen kann durch die ABC-Analyse[42] vorgenommen werden. Diese erfolgt jedoch nicht wie gewöhnlich gemäß dem Verbrauchswert, sondern nach der Teilegängigkeit sowie nach der Funktionsnotwendigkeit der Teile für das Gesamtprodukt. Grund hierfür ist der geringe Umsatz je Ersatzteil bezogen auf die Kosten einer Expreßabwicklung. Bei der Lagerung von Ersatzteilen wird also die Frage der Kapitalbindung gegenüber den möglichen Kosten einer Expreßabwicklung zurückgestellt.

---

[38] Vgl. Peters, Waterman (1983), S. 205.

[39] Vgl. Ihde (1991), S. 250.

[40] Vgl. hierzu Pfohl (1990), S. 114-120; Kirsch (1973), S. 324f.

[41] Vgl. Pfohl (1991), S. 1037; Lukas (1984), S. 23.

[42] Die ABC-Analyse klassifiziert Beschaffungsgüter nach Periodenverbrauchswerten in A-Teile (i. d. R. kleines Teilespektrum mit hohem Anteil am Gesamtbeschaffungswert), B-Teile und C-Teile (i. d. R. großes Teilespektrum mit geringem Anteil am Gesamtbeschaffungswert).

Die informationstechnische Bewältigung der Aufgaben der Ersatzteillogistik werden beispielhaft an der Ausgestaltung der Teilelogistik der *Mercedes Benz AG* vorgestellt.[43] Bei einem weltweiten Fahrzeugumlauf, der in etwa dem Zehnfachen der Jahresproduktion entspricht, sind ca. 570.000 Positionen zu verwalten. Die Vertriebsinfrastruktur weist drei Ebenen auf:

- zentrales Versorgungslager (in Germersheim),

- Großhandel (regionale Versorgungslager, Niederlassungsbetriebe mit Großhandels-/Einzelhandelsfunktion bzw. im Ausland Vertriebstöchter und Generalvertreter),

- Einzelhandel (Niederlassungen ohne Großhandelsfunktion, Vertragspartner).

Durch maschinelle ABC-Gängigkeitsanalyse kommt es bei der Mercedes Benz AG zu folgender Bevorratung des Teilesortiments:

Vertriebsebene	Gängigkeitsklasse	Sortimentsanteil	Umsatzanteil
zentrales Versorgungslager	A-, B- und C-Teile	100 %	100 %
Großhandelsstufe	A- und B-Teile	10% und 15%	85 %
Einzelhandelsstufe	A-Teile	10 %	80 %

Tab. 2.8: Die Sortimentszuordnung auf Vertriebsebenen bei der Mercedes Benz AG

Ablauftechnisch verknüpfen die Bestelldaten bzw. die Liefer- und Rechnungsdaten die drei Vertriebsebenen. Zudem sorgt eine zentrale Planungs- und Kontrollinstanz für die gesamte Koordination. Hierzu zählen die Aufgaben der technischen und kaufmännischen Teiledokumentation, der Bevorratungsplanung sowie der Absatzanalyse.

Auf Ebene des zentralen Versorgungslagers[44] werden im Systemverbund u. a. folgende Einzelsysteme betrieben: Pflege der Stammdaten, Teile-Auskunftssystem, Kommunikation (Empfang der Bestellungen aus den Vertriebssystemen und umgekehrt Übertragung der Liefer- und Rechnungsdaten per Remote File Transfer), Buchungssystem zur Verarbeitung sämtlicher Auftrags- und Wareneingangsdaten sowie zur Bestandsführung, Dispositionssystem (Prognose- und Bestellrechnung) und maschinelle Bestellaufgabe über 12 Monate. Die Disposition kann übergeordnet auch für die regionalen Versorgungslager, die Niederlassungsbetriebe und die Vertragspartner erfolgen, so daß eine koordinierte Disposition möglich ist.

---

[43] Vgl. Weiler (1991).

[44] Vgl. hierzu auch Engelke (1992).

Für die Unterstützung der Großhandelsstufen der zweiten Vertriebsebene besteht die wesentliche Aufgabe der DV-Systeme in der Aufnahme der Bestelldaten der dritten Vertriebsebene und der Übertragung von rein maschinellen und von manuell überprüften Bestellungen an ein regionales oder an das zentrale Versorgungslager. Ein Teilelogistik-Informationssystem stellt darüber hinaus Bestandsinformationen über jedes einzelne Teil in den Niederlassungsbetrieben und den regionalen Versorgungslagern zur Verfügung und unterstützt somit Sofortbestellungsaktivitäten zwischen den Lagern der zweiten Vertriebsebene.

Rund die Hälfte der ca. 1.000 Vertragspartner der dritten Vertriebsebene stellt ihre Bewegungsdaten zwecks Bestandsaktualisierung dem zentralen Rechenzentrum der MBAG über Wählleitungen der Deutschen Bundespost zur Verfügung. In den übrigen Fällen erfolgt die Übermittlung durch Bänder bzw. Disketten. Disposition und Bestellungen werden wie in der zweiten Vertriebsebene abgewickelt.

Eine ähnliche Struktur weist die Ersatzteilversorgung bei der *Volkswagen AG* auf.[45] Das Warenbeschaffungs- und Marktbeobachtungssystem AutoPart (Automatische Partnerversorgung) umfaßt mit der Ersatzteilzentrale in Kassel, den regionalen Vertriebszentren und den VW-Händlern drei Vertriebsebenen. Über Datex-P werden den Vetriebszentren die Ersatzteilentnahmen der Händler mitgeteilt. Dieses Datenmaterial ist wiederum Grundlage einer saisonbereinigten Prognose der zukünftigen Ersatzteilnachfrage im Vertriebszentrum. Automatisierte Gängigkeitsanalysen führen zu Klassifizierungen in das Bevorratungssortiment, das mehr als 90% des Teilebedarfs deckt, und in das Nichtbevorratungssortiment, dessen Teile im Regelfall in der benötigten Menge nur per Sonderauftrag zu bestellen sind. Darüber hinaus enthält ein manuelles Sortiment Teile, die vom automatischen Nachschub ausgeschlossen sind (z. B. Austauschaggregate). Dadurch werden die Händler von administrativen Einkaufsvorgängen befreit, und in den Vertriebszentren sinkt der Erfassungsaufwand. Ein integriertes Lokatorsystem (Teile-Suchsystem) erlaubt des weiteren die Suche nach Teilen bei anderen Händlern der gleichen Distributionsstufe.

Das bei der *Ford-Werke AG* zum Einsatz kommende System DARTS[46] (Dealer Application Remote Terminal System) beinhaltet auf Händlerebene ein Bestelldispositionssystem, das dem Händler Termin- und Mengenvorschläge hinsichtlich der Ersatzteildisposition macht. Aufgrund einer Bedarfsvorhersage und einer Bestellmengenermittlung, die gestützt sind auf eine um-

---

[45] Vgl. Mertens (1991), S. 58f.

[46] Vgl. Die neue Ersatzteil-Disposition... (Hrsg.: Ford-Werke AG) (1984).

fangreiche Verkaufsgeschichte zur Ermittlung von Trends und saisonbedingten Bedarfsspitzen der Ersatzteile, sollen die Bestandsinvestitionen optimiert und der Arbeitsaufwand reduziert werden.

Ähnlich der von der Mercedes Benz AG angewandten ABC-Analyse erfolgt innerhalb eines dynamischen Teilegeschäfts die Gruppierung der Ersatzteile nach Gängigkeitskriterien. Die Aufnahme eines Ersatzteils in die Disposition richtet sich nach der Nachfragehäufigkeit. Die Steuerung des Systems erfolgt letztendlich durch die Leiter des Ersatzteileverkaufs im Händlerbetrieb. Endgültige Bestellungen werden nachts von einem zentralen Rechner abgerufen und einem Auftragsbearbeitungsprogramm in der zentralen Ersatzteilversorgung in Köln zugeführt.[47]

2.3.5 Informationsfluß zur Unterstützung der Distributionslogistik

Generell weisen die Möglichkeiten zur informationsflußtechnischen Unterstützung der Distributionslogistik eine große Analogie zur Beschaffungslogistik auf. Darüber hinaus sind die in diesem Kapitel dargestellte Frachtführereinbindung, die Frachtraumbörse sowie der Informationfluß innerhalb der Ersatzteillogistik auf dem abstrakteren Niveau der Integrationskomponenten mitsamt der entsprechenden Realisierungsalternativen zu charakterisieren.

Bei einer Einordnung, inwieweit welche distributionslogistischen Entscheidungen nach Bedeutung und Fristigkeit durch CIM informationsflußtechnisch unterstützt werden, ist ein eindeutiger Schwerpunkt innerhalb der operativen Problemstellungen festzustellen. Frachtraumbörsen dienen dem Ausgleich von Laderaum- und Ladungsangeboten und -nachfragen, Frachtführerinformationssysteme fördern die kommunikationstechnische Durchdringung des Distributionskanals, und Ersatzteildispositionssysteme unterstützen den Distributionsprozeß der Ersatzteillogistik. Schließlich ist die bereits innerhalb der Beschaffungslogistik erläuterte Nachrichtenübermittlung über systemneutrale Schnittstellen (EDIFACT, EDI-Branchenstandards) eine Unterstützung operativer distributionslogistischer Aufgaben (vgl. Abbildung 2.18).

Distributionslogistische Informationssysteme, die den Frachtführer einbinden, nutzen Funktionsintegration im Sinne eines Triggerns von Funktionen. Mit der Kommunikation vom Frachtführer zur Zentrale, in die Informationen über z. B. Standorte, Staus übermittelt werden, werden Neu- bzw. Umplanungsprozesse für die Tourenplanung angestoßen. Von der Zentrale wird dann der Anstoß zur evtl. notwendigen Routenänderung gegeben.

---

[47] Vgl. Bertuleit (1983).

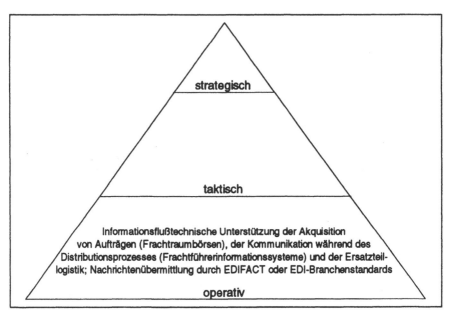

Abb. 2.18: Die Unterstützung distributionslogistischer Aufgaben durch CIM nach der Bedeutung und Fristigkeit

Die Kommunikation zwischen Frachtführer und Empfänger stößt die Disposition des Warenbereichs an. Datenintegration gewährleistet, daß alle Transaktionspartner im Distributionsprozeß über identische Informationen verfügen, wobei die Daten allerdings redundant bei Sender, Frachtführer und Empfänger gehalten werden. Frachtführerinformationssysteme beruhen auf der direkten Kopplung von Systemen, da alle Transaktionspartner unterschiedliche Systeme haben, die meist bilateral (ohne Einbeziehung von neutralen Schnittstellen, da diese nicht existieren) miteinander verbunden werden.

Bei Frachtraumbörsen (die Frachtraumbörse ist die zentrale Datenhaltungsstelle, die Informationen bereitstellt) stehen über Datenintegration Angebots- und Nachfrageinformationen den beteiligten Anwendern zur Verfügung. Frachtraumbörsen stellen als elektronischer Markt die Realisierung eines CIM-Interface-Systems in Sinne einer von unterschiedlichen Marktpartnern einheitlich genutzten Funktion (Laderaum- und Ladungsausgleich) dar.

Dispositionssysteme, die die Abwicklung der Ersatzteillogistik unterstützen, triggern Funktionen auf unterschiedlichen Ebenen einer Aufgabe (Warenausgangsbuchung im Zentrallager führt nach Transport zu Wareneingangsbuchung im Niederlassungslager). Liegen in der zentralen Disposition, dezentral in den Niederlassungen und bei den Händlern identische Systeme vor (auf unterschiedlichen Hardwareplattformen), handelt es sich um Datenstruktur- und Modulintegration. Die Realisierung erfolgt in diesem Fall als einheitliches System mit einem einheitlichen Modell (UDM). Der in der Praxis relevantere Fall ist allerdings der, bei dem das zentrale System mit den davon verschiedenen dezentralen Dispositionssystemen direkt gekoppelt ist.

Abbildung 2.19 faßt die Möglichkeiten der informationsflußtechnischen Unterstützung der Distributionslogistik zusammen.

Exkurs: Einsatz Teilintelligenter Agenten zur dynamischen Tourenplanung - ein Forschungsprojekt

Ein bedeutendes und vieldiskutiertes Problem der Distribution stellt die Tourenplanung dar, für die das Operations Research in der Vergangenheit bereits vielfältige Lösungsansätze geliefert hat. Eine grundsätzliche Schwierigkeit dieser Verfahren besteht jedoch darin, daß es sich dabei um statische Methoden handelt, die auf Störungen wie Staus oder zusätzliche Kundenaufträge gar nicht oder nur sehr bedingt reagieren können.

Hier bieten sich nun informations- und kommunikationstechnisch gestützte Lösungsmethoden für eine Echtzeitumgebung an, die sowohl zentral als auch dezentral ausgerichtet sein können. Ein Problem der zentralen Lösungsansätze besteht in der Verarbeitung sehr großer Datenmengen, weshalb selbst sehr schnelle heuristische Verfahren die für eine Echtzeitumgebung nötige Leistung nicht besitzen. Aufgrund dieser Tatsache bieten sich dezentrale Lösungen an, bei denen auftretende Störungen mit Hilfe *Teilintelligenter Agenten (TIA)* vom betroffenen Frachtführer eigenständig in Zusammenarbeit mit benachbarten Frachtführern behoben werden. Bei Teilintelligenten Agenten handelt es sich "um spezialisierte Systemeinheiten relativ geringer Komplexität [...] zur gemeinsamen Problemlösung"[48].

Ein solches System zur dynamischen Tourenplanung unter Benutzung von TIAs befindet sich zur Zeit in der Abteilung für Wirtschaftsinformatik der Universität Erlangen-Nürnberg im Forschungsstadium und soll hier kurz vorgestellt werden.[49]

Zur Reduzierung der Komplexität des Problems wird nur der Auslieferungsvorgang betrachtet und von unerwarteten Staus ausgegangen. Von der Aufnahme von Transportgütern sowie von Routenänderungen aufgrund aktuell eingehender Kundenaufträge wird also zunächst abstrahiert.

---

[48] Falk, Spieck (1992), S. 1.

[49] Vgl. Falk, Spieck (1992), S. 24-38.

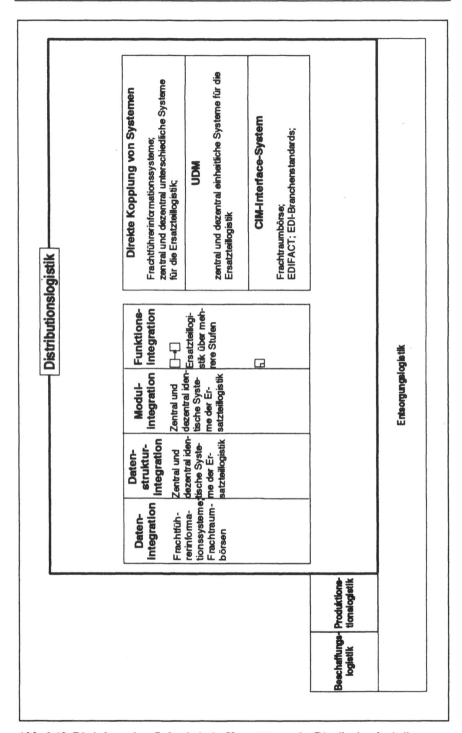

Abb. 2.19: Die informationsflußtechnische Unterstützung der Distributionslogistik

Der TIA stellt in diesem System den Interessenvertreter des jeweiligen LKW dar und wird immer dann aktiv, wenn unerwartete Staumeldungen eintreffen, die zu einer Verzögerung der statisch erstellten Touren führen. Solche Verzögerungen führen bisher dazu, daß Kunden verspätet oder gar nicht mehr am selben Tag beliefert werden können, so daß sich somit auch die Touren für die nächsten Tage verändern. Sofern der TIA das Problem durch Umfahren des Staus oder Modifikation der eigenen Tourreihenfolge nicht eigenständig lösen kann, "verhandelt" er mit anderen LKW-TIAs um eine Übernahme der Kunden bzw. über einen Kundentausch und damit verbundene Tourenänderungen. Zielkriterium ist dabei eine unter Kostengesichtspunkten günstige Umgehung des Staus, bei der möglichst wenig Kunden für den Belieferungszeitraum aufgegeben werden müssen. Beispielhaft zeigt Abbildung 2.20 das Ergebnis solcher Verhandlungen.

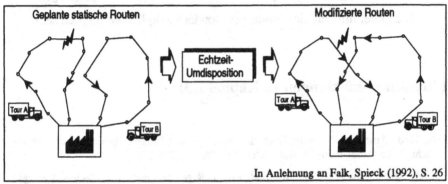

Abb. 2.20: Beispiel für eine Echtzeit-Umdisposition mit homogenen Gütern

Damit ein solcher Kundentausch überhaupt möglich ist, müssen die auszuliefernden Güter homogen, d. h. gleichartig sein. Diese Prämisse schränkt den realen Nutzungsbereich zwar ein, ist aber gleichwohl nicht unrealistisch (s. Tanklastflotten, Tiefkühlkost). Technische Voraussetzung sind eine entsprechende Fahrzeuginstrumentierung (Bordcomputer) als Frontend und geeignete Kommunikationsmöglichkeiten.[50] In dieses System könnten als Erweiterung, insbesondere zur Bestimmung von Ausweichstrecken, zukünftige intelligente Verkehrsleitsysteme, wie sie in den europäischen Forschungsprojekten Prometheus und DRIVE[51] entwickelt werden, eingebunden werden.

---

[50] Vgl. Kapitel 2.3.2, S. 120-126.

[51] *Prometheus* (Programme for a European Traffic with Highest Efficency and Unprecendeted Safety) hat eine erhöhte Effizienz der Verkehrswegenutzung und der Verkehrssicherheit sowie die elektronische Unterstützung des Fahrens zum Ziel. Vgl. Tietz (1992), S. 727ff.; Weise (1992). Während Prometheus bestehende Technologien (bottom-up) weiterentwickelt, stellt *DRIVE* (Dedicated Road Infrastructure for Vehicle safety in Europe) einen top-down-Ansatz dar. Vgl. Boch (1991).

Als Erweiterung des oben beschriebenen Systems sollen die besonderen Probleme des Bedarfsverkehrs behandelt werden. Im Bedarfsverkehr besteht die Hauptaufgabe nicht wie im Werkverkehr darin, Güter auszuliefern, sondern Güter zwischen den Kunden zu transportieren, wobei eine wichtige Aufgabe der Disposition darin besteht, dynamisch zusätzliche Frachtaufträge auf über eine Region verteilt fahrende LKWs zuzuordnen. Im wesentlichen ergeben sich folgende Erweiterungen zum vorhandenen System:

1.   Es wird nicht nur die Auslieferung von Gütern, sondern auch die Aufnahme von Ware während einer Tour betrachtet.

2.   Die Touren liegen nicht statisch geplant vor, sondern ergeben sich dynamisch in Abhängigkeit von Bedarfsmeldungen.

3.   Frachtaufträge erzeugen parallel ablaufende Dispositionsvorgänge.

4.   Die Güter müssen nicht homogen, sondern lediglich verträglich sein.

Literaturempfehlungen zu Kapitel 2.3:

Ihde, G.-B.: Transport, Verkehr, Logistik. Gesamtwirtschaftliche Aspekte und einzelwirtschaftliche Handhabung. 2. Aufl., München 1991, S. 225-251.

Ihde stellt die Aufgaben der Distributionslogistik getrennt nach Vorrats- und Auftragsfertigung dar. Er geht u. a. auf die Projekt- und Ersatzteillogistik ein.

Duelli, H.; Pernsteiner., P.: Alles über Mobilfunk: Dienste, Anwendungen, Kosten, Nutzen. 2. Aufl., München 1992.

In Form einer "einführenden Lektüre" werden hier nicht nur die Dienste der Mobilkommunikation aus technischer Sicht beschrieben, sondern auch die mit ihrem Einsatz verbundenen Kosten dargestellt.

Pfohl, H.-C.: Ersatzteil-Logistik. ZfB, 61 (1991) 9, S. 1027-1044.

Pfohl arbeitet in diesem Aufsatz die Besonderheiten heraus, die bei der Gestaltung eines Systems der Ersatzteillogistik im Vergleich zu anderen Logistiksystemen zu berücksichtigen sind. U. a. charakterisiert er die Aufgaben der Ersatzteillogistik und beschreibt Aspekte der Ersatzteil-Lagerhaltung und -Auftragsabwicklung

2.4 Entsorgungslogistik

2.4.1 Aufgaben und Objekte

Diverse Entwicklungen haben zu einer Aufwertung umweltschutzorientierter Problemstellungen sowohl in der integrierten Unternehmensplanung als auch in den einzelnen betrieblichen Funktionsbereichen geführt:[1]

- Die zunehmende Verknappung der Deponiekapazitäten verteuert die Endlagerung.

- Die Verbrennungskapazitäten sind sehr gering. Es verbleiben teils hoch schadstoffreiche Kuppelprodukte. Die Neuplanung von Müllverbrennungsanlagen stößt auf erhebliche Akzeptanzprobleme in der Gesellschaft.

- Aufgrund der Inhomogenität des Abfalls existieren nur wenige automatisierte Lösungen innerhalb des Entsorgungsprozesses.

- Eine wachsende Anzahl immer strengerer Umweltschutzgesetze und -verordnungen verhindert ausschließlich unternehmensbezogene Entscheidungen und stellt diese immer stärker in einen gesamtwirtschaftlichen Kontext. Erst ihre antizipatorische Umsetzung sichert einen ausreichenden zeitlichen Handlungsspielraum.

Die genannten Aspekte sind verantwortlich dafür, daß ökologische Aufgaben von wachsender Kostenwirksamkeit für das Unternehmen sind. Zudem führt die steigende Sensibilisierung der Bevölkerung dazu, daß die Verhaltensweise einer Unternehmung in umweltschutzrelevanten Fragen zunehmenden - sowohl positiven als auch negativen - Einfluß auf ihr Image hat. Die vermeintlich konfliktäre Zielbeziehung zwischen Ökonomie und Ökologie geht also insbesondere bei längerfristigem Betrachtungshorizont verstärkt in eine harmonische über, und Umweltschutzziele erhalten allgemein einen höheren Stellenwert im betrieblichen Zielsystem.

Diesen geänderten Umwelt(schutz)bedingungen ist gesamtheitlich durch Einführung eines betrieblichen Umweltschutzmanagements Rechnung zu tragen. Eine Konsequenz für die Logistik hieraus ist, daß gleichrangig zu den klassischen Subsystemen der Beschaffungs-, Produktions- und Distributionslogistik die Entsorgungslogistik gestellt wird. Damit wird das betriebliche

---

[1]   Vgl. Rinschede, Wehking (1991), S. 15-17.

Umweltschutzmanagement um eine logistische Ausrichtung erweitert bzw.
die Unternehmenslogistik auf ökologische Aspekte ausgeweitet. Allerdings
fehlen bislang in Forschung und Praxis sowohl eigenständige als auch bestehende Systeme ergänzende Konzepte zur Entsorgung im allgemeinen und
erst recht zur Entsorgungslogistik im speziellen.

Im Gegensatz zur Beschaffung, zur Produktion und zur Distribution sind
die Aufgaben und Objekte der Entsorgung - trotz oder gerade wegen stark
anwachsender Literatur zu diesem Thema - noch nicht einheitlich definiert.
Dabei liegt die besondere Schwierigkeit darin, daß die Entsorgungslogistik
den gesamten Produktlebenszyklus von der Beschaffung bis hin zur Distribution im wesentlichen in umgekehrter Richtung durchläuft, Ressourcen mit
diesen Funktionen teilt und somit eine hohe Interdependenz und folglich
Abgrenzungsunschärfen zu diesen Funktionen besitzt. Einen ersten Ansatzpunkt sowohl zur Begriffsklärung als auch zur Abgrenzung leistet eine am
Abfallgesetz orientierte Betrachtung der Aufgaben und Objekte der Entsorgungslogistik.

Das Gesetz über die Vermeidung und Entsorgung von Abfällen (Abfallgesetz (AbfG)) definiert Entsorgung wie folgt:[2]

> *"Die Abfallentsorgung umfaßt das Gewinnen von Stoffen oder Energie aus*
> *Abfällen (Abfallverwertung) und das Ablagern von Abfällen sowie die hierzu*
> *erforderlichen Maßnahmen des Einsammelns, Beförderns, Behandelns und*
> *Lagerns."*

So definiert umfaßt Entsorgung sowohl Recycling, also den Wiedereinsatz
von produktions- und konsumtionsbedingten Reststoffen in den Fertigungsprozeß[3], als auch die betriebswirtschaftlich (nicht volkswirtschaftlich!) endgültige Abfallentledigung. Oft wird lediglich unter letzterem Entsorgung verstanden. Recyclingprozesse wären demnach nicht Gegenstand der Entsorgungslogistik, sondern Inhalte einer eigenständigen Recyclinglogistik. An
dieser Stelle soll auf eine derartige Trennung verzichtet werden und der
bisherigen Literatur zur Entsorgungslogistik entsprechend von einer umfassend definierten Entsorgungslogistik ausgegangen werden.

Unter Abfällen wird laut AbfG folgendes verstanden:[4]

> *"Abfälle im Sinne dieses Gesetzes sind bewegliche Sachen, deren sich der*
> *Besitzer entledigen will oder deren geordnete Entsorgung zur Wahrung des*
> *Wohls der Allgemeinheit [...] geboten ist."*

---

[2]   § 1 Abs. 2 AbfG (1986).

[3]   Vgl. Wicke u. a. (1992), S. 96.

[4]   § 1 Abs. 1 AbfG (1986).

Diese Definition führt zu zwei Alternativen des Abfallbegriffs: dem subjektiven und dem objektiven.[5] Abfall liegt subjektiv vor, wenn sich sein Besitzer diesem entledigen will, unabhängig davon, ob Verwertbarkeit gegeben ist oder nicht. Der objektive Abfallbegriff schränkt dieses weite Verständnis von Abfall dadurch ein, daß bestimmte Güter, wie z. B. Altchemikalien ohne reale Verwertungschance, eindeutig (objektiv) zu Abfall erklärt werden. Ob es sich bei einem Gut um subjektiven oder objektiven Abfall handelt, ist immer nur zu einem Zeitpunkt beantwortbar. Im Zeitablauf können bislang subjektive Abfälle zu objektiven erklärt werden, oder aus Abfällen kann durch technische Fortschritte in der Wiederaufbereitung bzw. durch ökonomische Zwänge ein wertvolles Produkt werden.

Gegenstand der Entsorgungslogistik sind die Güter, die als ungewollte Kuppelprodukte (Rückstände) während der Produktentstehung und -nutzung anfallen. *Produktionsbedingte Rückstände* ergeben sich aufgrund einer festen oder variablen Outputrelation zum Hauptprodukt. *Konsumtionsbedingte Rückstände* entstehen zu Beginn der Produktverwendung (z. B. Verpackungen), während der Nutzung (z. B. Batterien) und nach der Produktnutzung (z. B. Schrott).[6] Des weiteren gelten auch Leergut, Ausschuß, Lagerhüter, Einwegverpackungen, Retouren (beschädigte oder falsch ausgelieferte Güter), ausrangierte Betriebsmittel, Austauschaggregate und Abfälle aus der Verwaltung als entsorgungslogistische Objekte.[7] Kuppelprodukte, die in gasförmiger Form entweichen (z. B. Schadstoffemissionen) oder die in Gewässer eingeleitet werden, werden zumeist durch rein technische Lösungen (Kläranlage, Rauchgasentschwefelungsanlagen) gemindert und fordern nur insofern dispositiven, entsorgungslogistischen Aufwand, wie gefilterte Stoffkomponenten verbleiben.[8]

In Abhängigkeit davon, ob die Rückstände verwertbar sind, wird der Abfallbegriff des AbfG (Abfall i. w. S.) untergliedert in Reststoffe und Abfälle

---

[5] Vgl. Hoschützky, Kreft (1992), S. 4-6.

[6] Vgl. Dutz (1991), S. 30.

[7] Insbesondere Leergut ließe sich auch als Objekt der Distributionslogistik ansehen. Entsprechend der Standardliteratur zur Logistik, sehen aber auch wir darin ein Gut der Entsorgungslogistik. Vgl. Dutz (1992), S. 162; Ihde (1991), S. 251; Pfohl (1990), S. 17.

[8] Vgl. Pfohl, Stölzle (Informationsystem) (1992), S. 188. Im übrigen grenzt auch das Abfallgesetz nicht faßbare gasförmige Stoffe und Stoffe, die in Gewässer oder Abwasseranlagen eingeleitet werden, aus. Vgl. § 1 Abs. 3 AbfG (1986).

i. e. S.[9] (vgl. Abbildung 2.21). Reststoffe können prinzipiell einem Recycling zugeführt werden. Nach erfolgreicher Verwertung handelt es sich dabei um Wertstoffe. Für Abfälle i. e. S. hingegen gibt es derzeit keine technische und/oder wirtschaftliche Verwertung. Ob es sich bei einem entsorgungslogistischen Objekt um Reststoff oder Abfall i. e. S. handelt, ist - sofern der objektive Abfallbegriff nicht greift - letztendlich eine Frage des individuellen Nutzens, der mit diesem Gut verbunden wird. Ökonomisch läßt sich dies durch das Verhältnis von Reststofferlösen, Verwertungs- und Beseitigungskosten ausdrücken. Sind die Beseitigungskosten größer als die Differenz aus Verwertungskosten und Reststofferlös, liegt ein Reststoff vor, andernfalls handelt es sich um Abfall i. e. S. Interessanterweise sind gerade Logistik-Kosten wie Transport-, Lager-, Umschlag-, Sammel- und Trennungskosten - vor allem bei diskontinuierlicher, geringer Anfalldichte - als wesentlicher Kostenblock innerhalb der Recyclingkosten verantwortlich für die Entscheidung über Verwertung oder Beseitigung. *Effiziente Logistiksysteme haben somit eine positive, ökonomisch rechenbare Konsequenz auf das Abfallaufkommen.*[10] Ein Beispiel für ein Produkt, bei dem die technischen Möglichkeiten des Recyclings gegeben sind, der erfolgreichen Aufbereitung aber logistische Probleme gegenüberstehen, stellen Batterien dar.[11] Diese werden über den Handel an die Recycling-Unternehmen zurückgegeben, in denen die Batterien aufgrund ihrer nahezu identischen Ausmaße nur durch aufwendiges, manuelles Sortieren voneinander zu trennen sind.

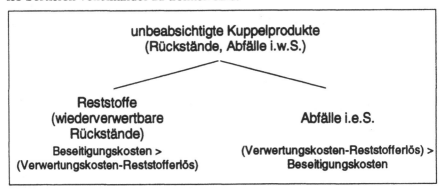

Abb. 2.21: Objekte der Entsorgungslogistik

---

9   Vgl. Hammann (1988), S. 466. Anderer Meinung Stölzle, der in Reststoffen (Abfällen i. w. S.) den Oberbegriff sieht und diesen in recyclingfähige Wertstoffe und nicht mehr verwend/verwertbare Rückstände differenziert. Vgl. Stölzle (1992), S. 76 und Pfohl, Stölzle (Informationssystem) (1992), S. 187. Rinschede, Wehking wiederum definieren Rückstände als "die bei der Abfallbehandlung anfallenden Reststoffe und Abfälle". Vgl. Rinschede, Wehking (1991), S. 62.

10 Vgl. Ihde (1991), S. 251; Strebel (1993), S. 44.

11 Vgl. Kloth (1992).

Die Definition der entsorgungslogistischen Objekte verdeutlicht, daß der Aufwand der Entsorgungslogistik vor allem durch das Auftreten unbeabsichtigter Kuppelprodukte bestimmt wird. Mithin liegt das größte Rationalisierungspotential der Entsorgungslogistik in den den eigentlichen TUL-Prozessen vorgelagerten Entscheidungsbereichen wie Produkt- und Prozeßentwurf. Dort sind durch eine Berücksichtigung umweltschutzrelevanter Kriterien zu einem Zeitpunkt hoher Freiheitsgrade z. B. mittels demontagegerechter Konstruktion, entsorgungsgerechter Materialdisposition oder "clean technologies" bereits frühzeitig die Determinanten des entsorgungslogistischen Aufwands festzulegen. In den Verantwortungsbereich der Entsorgungslogistik fällt also auch die Aufgabe, Ansatzpunkte für eine Abfallvermeidung, Abfallverringerung und Abfallverwertung aufzuzeigen.[12]

Eine derartige prozeßorientierte Betrachtung der Entsorgungslogistik verhindert, dieses Subsystem als einen End-of-the-Pipe-Ansatz, d. h. als eine rein additive Komponente am Ende der Logistikkette, zu verstehen. Die derzeitige Praxis, nach der die größten umweltschutzorientierten Investitionen in die der Produktion und Konsumtion nachgelagerten Entsorgungsphasen getätigt werden, ist abzulösen durch eine stärkere Integration entsorgungsrelevanter Aspekte in die Phasen der Abfallentstehung. Idealtypisches Ziel der gesamten Umweltschutzanstrengungen muß es sein, gemäß dem Grundsatz "Vermeiden vor Verwerten vor Beseitigen" den entsorgungslogistischen Aufwand deutlich zu reduzieren.[13]

Neben dem Einbezug entsorgungslogistischer Aspekte in die Phasen, die den physischen Abläufen vorgelagert sind, führt die gemeinsame Betrachtung von Umweltschutz und Logistik auch zu einer Ergänzung des logistischen Zielsystems um ökologierelevante Zielwerte. Vom logistischen Aufgabenvollzug selbst wird Umweltschutzgerechtheit gefordert. Die Logistik hat entlang der gesamten Produktentstehungskette nunmehr gesamtheitlich ökologischen Aspekten Rechnung zu tragen ("Ökologistik"[14]). Dazu gehören z. B. eine umweltschutzgerechte Verkehrsträgerwahl, den Transportaufwand reduzierende Lagerkonzepte (Regional- statt Zentrallager) oder die Minimierung

---

[12] Vgl. Dutz (1992), S. 161; Rinschede, Wehking (1991), S. 24.

[13] Eine Feststellung, die im übrigen gleichermaßen auch für die logistische Kernfunktion Umschlagen zutrifft. Vgl. S. 97. Die Minimierung der Umschlagprozesse ergibt sich aber auch aus ökologischen Motiven, wenn man davon ausgeht, daß mit jedem Umschlag Rückstände freigesetzt werden können. Vgl. Pfohl, Stölzle (Informationssystem) (1992), S. 191. Der Grundsatz des Vorrangs der Vermeidung vor Verwertung vor Beseitigung findet sich in § 1a AbfG (1986).

[14] Hilty, Rolf (1992), S. 255.

des Einsatzes von Transportverpackungen wie Einwegpaletten, Schrumpffolien, Umreifungen oder Styroporformteilen.[15]

Die Entsorgungsaufgabe setzt ein mit dem Entstehen von ungewünschten Kuppelprodukten. Diese können entweder

- als Reststoffe direkt wieder in den Produktionsprozeß eingesetzt werden (intrabetriebliches Recycling, Produktionsabfallrecycling) oder

- als produktionsbedingte Rückstände oder

- als konsumtionsbedingte Rückstände

auftreten und weiteren Prozessen zur Verfügung gestellt werden. Bei den beiden letztgenannten Rückständen handelt es sich auf dieser Ebene zunächst einmal um Abfallstoffe, da sie aus technischen und/oder wirtschaftlichen Gründen nicht unmittelbar für die Produktion verwertbar sind.

Die Entsorgungslogistik weist vielfältige, enge Verflechtungen zu den drei klassischen logistischen Subsystemen auf.

Interdependenzen zur Beschaffungslogistik ergeben sich neben dem Wiedereinsatz sekundärer Rohstoffe durch die Wahl des Verpackungsmaterialflusses, also die Entscheidung zwischen Einweg- und Mehrwegsystem. Bei Mehrwegsystemen sorgt die Entsorgungslogistik für die Verfügbarkeit des Leerguts (Verpackungen, Transporthilfsmittel) und reduziert somit diesbezüglich den beschaffungslogistischen Aufwand. Andererseits bedeutet die Rückführung der Mehrwegverpackungen überhaupt erst entsorgungslogistischen Aufwand.

Sowohl in der Produktion als auch beim Konsumenten können bereits logistische Aufgaben wie Trennen und Sammeln durchgeführt werden. Die auf diesen Vorarbeiten aufsetzende weitere Logistikleistung besitzt innerhalb des Produktentstehungsprozesses eine große *Affinität zur Produktionslogistik*, die u. a. Zwischenlager für diese Reststoffe vorzuhalten und recyclierende Materialflüsse aufzubauen hat. Sind die zu entsorgenden Güter in der Verfügungsgewalt des Konsumenten (z. B. Altprodukte, Verpackungen), so ergibt sich eine enge *Bindung* der Entsorgungslogistik *zur Distributionslogistik*. Dies wird auch als Re(tro)distribution bzw. Reverse Channel Konzept[16] bezeichnet. Beispielsweise kann sich die Aufnahme der Entsorgungsgüter (z. B. Leergut) direkt an die Auslieferung der Primärprodukte anschließen, wodurch Ver- und Entsorgungsströme gekoppelt werden.

---

[15] Vgl. Rinschede, Wehking (1991), S. 34.

[16] Vgl. hierzu z. B. Strebel (1993), S. 46f.

Gemäß dem Verhältnis von Beseitigungskosten zu Reststofferlösen und Verwertungskosten lassen sich - wie gezeigt - die produktions- und konsumtionsbedingten Rückstände differenzieren in Reststoffe, die aufgearbeitet oder aufbereitet und anschließend verwertet werden, und in Abfallstoffe i. e. S., derer sich das Unternehmen durch Endlagerung endgültig entledigt. Reststoffe, die aufgrund eines Überangebots nicht verwertet werden können oder unverwertbare Kuppelprodukte, die beim Verwertungs- und Aufbereitungsprozeß von Reststoffen entstehen, zählen ebenfalls zu Abfallstoffen i. e. S. Zu Wertstoffen verwertete und aufbereitete Reststoffe stellen als Sekundärrohstoffe im Bedarfsfall wiederum Objekte der Beschaffungslogistik dar. Durch den damit verbundenen reduzierten Primärrohstoffverbrauch wird zugleich der mit der externen Beschaffung verbundene logistische Aufwand gesenkt. Da die wertschöpfende Verwertung und Aufbereitung aufgrund besonderer Anlagen und eines speziellen Know-Hows im Regelfall durch externe Dienstleister geschieht, spricht man in diesem Zusammenhang vom interbetrieblichen Recycling.

Für den gesamten Produktrückführungs- und -zerlegungsprozeß gilt, daß er zur Zeit noch einer Automatisierung schwerer zugänglich ist als der originäre Fertigungs- und Montageprozeß, da zum einen die Produkte oft nicht demontagegerecht sind (z. B. Kraftfahrzeuge, Computer) bzw. die Reststoffkonzentration gering ist. Andererseits verändern sich während der Nutzungsdauer durch degenerative mechanische, korrosive oder sonstige (Form-)Veränderungen Produktcharakteristika wie geometrische Ausmaße, Gewicht oder Festigkeit. Somit können ursprünglich identische Produkte durchaus große Unterschiede aufweisen und entsprechend Standardisierungs- und Automatisierungsvorhaben in der Logistik erschweren.[17]

Die nachstehende Abbildung verdeutlicht die Aufgabenbereiche der Entsorgungslogistik unter besonderer Betonung der Beziehungen zu den klassischen Funktionen Beschaffung, Produktion und Distribution sowie der jeweils relevanten Objekte.

---

[17] Vgl. von Massow (1991), S. 98; Corsten, Reiss (1991), S. 618.

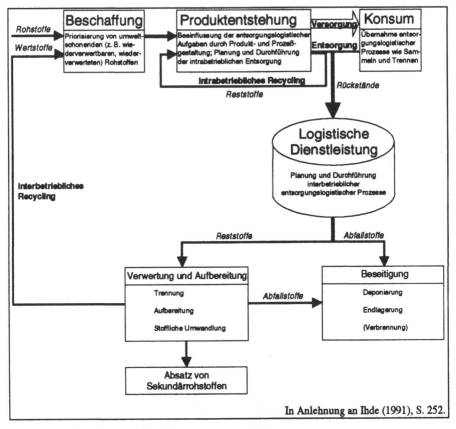

Abb. 2.22: Aufgabenbereiche der Entsorgungslogistik

Ein wesentlicher Beitrag zur Reduzierung des entsorgungslogistischen Aufwands liegt in der Abstimmung mit den Lieferanten bzw. den Abnehmern. Um ökologische Kriterien ergänzte Einkaufsrichtlinien und Rücknahme- bzw. Rückgabeverpflichtungen (derzeit z. B. für Transport-, Um- und Verkaufsverpackungen) gehören hierzu ebenso wie das Sortieren beim Konsumenten.

Objekte der Entsorgungslogistik sind im wesentlichen produktions- und konsumtionsbedingte unerwünschte Kuppelprodukte (Rückstände). Entsorgungslogistik als End-of-the-pipe-Ansatz kann allerdings nur reaktiv sein. Deshalb ist im Sinne des Systemansatzes der Logistik eine aktive Berücksichtigung sämtlicher entsorgungsrelevanter Aspekte während des gesamten Produktentstehungsprozesses notwendig.

2.4.2 Transport-, Umschlag- und Lagerprozesse in der Entsorgungs-logistik

Die besonderen Charakteristika der entsorgungslogistischen Objekte, die dem originären Güterfluß inverse Güterflußrichtung sowie das um ökologische Aspekte erweiterte Zielsystem stellen gesonderte Anforderungen an die entsorgungslogistischen TUL-Prozesse:[18]

Die *Transportaufgabe* innerhalb der Entsorgungslogistik ist zweiseitig zu sehen. Reststoffe stellen als sekundäre Einsatzstoffe prinzipiell - z. B. hinsichtlich des Ziels Minimierung der Durchlaufzeiten - die gleichen Ansprüche wie primäre Rohstoffe auch. Abfallstoffe i. e. S. sind hingegen vor allem unter dem Aspekt zu sehen, daß sie zeitunkritisch und geringwertig, also ausgesprochen transportkostenempfindlich, sind. Entsprechend ist das Kriterium Transportzeit von geringerer Bedeutung als in den anderen logistischen Subsystemen. Dafür gewinnen Sicherheitsvorkehrungen an Gewicht, denn abhängig vom jeweiligen Abfall- bzw. Reststoffverhalten können umweltschädigende Wirkungen von den Stoffen ausgehen. Diese stellen besondere Anforderungen an sämtliche logistische Funktionen. So sind u. a. für den Transport oft spezielle Sicherheitsbehälter notwendig, und es besteht eine spezielle Kennzeichnungspflicht für die Verkehrsträger und die beförderten Güter. Zu diesen güterbegleitenden Informationen gehören z. B. Warntafeln, Unfallmerkblätter, Transportgenehmigungen oder Begleitscheine für Sonderabfälle.[19] Besondere Bedeutung hat in diesem Zusammenhang die Gefahrgut-Verordnung Straße (GGVS).

Die besondere Güterkennzeichnung ist auch für die Aufgabe des *Umschlagens* wesentlich. Sofern der Umschlag die Schnittstelle zweier logistischer Kontrollspannen darstellt, ist es bei schädigenden Stoffen wichtig, daß nicht nur die Güter, sondern gleichermaßen auch die sie begleitenden bzw. besser noch die ihnen vorauseilenden Informationen ausgetauscht werden. Wesentliche Bedeutung kommt der Festlegung der Standorte der Umschlagsanlagen innerhalb der entsorgungslogistischen Kette zu. Für das Einsammeln und den Nahtransport (Vorlauf) der zu entsorgenden Güter eignen sich oft nur Spezialfahrzeuge, die jedoch nur geringe Transportgeschwindigkeiten und trotz Verdichtungseinheiten relativ niedrige Transportkapazitäten aufweisen. Für den Hauptlauf hat deshalb frühestmöglich ein Umschlag von diesen geringvolumigen Spezialfahrzeugen auf massenleistungsfähigere, kostengünstigere Transportmittel wie Bahn oder Binnenschiffe stattzufinden; der Ferntransport (Streckenverkehr) ist mithin vom Sammelvorgang (Flächenverkehr)

---

[18] Vgl. im folgenden Stölzle (1992), S. 77f.

[19] Vgl. Pfohl, Stölzle (Entsorgungslogistik) (1992), S. 589 sowie die dort angegebene Literatur.

zu trennen.[20] Es kommt dadurch zum Aufbau einer gebrochenen Transportkette, wobei jede Bruchstelle einem Umschlagpunkt entspricht. Durch die in Abfallbeseitigungsplänen festgelegte Reduzierung der Anzahl an Deponien wird die Aufgabe der optimalen Verkehrsträgerkombination aufgrund der zu erwartenden längeren Anfahrtswege zu den Deponien einen Bedeutungszuwachs erhalten.[21]

Da zwischen Anfall und Entsorgung zumeist eine zeitliche, örtliche und mengenmäßige Differenz liegt, ist die - oftmals vielstufige - Lagerung von Entsorgungsgütern im Regelfall unvermeidlich. Die *Lagerung* als Teilaufgabe der Entsorgungslogistik kann vielfältiger Natur sein. Werden die Rückstände als Reststoffe unmittelbar dem eigenen Produktionsprozeß wieder zugeführt, handelt es sich um eine Zwischenlagerung. Werden die Rückstände extern verwertet und aufbereitet, liegt ein Verteillager vor. Endgültige Entsorgung bedeutet beispielsweise Endlagerung auf Deponien. Auch die Lagerhaltung innerhalb der Entsorgungslogistik ist im Vergleich zur übrigen Logistik durch diverse Besonderheiten gekennzeichnet: So ist aus Sicherheitsgründen oft eine strenge Trennung der Lagergüter notwendig, oder etwaige Gärungsprozesse begrenzen die Lagerdauer. Beispiele für bauliche Sicherheitsmaßnahmen sind Brandschutzmauern oder Auffangwannen. Eine Besonderheit stellt die Lagerung von Sonderabfällen nach dem Parkhauskonzept dar.[22] Dabei werden Sonderabfälle solange zwischengelagert, bis es technische Möglichkeiten der Wiederaufbereitung gibt. Der Abfalleigentümer mietet dabei die Lagerkapazitäten eines externen Dienstleisters.

Neben den drei klassischen logistischen Aufgaben Transportieren, Umschlagen und Lagern gewinnen für die Entsorgungslogistik insbesondere die Aufgaben Sammeln und Trennen an Bedeutung. Zwischen beiden Aufgaben besteht folgende Interdependenz: Durch das *Sammeln* sollen Degressionseffekte infolge einer hohen Transport-, Umschlag- und Lagermenge gefördert werden. Je früher jedoch gesammelt wird, umso schwieriger ist die anschließende stoffliche *Trennung* mit dem Ziel einer hohen Verwertungsquote, da der zur Erzielung von Sortenreinheit notwendige Energieaufwand mit sinkender Stoffkonzentration zunimmt.[23] Eine frühe stoffliche Trennung ist relativ einfach, läßt aber nur kleine, sortenreine Transportmengen entstehen, erhöht von daher den weiteren Entsorgungsaufwand (das Sammeln) und ist somit logistikkostenintensiv. Die Informationsgrundlage für das Sammeln und

---

[20] Vgl. Ihde (1991), S. 252f; Pfohl, Stölzle (Entsorgungslogistik) (1992), S. 584f.

[21] Vgl. Jünemann (1989), S. 57. Vgl. auch Hirschberger, Reher (1991), S. 3.

[22] Vgl. Hirschberger, Reher (1991), S. 28f.

[23] Vgl. Hilty, Rolf (1992), S. 260.

Trennen ist eine genaue Kenntnis der Anfallstruktur der Rückstände, d. h.
der stofflichen Zusammensetzung sowie der Anfallmengen, -orte und -zeiten.[24]

2.4.3 Informationsfluß zur Unterstützung der Entsorgungslogistik

"Neue Konzepte der Entsorgungslogistik beschränken sich im wesentlichen
auf Entwicklungen im Bereich des Materialflusses [...]. Ein Informationsfluß,
der den Materialfluß begleitet, ist nicht oder nur in Ansatzpunkten vorhanden. [...]; der Informationsfluß ist dementsprechend schlecht. Ein Teilziel der
Entsorgungslogistik muß deshalb der Aufbau geeigneter Informationssysteme
sein."[25] Ist bereits der Entwicklungsstand der Entsorgungslogistik in Praxis
und Forschung als mangelhaft zu bezeichnen, so gilt dies für die Gestaltung
entsorgungslogistischer Informationssysteme erst recht. Die Anforderungen
an derartige Systeme unterscheiden sich zudem deutlich von denen an Informationssysteme der konventionellen Logistiksubsysteme.

Gemäß dem Idealziel, die Entsorgungsaufgabe selbst überflüssig werden zu
lassen, ist weniger ein eigenständiges Informationssystem für die Entsorgungslogistik aufzubauen, als vielmehr eine informatorische Integration in die
übrigen Subsysteme der Logistik zu realisieren. Damit wird die Zielsetzung,
durch Vorwegnahme entsorgungsrelevanter Aspekte die am Prozeßende
befindliche Entsorgungsaufgabe zu reduzieren, also auch im Informationsfluß
und -system abgebildet.

In diesem Sinne werden im folgenden exemplarisch Interdependenzen
zwischen der Entsorgungslogistik und den betrieblichen Funktionen des Auftragsabwicklungs- und des Produktentstehungsprozesses aufgezeigt.[26]

Aufgrund ihrer hohen Freiheitsgrade kommt dem *Produktentwurf und der
Konstruktion* in diesem Zusammenhang eine besondere Bedeutung bei. Hilfestellung für eine entsorgungsgerechte Konstruktion leistet die VDI-Richtlinie
2243 "Recyclingorientierte Gestaltung technischer Produkte", indem sie entsorgungsrelevante Kriterien für die Produktgestaltung bereitstellt. Kernele-

---

[24] Vgl. Pfohl, Stölzle (Informationssystem) (1992), S. 203.

[25] Jünemann (1989), S. 730. Im Original mit Absätzen. Vgl. auch Hirschberger, Reher (1991),
S. 16: "Die Informationsbasis zur ganzheitlichen Steuerung der Entsorgungsketten fehlt" und
Rinschede, Wehking (1991), S. 236: "Vor allem beim Aspekt Informationsfluß gibt es im Bereich Entsorgungslogistik noch erheblichen Nachholbedarf".

[26] Vgl. auch Nüttgens, Scheer, Schwab (1992), S. 6-16, die die Entsorgungssicherung als CIM-
Komponente darstellen, und Hirschberger, Reher (1991), S. 25f.

mente einer entsorgungslogistikgerechten Konstruktion, die dem Produkt ökologische Qualitäten verleiht, sind die Werkstoffverträglichkeit und die leichte Demontierbarkeit. Als Anforderungen für eine demontagegerechte Konstruktion (Design for Disassembly, DFD)[27] lassen sich am Beispielprodukt Auto angeben:[28]

- leichte Trockenlegung, d. h. Entfernung flüssiger Betriebsstoffe wie Öl, Benzin oder Bremsflüssigkeit,

- einfache Vordemontage von Teilen wie Stoßfänger, Spoiler, Grill, Leuchtenkörper oder Innenverkleidungen, z. B. durch Verwendung von Schraub- oder Schnappverbindungen statt Klebeverbindungen,

- leichte Aufarbeitung von Aggregaten wie Motor, Getriebe oder Lichtmaschine, die als generalüberholte Austauschteile dienen können,

- Kennzeichnung von Kunststoffteilen.

Die Verträglichkeit von Werkstoffen untereinander läßt sich beispielsweise in sog. Verträglichkeitsmatrizen festhalten.[29]

Wenngleich die Konstruktion die Freiheitsgrade der sich anschließenden *Arbeitsplanung* eingrenzt, so bieten sich innerhalb der Arbeitsplanung doch genügend Entscheidungsspielräume, die auch hinsichtlich ihrer entsorgungslogistischen Konsequenzen zu beurteilen sind. Hierzu sind allgemein die Wahl der Fertigungs- und Transportverfahren zu zählen. Insbesondere ist aber auch für eigenständige Prozesse der Entsorgungslogistik die datenmäßige Planungsgrundlage zu schaffen, indem z. B. Arbeitspläne erstellt werden, die Tätigkeiten wie Demontieren, Reinigen, Trennen oder Aufbereiten enthalten.

Umweltorientierung in der *Materialwirtschaft* findet ihren Ausdruck in einer entsorgungsgerechten Materialdisposition. Hierzu zählen u. a. eine Bewertung der Einsatzstoffe sowie der Verpackungsart und -materialien unter Entsorgungsgesichtspunkten wie Verwertbarkeit der Materialien oder Stoffkonzentration. Darüber hinaus bedarf es z. B. in enger Zusammenarbeit mit Konstruktion und Arbeitsplanung der Anlage zusätzlicher Entsorgungspositionen in den Stücklisten. Derartige Positionen definieren den Teileumfang, der als eine Baugruppe zu entsorgen ist.

---

[27] Barg (1991), S. 68.

[28] Vgl. Garbracht (1992). Vgl. auch die Ausführungen zur entsorgungslogistikgerechten Konstruktion in Tabelle 3.2, S. 217.

[29] Vgl. Barg (1991), S. 68f.

Innerhalb der *Zeit- und Kapazitätswirtschaft* sind in Abhängigkeit von den geplanten Produktionsmengen die zu erwartenden Mengen, Zeitpunkte und Orte des Rückstandanfalls anzusetzen und die eigenen Ressourcen der Entsorgungslogistik sowie andere Betriebsmittel, die auch durch entsorgungslogistische Prozesse in Anspruch genommenen werden, entsprechend kapazitativ zu belasten.

Die *Fertigungs-, Transport-, Lager- und Demontagesteuerung* haben jeweils entsorgungsrelevante Ressourcen als Planungseinheiten aufzunehmen und deren operative Steuerung im Zusammenspiel mit dem Produktentstehungsprozeß zu gewährleisten.

Die *Betriebsdatenerfassung* ist um die Erfassung entsorgungsrelevanter Daten zu erweitern. Durch die Bereitstellung grundlegender Daten nimmt sie zudem eine zentrale Stellung bei der Versorgung des Entsorgungslogistik-Controlling ein.

Innerhalb der Gesamtaufgabe, die vier funktional abgegrenzten Logistikteilsysteme informationstechnisch zu unterstützen, stellt die informatorische Integration der Entsorgungslogistik die reizvollste Aufgabe aus Sicht des CIM dar, weil es eben nicht nur auf die adäquate informationstechnische Ausgestaltung eines Subsystems ankommt. Vielmehr steht hierbei insbesondere die Integration in die anderen Systeme im Vordergrund. Die Einbindung der entsorgungsrelevanten Aspekte in die Informationsflüsse der Beschaffungs-, Produktions- und Distributionslogistik ist über die vier Integrationskomponenten Daten-, Datenstruktur-, Modul- und Funktionsintegration herbeizuführen.

Datenintegration tritt in diesem Zusammenhang sowohl bezüglich der Datenverwendung als auch der Datenentstehung auf. So finden die Daten des Entsorgungsbereichs Verwendung bei der Nettobedarfsrechnung innerhalb von PPS-Systemen, wenn der Bruttobedarf nicht nur um die Lagerbestände, sondern zusätzlich auch um die Sekundärstoffe zu mindern ist. Ein Beispiel für die Beteiligung der Entsorgungsfunktion an der Datenentstehung stellt der Teile-Stammsatz dar. Dieser ist um folgende entsorgungsrelevante Informationen zu ergänzen:[30]

- stoffliche Zusammensetzung (z. B. Reinheitsgrad, Recyclingquote),

- physikalische Merkmale (z. B. Aggregatzustand, Flüchtigkeit),

- chemische Merkmale (z. B. ph-Wert, Halbwertzeit, Giftstoffe),

- biologische Merkmale (z. B. Verrottungsverhalten, Fäulnisbildung),

---

[30] Vgl. Pfohl, Stölzle (Informationssystem) (1992), S. 202.

- medizinische Merkmale (z. B. akute und längerfristige Toxizität),

- ökonomische Merkmale (z. B. Entsorgungskosten, Nutzungsdauer, Wiederverkaufswert, Name eines festen, externen Wiederaufbereiters),

- juristische Merkmale (z. B. Gesundheits-, Unfallschutzbestimmungen).

In ihrer Gesamtheit determinieren diese Merkmale die individuellen Anforderungen an die Entsorgungslogistik. Durch eine an diesen Anforderungen orientierte Klassifizierung der Objekte der Entsorgungslogistik lassen sich jeweils für Gruppen von Rückständen Bedingungen für die Ausgestaltung der entsorgungslogistischen TUL-Prozesse sowie die Aufgaben des Sammelns und Trennens formulieren.

Derartige umweltschutzrelevante Informationen können die Grundlage für ein betriebliches Abfallkataster sein, in dem darüber hinaus "alle Rückstände im Unternehmen nach Art, Menge und Zusammensetzung erfaßt"[31] werden. Auf diesem können dann diverse umweltschutzspezifische bzw. auf umweltschutzrelevante Aspekte zugeschnittene Instrumente aufsetzen (Stoff- und Energiebilanzen, Ökobilanzen, Produkt- und Technologiefolgenabschätzungen, Produktlinienanalysen, Fließbilder, Umweltverträglicheitsprüfungen, Sankeydiagramme[32] etc.).

Auch die zwei Facetten der *Datenstrukturintegration* lassen sich bei der Integration der Entsorgungslogistik nutzen. Die Verwendung eines Datensatzaufbaus findet sich z. B. bei Entsorgungsaufträgen oder Entsorgungsressourcen, deren Struktur den jeweiligen Pendants des Entstehungsprozesses entspricht. Ebenso sollte Gleichheit bestehen zwischen den strukturellen Beziehungen der Daten, die zum Entsorgungsbereich gehören, und denen der übrigen Logistikabläufe. So lassen sich speziell zur Demontage benötigte Werkzeuge Werkzeuggruppen zuordnen und an bestimmten Lagerplätzen lagern. Dies gilt analog auch für die übrigen Werkzeuge, Vorrichtungen und Meß- und Prüfmittel.[33]

Modulintegration liegt vor, wenn z. B. folgende Applikationen über die Primärprodukte hinaus auch für die Entsorgungsobjekte verwendet werden:

- das Wareneingangssystem innerhalb der Beschaffungslogistik,

- das Materialflußsteuerungssystem innerhalb der Produktionslogistik,

---

[31] Ihde (1991), S. 254.

[32] Zu Erläuterungen und Beispielen für diese Hilfsmittel vgl. z. B. Wicke u. a. (1992), S. 191-197; Pfohl, Stölzle (Informationssystem) (1992), S. 205-218.

[33] Vgl. Abb. 1.8, S. 18.

- das Dispositionssystem für die Tourenplanung innerhalb der Distributionslogistik.

Dabei handelt es sich entweder um ein physisch einmal vorhandenes EDV-Modul, das durch unterschiedliche Bereiche genutzt wird, oder um das gleiche Programm, das unterschiedlichen Rechnern zugewiesen wird.

Funktionsintegration tritt einerseits in der Form auf, daß das innerbetriebliche Informationssystem zur Entsorgungssteuerung die technische Ausführung von Entsorgungsaufträgen anstößt (Triggern von Funktionen). Zum anderen liegt Funktionsintegration vor, wenn zwei bislang getrennte Funktionen zusammenwachsen, wie dies bei eigengefertigten Teilen im Rahmen einer entsorgungsgerechten Konstruktion und bei fremdbezogenen Teilen durch eine entsorgungsgerechte Materialdisposition der Fall ist.

Die Abbildung 2.23 faßt die Einsatzbeispiele der vier Integrationskomponenten bei der Einbindung der Entsorgungslogistik in die übrige Informationssystemlandschaft zusammen.

Datenintegration	Datenstruktur-integration	Modulintegration	Funktions-integration
Datenverwendung: Um Sekundärstoffe korrigierte Netto-bedarfsrechnung *Datenentstehung:* Ergänzung des Teile-Stammsatzes um entsorgungs-relevante Daten	*Nutzung eines Datensatzaufbaus:* Mit den Äquivalenten des Entstehungsprozesses strukturgleiche Entsorgungsaufträge und -ressourcen *Identisches Zusammenwirken von Daten:* Gleichheit zwischen den Strukturbeziehungen der Daten, die zu speziell für die Montage (Produktionslogistik) bzw. Demontage (Entsorgungslogistik) benötigten Werkzeugen gehören	Mit den anderen logistischen Subsystemen gemeinsame Nutzung von DV-Modulen wie: Wareneingangssystem, Materialflußsteuerungssystem, Dispositionssystem zur Tourenplanung.	*Triggern von Funktionen:* Das innerbetriebliche Entsorgungs-steuerungssystem stößt die technische Ausführung eines Entsorgungsauftrags an. *Vereinigung bislang getrennter Funktionen:* Entsorgungsgerechte Konstruktion und Materialdisposition

Abb. 2.23: Einsatzbeispiele der vier Integrationskomponenten zur Einbindung der Entsorgungslogistik

Weitere informationstechnisch interessante Bereiche innerhalb der Entsorgungslogistik sind:

- *Recyclingbörsen*, die z. B. von den Industrie- und Handelskammern über den DIHT oder vom Verband der Chemischen Industrie (VCI-Abfallbörse) betrieben werden. Recyclingbörsen erleichtern die Reststoffvermarktung, indem sie die Bildung eines Markts für Reststoffanbieter und -nachfrager durch Anzeigenvermittlung unterstützen. § 3 Abs. 2 AbfG (1986) zeigt, daß Recyclingbörsen der Intention des Gesetzgebers (Verwertungsgebot) entsprechen:

  "Die Abfallverwertung hat Vorrang [...], wenn [...] für die gewonnenen Stoffe oder Energie ein Markt vorhanden ist oder insbesondere durch Beauftragung Dritter geschaffen werden kann."

  Entsprechend ihrer Vermittlerrolle veröffentlichen Recyclingbörsen lediglich in einer Chiffre-Liste die Stoffe und deren Eigenschaften (Menge, Verunreinigungsgrad, Anfallort, Verpackung, Transportmöglichkeiten etc.) und überlassen den Transaktionspartnern die Ausgestaltung der Kontraktbedingungen. Eine höhere Informatisierung der Recyclingbörsen könnte den Komfort und damit die Intensität der Nutzung erhöhen.[34] Gegenwärtig befindet sich bei den IHKs eine PC-Version der bundesweiten Recyclingbörse in Entwicklung, die online oder durch monatlichen Datenträgerversand aktualisiert wird.

- Der gestiegenen Datenflut im Bereich Umweltschutz[35] tragen *betriebliche Umweltinformationssysteme* (BUIS) Rechnung.[36] Indem sie Massendaten als Informationsbasis bereitstellen und anfallende Daten aufbereiten (z. B. in Flußdiagrammen) wirken sie entscheidungsunterstützend für die betrieblichen Umweltschutzaufgaben. Umweltinformationssysteme enthalten u. a. Informationen wie

  - Umweltschutzgesetze und -verordnungen,

  - Emissionsminderungsmaßnahmen,

  - Material- und Energieflußbilanzen,

---

[34] Zu Recyclingbörsen vgl. z. B. Hirschberger, Reher (1991), S. 16; Rinschede, Wehking (1991), S. 198f.; Hammann (1988), S. 468f. Diese Quellen verwenden die ehemalige Bezeichnung Abfallbörse.

[35] Nach einer Erhebung des Umweltbundesamts enthalten ca. 260 umweltrelevante Gesetze über 50.000 verschiedene Stoffe, Stoffnamen oder Synonyme. Vgl. Romeike (1992).

[36] Zu Umweltinformationssystemen vgl. Haasis, Hackenberg, Hillenbrand (1989), die vom Computer Aided Environmental Controlling (CAEC) sprechen. Wicke u. a. benutzen den Begriff Computer-Integrated Environmental Control (CIEC). Vgl. Wicke u. a. (1992), S. 200.

- Umweltstatistiken,

- relevante Entsorgungstechnologien und potentielle Entsorger,

- Gefahrgutdatenbanken.

Durch eine Anbindung mit der Betriebs- und Prozeßdatenerfassung ermöglichen BUIS die Darstellung der produktionsbedingten Umweltbelastungen. Zentrale Bedeutung besitzt auch hierbei eine enge informationstechnische Kopplung mit den im Unternehmen bereits existierenden Informationssystemen. Zur Erstellung eines entsorgungslogistisch orientierten Kennzahlensystems ist deshalb vorhandenes Datenmaterial (im wesentlichen aus den Bereichen Materialwirtschaft, Arbeits- und Prozeßplanung) lediglich neu zu verdichten und um ökologische und logistische Informationen zu erweitern.[37]

Gemäß dem Ziel, den entsorgungslogistischen Aufwand so weit wie möglich zu reduzieren, ist weniger ein eigenständiges Informationssystem für die Entsorgungslogistik aufzubauen, als vielmehr eine informatorische Integration in die übrigen Subsysteme der Logistik zu realisieren. Dies bedeutet an einigen Stellen eine Erweiterung der bisherigen Dateninhalte. Es zeigt sich hierbei, daß die vier CIM-Integrationskomponenten einen wesentlichen Beitrag zur informatorischen Einbettung der Entsorgungslogistik leisten.

Demzufolge münden die Ausführungen der Entsorgungslogistik auch nicht in einer zusammenfassenden Abbildung wie die vorangegangenen Kapitel (Abbildungen 2.9, 2.15 und 2.19), da die informatorischen Anforderungen der Entsorgungslogistik in die Informationssysteme der anderen Subsysteme der Logistik integriert werden sollten.

Damit bestehen für die Entsorgungslogistik als zu den drei übrigen Subsystemen gegenläufiges System alle Möglichkeiten, die bereits in den vorangegangenen Kapiteln innerhalb der Beschaffungs-, Produktions- und Distributionslogistik genannt wurden. Entsprechend wird an dieser Stelle auf diese Ausführungen verwiesen.[38]

---

[37] Vgl. Overlack (1992), S. 276.

[38] Vgl. beispielsweise zum Einsatz von EDIFACT innerhalb der Entsorgungslogistik Rinschede, Wehking (1991), S. 241f. und zur Integration des Recycling in PPS-Systeme Corsten, Reiss (1991).

Literaturempfehlungen zu Kapitel 2.4:

Hammann, P.: Betriebswirtschaftliche Aspekte des Abfallproblems. DBW, 48 (1988) 4, S. 465-476.

Die von Hammann gewählten Definitionen für Rückstand, Reststoff und Abfall liegen auch den obigen Ausführungen zugrunde. Der Autor stellt wesentliche betriebswirtschaftliche Aspekte im Zusammenhang mit dem Abfallproblem dar und skizziert u. a. die Aufgaben der Entsorgungslogistik sowie Problemstellungen von Entsorgungsbetrieben.

Pfohl, H.-C.; Stölzle, W.: Entsorgungslogistik. In: Handbuch des Umweltmanagements: Anforderungs- und Leistungsprofile von Unternehmen und Gesellschaft. Hrsg.: U. Steger. München 1992, S. 571-591.

Pfohl, H.-C.; Stölzle, W.: Das Informationssystem der Entsorgungslogistik - Bericht aus einem Forschungsprojekt. In: Ökonomische Risiken und Umweltschutz. Hrsg.: G. R. Wagner. München 1992, S. 184-226.

In diesen beiden Artikeln erfolgt eine genaue Abgrenzung der Entsorgungslogistik von den drei klassischen logistischen Subsystemen sowie eine ausführliche Darstellung der individuellen Anforderungen der Entsorgungslogistik an die TUL-Prozesse sowie der Aufgaben des Sammelns und Trennens. Das entsorgungslogistische Informationssystem wird hinsichtlich seiner Aufgaben, Informationsquellen, Probleme und der an das System gestellten Anforderungen dargestellt. Einen breiten Raum nimmt die Beurteilung existierender Informationsinstrumente ein.

Rinschede, A.; Wehking, K.-H.: Entsorgungslogistik I. Grundlagen, Stand der Technik. Berlin 1991 (Reihe Entsorgungslogistik, Hrsg.: R. Jünemann).

Dieses Buch widmet sich neben Ausführungen zur Abfallentstehung, zu Abfallmengen und zu den rechtlichen Rahmenbedingungen einer Vielzahl von insbesondere technischen Fragestellungen der Entsorgungslogistik. Hierzu gehören beispielsweise Beschreibungen der möglichen Sammelsysteme, der Sonderabfallzwischenlagerung und der abfallwirtschaftlichen Behandlungsarten.

2.5 Informationsfluß zur Unterstützung der Unternehmenslogistik

In den vorangegangenen Kapiteln wurde untersucht, welche der Integrationskomponenten Daten-, Datenstruktur-, Modul- und Funktionsintegration in welchen logistischen Subsystemen von besonderer Bedeutung sind. Auch wurde dargelegt, durch welche der Realisierungsmöglichkeiten (direkte Kopplung, Unternehmensdatenmodell oder CIM-Interface-System) die Integrationskomponenten in den logistischen Subsystemen umgesetzt werden können. Dabei hat sich gezeigt, daß die Art und Weise der informationflußtechnischen Unterstützung wesentlich davon abhängt, ob die logistische Funktion in Beziehung zu externen Marktpartnern steht (Beschaffungs- und Distributionslogistik) oder ob sie innerbetrieblich ist (Produktionslogistik).

Die Produktionslogistik liegt (qua definitione) in einem einheitlichen Verantwortungsbereich (*ein* Unternehmen), oftmals räumlich zusammengefaßt. Damit bestehen innerhalb der Produktionslogistik mehr Freiheitsgrade in der Gestaltung der steuernden Informationsflüsse als in der Beschaffungs- und Distributionslogistik, die *andere* Marktpartner miteinbeziehen (Lieferanten, Kunden) oder zumindest über z. T. große räumliche Distanzen wirken (z. B. Ersatzteillogistik).

Das klassische Einsatzfeld der vier CIM-Integrationskomponenten liegt im Produktionsbereich (Manufacturing). Die Umsetzung erfolgt hier insbesondere auf der Basis des Unternehmensdatenmodells (UDM) und durch die direkte Kopplung von Systemen. Durch die Ausnutzung dieser Realisierungsmöglichkeiten kommt dem CIM-Interface-System innerhalb der Produktionslogistik nur eine untergeordnete Bedeutung zu. Ein Beispiel für ein CIM-Interface-System in der Produktionslogistik ist das Manufacturing Message Specification System MMS zur Kopplung von Maschinen und Rechnern. Generelle intrabetriebliche Schnittstellen sind in Entwicklung und haben noch keinen Einzug in die Praxis halten können.

Genau umgekehrt wird die Integration in der Beschaffungslogistik respektive in der Distributionslogistik hergestellt. Dort steht der elektronische Datenaustausch (EDI) im Vordergrund. Folglich kommt dem CIM-Interface-System als normative Schnittstelle zwischen den in der Regel heterogenen Systemen der Transaktionspartner besondere Bedeutung zu. Beispiele hierfür sind im technischen Bereich STEP, IGES, SET oder VDAFS und im betriebswirtschaftlichen Bereich EDIFACT. Ein CIM-Interface-System auf der Ebene *einer* Funktion stellen Frachtraumbörsen dar.

Systeme der Ersatzteillogistik beim Hersteller, in den Niederlassungen und bei den Händlern sind über Funktionsintegration im Sinne von Triggern von Funktionen miteinander verknüpft. Handelt es sich um unterschiedliche Systeme, werden sie direkt miteinander gekoppelt; sind die Systeme identisch, dann nutzen sie identische Datenstrukturen (Datenstruktur-integration), stellen eine Realisierung der Modulintegration dar und basieren auf einem einheitlichen Unternehmensdatenmodell. Da die Ersatzteillogistik nur *einen* (und dabei nicht den bedeutendsten) Aspekt der Distributions-logistik darstellt, werden Datenstruktur- und Modulintegration sowie direkte Kopplung und UDM nur abgeschwächt wiedergegeben.

Für die Entsorgungslogistik, die die anderen drei logistischen Subsysteme gegenläufig durchzieht, wurde auf eine eigenständige Beschreibung der infor-mationsflußtechnischen Unterstützung verzichtet, da nur so der Forderung nach materialflußtechnischer Integration auch informationsflußtechnisch Rechnung getragen wird. Beispielhaft sind Einsatzbeispiele der vier Integrationskomponenten im Kapitel 2.4 Entsorgungslogistik aus Sicht des CIM skizziert worden.

Abbildung 2.24 faßt die Informationsflüsse zusammen und ist damit die Synopse der Abbildungen 2.9, 2.15 und 2.19.

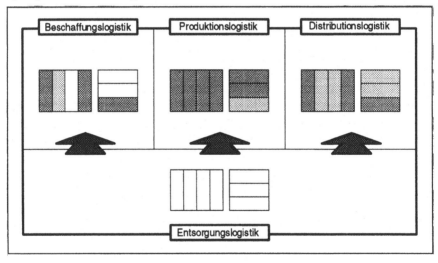

Abb. 2.24: Schwerpunkte der informationsflußtechnischen Unterstützung der logistischen Subsysteme

3   CIM aus Sicht der Logistik

Unterzieht man Computer Integrated Manufacturing einer logistischen Betrachtung, so identifiziert man innerhalb des umfassenden CIM-Ansatzes die
Informationsketten, die es für logistische Aspekte zu integrieren gilt. In der
folgenden Abbildung 3.1 werden die Aspekte im Y-CIM-Modell positioniert,
die in diesem Buch unter dem Blickwinkel "CIM aus Sicht der Logistik"
diskutiert werden. Teilweise wird dabei auf vorstehende Ausführungen verwiesen. Dies gilt für die Funktion der Qualitätssicherung, die in der unterneh-
mensumfassenden Form des Total Quality Managements in Kapitel 1.4.2 abgehandelt wurde.

3.1   Logistikgerechte Stammdatenverwaltung

Die logistischen Aufgaben entlang der gesamten Produktentstehungskette
werden durch eine integrierte Stammdatenverwaltung wirkungsvoll unterstützt.

  Bei der Konstruktion neuer Produkte, Baugruppen und Teile muß auf logistische Restriktionen Rücksicht genommen werden. Daten der Lagerhaltung und des Transportwesens können solche Restriktionen darstellen, z. B.

-    Lagerplatzdaten: Größe, zulässiges Gewicht,

-    Transportmitteldaten: Größe, zulässiges Gewicht,

-    Transporthilfsmitteldaten: Größe, zulässiges Gewicht, Form,

-    Umschlageinrichtungen: geforderte Handhabungseigenschaften,

-    Verpackungsdaten: Größe, Form, Festigkeit der zu verpackenden
     Güter.

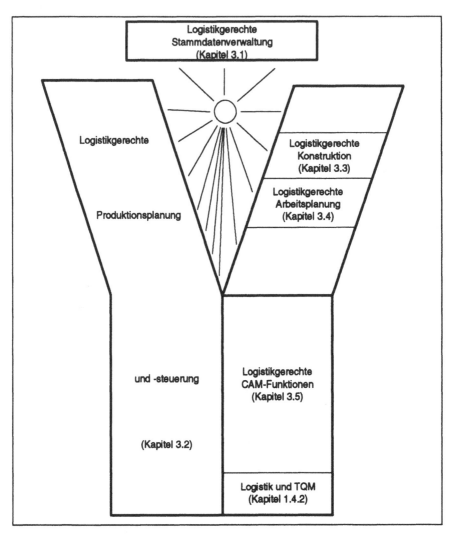

Abb. 3.1: CIM aus Sicht der Logistik

Eine Datenbank, die diese Daten aufnimmt, ermöglicht die Datenintegration. Die oben aufgeführten Daten müssen in den entsprechenden Datensätzen (Relationen) hinterlegt werden, d. h. die Relation "Lagerplatz" erhält als Attribute "Breite", "Länge", "Höhe", "zulässiges Beladegewicht" etc. Auch der Teile-Stammsatz muß um logistische Attribute erweitert werden wie "maximale Breite", "maximale Länge", "maximale Höhe", "Gewicht", "Verpackungseinheit", "Verpackungsmenge", "Stapelbarkeit", "typisches Transporthilfsmittel" (sofern die Zuordnung eindeutig ist) etc.

Einerseits werden auch in heutigen Systemen vorhandene Stammdaten ergänzt (der Teile-Stammsatz um logistische Informationen), andererseits kommen neue Stammsätze hinzu, die bisher meist überhaupt nicht gehalten werden - oder wenn doch, dann meist in isolierten, dedizierten Systemen ohne Zugriffsmöglichkeit durch andere Systeme (z. B. Stammsätze über Transporthilfsmittel und deren Eigenschaften).

Eine derartige Erweiterung der Artikelstammdaten um logistische Informationen findet sich z. B. auch in der von der Centrale für Coorganisation (CCG) für Handelsunternehmen standardisierten SINFOS-Artikeldatei[1], die je Artikel u. a. Angaben zur Bestell-/Liefer-/Fakturier- und kleinsten EAN-Einheit, zur EAN der nächstniedrigen Packungseinheit (Abbildung der Verpackungshierarchie), zur Verpackungsart, zu Ausmaßen und Gewichten, zur Ladungsträgerart, zum Ladungsträgerhandling und zur Ladehöhe vorsieht.

Die Anreicherung der Stammdaten um logistische Aspekte ist auch auf Seiten der Lieferanten zu vollziehen, da gerade zu diesen mit der Funktion des Umschlagens eine hinsichtlich des physischen und informationsflußtechnischen Standardisierungsbedarfs kritische Schnittstelle besteht. Die entsprechende Ergänzung des Lieferscheins um die Logistikanforderungen der gelieferten Teile erlaubt beispielsweise dem Disponenten in der Warenannahme die frühzeitige Planung der Abfertigungsressourcen.[2] Für einen raschen Abtransport ist es hierbei wichtig, daß der Disponent in einem DV-System Zugriff auf die Information hat, ob der Lagerplatz, der für das empfangene Material bzw. die Ware vorgesehen ist, frei ist bzw. welche Reserveplätze zum Bedarfszeitpunkt alternativ zur Verfügung stehen.

Um die immer größer werdende Menge an Daten handhaben zu können, muß die vorhandene Datenstruktur um ein *Teile-Klassifikationssystem* ergänzt werden. Dieses Teile-Klassifikationssystem unterstützt mehrere Bereiche zur Gestaltung eines effizienten Materialflusses: den Konstrukteur beim logistikgerechten Konstruieren, die Arbeitsvorbereitung bei der logistikgerechten Arbeitsplanerstellung und den Produktionsplaner bei der logistikgerechten Disposition.

Das Klassifikationssystem kann hierarchisch oder nicht hierarchisch aufgebaut sein. Wenn es hierarchisch aufgebaut ist, tastet man sich über Hierarchiestufen von Teilegruppen (z. B. Hilfsstoffe - Verbindungselemente - Schrauben - Metallschrauben) zur gewünschten Teileklasse (Sechskantschrauben) vor und gelangt so zur gesuchten Materialklasse. Wenn das Materialklassifikationssystem nicht hierarchisch aufgebaut ist, gelangt man über Schlagwörter (Schraube, Kopfschraube, Innengewindeschraube) oder Aus-

---

[1] Vgl. Spitzlay (1992), S. 14f.; Hertel (1992), S. 70.

[2] Vgl. Weber (1991), S. 68f.

füllung von Sachmerkmalleisten direkt zur gesuchten Materialklasse. Innerhalb der Materialklasse werden die entsprechenden Ausprägungen zu den in der Materialklasse festgelegten Sachmerkmalen (z. B. Durchmesser, Länge des Schaftes) angegeben. Das Teileklassifikationssystem verweist auf die entsprechenden Teile-Stammsätze, die den geforderten Kriterien genügen.

Die Menge an Klassifikationsmerkmalen, die z. B. ein Disponent benötigt, überschneidet sich in großen Teilen mit der Menge der Klassifikationsmerkmale, die z. B. ein Konstrukteur benötigt. Die Überschneidungsmenge wird um so größer, je stärker in frühen Phasen der Produktentstehung Aufgaben übernommen werden, die traditioneller Weise erst später in der Vorgangskette auftreten, wie dies speziell bei der logistikgerechten Produktgestaltung der Fall ist. Die große Überschneidung der Klassifikationsanforderungen legt die Forderung nahe, ein einheitliches Klassifikationssystem für alle betrieblichen Bereiche aufzubauen. Im Zuge der Reduzierung der Teilevielfalt auf Baugruppenebene, wie sie für logistikgerechte Konstruktion und Disposition notwendig sind, sind Normteilekataloge für Konstruktion und Materialwirtschaft gleichermaßen von Bedeutung.

Die Forderung nach logistikgerechter Konstruktion, logistikgerechter Disposition und logistikgerechter Arbeitsvorbereitung muß ihren Niederschlag finden in Klassifikationssystemen. Hier reicht es nicht mehr aus, daß nur eine Sicht auf die Teile hinterlegt wird (daß sie z. B. hierarchischen Klassen zugeordnet werden), es muß darüber hinaus eine Einteilung erfolgen, welche Funktion das Teil oder die Baugruppe unterstützt, wie die Teilfunktion zu der Gesamtfunktion beiträgt, welche technisch-physikalischen Eigenschaften ein Teil hat und wie dadurch bestimmte Anforderungen der Anforderungsliste erfüllt werden. Die Geometrie eines Teils muß so klassifiziert sein, daß Rückschlüsse auf die Fertigungstechnik möglich sind. Anforderungen an Transport- und Umschlageigenschaften sind zu klassifizieren. Auch dispositive Merkmale sind in einem solchen Klassifikationssystem festzuhalten. Sowohl Einzelteile als auch Baugruppen und Endprodukte sind Konstruktions-, Funktions-, Kosten-, Fertigungs- und Logistikklassen zuzuordnen. Ein solches CIM-Klassifikationssystem unterstützt wirkungsvoll alle von der Logistik betroffenen Bereiche vom Vertrieb über die Materialwirtschaft bis zum Versand und vom Produktentwurf und Konstruktion über Arbeitsplanung und Fertigung bis zu Transport-, Umschlag- und Lagervorgängen.

Logistikgerechte Stammdatenverwaltung bedeutet, vorhandene Daten um logistische Attribute zu ergänzen und für logistische Ressourcen eigene Stammdaten anzulegen und zu pflegen. Die Selektion der Daten wird durch ein Teile-Klassifikationssystem unterstützt.

Die bisherigen Ausführungen beschäftigten sich mit der engen Verbundenheit zwischen dem Material- und dem Informationsfluß. Hergestellt wird diese insbesondere durch *Identifikationssysteme*, die Informationen unmittelbar aus dem Materialfluß ableiten und Informationsflüsse damit anstoßen können. Zeitdiskrepanzen zwischen Material- und Informationsfluß werden so vermieden. Identifikationsbedarf besteht entlang der gesamten logistischen Kette: beim Lieferanten und externen Transport, bei der Warenvereinnahmung, bei sämtlichen Umschlagvorgängen, beim werksinternen Transport, bei der Materiallagerung und Kommissionierung sowie bei der Produktionsversorgung bis hin zur Leergut- und Verpackungsentsorgung zum Lieferanten.[3]

Identifikationssysteme bieten die Möglichkeit einer direkten Überwachung und Steuerung und stellen als technische Systeme der Betriebsdatenerfassung das Datenmaterial für verschiedene betriebliche Aufgaben wie die Kontrolle von Mengen, Zeiten und Qualitäten oder die Kennzahlenerstellung zur Verfügung. Sie können aber auch unmittelbar automatisierte Transport- oder Produktionssysteme triggern.

Durch das physische Anbringen von mobilen Informationsträgern an ein Objekt sind die Informationen dem Objekt zugeordnet, d. h. Material und zugehörige Informationen bewegen sich als eine Einheit. Bei den Informationsträgern sind Code- und Datenträger zu unterscheiden.[4] Während Codeträger lediglich Lesevorgänge und damit nur eine Identifikation erlauben, gestatten Datenträger in Verbindung mit Schreib-Lese-Stationen das beliebige Neuspeichern von Informationen.

Eine Identifikation von Daten ist prinzipiell auf mehrfache Weise möglich. Es kann eine manuelle Dateneingabe über ein Terminal bzw. per Spracherfassung, eine (opto-)elektronische Identifikation per OCR-Leser (Optical Character Recognition), Strichcodeleser bzw. programmierbaren Datenträger oder auch eine automatisierte Datenübernahme erfolgen.

Die Grundbausteine eines Identifikationssystems sind der Code- bzw. Datenträger, die Lese- und ggf. Schreibeinheit und eine Auswerteeinheit mit einer Schnittstelle zur Systemperipherie.

Neben der automatischen Datenübernahme sind bei der Strukturierung logistikrelevanter Identifikationssysteme Systeme für Strichcode, Lesesysteme für Klarschrift, für programmierbare Datenträger und Spracherfassungssysteme zu unterscheiden.[5]

---

[3] Vgl. Straube, Kern (1991), S. 12.

[4] Vgl. Elsner (1992), S. 329.

[5] Vgl. Straube, Kern (1991), S. 13f.

Bei einem *Strich- oder Barcodesystem* besteht der Datenträger aus einem Etikett, das mit einem Barcode bedruckt werden kann und auf dem Objekt angebracht wird. Das umfangreichste Standardisierungsvorhaben stellt die Internationale Artikelnumerierung (EAN) dar, die als 13stelliges Normalsymbol oder als 8stelliges Kurzkennzeichen in den maschinenlesbaren EAN-Strichcode umgesetzt wird.[6] Zum Lesen werden Lichtgriffel, Lesestift, Abstandsleser, Strichcodekamera oder Laserscanner verwendet. Der EAN-Strichcode wird durch den Hersteller bzw. Lieferanten (falls der Hersteller die Kennzeichnung noch nicht vorgenommen hat) vergeben. Seine einheitliche Verwendung bei verschiedenen Marktpartnern vermeidet insbesondere den Abgleich unterschiedlicher Artikelnumerierungssysteme. Zudem erleichtert er die Identifikation der Teile innerhalb der Transport- und Produktionssteuerung sowie der Lagerorganisation, indem er für eine eindeutige Kennzeichnung der Artikel im elektronischen Geschäftsverkehr sorgt.

Den Vorteilen des Barcodesystems - geringe Herstellkosten und niedriger Platzbedarf - stehen mit der begrenzten Haltbarkeit (insbesondere bei Schmiermitteleinsatz, Reinigungsbädern oder extremen Temperaturen) und der geringen Datenmenge sowie der nur ungenügenden Maschinenlesbarkeit wesentliche Kritikpunkte gegenüber.

Insbesondere für die Transportsteuerung wird der *ITF-Code* eingesetzt, der aufgrund seiner groben Struktur auch noch aus einer Entfernung von 120 cm mit Distanzscannern lesbar ist. Durch die Möglichkeit der automatisierten Erfassung können Daten so schneller, effizienter und vor allem fehlerfreier als über die Tastatur registriert werden.

Die Aufnahme schriftlicher Belege, z. B. von Warenbegleitscheinen, in eine EDV-Anlage kann durch eine Verwendung genormter Schriftzeichen wesentlich vereinfacht werden, wenn Lesegeräte diese Schriften automatisch identifizieren und die Daten an das verarbeitende System übergeben. Ermöglicht wird dies bei Einsatz eines *Lesesystems für Klarschrift*, in dem OCR- und andere genormte Schriften von Klarschriftlesern (OCR-Lesepistole, OCR-Kamera) mit einer hohen Lesesicherheit und einem hohen Durchsatz gelesen werden. Der wesentliche Vorteil ist, daß es keiner Codierung bedarf und alle Informationen im Klartext erhalten bleiben. Da ein solches System allerdings noch relativ teuer ist, sollte es nur bei Erfassung großer Belegmengen eingesetzt werden.

Freiprogrammierbare Datenträger ermöglichen neben der reinen Identifikation auch die Speicherung und Mitführung von objektspezifischen Daten

---

[6] Zur EAN vgl. z. B. Spitzlay (1992), S. 8-12.

wie z. B. die zugehörige Kundenauftragsnummer.[7] Auf dem Datenträger sind dabei die Identifikationsdaten und die objektspezifischen Informationen abgelegt, die von der Leseeinheit erfaßt bzw. durch die Programmiereinheit in den Datenträger übertragen werden können. Die decodierten Daten werden dann in einer Auswerteeinheit verdichtet. Der Datenträger kann direkt am Produkt oder indirekt auf Transporthilfsmitteln angebracht sein. Letzteres ist der Regelfall und bedeutet, daß mit jedem zu transportierenden Teil die vorherigen Daten zu löschen sind und anschließend der Datenträger mit neuen Daten zu versehen ist. Damit wird eine automatisierte, prozeßnahe und zuverlässige Steuerung ermöglicht und zugehörige Rechenkapazität von kommunikationsbelastenden Informationsflüssen befreit. Beispielsweise kann die kundenspezifische Gestaltung eines Automobils als Datensatz im Datenträger abgelegt werden und somit fahrzeugindividuell Materialfluß und Fertigungsprozeß steuern.[8]

Neuere Entwicklungen befassen sich mit der Dateneingabe in den Rechner durch natürliche Sprache. Derartige *Spracherfassungssysteme* unterscheiden zwischen Sprach- und Sprechererkennung. Die Sprechererkennung dient der Benutzeridentifikation, während die Spracherkennung die Dateneingabe über eine Tastatur oder auch elektronische Identifikationssysteme ersetzen kann.

Entscheidende Kriterien bei der Bewertung von Identifikationssystemen[9] sind: Übertragungsentfernung, Übertragungssicherheit, Lese- und ggf. Schreibgeschwindigkeit, Zuverlässigkeit bei schlechten Umweltbedingungen, Kompatibilität zu peripheren Systemen (z. B. SPS oder Rechner), produktbegleitende Informationsmenge, Miniaturisierung und die Systemkosten (im wesentlichen Informationsträger, Schreib- und Lesesystem, Auswerteeinheit, Systeminstallation und -integration).

Durch Identifikationssysteme erfolgt eine exakte Synchronisation von Material- und Informationsfluß. Es lassen sich Strichcodesysteme, OCR-Lesesysteme und freiprogrammierbare Datenträger unterscheiden.

Zusammenfassend kann festgestellt werden, daß der Stammdatenverwaltung für die Logistik eine zentrale Rolle beikommt, da die Querschnittsfunktion Logistik fast alle betrieblichen Bereiche tangiert. Die nachstehende Abbildung 3.2 bringt zum Ausdruck, wie sehr eine logistikgerechte Stammdatenverwaltung mit den CIM-Funktionen verbunden ist.

---

[7] Vgl. Straube, Kern (1991), S. 14.

[8] Vgl. Jünemann (1989), S. 499f.

[9] Vgl. Büchel, Gradl (1992), S. 92; Elsner (1992), S. 328f.

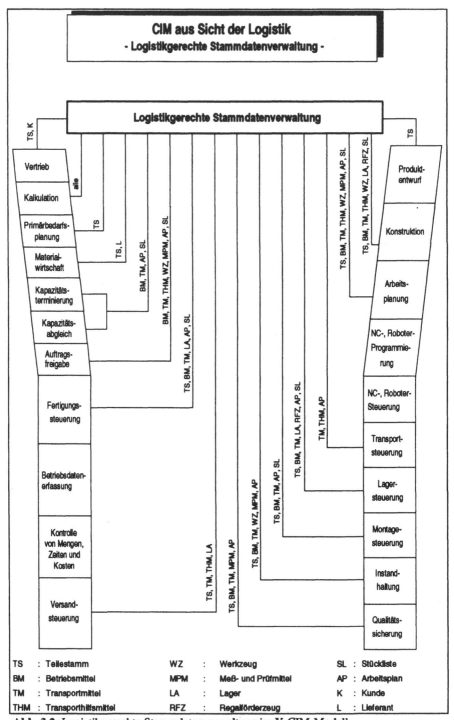

Abb. 3.2: Logistikgerechte Stammdatenverwaltung im Y-CIM-Modell

3.2 Logistikgerechte Produktionsplanung und -steuerung

Viele Bücher zur Logistik behandeln die Produktionsplanung und -steuerung (PPS), jede Veröffentlichung zu CIM betrachtet auch den PPS-Bereich. Liegt damit nicht doch eine Überschneidung der beiden Bereiche vor?[1] Im Sinne der eingangs (Kapitel 1.3.2) getroffenen Abgrenzung ist ein PPS-System ein den Materialfluß steuernder *Informationsfluß* und damit eine CIM-Komponente.

PPS-Systeme bringen wie kaum ein anderes betriebliches Informationssystem die Interdependenz zwischen organisatorischen und informationsflußtechnischen Fragestellungen zum Ausdruck. Einerseits wird die Auswahl und Parametrisierung eines PPS-Systems wesentlich von den logistischen Gegebenheiten geprägt; andererseits ist der sich einstellende Materialfluß Ergebnis der Planung und Steuerung der Produktion. Einzelne PPS-Verfahren bzw. -Systeme initiieren sogar einen strategischen Neuaufwurf der Fertigungsorganisation. So lassen sich beispielsweise die Nutzeffekte von Kanban nur erzielen, wenn eine flußorientierte Betriebsmittelanordnung vorliegt.

Aus logistischer Sicht wird im folgenden untersucht, welche steuernden Informationsflüsse (also welche PPS-Verfahren) auf welche Art der innerbetrieblichen Logistik zugeschnitten sind. Eine logistische Betrachtung von PPS-Systemen hat dabei zwei Aspekte zu berücksichtigen:

a) Die wechselseitige Beziehung zwischen der logistischen Infrastruktur, die im wesentlichen durch die Betriebsmittelanordnung determiniert wird, und dem PPS-System, das als Informationsfluß den Materialfluß steuert, ist zu erarbeiten.

b) Es ist zu klären, inwieweit der Ressourcen- und Zeitverbrauch durch die TUL-Prozesse explizit planerische Berücksichtigung findet bzw. ob logistische Kennzahlen wie Lagerbestände oder Transportintensität in die Produktionsplanung und -steuerung eingehen (implizite Berücksichtigung).

Die Integration der logistischen Abläufe (TUL-Prozesse) und die planerische Berücksichtigung logistischer Ressourcen innerhalb von PPS-Systemen ist eine vergleichsweise einfache, in der Praxis jedoch selten umgesetzte Aufgabe. Sie betont die generelle Aufwertung der Logistik innerhalb der zumeist produktionszentrierten PPS-Systeme. Je nach unternehmensindividueller Bedeutung der (Produktions-)Logistik führt diese planerische Berücksichtigung zu deutlichen Effizienzgewinnen.

---

[1] Vgl. auch Kapitel 1.3.1, S. 28ff.

Bereits realisiert ist hingegen die an logistischen Größen (z. B. Beständen) orientierte PPS (z. B. Belastungsorientierte Auftragssteuerung, Kanban).

Ausgehend von den theoretisch exakten, praktisch aber nicht realisierbaren Simultanplanungsmodellen und der Skizzierung "klassischer", auf einem Sukzessivplanungsansatz beruhender PPS-Philosophien (MRP II) werden Verfahren dargestellt, die in Teilbereichen von MRP II einer eigenen Ablauflogik folgen und für spezielle Logistikstrukturen zugeschnitten sind. Da die meisten Verfahren der Produktionsplanung und -steuerung zur Unterstützung der Produktionslogistik in der Literatur hinreichend dargestellt sind, wird die Beschreibung der Verfahren bewußt kurz gehalten; für detailliertere Ausführungen sei auf die angegebene weiterführende Literatur verwiesen. Der Zielsetzung dieses Buches entsprechend stehen hier insbesondere die Implikationen für die Logistik im Vordergrund.

3.2.1 Simultanplanungsmodelle

Analysiert man das Planungsproblem der Produktionsplanung und -steuerung, so zeigen sich vielfältige Interdependenzen zwischen den einzelnen PPS-Teilbereichen. Beispielsweise können Entscheidungen in der Materialwirtschaft nicht unabhängig von denen in der Kapazitätswirtschaft betrachtet werden und umgekehrt. Üblicherweise wird jedoch die Mengenplanung losgelöst von etwaigen Kapazitätsrestriktionen unter Zugrundelegung von Plan-Durchlaufzeiten vollzogen (Sukzessivplanung). Erst der Kapazitätsabgleich zeigt aber, inwieweit diese Durchlaufzeiten auch zutreffen. Oftmals können die Plan-Durchlaufzeiten aufgrund knapper Kapazitäten aber nicht eingehalten werden, so daß die Materialwirtschaft im Regelfall von unrealistischen Bedarfszeitpunkten ausgeht. Über diese wechselseitige Verflechtung von Material- und Kapazitätswirtschaft hinaus existiert eine Vielzahl gegenseitiger Abhängigkeiten zwischen den einzelnen PPS-Funktionen. Besonders evident ist z. B. auch die Interdependenz zwischen Materialwirtschaft, Kapazitätswirtschaft und Losgrößenplanung. Letztere bündelt die Materialbedarfe insbesondere auch auf untergelagerten Stufen; deren separat bestimmte "Kostenoptimalität" ist aufgrund von Kapazitätsrestriktionen jedoch oft nicht durchsetzbar.

Aus theoretischer Sicht verlangen diese wechselseitigen Beziehungen eine Simultanplanung (auch Totalplanung), d. h. in diesem Fall eine simultane Material-, Kapazitäts- und Losgrößenplanung.

Eine solche Simultanplanung könnte folgendermaßen aussehen: Es wird eine Zielfunktion definiert, die den Deckungsbeitrag über alle Produkte in mehreren Perioden maximiert. Dabei gilt eine Reihe von einschränkenden Nebenbedingungen, wie z. B. Kapazitäts-, Lager-, Absatz- und Umrüstrestriktionen sowie Restriktionen, die die stücklistenmäßige Zusammensetzung der Produkte wiedergeben.[2] In der Vergangenheit wurde versucht, ein solches Modell mit Ansätzen des Operations Research zu lösen. Klassifizieren läßt sich ein derartiges Modell als ein vielstufiges, mehrperiodiges Mehrprodukt-Losgrößenproblem bei beschränkten Kapazitäten und dynamisch schwankenden Bedarfsmengen[3], das zumeist als gemischt ganzzahlige Optimierungsaufgabe formuliert ist.

Logistische Aspekte sind insofern berücksichtigt, als Lager- und Umrüstrestriktionen als Nebenbedingungen formuliert werden. Durch den Ansatz von Lagerkosten in der Zielfunktion findet zugleich die Durchlaufzeit eine implizite Berücksichtigung. Explizit ist das Ziel der Durchlaufzeitminimierung aber nicht Bestandteil der gängigen Modelle. Die Modellierung von Transportvorgängen ist in den bekannten Modellen ausgeklammert. Da die eigenständige Optimierung der Logistik nicht das Ziel einer solchen Planung ist, sondern die Optimierung des wirtschaftlichen Erfolges, hier definiert durch die Maximierung des Deckungsbeitrages, müßten in einem logistikgerechten Simultanplanungsmodell die Logistikgegebenheiten in Nebenbedingungen und die Logistikkosten explizit als Variable in der Zielfunktion aufgenommen werden.

Transport-, Umschlag- und Lagerkosten müssen also Bestandteile der Zielfunktion werden. In den Restriktionen sind neben den meist vorhandenen Lagerrestriktionen auch Transport- und Umschlagrestriktionen aufzunehmen. Zudem sind Restriktionen bezüglich längster Durchlaufzeiten zu definieren, wobei zwischen Auftragsdurchlaufzeiten und Fertigungsdurchlaufzeiten zu unterscheiden ist. Wenn bestimmte Baugruppen auf Lager gehalten werden, kann es durchaus möglich sein, daß die gesamte Auftragsdurchlaufzeit geringer ist als die Fertigungsdurchlaufzeit. In einem LP-Ansatz ließe sich dieses durch einen Zeitindex abbilden.

Die meisten Simultanplanungsmodelle nehmen die Kapazitäten als gegeben an und sind daher als Hilfsmittel zur Ablaufplanung anzusehen. Sie sind deshalb nicht zur Ermittlung einer logistikgerechten Fertigungsstruktur (Fertigungsorganisation wie Werkstattfertigung oder Fertigungsinseln, Anzahl und Aufstellung der Maschinen, Art und Umfang der Transport- und Umschlagsysteme) geeignet.

---

[2] Beispielsweise haben Dinkelbach (1964), Adam (1969), Scheer (1976) und Tempelmeier (1992), S. 300-331 solche Simultanplanungsmodelle entwickelt.

[3] Vgl. Tempelmeier (1992), S. 302.

Ein Simultanplanungsmodell stellt das Ideal eines integrierten Informationssystems für unterschiedliche Bereiche, auch zur logistikgerechten Ausführung, dar. Dennoch sind schwerwiegende Einwände gegen den Einsatz solcher Planungsmodelle geltend zu machen:

-   Es liegt eine statische Betrachtungsweise des Ablaufplanungsmodells zugrunde, d. h. es wird von einem gegebenen Auftragsprogramm ausgegangen.

-   Der Rechenaufwand für eine simultane Material- und Kapazitätswirtschaft übersteigt trotz der immer größer und billiger werdenden Rechnerleistung diese um ein Vielfaches. Dies liegt an der Komplexität des Problems, das aufgrund der geforderten Ganzzahligkeitsbedingungen NP-vollständig sein kann. Hinzu kommt der beträchtliche Aufwand zur Erstellung (Datenbeschaffungsproblem) und Handhabung (Pflege) des Modells.

-   Von ihrem Ansatz zur Berechnung eines globalen Optimums her sind Simultanplanungsmodelle eher für strategische Fragestellungen ausgelegt, da hier größere Freiheitsgrade bestehen und unter gesamtunternehmerischen Gesichtspunkten Entscheidungen für Kapazitätserweiterungen oder für ein geändertes Layout von Transport-, Umschlag- und Lagersystemen gefällt werden müssen. Die Planungsmodelle, wie sie im praktischen Einsatz für unterschiedliche Unternehmen bisher realisiert wurden, sind aber für den mittel- bis kurzfristigen Bereich konzipiert. Gerade im kurzfristigen Bereich sind die Freiheitsgrade aber erheblich eingeschränkt und Gesamtplanungsmodelle daher wenig sinnvoll. Der zeitlichen Differenzierung der Produktionsplanung mit größeren Freiheitsgraden und geringeren Detaillierungsgraden bei längerfristigem Planungshorizont und geringen Freiheitsgraden und höheren Detaillierungsgraden bei mittel- und kurzfristigen Planungshorizont wird die simultane Planung nicht gerecht. Da gerade die Maschinenbelegungsplanung kurzfristigen stochastischen Einflüssen (Betriebsmittelstörung, Eilauftrag) ausgesetzt ist, sind solche umfassenden Systeme - nicht zuletzt aufgrund ihrer langen Laufzeiten - hier nicht einsetzbar.

-   Eine geringfügige Änderung der Eingabedaten erfordert gemäß dem Anspruch, ein globales Optimum zu finden, in der Regel eine vollständige Neuberechnung. Das ist besonders dann von Nachteil, wenn eine Entscheidung bei unsicheren Daten zu treffen ist.

Entsprechend liegt der Wert von Simultanplanungsmodellen mehr in der theoretischen Durchdringung der Gesamtkomplexität (Erfassung der Interdependenzen der Teilbereiche) als in der praktischen Anwendbarkeit.[4] Theoretisch könnte eine solche Planung logistikgerecht durchgeführt werden, da sich logistische Anforderungen in der Zielfunktion und logistische Restriktionen in den Nebenbedingungen formulieren ließen. Es bleibt abzuwarten, ob durch die Herausbildung von (teil-)autonomen Bereichen (Fertigungsinseln) innerhalb der Fertigung (Reduzierung des Datenvolumens) sowie durch weitere Steigerungen der DV-Leistungen Simultanplanungsmodelle berechenbar werden.

Mit Simultanplanungsmodellen lassen sich die vielfältigen Interdependenzen zwischen den PPS-Teilbereichen exakt abbilden. Da ihr Einsatz jedoch aufgrund ihrer Komplexität nicht realistisch ist, beschränkt sich ihr Beitrag auf die theoretische Durchdringung des bestehenden Planungsproblems.

3.2.2 "Klassische" PPS-Systeme und MRP II

Da Simultanplanungsmodelle keinen praktikablen Lösungsansatz darstellen, ist schon früh ein auf höhere Realisierbarkeit ausgelegter Sukzessivplanungsansatz entwickelt worden, der sich auch in den meisten PPS-Systemen wiederfindet und in Abbildung 3.3 dargestellt ist. Dieser Ansatz nimmt eine Aufteilung des Gesamtproblems in hierarchisch geordnete Teilprobleme vor (vertikale Problemdekomposition). Dabei werden die einzelnen Stufen einer rollierenden Planung folgend durchlaufen, wobei mit steigender Prozeßnähe der Planungshorizont abnimmt und die Detaillierung der Daten wächst.

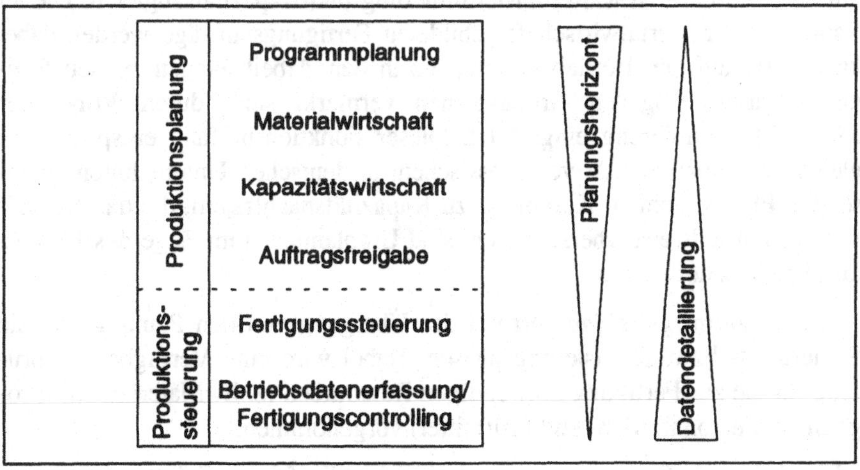

Abb. 3.3: Der Aufbau "klassischer" PPS-Systeme

---

[4] Vgl. Kurbel (1993), S. 45f.

Der *Primärbedarf* (Master Production Schedule, Bedarf an Endprodukten und Ersatzteilen) wird als gegeben angenommen (nur wenige Systeme unterstützen die Ermittlung eines auftragsanonymen Primärbedarfs) oder leitet sich aus Kundenaufträgen ab.

Im Rahmen der *Materialwirtschaft* (MRP = Material Requirement Planning) werden für Teile mit hohem Periodenverbrauchswert bedarfsgesteuert aus der stücklistenmäßigen Verflechtung und der in den Stücklisten angegebenen Vorlaufverschiebungen periodenbezogene Bruttobedarfe für alle untergeordneten Teile ermittelt. Sofern die Sekundärbedarfsermittlung mittels Verfahren zur Bedarfsschätzung (u. a. Regressionsanalyse, exponentielle Glättung) erfolgt, handelt es sich um eine verbrauchsgesteuerte Bedarfsauflösung. Aus dem Bruttobedarf ergibt sich nach Abzug des Lagerbestands (verringert um den Sicherheitsbestand) der Nettobedarf. Diese Bedarfe werden gegebenenfalls aus Gründen der optimalen Bestellmengen- bzw. Losgrößenbildung neu zusammengefaßt, d. h. teilweise zeitlich nach vorne verschoben.

Durch die Berücksichtigung der Vorlaufverschiebungen sind die gebildeten Fertigungsvorgaben Perioden zugewiesen, d. h. eine Durchlaufterminierung auf der Ebene der Aufträge (ohne Berücksichtigung vorhandener Kapazitäten) ist integraler Bestandteil der Materialwirtschaft. Ergebnis der Materialwirtschaft sind Fertigungsaufträge, also Vorgaben, welche Menge welchen Teils in welcher Periode fertigzustellen ist.

Der Materialwirtschaft folgt als nächster Schritt die *Kapazitätswirtschaft* mit den Teilschritten Kapazitätsterminierung und Kapazitätsabgleich. Die im Rahmen der Materialwirtschaft gebildeten Fertigungsaufträge werden dabei kapazitativ auf den Betriebsmitteln, die in den Arbeitsgängen zu den fertigungsauftragsbezogenen Arbeitsplänen vermerkt sind, durch Vor- oder Rückwärtsterminierung eingelastet. Dieser Funktionsumfang entspricht zugleich der Funktionalität von klassischen, in deutschen Unternehmen eingesetzten PPS-Systemen. Kommt es zu Kapazitätsnachfragen, die das Kapazitätsangebot teilweise überschreiten, sind Umplanungen im Zuge des Kapazitätsabgleichs notwendig.

Mit der *Auftragsfreigabe* erfolgt der Übergang von den Planungs- in die Steuerungs- bzw. Realisierungsphasen. Dabei wird eine Verfügbarkeitsprüfung für die zur Fertigung notwendigen Ressourcen (z. B. Material, NC-Programme, Personal, Meß- und Prüfmittel) vorgenommen.

Innerhalb der *Fertigungssteuerung* erfolgt die feinterminierte Zuordnung von Arbeitsgängen auf Maschinen (Maschinenbelegungsplanung respektive Auftragsreihenfolgeplanung). Die durch BDE-Systeme gewonnenen Daten zum Produktionsfortschritt werden erfaßt und dem *Fertigungscontrolling* (Kontrolle von Mengen, Zeiten und Kosten) zur Verfügung gestellt.

Bei einer *Bewertung* klassischer PPS-Systeme ist insbesondere der strenge Sukzessivplanungsansatz zu kritisieren. Wie bereits die Ausführungen innerhalb des Kapitels 3.2.1 gezeigt haben, werden in einem hierarchischen Planungsansatz Interdependenzen zerschnitten, wenn es zu keinen Rückkopplungen kommt. Die in vorgelagerten Stufen getroffenen Annahmen (z. B. in der Materialwirtschaft über die Durchlaufzeiten) können sich aufgrund der nachgelagerten Planungsschritte (Kapazitätswirtschaft) als falsch erweisen. Ein derartiges Stufenkonzept zeigt nur dann zufriedenstellende Planungsergebnisse, wenn folgende Voraussetzungen vorliegen:[5]

- Die Durchlaufzeiten, die Bearbeitungsdauern der einzelnen Arbeitsgänge sowie das Kapazitätsangebot müssen gut vorhersagbar sein und dürfen eine nur geringe Standardabweichung aufweisen.

- Die Fertigung muß frei von Engpaßsituationen sein. Ansonsten besteht die Gefahr, daß im Rahmen des Kapazitätsabgleichs die Konsequenzen auf vor- und nachgelagerte Stufen nicht beachtet werden und für nicht durchsetzbare Terminierungen sorgen.

- Eilaufträge sollten die Ausnahme sein, da sie (ebenso wie Maschinen- oder Personalausfälle) einen neuen, aufwendigen Planungslauf auslösen.

Entsprechend läßt sich der Einsatzschwerpunkt "am ehesten bei der Massenfertigung oder Großserienfertigung"[6] ausmachen. "Erfolgreich sind sie, wenn ein einfacher, übersichtlich strukturierter Fertigungsprozeß - weitgehend lineare Fertigung - vorliegt, die Ausfallzeiten von Kapazitäten gering sind, standardisierte Produkte in großen Mengen produziert werden und die Aufträge mit hinreichender Vorlaufzeit bekannt sind. [...] Im Kern wird nur die Massendatenverwaltung unterstützt."[7]

Die "klassischen" PPS-Systeme nehmen für sich in Anspruch, die gesamte Spanne von der langfristigen Planung bis zur minütlichen Vergabe von Arbeitsgangzeiten auf einzelne Betriebsmitteln in einem System und in einem Planungslauf abdecken zu können. Dies läßt zwar unter dem CIM-Gesichtspunkt einen hohen Integrationsanspruch erkennen, doch liegt heute die Ver-

---

[5] Vgl. Adam (Produktion) (1993), S. 464.

[6] ebenda.

[7] Adam (RT) (1992), S. 15.

mutung nahe, daß diese Systeme an ihrer eigenen Komplexität gescheitert sind.

Unter logistischen Gesichtspunkten postulieren sie eine weitgehend lagerlose Fertigung. Es sollen in einer Periode genau die Teile produziert werden, die unmittelbar anschließend in andere Teile eingehen. Nach dem PPS-Konzept bestehen Lager im Prinzip nur, um die Differenz zwischen Nettobedarf und der technisch oder wirtschaftlich sinnvollen Losgröße aufzunehmen. Wegen der stochastischen Einflußgrößen in der Fertigung (Maschinenstörung, Personalausfall, Nacharbeit) und im Umfeld (Eilaufträge, die die Planung durcheinanderbringen, Auftragsstornos, Auftragsverschiebungen) kann das Postulat einer weitgehend bestandslosen Produktion nicht erfüllt werden.

Interessanterweise wurden als Antwort auf die klassischen PPS-Systeme und speziell auf die hohen Bestände, die diese zur Folge haben, Verfahren entwickelt, die von existierenden Beständen ausgehen und diese explizit in die Planung mit einbeziehen (z. B. die Belastungsorientierte Auftragssteuerung oder Kanban) und trotzdem im Vergleich mit den klassischen PPS-Verfahren als bestandssenkend gelten.

Beim Übergang von der "klassischen" Produktionsplanung, bei der die mit der Materialbedarfsermittlung in Zusammenhang stehenden Funktionen (MRP) eindeutig im Vordergrund stehen, auf die MRP II-Philosophie (Manufacturing Resource Planning) wird die Absatzseite durch eine Vertriebsplanung stärker miteinbezogen, wobei die evtl. mehrstufige Absatzplanung (Vertreter, Verkaufsbüro, Filiale, Werk, Unternehmen) die Basis der Planung bildet. PPS-Systeme, die der MRP II-Philosophie folgen, nehmen also für sich in Anspruch, die gesamte logistische Kette von der Beschaffung bis zum Absatz wirkungsvoll zu unterstützen.

Sofern Kundenauftragsdurchlaufzeiten (Zeit von der Erteilung bis zur Auslieferung des Auftrags) kürzer sind als Fertigungsdurchlaufzeiten (Zeit von Beginn der Fertigung der in das Endprodukt eingehenden Teile auf unterster Stufe bis zur Fertigstellung des Endproduktes), wird versucht, den Kundenbedarf weitgehend anonym zu prognostizieren, damit mit der Fertigung untergeordneter Teile bereits begonnen werden kann. Im günstigsten Fall kann die Lieferzeit auf die Montage- und Transportzeit verkürzt werden.

MRP II ist als Ergänzung und Erweiterung der klassischen Produktionsplanung mit MRP als Hauptbestandteil anzusehen, bietet aber keine grundsätzlich anderen, neuen Planungs- und Steuerungsverfahren. Beide Ansätze sind ursprünglich ausgelegt auf die Produktion von Erzeugnissen mit großer Fertigungstiefe und einer Vielzahl eingehender Teile, die in einer dem Werkstattprinzip folgenden Produktionsstruktur gefertigt werden und im

Laufe ihrer Erstellung eine Reihe von Werkstätten (mehrmals) durchlaufen. Die aufgezeigten Mängel von Systemen, die dieser Logik folgen, läßt aber ihren effizienten Einsatz bei einer derartigen logistischen Infrastruktur fraglich erscheinen.

> "Klassische" PPS-Systeme mit einem Schwerpunkt auf der materialwirtschaftlichen Seite (MRP=Material Requirement Planning) folgen einem Sukzessivplanungsansatz, der sämtliche Planungsschritte von der langfristigen Vertriebsplanung bis hin zur minutengenauen Maschinenbelegungsplanung umfaßt. Wenngleich die traditionelle PPS insbesondere in ihrer Weiterentwicklung zum MRP II-Konzept (Manufacturing Ressource Planning) für die Werkstattfertigung entwickelt wurde, läßt eine Reihe von Kritikpunkten ihren Einsatz hierbei unzweckmäßig erscheinen.

Die Abbildung 3.4 systematisiert die im folgenden zu behandelnden PPS-Verfahren. Sie zeigt, daß die Verfahren sich in einem durch die Dimensionen Variantenstückzahl und Variantenanzahl aufgezogenen Kontinuum unterschiedlich positionieren lassen. Da bei hoher Variantenstückzahl und geringer Variantenvielfalt tendenziell eine programmgesteuerte Fließfertigung anzutreffen ist, und bei umgekehrter Situation die auftragsabhängige Werkstattfertigung vorherrscht, liegen den Verfahren offensichtlich auch jeweils unterschiedliche logistische Infrastrukturen zugrunde, die im folgenden herausgearbeitet werden.

Die Erläuterung der Verfahren geschieht in einer kontinuierlichen Abfolge; sie beginnt bei den für die diskontinuierlichen Verhältnisse der Werkstattfertigung ausgelegten Verfahren (Retrograde Terminierung, Belastungsorientierte Auftragssteuerung), reicht über das engpaßorientierte Verfahren OPT und endet mit den für die Fließfertigung prädestiniert erscheinenden Verfahren Kanban und Fortschrittszahlenkonzept. Die Einsatzmöglichkeiten des Leitstands werden hier ebenfalls aufgezeigt, auch wenn mit dem Einsatz dieses informationstechnischen Werkzeugs kein Verfahren unmittelbar verbunden ist. Elektronische Leitstände sind allerdings oft Anlaß zur stärkeren Dezentralisierung der Steuerungskomponenten innerhalb von PPS-Systemen und folgen somit auch einem eigenen Verständnis von Produktionsplanung und -steuerung. Die Ausführungen schließen mit beispielhaften Anforderungen, die die Logistik an die Ausgestaltung von PPS-Systemen stellt, die allerdings von diesen bislang nur ungenügend abgebildet werden.

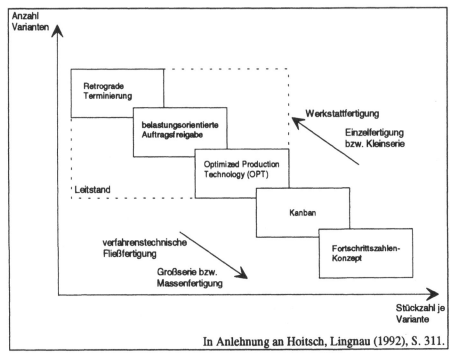

Abb. 3.4: Einordnung der PPS-Verfahren

3.2.3 Retrograde Terminierung

Das Verfahren der Retrograden Terminierung[8] zielt vor allem darauf ab, die
Produktion bei diskontinuierlichem Materialfluß, stark streuenden Durchlaufzeiten und wenigen, dafür hinsichtlich ihrer Art und Größe sehr unterschiedlichen Aufträgen (Einzel- und Variantenfertigung) zu steuern; einer Situation
also, wie sie z. B. im Maschinenbau mit Werkstattfertigung anzutreffen ist.
Hier sind bestandsorientierte Verfahren wie die Belastungsorientierte Auftragssteuerung[9] nicht sinnvoll einsetzbar, da die Voraussetzungen, daß viele
Aufträge und entsprechend viele Arbeitsgänge mit jeweils kleinen Arbeitsin-
halten pro Periode bearbeitet werden, nicht gegeben sind.

---

[8]   Das Verfahren wurde am Institut für Industrie- und Krankenhausbetriebslehre an der Westfä-
      lischen Wilhelms-Universität Münster von Adam entwickelt. Vgl. Adam (Produktion) (1993),
      S. 496-523; Dikow (1993); Adam (RT) (1992); Utzel (1992), S. 192-226; Fischer (1990), S. 93-
      259.

[9]   Vgl. Kapitel 3.2.4.

Die Grundidee der Retrograden Terminierung, die die Aufgaben der Zeitwirtschaftskomponente eines PPS-Systems wahrnimmt, ist eine zentrale, rollierende Grobplanung, die dazu dient, über die Reihenfolgeplanung eine gute terminliche Abstimmung des Auftragsflusses sicherzustellen. Innerhalb der damit gesetzten Ecktermine ist eine dezentrale Fertigungssteuerung in sog. Steuereinheiten[10] vorgesehen.

Das Verfahren geht dabei in drei Schritten vor und durchläuft die letzten beiden Stufen ggf. mehrmals.[11] Abbildung 3.5 erläutert an einem einfachen Beispiel, wie fünf Arbeitsgänge (A, B, C, D, E) für eine Steuereinheit geplant werden.

In der *ersten Stufe* (Wunschterminierung) werden retrograd vom Liefertermin ausgehend die Arbeitsgänge der Aufträge für die einzelnen Steuereinheiten frei von ablaufbedingten Wartezeiten (Just-in-time) durchlaufterminiert. Es wird also vom Kapazitätsangebot abstrahiert (vgl. die gleichzeitige Kapazitätsnachfrage von C und D in Abbildung 3.5a). Diese erste Stufe erfüllt lediglich den Zweck der Vergabe von Prioritäten an die einzelnen Aufträge und ist durch andere Verfahren zur Prioritätsermittlung austauschbar.

Innerhalb der *zweiten Stufe* wird das Kapazitätsangebot einbezogen und ein erster zulässiger Belegungsplan erstellt. In chronologischer Reihenfolge werden jeweils frei werdende Steuereinheiten mit Arbeitsgängen belegt. Hierbei erfolgt die Auswahl gemäß dem Kriterium "frühester Wunschtermin", wie er sich als Ergebnis der ersten Stufe errechnet hat. Da es sich hierbei um eine maschinenorientierte Planungsstrategie handelt, ergibt sich eine hohe Verdichtung des Belegungsplans, d. h. Stillstandszeiten werden weitestgehend abgebaut. Allerdings ist die Übereinstimmung zwischen Fertigungsend- und Liefertermin gering; und die terminliche Koordination von zusammenlaufenden Vorgangsketten an Montagepunkten hat noch keine Berücksichtigung gefunden. Aufträge können verspätet sein (D in Abbildung 3.5b).

Zur Überwindung dieser Nachteile dient die *dritte Stufe*, die die Produktionstermine von nicht verspäteten Arbeitsgängen an die Montage- bzw. Liefertermine angleicht, indem sie, bei den zeitlich letzten Arbeitsgängen beginnend, die Arbeitsgänge in die Zukunft verschiebt. Arbeitsgänge, die nach der zweiten Stufe verspätet waren, werden vorher ausgeplant und schaffen so zusätzlichen Dispositionsspielraum (vgl. D in Abbildung 3.5c).

---

[10] Steuereinheiten fassen "gleichartige Arbeiten an parallelen Maschinen und Arbeitsplätzen und funktionsverschiedene Arbeiten, die unmittelbar hintereinander durchzuführen sind" zusammen. Adam (RT) (1992), S. 21.

[11] Vgl. im folgenden Adam (RT) (1992), S. 23-26.

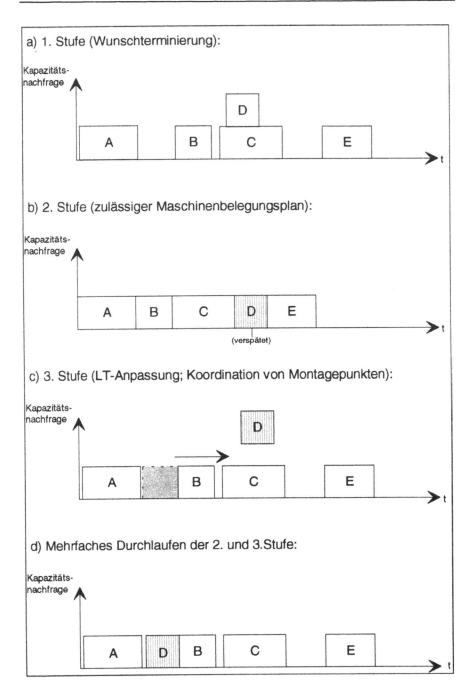

Abb. 3.5: Prinzipdarstellung zum Stufenkonzept der Retrograden Terminierung am
Beispiel einer Steuereinheit

Die durch die Rechtsverschiebung in der dritten Stufe geschaffenen Kapazitäten werden in einem *mehrfachen Durchlaufen der zweiten und dritten Stufe* für die Einplanung bislang verspäteter Arbeitsgänge (vgl. D in Abbildung 3.5d) genutzt.

Die Retrograde Terminierung enthält zudem eine heuristische *Personalzuordnung*.[12] Damit trägt sie dem Sachverhalt Rechnung, daß insbesondere bei Werkstattfertigung die Vorgabezeiten der einzelnen Arbeitsgänge wesentlich von der Effizienz des eingesetzten Personals abhängen.

Bei stark auftragsgebundener Fertigung, für die die Retrograde Terminierung entworfen ist, ist keine klare Trennung zu ziehen zwischen Produktionsplanung und Produktionssteuerung. Insofern umfaßt die Retrograde Terminierung Aufgaben beider Bereiche. Allerdings wird im Rahmen der Planung nur die Kapazitätswirtschaft, nicht die Materialwirtschaft betrachtet. Die Schnittstelle zwischen einem klassischen Produktionsplanungs- und -steuerungssystem und der Retrograden Terminierung liegt in der Übergabe der Fertigungsaufträge, die nur auf der obersten Stufe mit Endterminen versehen sind, aus der Materialwirtschaft. Im weiteren Planungsdurchlauf werden die Endtermine dieser Aufträge als fest angesehen.

Erweiterungen des Verfahrens heben diese Einschränkungen allerdings auf, indem Probeeinlastungen von Aufträgen mit zunächst provisorischen Lieferterminen vorgesehen sind und nach Durchspielen der Einlastungen dem Verkauf Unterstützung geboten wird zur Aushandlung von Terminen mit dem Kunden, die produktions- und materialflußtechnisch realisierbar sind. Zu den Steuerparametern[13] der Retrograden Terminierung zählen ferner die Auftragsfreigabe, die Anzahl an Iterationen der zweiten und dritten Stufe, Pufferzeiten (als Tage vor dem Liefertermin) sowie die Möglichkeit des Splittings von Großaufträgen zur Erzielung einer leichteren Disponierbarkeit.

Zusammenfassend läßt sich festhalten, daß der Retrograden Terminierung ein diskontinuierlicher Materialfluß als logistisches Konzept zugrundeliegt. Das Verfahren ist konzipiert für stark vernetzte Aufträge mit wechselnden, im vorhinein nicht planbaren Arbeitsgängen mit stark streuender Bearbeitungsdauer. Die Retrograde Terminierung gibt aufgrund der kapazitativen Einlastung Vorgaben für den Transport von Werkstücken zwischen den einzelnen Betriebsmitteln, berücksichtigt Transport-, Umschlag- und Lagervorgänge aber nicht explizit, sondern arbeitet mit technisch bedingten Mindestübergangszeiten.

---

[12] Vgl. Fischer (1990), S. 177-215.

[13] Vgl. Adam (Produktion) (1993), S. 517f.

> Die Retrograde Terminierung stellt ein Konzept zur zentralen Grobplanung dar, das als Zeitwirtschaftskomponente eine an den Soll-Lieferterminen orientierte, prioritätsgesteuerte Belegungsplanung vornimmt. Mit der Ausrichtung an diskontinuierlichen Materialflüssen widmet es sich logistischen Infrastrukturen hoher Komplexität.

3.2.4 Belastungsorientierte Auftragssteuerung

Das als Belastungsorientierte Auftragsfreigabe[14] bekannte, später ergänzte und als Belastungsorientierte Auftragssteuerung (BoA) bezeichnete Verfahren verfolgt die Zielsetzung, Aufgaben der Kapazitätswirtschaft und Fertigungssteuerung für eine nach dem Werkstattprinzip organisierte Produktion zu übernehmen. Wegen des engen, empirisch ermittelten Zusammenhangs zwischen Leistung, mittleren Auftragsdurchlaufzeiten und Werkstattbeständen[15] zielt das Verfahren darauf ab - bei konstanter Leistung - nur eine bestimmte Anzahl von Aufträgen in die Werkstatt freizugeben, so daß die Werkstatt nicht überlastet wird, und damit die mittleren Durchlaufzeiten zu senken. Dabei wird jedes Arbeitssystem als Trichter angesehen, an dem die Aufträge ankommen (Zugangsverlauf), auf ihre Bearbeitung warten (Bestand) und das System nach Bearbeitung wieder verlassen. Der Ansatz der BoA ist auf Auftrags- und auf Arbeitsgangebene fakultativer Bestandteil entsprechender Module diverser PPS-Systeme (z. B. COPICS II, INTEPS, RM-PPS).

Voraussetzung für den Einsatz des Verfahrens ist eine im Rahmen der Materialwirtschaft stattfindende Durchlaufterminierung. Ausgehend von dem Bedarf an Endprodukten und Ersatzteilen sowie der sich anschließenden Bedarfsauflösung und der Brutto-/Nettorechnung werden durch eine Rückwärtsterminierung die Produktionsstarttermine für die Aufträge bestimmt. Eine Kapazitätsterminierung und ein Kapazitätsabgleich im herkömmlichen Sinne finden nicht statt, diese Aufgaben werden von dem Planungs- und Steuerungsverfahren der BoA mit übernommen. Es erfolgt eine Datenübergabe

---

[14] Das Verfahren wurde am Institut für Fabrikanlagen der Universität Hannover von Kettner und Bechte entwickelt und von Wiendahl weiter ausgebaut. Vgl. Wiendahl (1987), S. 206-262; Kettner, Bechte (1981). Vgl. auch Adam (Produktion) (1993), S. 477-483; Kurbel (1993), S. 184-190; Glaser, Geiger, Rohde (1992), S. 201-231; Schulte (1991), S. 197-200; Pape (1990), S. 47-50; Scheer (CIM) (1990), S. 33f.

[15] Nach der sog. *Trichterformel*, die jedes Aggregat als Trichter auffaßt, stehen bei gleichbleibender Leistung Durchlaufzeit und Bestände in einem weitgehend linearen Zusammenhang. Dies findet seinen grafischen Ausdruck im Durchlaufdiagramm.

von der Materialwirtschaft an die BoA, die die Fertigungsaufträge mit den entsprechenden Zeiten zum Inhalt hat.

Zur Auftragsfreigabe werden nur die Fertigungsaufträge ausgewählt (Steuerungsparameter Dringlichkeitsprüfung), deren Starttermine innerhalb eines durch eine Terminschranke bestimmten Vorgriffshorizonts liegen.

Tatsächlich freigegeben werden jedoch nur die Aufträge, deren Einlastung bei den betroffenen Arbeitsstationen zu keinem Überschreiten des maximal zulässigen, für jedes Aggregat individuell festgelegten Arbeitsvorrats (Steuerungsparameter Belastungsschranke) führen.[16] Dieser Arbeitsvorrat errechnet sich aus der Periodenkapazität eines Betriebsmittels (Planabgang) multipliziert mit dem Einlastungsprozentsatz (EPS). Dabei ergibt sich der auf dem Belastungskonto gegengerechnete Bestand vor einem Betriebsmittel nicht nur durch den direkten Bestand, sondern auch über eine indirekte Belastung (Abwertung), die dem Tatbestand Rechnung trägt, daß die Aufträge in der Periode zwischen zwei Freigabeläufen (3. Steuerungsparameter) durchaus auch mehrere (k) Maschinen durchlaufen können. Der Diskontierungsfaktor für die indirekte Belastung (Abwertungsprozentsatz) AP_k wird nach folgender Formel ermittelt:

$$AP_k = (\frac{100}{EPS})^{k-1}$$

AP: Abwertungsprozentsatz; EPS: Einlastungsprozentsatz;
k: Index für Maschine; k-1: Anzahl vorher zu durchlaufender Arbeitsstationen

Diese Formel unterstellt vereinfachend, daß alle Arbeitssysteme denselben Einlastungsprozentsatz aufweisen. Wäre beispielsweise der Einlastungsprozentsatz 200%, so würde der Arbeitsinhalt (Bearbeitungs- und Rüstzeit) des Arbeitsgangs am ersten Betriebsmittel vollständig als (direkte) Belastung gelten. Für das nachfolgende Betriebsmittel (k=2) beträgt die (indirekte) Belastung hingegen 0,5·Arbeitsinhalt und für das dritte Aggregat nur 0,25·Arbeitsinhalt. Diese Werte lassen sich auch als Wahrscheinlichkeiten dafür interpretieren, daß ein Auftrag in einer Periode das nachfolgende Aggregat erreicht. Es erfolgt also keine deterministische Auftragsterminierung, sondern es kommen, dem stochastischen Charakter der Fertigung entsprechend, Wahrscheinlichkeiten zum Ansatz. Als praxisgeeignet haben sich im Maschinenbau Einlastungsprozentsätze zwischen 200% und 300% - teilweise aber auch niedrigere Werte - erwiesen.[17] Es werden also Aufträge so lange freige-

---

[16] Während das Modell ursprünglich noch einheitliche Belastungsschranken für den gesamten Steuerungsbereich vorsah, haben sich mittlerweile individuelle Einlastungsprozentsätze für jedes Betriebsmittel als geeignet erwiesen. Vgl. Wiendahl (1987), S. 221f.

[17] Vgl. Wiendahl (1987), S. 210.

geben, wie die Summe aus direkter und indirekter Belastung das zwei- bis dreifache der durchschnittlichen Betriebsmittelkapazität der benötigten Betriebsmittel pro Periode nicht überschreitet. Das kann auch bedeuten, daß ein dringlicher Auftrag nicht freigegeben wird, weil er den Arbeitsvorrat einiger Aggregate überschreiten würde, während ein weniger dringlicher Auftrag freigegeben wird, weil er Betriebsmittel in Anspruch nimmt, ohne daß seine Einlastung dazu führt, daß deren Belastungsschranke erreicht wird. Die folgende Abbildung 3.6 faßt das Regelungsprinzip der BoA zusammen, indem sie den Zusammenhang zwischen der Terminschranke und der Belastungsschranke verdeutlicht.

Das Planungsverfahren der Belastungsorientierten Auftragssteuerung ist von der Konzeption her für die Werkstattorganisation ausgelegt.[18] Für Fließprozesse ist das Verfahren nicht bestimmt, da hier im vorhinein die Kapazitäten aufeinander abgestimmt werden müssen und eine Freigabe von Aufträgen durch Überprüfung, ob sie bestimmten Freigabekriterien (Terminschranke, Einlastungsprozentsatz) genügen, nicht erforderlich ist.[19] Weiterhin wird unterstellt, daß in Relation zur betrachteten Periode die Arbeitsgänge sehr kurze Durchlaufzeiten (kleine Arbeitsinhalte) haben, d. h. in einer Periode die Arbeitsgänge sehr vieler Aufträge abgearbeitet werden können. Nur dann gelten die statistischen Annahmen (insbesondere der Abwertungsmechanismus), auf denen das Verfahren beruht.

Insbesondere weitere (explizite und implizite) Einsatzvoraussetzungen der BoA schränken allerdings ihre Eignung für die Werkstattfertigung stark ein:[20]

-    die Zu- und Abgangskurven der Belastung müssen für jedes Betriebsmittel parallel verlaufen,

-    eine geringe Durchlaufzeitenstreuung kann nur durch das FIFO-Prinzip erreicht werden, Reihenfolgevertauschungen sollten vermieden werden,

-    Montageprozesse, die vorher parallele Arbeitsprozesse zusammenführen, lassen sich durch die BoA nicht abbilden, so daß ausschließlich lineare Fertigungsprozesse vorliegen dürfen,

-    die zur Vermeidung von Engpässen und daraus resultierenden Ungleichgewichtssituationen erforderliche Kapazitätsharmonisierung bedingt ein stabiles Produktionsprogramm, falls die Fertigungsaufträge einen unterschiedlichen Durchlauf durch die Fertigung nehmen.

---

[18] Vgl. Wiendahl (1987), S. 7; Kettner, Bechte (1981), S. 459.

[19] Vgl. Kurbel (1993), S. 189; Pape (1990), S. 50.

[20] Vgl. Adam (Produktion) (1993), S. 482f. Vgl. auch die ausführlichere Kritik bei Adam (1988).

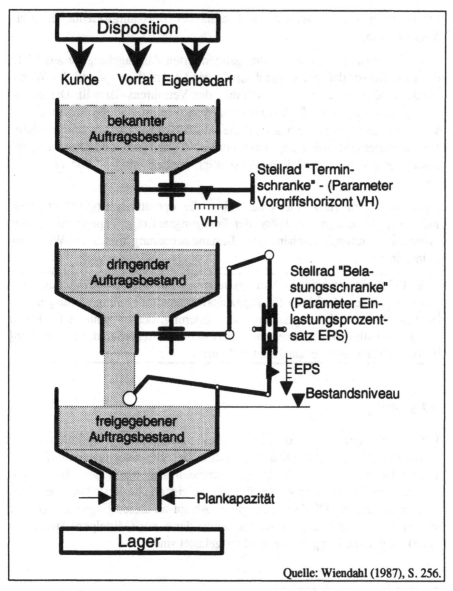

Quelle: Wiendahl (1987), S. 256.

Abb. 3.6: Regleranalogie der Belastungsorientierten Auftragssteuerung

Obwohl das Verfahren explizit Bestände vorsieht, nimmt es für sich in Anspruch, gegenüber dem MRP II-Verfahren mit einer starken Fokussierung auf dem Material Requirement Planning die Bestände erheblich senken zu können. In konkreten Einsatzfällen ist dies nach Angaben der "Väter" dieses Verfahrens auch geglückt. Unbekannt ist allerdings das Niveau der Produktionsplanung und -steuerung *vor* Einsatz der Belastungsorientierten Auftragssteuerung.[21]

Das Interessante an der Belastungsorientierten Auftragsfreigabe aus Sicht der Logistik ist, daß der Logistikaspekt des Lagers (hier speziell des Werkstattbestands) die zentrale Stellschraube des Verfahrens darstellt. Die individuelle Bestimmung der Einlastungsprozentsätze zeigt, daß die Bestände "bewußt" geplant werden. So sollten sie beispielsweise vor potentiellen Engpässen tendenziell höher angesetzt werden.[22] Transport- und Umschlagprozesse werden nicht explizit berücksichtigt, sondern sind ad-hoc auszuführen.[23]

Die BoA unterstützt im wesentlichen die operativen Logistikaufgaben, indem sie die Zeiten und Wege der Fertigungsaufträge implizit mittels der pauschalen (auftragsunabhängigen) Bestandssteuerung durch die Werkstatt determiniert.

> Die Belastungsorientierte Auftragssteuerung ist ein stochastisches, bestandsregelndes Verfahren für kapazitätswirtschaftliche Fragestellungen innerhalb der Produktionsplanung und -steuerung, dessen zentrale Funktion die Auftragsfreigabe ist. Diese orientiert sich unmittelbar an der logistischen Größe Bestand bzw. Bestandsentwicklung.

3.2.5 OPT

OPT[24] (Optimized Production Technology) verfolgt mit der Optimierung des Throughputs[25] ein unmittelbar logistisches Ziel. Bei einer materialflußorientierten Betrachtung der Fertigung offenbaren sich (nach der MRP-Logik identifizierte) Betriebsmittelengpässe als die eigentliche Restriktion des Produktionsprozesses. OPT setzt in seinem Ablauf an diesen Engpässen an und richtet die Terminierung der Auftragsnetze daran aus (Mittelpunktsterminierung), so daß die Engpässe optimal ausgelastet sind.

---

21 Vgl. Glaser, Geiger, Rohde (1992), S. 229.

22 Vgl. Wiendahl (1987), S. 248.

23 Vgl. Pape (1990), S. 61.

24 Vgl. Goldratt (1988). Vgl. auch Adam (Produktion) (1993), S. 493-496; Schulte (1991), S. 209-211; Dochnal (1990), S. 22-92; Pape (1990), S. 44-47; Scheer (CIM) (1990), S. 32f.; Wiendahl (1987), S. 332-334.

25 Vgl. Hoitsch, Lingnau (1992), S. 307.

Der OPT-Algorithmus wurde aus kommerziellen Gründen bislang nicht veröffentlicht; die dahinter stehende Philosophie läßt sich aber durch die in Tabelle 3.1 enthaltenen 9 Punkte näher charakterisieren.

1. Der Materialfluß ist abzugleichen, nicht die Kapazität.

2. Der Nutzungsgrad einer Leistungseinheit, die keinen Engpaß darstellt, wird nicht von ihrer eigenen Leistungsfähigkeit, sondern durch eine andere Restriktion im Gesamtablauf bestimmt.

3. Bereitstellung und Nutzung einer Kapazität sind nicht gleichbedeutend.

4. Eine Stunde an Kapazität oder Durchlaufzeit an einem Engpaß zu verlieren bedeutet den Verlust einer Stunde für das ganze System.

5. Eine Stunde an einem Nicht-Engpaß zu gewinnen ist bedeutungslos.

6. Engpässe bestimmen sowohl den Durchlauf als auch die Bestände.

7. Das Transportlos sollte in vielen Fällen nicht mit dem Produktionslos identisch sein.

8. Die Produktionslosgröße sollte variabel und nicht fixiert sein.

9. Die Kapazitätsbelegung und Auftragsreihenfolge sollten gleichzeitig und nicht nacheinander betrachtet werden. Durchlaufzeiten sind das Ergebnis der Planung und können nicht im voraus festgelegt werden.

-> *Die Summe der Einzeloptima ist nicht identisch mit dem Gesamtoptimum.*

Quellen: Pape (1990), S. 45f.; Wiendahl (1987), S. 332 sowie die dort angegebene Literatur.

Tab. 3.1: Die Grundregeln von OPT

Grundlage der OPT-Ablauflogik ist ein Produktnetz, das sich aus der Kombination von Stücklisten- und Arbeitsplaninformationen aller produzierten Güter ergibt (vgl. Abbildung 3.7) und die Beziehung zwischen sämtlichen kapazitätsrelevanten Ressourcen ausdrückt. Es beinhaltet vom Kundenauftrag (Orders) bis zum Rohmaterial den gesamten Produktentstehungsprozeß aus Sicht der verwendeten Teile. Durch eine von den Auftragslieferterminen des Periodenprimärbedarfs ausgehende Rückwärtsterminierung werden in einer Momentaufnahme Kapazitätsprofile gebildet, anhand derer potentielle Engpaß-Betriebsmittel (Aggregate mit maximaler Überlastung) ermittelt werden (schwarze Kästen in Abbildung 3.7). Bis ein eindeutiger Engpaß identifiziert ist, werden u. U. mehrere Iterationen durchlaufen, wobei das Produktionsprogramm reduziert wird. Im Anschluß daran wird das Produktnetzwerk in einen kritischen Bereich (Engpässe und ihnen nachgelagerte Materialflußabschnitte) und einen nichtkritischen Bereich (den Engpässen vorgelagerte Betriebsmittel) unterteilt. Die als Mittelpunktsterminierung ausgelegte Maschinenbelegung belastet den nichtkritischen Bereich durch eine von den Engpässen ausgehende Rückwärtsterminierung.

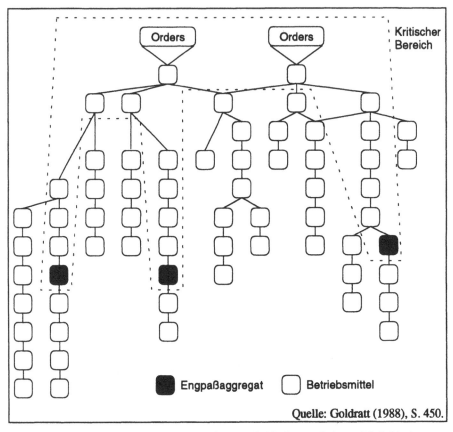

Quelle: Goldratt (1988), S. 450.

Abb. 3.7: Unterteilung des Produktnetzes in einen kritischen und einen nichtkritischen Bereich

Beginnend bei den Engpässen wird in einer Vorwärtsterminierung die Güte der Termintreue überprüft; ggf. erfolgt eine weitere Iteration bei veränderten Produktionsplänen, Kapazitäten oder Losgrößen.

Der gesteigerte Wert von OPT liegt im Erkennen der Bedeutung von Engpässen und einer entsprechend modifizierten Ablauflogik. OPT setzt damit das bereits von GUTENBERG formulierte 'Ausgleichsgesetz der Planung'[26] im Bereich der Produktionsplanung um. Das Ausgleichsgesetz der Planung sagt aus, daß, während im Langfristbereich eventuell bestehende Engpässe beseitigt werden können, im Kurzfristbereich eine Orientierung am Minimumsektor stattzufinden hat. Alle Teilnehmer müssen sich an den Plan anpassen, in dessen Bereich der Minimumsektor liegt.

---

[26] Vgl. Gutenberg (1983), S. 163-165.

Daraus resultiert eine Differenzierung hinsichtlich der Aufmerksamkeit, mit der die Teilbereiche des Materialflusses geplant und gesteuert werden.

OPT benötigt eine zentrale Programmplanung sowie die materialwirtschaftliche Bedarfsauflösung. Mit der Kapazitätsterminierung, die eine Mittelpunktsterminierung darstellt, beginnt die eigenständige Planungssystematik.

Neben der generellen Flußorientierung des Konzepts (s. auch Regel 1 in Tabelle 3.1), liegt ein logistisch interessanter Aspekt in der Trennung von Transport- und Fertigungslosgrößen (Regeln 7 und 8). Durch die großen (rüstzeitminimalen) Lose, die an Engpaßaggregaten gefertigt werden, kann an den Nachfolgestationen eine zügige Weiterbearbeitung erfolgen. Mit dieser überlappenden Fertigung wird der Materialfluß beschleunigt. Dies bedingt aber, daß die Produktionslose groß genug sind, um in kleinere Transportlose zerlegt werden zu können, und daß das Transportsystem fähig ist, der gesteigerten Transportfrequenz nachzukommen, ohne selbst zum Engpaß zu werden. Damit ist die zumindest teilweise bewußte Planung der logistischen Funktion Transportieren ein Element von OPT. Die Ausprägung der logistischen Größe Lagerbestand wird zum Identifizieren von Engpässen genutzt. Ein bewußt vor dem Engpaß eingerichtetes Pufferlager sichert die Auslastung des Engpasses ab (Regel 6). Der Umschlag- und Lageraufwand sowie die Kapazitätsauslastung logistischer Ressourcen lassen sich aus der Produktionslast ableiten, wobei das Ausmaß stochastischer Einflüsse die Genauigkeit dieser Bedarfswerte bestimmt.[27]

Da das System von Engpaßsituationen ausgeht, unterstellt es tendenziell eine Werkstattfertigung. Problematisch wird der Einsatz von OPT allerdings, wenn sich die Engpässe im Zeitablauf verändern.[28] Zudem ist mit der Erstellung des Produktnetzwerks bei Programmänderungen sowie des zur Identifikation von Engpässen notwendigen engen Zeitrasters ein hoher Planungs- bzw. Erstellungsaufwand verbunden.[29] An die Genauigkeit, Konsistenz und Aktualität der zugrundeliegenden Daten (Stücklisten, Arbeitspläne) werden hohe Anforderungen gestellt.

In der Materialflußorientierung von OPT kommt eine unmittelbar logistische Zielsetzung zum Ausdruck. Der besondere Wert von OPT liegt in der planerischen Berücksichtigung von Engpässen, die Mittelpunkt der iterativen Abstimmung von Programm-, Kapazitäts- und Losgrößenplanung sind.

---

[27] Vgl. Pape (1990), S. 60.

[28] Vgl. Wiendahl (1987), S. 334.

[29] Vgl. Adam (Produktion) (1993), S. 495.

3.2.6 Elektronische Leitstände

Die Erfahrung, daß PPS-Systeme nicht in der Lage sind, von der langfristigen Vertriebsplanung bis zur minütlichen Zuteilung von Arbeitsgängen auf Betriebsmitteln alle Schritte in einem Planungslauf erledigen zu können, hat Mitte der 80er Jahre zur Entwicklung von elektronischen Leitständen geführt, die innerhalb der Produktionsplanung und -steuerung die Steuerungskomponente übernehmen sollen.[30] Es handelt sich dabei um das elektronische Pendant zur manuellen Plantafel (Stecktafel), in der die Arbeitsgänge eines Auftrages auf Kärtchen, deren Länge der Arbeitsgangdauer entspricht, über die Zeit den einzelnen Betriebsmitteln zugeordnet werden (Gantt-Diagramm). Diese ursprünglich sehr einfache Funktion der elektronischen Plantafel, deren Wert vor allem in der Visualisierung und in der Unterstützung der Dispositionsaufgaben (Aufzeigen der Auswirkungen der Verschiebung eines Arbeitsgangs auf andere Arbeitsgänge desselben Betriebsmittels und die anderen Arbeitsgänge des entsprechenden Auftrags) lag und kaum Algorithmen oder Methoden enthielt, wurde mit der Zeit um weitere Funktionalitäten ergänzt. Hierzu zählen u. a. Möglichkeiten zum Kapazitätsabgleich anhand interaktiver Grafiken, prioritätsregelgesteuerte Planungsverfahren, die Vorwärts-, Rückwärts- und Mittelpunktsterminierung erlauben, und Funktionen zum Fertigungscontrolling (z. B. mittels eines Durchlaufdiagramms). Die Abbildung 3.8 zeigt exemplarische Bedieneroberflächen von Leitständen.

Der elektronische Leitstand ist nicht als Ersatz, sondern als prozeßnähere Ergänzung klassischer PPS-Systeme gedacht. Während die Aufgaben der Materialwirtschaft und der groben Kapazitätswirtschaft nach wie vor bei einem Produktionsplanungssystem liegen, ist der Leitstand als dediziertes System mit den Aufgaben der kurzfristigen Zuteilung von Arbeitsgängen zu Betriebsmitteln unter Zugrundelegung der frühesten Anfangs- und spätesten Endtermine aus der Produktionsplanung betraut. Ein Leitstand umfaßt im allgemeinen folgende Funktionen: automatische, halbautomatische und manuelle Maschinenbelegungsplanung aus einem Arbeitsvorrat, Ressourcenprüfung, Auftragsfreigabe, Veranlassung (Ausgabe von Arbeitspapieren, Anstoß von CNC-Maschinen und Transportmitteln), Betriebsdatenerfassung und Fertigungsüberwachung. Abhängig von der Aufgabenteilung zwischen PPS-System und Leitstand verfügt er über weitere Funktionen wie Kapazitätsabgleich, (Stamm-)Arbeitsplananlage und -pflege, Fertigungsauftragsverwaltung, Planung und Verwaltung weiterer Ressourcen wie Personal, Fertigungshilfsmittel etc. sowie Anlage und Pflege der Betriebsmitteldaten und der Schichtmodelle sowie ihrer Zuordnung.

---

[30] Vgl. Kurbel (1993), S. 235-278; Mai, Schmidt (1992); Hars, Scheer (1991).

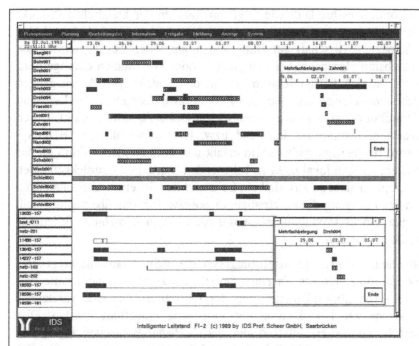

a) Darstellung von Belegungsplan und Arbeitsvorrat beim FI-2

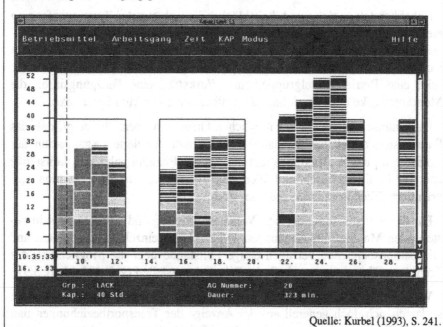

Quelle: Kurbel (1993), S. 241.

b) Darstellung eines Kapazitätsgebirges beim L1

Abb. 3.8: Exemplarische Bedieneroberflächen von Leitständen

Der Informationsfluß läuft wie folgt: Im Rahmen der klassischen Produktionsplanungs- und -steuerungssysteme wird die Materialwirtschaft und eine grobe Kapazitätswirtschaft auf Basis von aggregierten Fertigungseinheiten wie Betriebsmittelgruppen, Fertigungsinseln oder Werkstätten durchgeführt. An Daten werden Fertigungsaufträge mit den zugehörigen Arbeitsgängen und frühesten Anfangs- und spätesten Endterminen übergeben. Am Leitstand wird daraufhin die genaue Maschinenbelegungsplanung durchgeführt. Durch Betriebsdatenerfassung am Leitstand bzw. über angeschlossene BDE-Systeme wird der Fertigungsfortschritt erfaßt und in aggregierter Form an das PPS-System - neben lokal nicht zu behebenden Störungen - zurückgemeldet. Die Konzeption sieht so aus, daß ein Leitstand nur für einen überschaubaren Bereich der Fertigung die kurzfristige, dispositive Planung übernehmen soll, d. h. unter einem Produktionsplanungssystem können mehrere dezentrale Leitstände angesiedelt sein.

Da die heutigen Produktionsplanungssysteme nicht darauf ausgelegt sind, die *Koordination zwischen einzelnen Leitständen* zu übernehmen, sollte zwischen der Produktionsplanungs- und der Leitstandsebene eine zusätzliche Kontrollebene zur Koordination der Leitstände eingeführt werden. Dies könnte z. B. ein Master-Leitstand sein, der als Planungseinheiten aggregierte Objekte der untergeordneten Leitstände enthält.

Dabei handelt es sich um Arbeitsblöcke, die sich aus der Zusammenfassung mehrerer, unmittelbar aufeinanderfolgender Arbeitsgänge eines Dispositionsbereichs ergeben, sowie um summierte Kapazitätseinheiten, die beplant werden. Die Dispositionsbereiche der untergeordneten Leitstände können sein: eine Betriebsmittelgruppe, eine Werkstatt, eine Fertigungsinsel, die Montagestrecke oder ein definierter Teilbereich einer Montagestrecke.

Die Unterschiedlichkeit der möglichen Dispositionsbereiche zeigt, daß das Planungshilfsmittel des Leitstands keine genau definierte Organisation der Logistik impliziert. Allerdings legt die Art der Planung nahe, daß Leitstände eher für Fertigungsinsel- und Werkstattorganisation als für reine montageorientierte Fließproduktion geeignet sind.

Für die Visualisierung der bei Werkstattfertigung und Fertigungsinseln bestehenden Materialflußbeziehungen zwischen den einzelnen Aggregaten und Dispositionsbereichen verfügen einige Leitstände über die Möglichkeit, das Transportaufkommen innerhalb der Fabrik darzustellen (vgl. Abbildung 3.9).

Wenngleich diese Form der Darstellung noch zu wenig aussagekräftig ist, so lassen sich doch generell aus der Anzeige der Transportbeziehungen und der aktuellen Transportintensität wichtige Informationen entnehmen.

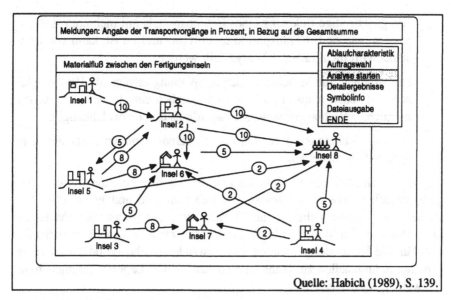

Quelle: Habich (1989), S. 139.

Abb. 3.9: Visualisierung der Materialflußbeziehungen am Leitstand

Pufferzeiten könnten entsprechend der Transportdauer, der Auslastung einzelner Transportwege oder der zu erwartenden Bestandssituation vor einem Betriebsmittel angesetzt werden. Ebenso könnte die Auswahl alternativer Betriebsmittel von den Transportintensitäten abhängig gemacht werden. Der Einbezug der Materialflußbeziehungen fördert den Einsatz von Leitständen zur Unterstützung strategisch-taktischer Entscheidungen wie die Layoutplanung und die Investitionsplanung. Dabei werden unterschiedliche Produktionsprogramme simulativ eingelastet und daraus beispielsweise Entscheidungen für das Fabriklayout, für die Ausgestaltung von Fertigungsinseln oder für die Beschaffung zusätzlicher oder Ersatzbetriebsmittel getroffen.

Leitstandssysteme wurden vor allem für die Maschinenbelegungsplanung konzipiert; die Planung der logistischen TUL-Prozesse ist nicht explizit Bestandteil der meisten Leitstände. Diese Prozesse werden dort nur durch Übergangsmatrizen implizit berücksichtigt. Eine explizite Berücksichtigung wird dann möglich, wenn Transport- und Umschlagvorgänge als eigene Arbeitsgänge und die hierfür benötigten Ressourcen (Transportmittel und -hilfsmittel, Umschlageinrichtungen etc.) als Betriebsmittel definiert werden. Dies ist zwar ohne Schwierigkeiten möglich, wird in der Praxis jedoch nur selten durchgeführt.

Aufgrund der derzeit verfügbaren Leitstandsfunktionalitäten können allerdings weitere Probleme auftreten:

- Die gleichzeitige Belegung eines Betriebsmittels mit mehreren Arbeits-gängen, wie sie bei Transportmitteln oft anzutreffen ist, kann von Leit-ständen oft nicht (adäquat) dargestellt werden.

- Die simultan zur Maschinenbelegungsplanung erfolgende Personalpla-nung ist selten realisiert; zumeist ist lediglich eine Ressourcenprüfung möglich. Umschlagvorgänge sind allerdings oft personalabhängig.

- Die Entwicklung der aktuellen Lagerbestände kann am Leitstand nicht nachvollzogen werden.

Geeignete Schnittstellen ermöglichen eine Funktionsintegration (durch Trig-gern) zwischen dem produktionsorientierten Leitstand und logistischen Sy-stemen wie Lagerverwaltungs- und Transportsteuerungssystemen (Material-flußsystemen). Ein Marktüberblick zu elektronischen Leitständen[31] weist für ungefähr die Hälfte der genannten 48 Leitstände bestehende oder kurzfristig geplante Schnittstellen zu Transportsteuerungs- und Lagersteuerungs- bzw. -verwaltungssystemen auf.

Teilweise werden auch eigenständige Leitstände für die Wareneingangs-, Lager-, Transport- und Vertriebssteuerung eingesetzt, die über eine ent-sprechend modifizierte Funktionalität verfügen (vgl. Abbildung 3.10). So gel-ten für einen Transportleitstand Transportmittel als Ressourcen, denen Auf-träge zugewiesen werden. Durch Erweiterung der Funktionalität von Ferti-gungsleitständen muß bei einem solchen Transportleitstand der jeweilige Standort des Transportmittels abgebildet werden können.

Da derartig eingesetzte Leitstände noch nicht den Entwicklungsstand von Fertigungsleitständen aufweisen, stellen sie zumeist nur ein Visualisierungsin-strument ohne wesentliche Steuerungsfunktionalität dar. Sie besitzen nur noch vage Ähnlichkeit mit den verbreiteten Produktionsleitstandssystemen.

Elektronische Leitstände werden als rechnergestützte Ablösung der manuel-len Plantafeln angeboten. Sie unterstützen die am Gantt-Diagramm orien-tierte automatische und manuelle Maschinenbelegungsplanung. Darüber hin-aus verfügen sie z. B. über Kapazitätsbelastungs- oder Fertigungsfort-schrittsübersichten. Mittlerweile ist ihre Funktionalität u. a. durch automa-tische Planungsalgorithmen zur Terminierung oder durch die Mehrressour-cenplanung ergänzt worden. Logistisch implizieren sie keine eindeutige Fer-tigungsorganisationsform, doch finden sie am ehesten Einsatz in der Werk-stattorganisation und bei Fertigungsinseln.

---

[31] Vgl. Hoff, Hammer (1992), S. 286f.

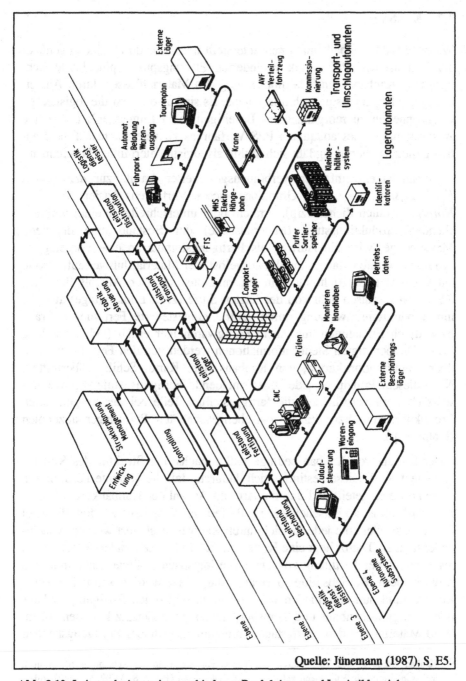

Quelle: Jünemann (1987), S. E5.

Abb. 3.10: Leitstandseinsatz in verschiedenen Produktions- und Logistikbereichen

3.2.7 Kanban

Während OPT Engpaßsituationen unterstellt und diese durch eine gegenüber der "klassischen" PPS-Logik veränderten Planungsphilosophie berücksichtigt, setzt Kanban[32] eine Harmonisierung des Materialflusses durch Angleichung der Kapazitätsquerschnitte voraus. Es sind also zuerst die logistischen Gegebenheiten zu reorganisieren (Beseitigung von Engpässen), um so die Ausgestaltung eines adäquaten PPS-Verfahrens zu vereinfachen. Eine Kanban-gesteuerte Fertigung läßt sich mithin als logistikdeterminiert bezeichnen.

Kanban ist ein einfacher, verbrauchsgesteuerter Ansatz zur *dezentralen Fertigungssteuerung*. Die Grundidee dieses Verfahrens basiert auf dem *Holprinzip* (auch Ziehprinzip). Erreicht oder unterschreitet in einer verbrauchenden Produktionsstufe (Materialsenke) der Bestand eine definierte Meldemenge, wird ein Auftrag als Fertigungsimpuls an eine vorgelagerte Produktionsstufe (Materialquelle) ausgelöst, der Materialfluß verläuft also in entgegengesetzter Richtung zum Informationsfluß. Der Anstoß für diese Kette von Impulsen geht von der letzten Stufe (z. B. Endmontage) aus, die ihre Produktionsanweisung durch zentral eingesteuerte Fertigungsaufträge bzw. durch Entnahmen aus einem Fertigwarenlager erhält (vgl. Abbildung 3.11). Die benötigten Steuerinformationen werden von den Fertigungsstufen über Identifikationskarten, den Kanbans (jap. Karte, Schild), übermittelt. Nach diesem Prinzip ist jede bedarfsmeldende Fertigungsstufe eigenverantwortlich dazu verpflichtet, die fertiggestellten Teile bei der vorgelagerten Produktionsstufe bzw. einem zwischengeschalteten Pufferlager abzuholen (Holprinzip).

Der Einsatz von Kanban bedingt, daß zunächst die Struktur des Systems festgelegt wird. Diese bestimmt sich dadurch, daß die gesamte Fertigung in Regelkreise eingeteilt und daß die Art und Anzahl der Kanbankarten festgelegt wird. Es ist zu entscheiden, wo Pufferlager aufgebaut werden, die zwei Fertigungsstellen, die jede für sich durch Kanbans gesteuert werden, voneinander trennen. Damit liegt eine Kette von sich selbst steuernden Regelkreisen als Struktur der Fertigung zugrunde, die logistisch adäquat nur durch eine flußorientierte Betriebsmittelanordnung umgesetzt werden kann. Für jeden Bereich muß nun entschieden werden, ob ausschließlich Fertigungskanbans oder Fertigungskanbans und Transportkanbans zum Einsatz kommen sollen. Wird Material aus dem Pufferlager entnommen, geht der Fertigungskanban

---

[32] Kanban wurde in den 70er Jahren von Toyota entwickelt. In Deutschland wurde Kanban insbesondere durch Wildemann gefördert. Vgl. Wildemann (1989), S. 33-99. Vgl. auch Adam (Produktion) (1993), S. 484-489; Kurbel (1993), S. 179-181; Glaser, Geiger, Rohde (1992), S. 256-274; Schulte (1991), S. 201-206; Pape (1990), S. 56-58; Scheer (Wirtschaftsinformatik) (1990), S. 251f.; Wiendahl (1987), S. 322-325.

als Auftrag an die davorliegende Fertigungsstelle. Auf dem Fertigungskanban ist festgehalten, welche Teile in welcher Menge zu fertigen sind und durch welche Art von Behälter sie auf welches Pufferlager (eventuell mit Pufferlagerplatz) zu transportieren sind. Die Losgröße entspricht dabei im Regelfall der Füllmenge eines Behälters. Der Transportkanban steuert den Transport vom Pufferlager zur weiterverbrauchenden Fertigungsstelle.

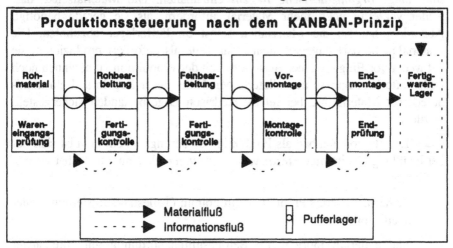

Abb. 3.11: Prinzipdarstellung zur Kanban-Steuerung

Wenn die Fertigung in einzelne Fertigungsstellen und sie verbindende Pufferlager eingeteilt und die Art der Kanbans festgelegt ist, muß die Anzahl der Kanbankarten bestimmt werden. Sie ergibt sich, indem man den durchschnittlichen Bedarf einer Teilperiode des betrachteten Materials mit der Wiederauffüllzeit multipliziert, eventuell einen Sicherheitsfaktor hinzuaddiert und diesen Term durch die Standardmenge, die in den für das Material vorgesehenen Behälter paßt, dividiert. Die Wiederauffüllzeit ist die Zeit, die notwendig ist, um nach Entnahme eines Behälters mit der entsprechenden Kanbankarte einen ebensolchen Behälter wieder im Pufferlager bereitzustellen. Neben der reinen Bearbeitungszeit und der Rüstzeit gehen die logistischen Zeiten des Lagerns (Warten des Kanbans bis Entnahme, Warten des Materials vor Fertigung, Warten des Materials vor Transport ins Pufferlager) und des Transportierens (Transport des Eingangsmaterials vom Pufferlager in die Fertigungsstelle und Transport des erstellten Materials von Fertigungsstelle ins Pufferlager) in die Wiederbeschaffungszeit ein.

Methoden für die Ermittlung eines geeigneten Sicherheitsfaktors und damit auch eines adäquaten Sicherheitsbestands, der sich aus der Multiplikation des Teilperiodenbedarfs, der Wiederauffüllzeit und des Sicherheitsfaktors ergibt, sind bisher nicht entwickelt worden. In der Praxis geht man von Erwartungswerten aus, die in der Anlaufphase eher großzügig gewählt werden. Im Zeitablauf werden sie schrittweise verringert. Die Funktion des Sicherheitsbestands ist die Kompensation von Schwankungen der Wiederbeschaffungszeit.

Damit ein reibungsloser Einsatz des Kanban-Systems gewährleistet wird, sind einige *organisatorische Regeln* einzuhalten. Die Materialsenke darf weder vorzeitig noch mehr Material anfordern, als sie gerade benötigt. Außerdem hat sie die Materialien selbst im Pufferlager abzuholen. Die Materialquelle darf dagegen nicht mehr Teile als gefordert produzieren, sie hat weder vor Eingang einer Bestellung mit der Produktion zu beginnen noch fehlerhafte Erzeugnisse auszuliefern. Mit Hilfe dieser Regeln soll ein kontinuierlicher Materialfluß bei relativ niedrigen Lagerbeständen sichergestellt werden.

Der Einsatz von Kanban als Produktionssteuerungssystem erweist sich nur bei Erfüllung bestimmter *Einsatzvoraussetzungen* als sinnvoll, wobei im wesentlichen

-    ein harmonisiertes Produktionsprogramm (Teilestandardisierung, Teilefamilienbildung),

-    eine materialflußorientierte Betriebsmittelanordnung mit aufeinander abgestimmten, auf die Nachfrage zugeschnittenen Kapazitätsquerschnitten und Arbeitsrhythmen,

-    eine hohe Betriebsmittelverfügbarkeit und -flexibilität,

-    ein hohes Qualitätsniveau,

-    kleine Lose (Behälterumfang oder Vielfaches davon) und

-    eine hohe Mitarbeiterqualifikation und -flexibilität

zu nennen sind. Damit eignet sich Kanban vorrangig für eine Großserien- und Massenfertigung in Fließfertigung bzw. den genannten Voraussetzungen entsprechend gestaltete Teilbereiche der Fertigung.

Im Gegensatz zu traditionellen produktionswirtschaftlichen Denkmodellen, in denen das Bringprinzip propagiert wird, basiert Kanban auf dem Holprinzip für den Materialfluß innerhalb und außerhalb des Unternehmens. Kanban nimmt eine Steuerung durch die logistische Größe Bestand vor, die wiederum direkt durch die Anzahl der sich im System befindlichen Kanbans bestimmt wird. Dadurch läßt sich der Maximalbestand beschränken, ohne daß ein umfassendes Informationssystem notwendig wäre. Eine Bestandssenkung - sowie die damit verbundene Aufdeckung von Fehlern im Fertigungsprozeß - läßt sich relativ einfach herbeiführen, indem dem System Kanbans entzogen werden.

Bei Kanban erfolgt eine Gleichsetzung von Produktions- und Transportvorgängen, da jeder Kanban sowohl Fertigungs- als auch Transportvorgänge auslöst.[33] Kompliziertere logistische Vorgänge wie Splitting und Überlappung entfallen aufgrund der kleinen Losgröße weitgehend.

Kanban findet teilweise auch Verwendung zur Steuerung der Lieferanten. Verwendung finden dabei sog. Lieferantenkanbans. Dies bedingt allerdings eine entsprechende Bestandshaltung sowie das Vorhalten von Überkapazitäten bei den Zulieferern. Kritische Größen für die Bestandshöhe sind in diesem Fall die Transportzeit sowie die Termintreue.[34] Zudem kann eine Störung beim Zulieferer aufgrund der dünnen Bestandsdecke zum Produktionsstillstand beim Hersteller führen.

Trotz oben genannter Vorzüge des Systems gibt Kanban in mehreren Punkten Anlaß zur *Kritik*.[35]

Kanban wird oft als Methode zur Erreichung der Zielsetzung des Just-in-time angesehen. Just-in-time geht von einer weitgehend lagerbestandslosen Fertigung aus, Kanban hingegen benötigt Pufferlager, in denen die erfragte Menge schon gefertigt bereitliegt. Da sich die bereitzustellende Menge an bereits verbrauchten Bedarfsmengen und der Wiederbeschaffungszeit orientiert, ist der Bestand im Pufferlager um so größer, je länger die Wiederbeschaffung dauert.[36] Werden Materialien nur sehr unregelmäßig benötigt, wird der Lagerbestand unnötig aufgebläht. Eine gleichmäßige, stetige Produktion von Teilen ist also Voraussetzung.

Kann ein Unternehmen die Eingangsvoraussetzungen zur Genüge erfüllen, so ist Kanban eine (anlagenintensive) Alternative, die Kapitalbindung im Umlaufvermögen und die Durchlaufzeiten in der Unternehmung zu senken. Dabei muß sichergestellt werden, daß der Materialfluß kontinuierlich verläuft, auch wenn kurzfristig schwankende Bedarfe und Maschinenausfälle auftreten können (Vorhalten von Überkapazitäten, flexibel einsetzbares Personal).

Deutlicher als bei der klassischen Produktionsplanung und -steuerung ist in einem Kanban-System eine Zweiteilung in die logistische (materialflußtechnische) Aufgabe der Layoutgestaltung und die eigentlichen (informations-

---

[33] Vgl. Pape (1990), S. 61.

[34] Vgl. Adam (Produktion) (1993), S. 489; Busch (1987), S. 54.

[35] Vgl. Glaser, Geiger, Rhode (1992), S. 270-273.

[36] Vgl. auch die Ausführungen im Exkurs zur Bestandswirksamkeit von Informationen, S. 83-90.

flußtechnischen) PPS-Aufgaben notwendig. In den Bereich der Layoutgestaltung fällt die aus der Einteilung der Produktion in Regelkreise resultierende ablauforientierte Betriebsmittelanordnung. Hierfür ist ein Rückgriff auf die Materialwirtschaft klassischer Prägung notwendig, um von einem geschätzten Primärbedarf auf die Teilperiodenbedarfe für jede Regelstrecke schließen zu können. Die Aufgaben der Produktionsplanung und -steuerung konzentrieren sich im wesentlichen auf die Festlegung der Art und Anzahl von Kanban-Karten (und damit der Transporteinheiten), sowie die - vom Anstoß am Prozeßende abgesehen - dezentral erfolgende Steuerung der Produktion und des Transports durch die Kanban-Karten.

Die operativen Abläufe erfolgen ohne herkömmliche PPS-Systeme. Es bedarf lediglich einer zentralen Primärbedarfsplanung. Das Ablaufplanungsproblem entfällt, da die Kapazitäten als Ergebnis langfristiger Entscheidungen als abgestimmt gelten; Materialwirtschaft und Kapazitätswirtschaft sowie Betriebsdatenerfassung sind qua definitione in der Kanban-Steuerung enthalten. Die kurzfristige Fertigungssteuerung (Reihenfolge-Entscheidung bei Vorliegen zweier Kanbans für unterschiedliche Teile) liegt in der Hoheit des Regelstrecken-Verantwortlichen.

> Kanban als Steuerungsverfahren erfordert ein logistisches Konzept der sequentiell angeordneten Fertigungsstufen, wobei die Entnahme von Teilen aus dem Pufferlager "Aufträge" in der vorgelagerten Fertigungsstufe auslöst. Es besteht eine starke logistische Einschränkung (linearer Materialfluß, schnelle Reaktionsfähigkeit der Fertigungsstufen) für die Anwendung von Kanban.

3.2.8 Fortschrittszahlenkonzept

Der Grundgedanke des in der Automobilindustrie entwickelten Fortschrittszahlenkonzepts[37] besteht darin, alle anfallenden Bedarfe oder Mengenleistungen als Summe über einen gewissen Zeitraum darzustellen. Bedarf und Mengenleistungen werden daher nicht mehr zu Werkstattaufträgen in Mengeneinheiten je Periode zusammengefaßt, sondern ab einem bestimmten Stichtag über einen längeren Zeitraum (meist 1/2 bzw. 1 Jahr) in kumulierter Form in Mengen-Zeit-Relationen dargestellt.

---

[37] Vgl. Heinemeyer (1992). Vgl. auch Adam (Produktion) (1993), S. 490-493; Kurbel (1993), S. 190-193; Glaser, Geiger, Rohde (1992), S. 232-255; Schulte (1991), S. 206-209; Pape (1990), S. 50-56; Scheer (CIM) (1990), S. 35-37; Wiendahl (1987), S. 325-327.

Wird das Fortschrittszahlenprinzip unternehmensdurchgreifend von der Beschaffung bis zum Absatz durch den ganzen Betrieb eingesetzt, so wird der gesamte Betriebsprozeß in einzelne, nacheinander zu durchlaufende Fortschrittseinheiten (Kontrollblöcke) zergliedert. Als Kontrollblock kann grundsätzlich jeder Arbeitsplatz bzw. jede Arbeitsplatzgruppe definiert werden. Allerdings sehen die bisher bekannten Anwendungen des Fortschrittszahlenkonzepts die Festlegung von Kontrollblöcken auf höheren Hierarchiestufen wie Abteilungs- und Bereichsebene vor. Die ermittelten Fortschrittszahlen müssen den gebildeten Kontrollblöcken klar zurechenbar sein. Dies ist dann der Fall, wenn die Kontrollblöcke in fertigungstechnischer Hinsicht eine lineare oder hierarchische Struktur aufweisen, d. h. keine gegenseitigen Leistungsverflechtungen zwischen Kontrollblöcken existieren. Sie werden gesteuert über die Soll-Fortschrittszahlen und kontrolliert über den Soll-/Ist-Fortschrittszahlenabgleich.

Für einen Kontrollblock gibt die Soll-Fortschrittszahl die über die Zeit kumulierte zu fertigende (Teile-, Baugruppen-, Erzeugnis-)Menge an. Die Ist-Fortschrittszahl entspricht der kumulierten tatsächlich gefertigten Menge. Im Fortschrittszahlendiagramm gibt die (positive) Differenz zwischen Soll- und Ist-Fortschrittszahl in der Vertikalen den Lagerbestand in Stück an (Vorlauf). Liegt die Soll- über der Ist-Fortschrittszahl, ist die Differenz die Fehlmenge (Rückstand). In der Horizontalen ist die Differenz zwischen Ist- und Soll-Fortschrittszahl als Lagerreichweite in Tagen zu interpretieren (vgl. Abbildung 3.12). Bei auftretenden Abweichungen sind Kapazitätsanpassungsmaßnahmen zu initiieren.

Neben der Darstellung von Soll- und Ist-Fortschrittszahlen werden u. a. auch Ein- und Ausgangsfortschrittszahlen unterschieden. In der Horizontalen findet sich dann die Durchlaufzeit (Blockverschiebezeit) und in der Vertikalen der Bestand zu einem Stichtag.

Das Fortschrittszahlenkonzept wird selten nur in einer Fertigungseinheit angewandt, sondern steuert zumeist eine größere Organisationseinheit oder sogar die Fertigung insgesamt. Vorgelagert ist eine sehr präzise Primärbedarfsplanung, die den Bedarf an Endprodukten und Ersatzteilen periodengenau (wobei das Periodenraster relativ fein zu wählen ist) prognostiziert. Darauf aufbauend wird die Materialwirtschaft, allerdings nur als Bruttobedarfsrechnung, aufgebaut. Die Bruttobedarfe aus materialwirtschaftlicher Sicht werden aus kapazitätswirtschaftlicher Sicht den Fortschrittseinheiten zugewiesen.

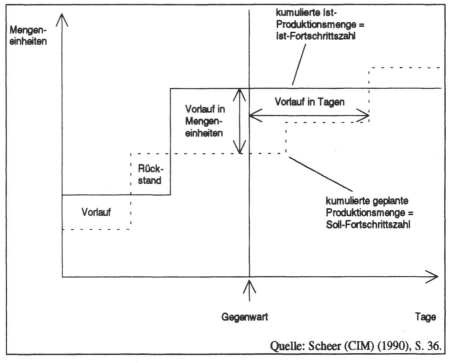

Quelle: Scheer (CIM) (1990), S. 36.

Abb. 3.12: Fortschrittszahlendiagramm

Das Fortschrittszahlensystem enthält somit keinen neuen Algorithmus, sondern verwendet Bestandteile der klassischen Produktionsplanung und -steue-
rung (Primärbedarfsplanung, Bruttobedarfsrechnung, Kapazitätszuteilung)
und stellt die Planungsergebnisse nur anders, nämlich in kumulierter Form,
dar. Als Steuerungssystem ist es - wie das Kanban-System - äußerst einfach
und funktioniert nur, wenn innerhalb der strategisch-taktischen Planung
(Festlegung der Fertigungsorganisation, des Produktspektrums sowie des
Fabriklayouts und damit Determinierung des Materialflusses) bestimmte Entscheidungen getroffen wurden, die eine einfache Fortschrittszahlensteuerung
erst ermöglichen. Im einzelnen sind dies: Fertigungsorganisation nach einem
(hierarchischen) Fließprinzip (Reihenfertigung) ohne Zyklen, Produktspek-
trum mit wenigen Produkten und gleichmäßigem Nachfrageverhalten sowie
aufeinander abgestimmte Kapazitäten. Das Fortschrittszahlensystem ist damit
auf die Großserien- und Massenfertigung ausgerichtet. Insbesondere bedarf
es auch eines leistungsstarken Transportsystems, das in hoher Frequenz die
bedarfsgerechte Materialversorgung der Kontrollblöcke gewährleistet.[38]

---

[38] Vgl. Adam (Produktion) (1993), S. 493.

Die Erfassung der Fortschrittszahlen wird erleichtert, wenn die Teile auf Werkstückträgern mittels automatisierten Transportsystemen befördert werden.[39] Zudem läßt sich im Fortschrittszahlendiagramm auch die Belastung der logistischen Ressourcen visualisieren. Beispielsweise wird aus der Abbildung 3.13 deutlich, daß sich Bestände im Hängeförderer bilden, der somit eine Pufferfunktion zwischen den mit unterschiedlicher Intensität ausgeführten Operationen 'Transferstraße Bohren' und 'Ventilführung Bohren' wahrnimmt.

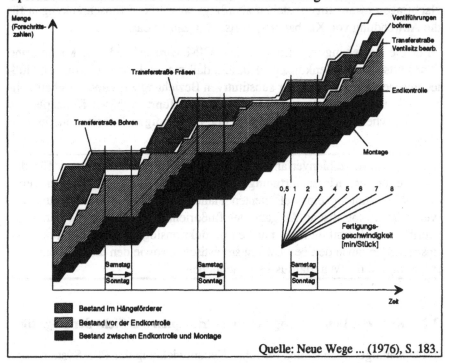

Quelle: Neue Wege ... (1976), S. 183.

Abb. 3.13: Graugußteilefertigung im Fortschrittszahlendiagramm

Das Fortschrittszahlenkonzept eignet sich zur Steuerung von beschaffungslogistischen (Abruffortschrittszahl), von produktionslogistischen (z. B. Lagerein- und -ausgangsfortschrittszahlen) und von distributionslogistischen (Kundenfortschrittszahl) Prozessen. Insbesondere in der Verwendung für Lieferabrufe stellt es eine einfache Methode zur Reduzierung des beschaffungslogistischen Planungs- und Steuerungsaufwands dar. Die logistischen Aktivitäten gehen vor allem in die Blockübergangszeiten ein.

Aus informationsflußtechnischer Sicht erfolgt eine Vereinfachung der Kommunikation und der Bestandsüberwachung, da die Kommunikationswege parallel (gegenläufig) zum einfach strukturierten Materialfluß verlaufen.

---

[39] Vgl. Wiendahl (1987), S. 326.

Wie bei Kanban, so sind auch bei Einsatz des Fortschrittszahlenkonzepts zuerst die logistischen Entscheidungen über die Reihenfertigung als Serienproduktion zu treffen, dann erst ist eine Entscheidung über den Einsatz von Fortschrittszahlen als Steuerungssystem möglich. Das wesentliche Rationalisierungspotential resultiert allerdings mehr aus der logistischen Infrastruktur als aus der Verwendung des Fortschrittszahlenkonzepts.[40] Die Anforderungen an die zu produzierenden Güter (Groß- bzw. Massenserie, geringe Nachfrageschwankungen) stellen allerdings wesentliche Einschränkungen für die Anwendung von Kanban und Fortschrittszahlen dar.

Für die Beziehung von Logistik und CIM wird anhand von Kanban und dem Fortschrittszahlenkonzept deutlich, daß material- und informationsflußtechnischer Aufwand in einer substitutiven Beziehung zueinander stehen können. Die Fließorientierung des Materialflusses führt in diesen Konzepten zu einer entscheidenden Vereinfachung der notwendigen Informationsflußprozesse.

Das Fortschrittszahlenverfahren ist ein einfaches PPS-Verfahren für die Großserien- und Massenfertigung in Fließproduktion. Es steht hierbei weniger die Gestaltung eines effizienten Planungsprinzips im Vordergrund als vielmehr die logistische Aufgabe der flußorientierten Anordnung der Kontrollblöcke. Es umfaßt nicht nur den produktionslogistischen, sondern kann insbesondere auch den beschaffungslogistischen sowie den distributionslogistischen Teil des Materialflusses einschließen.

3.2.9 Kritische Betrachtung der PPS-Prinzipien aus Sicht der Logistik

Trotz ständiger Weiter- und mancher Neuentwicklung der PPS-Systeme sind einige logistische Anforderungen in verfügbaren Standard-Software-Systemen immer noch unzureichend abgebildet. Im folgenden sollen beispielhaft einige derartige Anforderungen skizziert werden

a)   Die Distributionslogistik als planbestimmende Größe

In Branchen, in denen der logistische Schwerpunkt in der Distribution liegt (z. B. Möbelindustrie) ist eine optimale Auslastung des Fuhrparks die bestimmende Planungsgröße für die Produktionsplanung und -steuerung und hat Vorrang vor allen anderen Parametern. Eine Lagerhaltung auf Endprodukt-

---

[40]   So auch gesehen von Glaser, Geiger, Rohde (1992), S. 254.

ebene scheidet hier oft aus Gründen des Volumens und der hohen Individualität der Kundenaufträge aus.[41]

Aus vorliegenden Kundenaufträgen wird ein optimales Versandprogramm als Ergebnis der Tourenplanung zusammengestellt, dessen Ergebnis mindestens stundengenau ist. Von diesem Versandprogramm ausgehend, werden in einer Rückwärtsterminierung die Aufträge kapazitätsterminiert und die Materialbereitstellungszeitpunkte ermittelt. Dabei bedarf es zumeist einer Mehrressourcenplanung, denn insbesondere in der Montage stellt das Personal den Engpaß dar (personallimitiertes System). Aus logistischer Sicht liegt in solchen Fällen in der Distributionslogistik die gegenüber der Produktionslogistik größere Erlös- und Kostenwirkung. Eine optimierte Distributionslogistik hat also einen größeren Einfluß auf den durch die Logistik beeinflußbaren Deckungsbeitrag als eine optimale Produktionslogistik. Das bedeutet auch, daß die Produktionslogistik - z. B. durch flexible Fertigungseinrichtungen - in der Lage ist, unterschiedliche Kundenaufträge in beliebiger Reihenfolge zu fertigen, wobei die dadurch induzierten Kostenänderungen geringer sind als die einer suboptimalen Distributionslogistik.

b)   Sprungfixe Materialmengen an kritischen Aggregaten

In Unternehmungen, in denen kritische, wertschöpfungsintensive Aggregate technisch bedingt nur bei definierten Intensitäten kosten(sub)optimal betrieben werden können, sollten diese Intensitäten Ausgangspunkt der Planung sein. Solch eine Gegebenheit liegt vor, wenn eine Betriebsmittelanlage z. B. bei einem Einsatz von n Mitarbeitern die Ausbringungsmenge y erzielt, bei Einsatz von $n + 1$ und $n + 2$ Mitarbeitern dieselbe Ausbringungsmenge y, bei Einsatz von $n + p$ Mitarbeitern aber eine erhöhte Menge $y + z$. Ein weiterer Sprung könnte bei $n + p + p'$ Mitarbeitern liegen. Folglich macht es nur Sinn, die Maschine bei Personaleinsatz von n, $(n + p)$ oder $(n + p + p')$ Mitarbeitern (allgemein: Ressourceneinsatz in Sprüngen) einzusetzen (vgl. Abbildung 3.14).

Bei logistikoptimaler Gestaltung des Materialflusses müssen sich die vor- und nachgelagerten Fertigungsstellen auf die Ausbringungsmenge der betrachteten Einheit einstellen. Der Materialfluß wird also durch das kritische Aggregat weitgehend bestimmt. Es sind Analogien zwischen dieser Art der Planung und OPT erkennbar, indem jeweils zunächst ein kritisches Aggregat verplant wird. Von dort ausgehend erfolgen die weiteren Planungen (z. B. Vorwärtsterminierung für die nachgelagerten und Rückwärtsterminierung für

---

[41] Vgl. zur Produktionsplanung und -steuerung in der Möbelindustrie auch Aupperle, Böckmann, Moßmann (1992).

die vorgelagerten Betriebsmittel). Bei dieser Art der Planung ist das kritische Aggregat das mit den sprungfixen Materialmengen, bei OPT ist es der Engpaß.

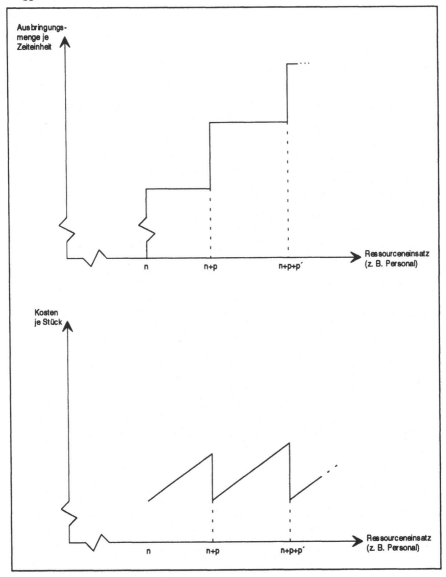

Abb. 3.14: Sprungfixe Materialmengen an kritischen Aggregaten

c) Kapazitätsplanung vor Materialwirtschaft

Im "klassischen" Produktionsplanungs- und -steuerungssystem wird zunächst die Materialwirtschaft (unter Annahme unendlicher Kapazitäten) und anschließend die Kapazitätswirtschaft (eventuell unter Verletzung der Vorgaben der Materialwirtschaft) durchgeführt. Es ist allerdings auch ein umgekehrtes Vorgehen denkbar. Gerade in montageorientierten Produktionen wird dies deutlich.

Unter der Annahme, daß alle zu fertigenden Varianten den gleichen Arbeitsinhalt haben und daß in der vorgelagerten Produktion kein Engpaß besteht bzw. entstehen kann, ergibt sich die Menge an produzierbaren Endprodukten, indem die maximale Periodenkapazität der Montagestrecke durch die Kapazitätsnachfrage eines Teils dividiert wird. Dieses Ergebnis ist unabhängig davon, um welche Variante es sich handelt.

Bei der Planung wird also zunächst die Montagekapazität mit einer Gesamtzahl an Fertigprodukten ausgelastet, und anschließend wird bestimmt, mit welchem Anteil die konkreten Produkte (Varianten) zum derart ermittelten Primärbedarf beitragen. Darauf baut die Materialwirtschaft auf, die aus den Endproduktvarianten die Fertigungsaufträge für die eigen zu fertigenden Teile und die Bestellaufträge für die Zukaufteile erstellt.

Liegt der Engpaß nicht in der letzten Produktionsstufe (Montage), sondern mitten im Fertigungsprozeß, so wird der potentielle Primärbedarf durch eine Mittelpunktsterminierung ausgehend von diesem Engpaß ermittelt.

Voraussetzung für solche Planungsansätze ist, daß der Absatzbereich in der Summe der aufnehmenden Produkte nicht der Engpaßfaktor ist, d. h. daß die bei Vollauslastung des Fertigungsengpasses produzierten Güter auch abgesetzt werden können.

Es lassen sich eine Vielzahl (brancheníndividueller) logistischer Anforderungen an PPS-Verfahren aufstellen, die von derzeitigen PPS-Systemen noch nicht abgedeckt werden. Beispielhaft wurden hier die Planbestimmung durch die Distributionslogistik (erst Tourenplanung, dann Produktionsplanung), durch sprungfixe Optimalintensitäten an kritischen Aggregaten und durch eine engpaßorientierte Kapazitätswirtschaft (Montageplanung vor Materialwirtschaft) ausgeführt.

3.2.10 Interdependenzen einer logistikgerechten Produktionsplanung und -steuerung

Aufgrund der umfassenden Aufgabe von (logistikgerecht zu gestaltenden) PPS-Systemen, die die Funktionen des gesamten Auftragsabwicklungsprozesses enthalten, bestehen vielfältige Interdependenzen zu den technischen CIM-Funktionen sowie der Stammdatenverwaltung.

Die Produktionsplanung und -steuerung benötigt des weitreichenden Aufgabenspektrums wegen, welches von der groben Produktionsplanung bis zur feinterminierenden Fertigungssteuerung sämtliche betriebswirtschaftlichen Funktionen der Auftragssteuerung enthält, alle *Stammdaten*.

Von der *Konstruktion* erhält die PPS die (Konstruktions-)Stücklisten der eigenkonstruierten Teile. Umgekehrt stellt die Materialwirtschaft z. B. Lieferanteninformationen oder Verträglichkeitsmatrizen, wie sie für eine entsorgungslogistikgerechte Konstruktion notwendig sind, zur Verfügung. Von der Kalkulation stammen Informationen über vorkalkulierte Logistikkosten. Die Versandsteuerung formuliert transport-, umschlag- und lagergerechte Verpackungsanforderungen.

Die *Arbeitsplanung* stellt über eine integrierte Stammdatenverwaltung logistikgerechte Arbeitspläne, d. h. Beschreibungen des Produktentstehungsprozesses, die auch die dabei notwendigen räumlichen und zeitlichen Gütertransformationen enthalten, bereit. Im Gegenzug sind aktuelle Informationen über die Kapazitätsauslastung der Transportmittel wichtige Informationen für eine Erstellung von Arbeitsplänen, die auch der Belastung der Logistikressourcen Rechnung trägt.

Im *CAM-Bereich* stößt die PPS durch Funktionsintegration im Sinne des Triggerns von Funktionen die Ausführung von Transport-, Lager- und Montageprozessen an. In der Gegenrichtung erfolgen Vollzugs- und Störungsmeldungen. Die Transportsteuerung übermittelt zudem die jeweiligen Standortdaten der Transportmittel, die für die Fertigungssteuerung relevant sind. Aus der Lagersteuerung erhält das PPS-System u. a. Bestandsdaten und die (aktuellen) Lagerorte von Teilen. Die Montagesteuerung triggert ggf. (bei Einsatz von Kanban) vorgelagerte Produktionsaufgaben.

Instandhaltung und *Qualitätssicherung* übermitteln der PPS ihre jeweiligen Bedarfsmeldungen; die eingeplanten Instandhaltungs- und Prüfaufträge werden zurückgemeldet.

Die skizzierten Interdependenzen werden durch die Abbildung 3.15 wiedergegeben.

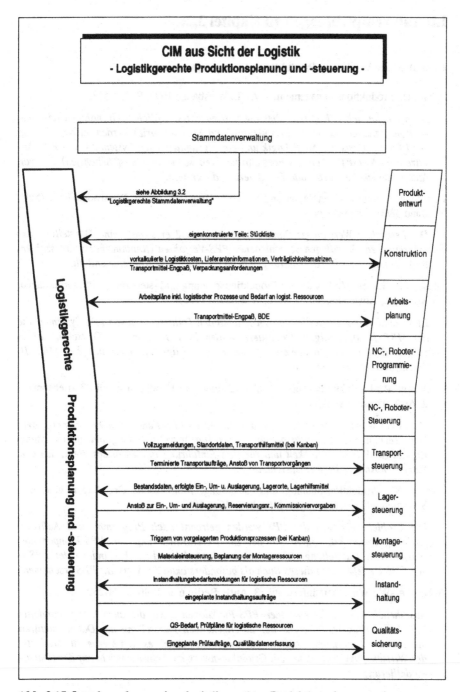

Abb. 3.15: Interdependenzen einer logistikgerechten Produktionsplanung und -steuerung

Literaturempfehlungen zu Kapitel 3.2:

Grundlegende Werke zur Produktionsplanung und -steuerung:

Adam, D.: Produktionsmanagement. 7. Aufl., Wiesbaden 1993, S. 454-523.

*Nach ausführlichen Kapiteln über die betriebswirtschaftlichen Grundlagen des Pro-
duktionsmanagements (z. B. Produktions- und Kostentheorie) werden, ausgehend von
der PPS auf Basis der MRP-Logik und einer grundlegenden Systematik von PPS-An-
sätzen, BoA, OPT, Kanban, Fortschrittszahlen sowie (am ausführlichsten) die von
Adam entwickelte Retrograde Terminierung dargestellt.*

Fertigungssteuerung. Grundlagen und Systeme. Hrsg.: D. Adam. Wiesbaden 1992 (SzU,
Band 38/39 (Doppelband)).

*Der besondere Wert dieses Bandes liegt darin, daß er sowohl eine Darstellung der
theoretischen Grundlagen verschiedener PPS-Verfahren (Kanban, Fortschrittszahlen,
BoA, RT) als auch Praxiserfahrungen beim Einsatz dieser Konzepte enthält.*

Glaser, H.; Geiger, W.; Rohde, V.: Produktionsplanung und -steuerung: PPS. Grundlagen,
Konzepte, Anwendungen. 2. Aufl., Wiesbaden 1992.

*Eingehend beschäftigen die Autoren sich mit den Teilbereichen von PPS-Systemen, die
der MRP II-Logik folgen. Detailliert werden BoA, Kanban und Fortschrittszahlen
vorgestellt und kritisch bewertet, wobei der jeweilige Vergleich mit dem MRP II-
Ansatz besonderen Wert besitzt.*

Hackstein, R.: Produktionsplanung und -steuerung. Ein Handbuch für die Betriebspraxis.
2. Aufl., Düsseldorf 1989.

*Hackstein widmet sich ausführlich den einzelnen PPS-Funktionen Programm-, Men-
gen-, Termin- und Kapazitätsplanung sowie Auftragsveranlassung und -überwachung.
Kapitel zur Wirtschaftlichkeit und zur PPS-Einführung runden dieses Werk, das dem
Stand von Anfang 1984 entspricht, ab.*

Kurbel, K.: Produktionsplanung und -steuerung. Methodische Grundlagen von PPS-
Systemen und Erweiterungen. München, Wien 1993.

*Die Problemstellungen der PPS werden getrennt nach Programm- und Auftrags-
fertigung behandelt. Eigene Kapitel zur Dezentralisierung von PPS-Komponenten
(ausführliche Darstellung elektronischer Leitstände) und zur Einbindung der PPS in
das CIM-Umfeld lassen dieses Buch als besonders aktuelles Werk zur PPS erscheinen.*

Scheer, A.-W.: Wirtschaftsinformatik. 3. Aufl., Berlin u. a. 1990, S. 74-259.

*Ausführlich werden die einzelnen PPS-Funktionen sowie die auch hier behandelten
Verfahren erläutert. Aufgrund der durchgehenden Darstellung der Datenstrukturen,
die in einem Unternehmensdatenmodell mündet, handelt es sich hierbei für Studenten
der Wirtschaftsinformatik um ein Grundlagenwerk mit Schwergewicht auf der (Daten-)
Modellierung.*

Weiterführende Literatur zu den einzelnen Verfahren:

Adam, D.: Fertigungssteuerung im Maschinenbau auf der Basis Retrograder Terminierung. In: Praxis und Theorie der Unternehmung. Hrsg.: K.-W. Hansmann, A.-W. Scheer. Wiesbaden 1992, S. 13-37.

Fischer, K.: Retrograde Terminierung. Werkstattsteuerung bei komplexen Fertigungsstrukturen. Wiesbaden 1990.

Wiendahl, H.-P.: Belastungsorientierte Fertigungssteuerung. München, Wien 1987.

Goldratt, E. M.: Computerized shop floor scheduling. International Journal of Production Research, 26 (1988) 3, S. 443-455.

Wildemann, H.: Flexible Werkstattsteuerung durch Integration von KANBAN-Prinzipien. 2. Aufl., München 1989.

Heinemeyer, W.: Die Planung und Steuerung des logistischen Prozesse mit Fortschrittszahlen. In: Fertigungssteuerung. Grundlagen und Systeme. Hrsg.: D. Adam. Wiesbaden 1992 (SzU, Band 38/39 (Doppelband)), S. 161-188.

Literatur zur logistikgerechten Gestaltung von PPS-Systemen:

Bichler, K; Kalker, P.; Wilken, E.: Logistikorientiertes PPS-System. Konzeption, Entwicklung und Realisierung. Wiesbaden, Berlin 1992.

Dieses praxisorientierte Werk beschreibt die logistikorientierte Gestaltung der einzelnen PPS-Funktionen. Ausführungen u. a. zu CIM, Just-in-time und den PPS-Verfahren charakterisieren aktuelle Entwicklungen im PPS-Umfeld.

Pape, D. F.: Logistikgerechte PPS-Systeme. Konzeption, Aufbau, Umsetzung. Köln 1990.

Pape ordnet einzelne PPS-Verfahren unterschiedlichen produktionswirtschaftlichen Organisationsformen zu und leitet Anforderungen an eine logistikgerechte Strukturierung der Produktion her. Er entwickelt ein Modell, anhand dessen er ein logistikgerechtes Steuerungskonzept beschreibt. Die praktische Umsetzung seiner Erkenntnisse zeigt Pape an einem Beispiel auf.

3.3   Logistikgerechte Konstruktion

3.3.1 Funktionsintegration in der Konstruktion

Die Aufgabe der Konstruktion erfährt wie kaum eine andere betriebliche Funktion durch die den CIM-Ansatz charakterisierende Integration von Daten und Funktionen eine Aufwertung und Erweiterung. Die eigentliche Konstruktionsaufgabe ist die Gestaltung eines Produkts, das vorgegebene Funktionen zu erfüllen hat. Ausgehend von der Einsicht, daß die Konstrukteure nicht nur - entsprechend der frühen Stellung im Produktentstehungsprozeß - über ausgesprochen viele Freiheitsgrade verfügen, sondern in gleichem Maße einen Großteil der folgenden Abläufe und somit auch der einem Produkt zurechenbaren Kosten determinieren, steigen auch die Anforderungen an die Konstruktion. Unterstützt durch die Weiterentwicklung der CAD-Systeme und unternehmensweiter Datenintegration, wird die Konstruktion als idealtypischer Ort einer umfassenden Funktionsintegration gesehen. So wird von der Konstruktion im umfassendsten Fall gleichzeitig gefordert, daß sie kostenorientiert, funktions-, fertigungs-, montage-, wiederhol-[1], qualitäts-, instandhaltungs- und umweltgerecht[2] ist.[3] Zusätzlich wird an dieser Stelle auch die konstruktionssynchrone Beachtung der räumlich-zeitlichen Werkstückveränderung, mithin *Logistikgerechtheit,* gefordert.[4] Analog zu den Begriffen, die für eine montagegerechte Konstruktion - Design for Assembly - oder für eine fertigungsgerechte Konstruktion - Design for Manufacture[5] - verwendet werden, ließe sich hier die Forderung *Design for Logistics* erheben.[6]

---

[1]   Wiederholgerechtes Konstruieren bedeutet die weitestgehende Verwendung vorhandener Bauteileinformationen. Vgl. Thoben (1990), S. 73.

[2]   Eine *demontagegerechte* Konstruktion deckt bereits wesentliche Aspekte einer sowohl reparatur- als auch umweltgerechten (sortenreine Materialgewinnung) Konstruktion ab.

[3]   Diese Ausführungen erheben keinen Anspruch auf Vollständigkeit. So nennen Pahl, Beitz u. a. beispielsweise als weitere Gestaltungsrichtlinien die ausdehnungs-, kriech-, relaxations-, korrosions- oder ergonomiegerechte Konstruktion. Vgl. ausführlich Pahl, Beitz (1993), S. 318-437.

[4]   Pawellek, Schulte sehen in der logistikgerechten Produktgestaltung die dritte Phase der Konstruktionsentwicklung, nachdem ursprünglich die Produktfunktion (erste Phase) und anschließend die Fertigungsgerechtheit (zweite Phase) betrachtet wurde. Vgl. Pawellek, Schulte (1987), S. 447.

[5]   Zu diesen Begriffen vgl. Boothroyd, Dewhurst (1988), S. 42.

[6]   Weber verwendet die Bezeichnung *logistic integrated design.* Vgl. Weber (1990), S. 978.

> Logistikgerechte Konstruktion bedeutet die konstruktionssynchrone Berücksichtigung logistischer Aspekte durch Nutzung der im Rahmen der gegebenen Produktbeschreibung existierenden Freiheitsgrade. Dazu zählt sowohl die (passive) Integration logistischer Restriktionen als auch die (aktive) Werkstückgestaltung unter Beachtung der logistischen Konsequenzen.

Wie obige Definition besagt, besteht zwischen der Konstruktion und der Logistik eine Wechselbeziehung. Die Konstruktion hat einerseits bei der Werkstückgestaltung die logistischen Bedingungen (z. B. Größe der Transportmittel und -hilfsmittel, maximales Umschlaggewicht und -volumen, Lagerplatzgröße) zu berücksichtigen. Andererseits werden durch die Konstruktion aber auch Anforderungen an die Logistik formuliert. So schränkt sie u. a. durch die Bestimmung der eingesetzten Materialien, der Fertigungsverfahren und der Teileanordnung die möglichen Arbeitsabläufe ein und determiniert damit wesentlich die Transportintensität während der Produktentstehung. Darüber hinaus wird die Ausgestaltung der Logistikressourcen insoweit bestimmt, wie die Konstruktion der Transportmittel als Aufgabe der Betriebsmittelkonstruktion selbst wahrgenommen wird. Es gilt also, die mit der Materialbeschaffung, dem Produktionsdurchlauf, der Distribution und der Entsorgung verbundenen logistischen Prozesse bereits in der Konstruktion insofern zu optimieren, als die konstruktive Ausgestaltung des Produkts Einfluß auf diese Abläufe besitzt.

Dabei sind stets beide Wirkungsrichtungen zu beachten. Zugrunde zu legen sind immer die bestehenden, logistischen Gegebenheiten (z. B. die Transportwegeinfrastruktur), die das maximale, theoretisch denkbare Gestaltungspotential eingrenzen und somit auch die Freiheitsgrade einer logistikgerechten Konstruktion determinieren. Weitere Einschränkungen erfahren die Möglichkeiten zur logistikgerechten Konstruktion durch die zahlreichen, oben genannten Anforderungen, die neben der Logistikgerechtheit an die Konstruktion gestellt werden.

Die Konstruktion grenzt nun ihrerseits die Gestaltungsmöglichkeiten für die dispositive Planung logistischer Prozesse ein. Planerische Freiheitsgrade bleiben im folgenden soweit erhalten, wie durch die Konstruktion festgelegte geometrische und technologische Restriktionen zu keinen Zwangsfolgen führen.[7] Zu den dispositiven Aufgaben gehören u. a. die Lieferantenauswahl (Beschaffungslogistik), die Arbeitsplanung (Produktionslogistik), die Wahl des Distributionsweges (Distributionslogistik) und die Festlegung des Recyclingprozesses für ein Produkt (Entsorgungslogistik). Damit sind die Abläufe innerhalb der operativen Ausführung der Logistikprozesse weitest-

---

[7] Vgl. Krause, Altmann (1989), S. 228.

gehend determiniert. Diametral entgegen steht allerdings diesem geringen Gestaltungspotential der operativen Ebene die Tatsache, daß in dieser letzten Phase der Großteil der Logistikkosten verursacht wird.

Die folgende Abbildung gibt die Eingrenzung des Lösungsraums innerhalb der beschriebenen Phasen der Festlegung logistischer Abläufe wieder.

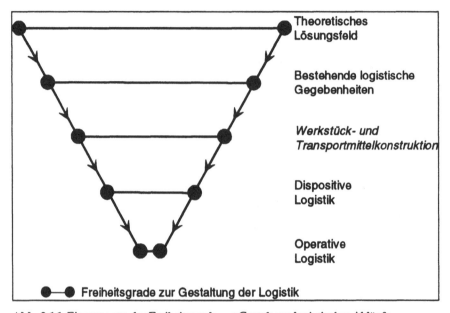

Abb. 3.16: Eingrenzung der Freiheitsgrade zur Gestaltung logistischer Abläufe

Eine rein sukzessive und nicht rückgekoppelte Eingrenzung des Lösungsraums ignoriert die Interdependenzen, die zwischen den einzelnen Phasen bestehen, und führt somit gegebenenfalls nur zu suboptimalen Entscheidungen. So können beispielsweise konstruktive Entscheidungen durchaus einen teilweisen Neuaufwurf der vorhandenen Logistikstruktur bewirken.

Ein Ansatz zur Aufhebung der Nachteile einer sukzessiven, nicht rückgekoppelten Einengung des Gestaltungsspielraums ist das *Simultaneous Engineering* (SE)[8]. Interdisziplinär aus Konstrukteuren, Arbeitsvorbereitern, Logistikern, Projektierungsingenieuren und Anlagenbauern zusammengesetzte SE-Teams sorgen als organisatorische Maßnahme für eine Parallelisierung der Phasen, so daß eine Einengung der Freiheitsgrade unter Beachtung der Bedingungen der nachfolgenden Phasen erfolgt. Ein Ergebnis des SE ist beispielsweise die simultane Betriebsmittel- und Werkstückkonstruktion. Ein SE-Team ist hierbei verantwortlich für die Entscheidung, in welchem Aus-

---

[8]   Zum Simultaneous Engineering vgl. auch Kapitel 1.4.1, S. 43f.

maß das Produkt und inwieweit das Transportsystem zur gegenseitigen Abstimmung zu ändern ist. Zu einem umfassenden Simultaneous Engineering gehören des weiteren die parallel zur Produktkonstruktion stattfindende Konstruktion der Betriebsmittel, der Werkzeuge, der Vorrichtungen sowie die Entwicklung des Produktionsprozesses.

Die nachfolgenden Ausführungen zu den Inhalten einer logistikgerechten Konstruktion beschreiben somit die innerhalb des Produktentstehungsprozesses erste Funktion (zusammen mit dem Entwurf), die Einfluß auf die Gestaltung der Logistik hat. Von den anschließenden dispositiven Aufgaben wird exemplarisch die Ausgestaltung einer logistikgerechten Arbeitsplanung herausgegriffen (Kapitel 3.4). Damit wird der Tatsache Rechnung getragen, daß ein Großteil der Logistikkosten bereits festgelegt ist, bevor die operativen Logistikabläufe beginnen. Abbildung 3.17 bringt diesen Sachverhalt zum Ausdruck, wobei die angegebenen Kostenverhältnisse lediglich die tendenziellen Relationen widerspiegeln sollen. Die als Linien dargestellten kumulierten Kurven der Kostenfestlegung und -verursachung verdeutlichen, daß die der operativen Logistik vorgelagerten Phasen selbst nur geringe Kosten verursachen.

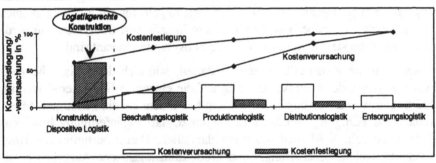

Abb. 3.17: Stellenwert einer logistikgerechten Konstruktion für die Kostenfestlegung innerhalb der nachfolgenden Logistikkette

Logistikgerecht zu konstruieren bedeutet die bewußte Ausnutzung des erheblichen Kostenbestimmungspotentials, das den Abläufen der operativen Logistik vorgelagert ist. Die logistische Aufgabe der optimalen Materialflußgestaltung setzt also bereits an der ersten Funktion innerhalb des Produktentstehungsprozesses an. Neben der Stammdatenverwaltung ist dies ein weiteres Beispiel dafür, daß sich Logistikaspekte auch außerhalb der CIM-Bereiche PPS und CAM identifizieren lassen.

3.3.2 Gestaltungsempfehlungen für eine logistikgerechte Konstruktion

Die Berücksichtigung der auf die konstruktiven Freiheitsgrade restriktiv wirkenden logistischen Anforderungen in Feasibility[9]-Studien ist eine Aufgabe, der die Bedingungen des gesamten Produktentstehungsprozesses zugrunde zu legen sind. Dabei sind u. a. die Lagerbedingungen, die Umschlag- und Kommissioniertechniken und die inner- und außerbetrieblichen Transportbedingungen in die Konstruktion miteinzubeziehen.

Die Schwierigkeit liegt hier in der Darstellung der dynamischen Logistikprozesse in einer Konstruktionszeichnung, die nur eine statische Beschreibung eines Teils in einem ganz bestimmten Fertigungszustand wiedergeben kann, während das Werkstück selbst innerhalb des Produktionsprozesses ständige Veränderungen erfährt. Für eine logistikgerechte Konstruktion, die den Anforderungen der *zeitlichen* und räumlichen Gütertransformation Rechnung zu tragen hat, bedarf es deshalb der Simulation als Hilfsmittel, um die Konstruktion durch eine zusätzliche zeitliche Dimension zu erweitern.

Beispiele für Gestaltungsprinzipien, die den Anforderungen des jeweiligen logistischen Subsystems Rechnung tragen, sind in der nachfolgenden Tabelle angegeben (vgl. Tabelle 3.2). Die einzelnen Regeln für ein logistikgerechtes Konstruieren sind dabei jeweils nur einem logistischen Subsystem zugeordnet, auch wenn sie teilweise für mehrere Subsysteme relevant sind.

Auch hat die Konstruktion Einfluß darauf, wie sich der logistische Aufwand während der Produkterstellung auf die einzelnen Subsysteme verteilt. Sie trägt zur make-or-buy-Entscheidung bei, indem sie die benötigten Materialien und Fertigungsverfahren so eingrenzt, daß Eigenfertigung bzw. Zukauf keine echten Alternativen mehr darstellen. Damit bestimmt die Konstruktion, welche beschaffungs- und produktionslogistische Aufgaben anfallen. Sie determiniert durch die Produktgestaltung, inwieweit Bausteine komplett zu beziehen sind und damit Modular Sourcing möglich ist. Mit der Bestimmung der Einsatzstoffe sowie der notwendigen Fertigungsverfahren erfolgt zudem eine Beschränkung der potentiellen Lieferanten.[10]

Da die Konstruktion durch die Teileanordnung Zwangsabfolgen definiert und somit die Bearbeitungs- und Montagereihenfolge festlegt, determiniert sie bei festgelegtem Fabriklayout den Materialfluß und damit den logistischen Aufwand innerhalb der Produktentstehung.[11]

---

[9] Feasibility=Machbarkeit, Zulässigkeit.

[10] Vgl. Ihde (1991), S. 202.

[11] Die Problematik wird noch dringlicher, wenn statt *innerbetrieblicher zwischen- bzw. überbetriebliche* Transportbewegungen zugrunde gelegt werden.

Subsystem	Gestaltungsprinzipien
Beschaffungslogistik	- Wiederholgerechte Konstruktion zur Nutzung von Degressionseffekten (Mengenrabatte) und zur Reduzierung der Anzahl an Wareneingangsvorgängen - Bestimmung der Einsatzstoffe und der notwendigen Fertigungsverfahren gemäß den Möglichkeiten der potentiellen Lieferanten - Förderung des Modular Sourcing durch modulare Bauweise, d. h. die Anlage von Konstruktionshaupt- und -untergruppen - Auslagerung von Teil-Entwicklungsarbeit auf die Zulieferer
Produktionslogistik	- automatisierungsgerechte Gestaltung (Standardisierung von Gewinden, Schaffung eindeutiger Spann- bzw. Greifflächen) - Vermeidung von Mehrseitenbearbeitungen - integrale statt differentiale Bauweise
Distributionslogistik	- transportgerechte Produktgestaltung (Hängevorrichtungen, Tragehilfen etc.), insbesondere angesichts weiterer Reduzierungen der Transportverpackungen (z. B. Schrumpffolie) - Minimierung der Umpackvorgänge durch mit dem Abnehmer (Handel) abgestimmte Einheiten und Verpackungen - lagergerechte Produkt- und Verpackungsgestaltung (z. B. Stapelfähigkeit) - die Lebensdauer der Einsatzteile sollte im Rahmen der Möglichkeiten aufeinander abgestimmt sein, um den Aufwand der Ersatzteillogistik zu reduzieren
Entsorgungslogistik[12]	- demontagegerechte Gestaltung, z. B. durch lösbare Verbindungen (Schnappverbindungen, Spann- oder Drehverschlüsse anstelle von Klebeverbindungen) und gute Zugänglichkeit, d. h. geringe Komplexität der Baustruktur - recyclingfähige, untereinander verträgliche Einsatzstoffe - direkte Handhabbarkeit des Produkts schaffen, um auf Verpackungen und Verpackungshilfsmittel (z. B. Behälter, Paletten, Faltschachteln etc.) verzichten zu können - Kennzeichnung der Einsatzteile (insb. Kunststoffe) - Reduzierung des zu entsorgenden Volumens durch Miniaturisierung der Einsatzteile - korosionsgerechte Gestaltung

Tab. 3.2: Prinzipien für eine den logistischen Subsystemen gerecht werdende Produktgestaltung

---

[12] Zu Aspekten, die eine entsorgungslogistikgerechte Konstruktion betreffen, vgl. auch S. 151f. sowie Adam (1993), S. 25-29; Hartmann, Lehmann (1993), S. 103-110; Pahl, Beitz (1993), S. 420-432; Barg (1992); Eversheim, Hartmann, Linnhoff (1992); Rinschede, Wehking (1991), S. 34.

Inwieweit die Konstruktion für eine produktseitige Einschränkung der theoretisch möglichen Arbeitsabläufe sorgt, läßt sich einer simulierten Demontage des Produkts entnehmen.[13] Dabei erfolgt eine sukzessive Zerlegung des Werkstücks in seine einzelnen Komponenten. Die Umkehrung dieser Zerlegung ergibt die späteren Montageoperationen, die innerhalb der Simulation auf Kollisionen geprüft werden. Einige Systeme zur Montagesimulation generieren aus diesen Abläufen automatisch einen Vorranggraph.

Für eine an logistischen Zielkriterien orientierte Festlegung der technischen Vorrangbeziehungen zwischen den Arbeitsgängen reicht es nicht aus, dem Konstrukteur als alleinige Information die Funktionen und Standorte der Betriebsmittel zur Verfügung zu stellen. Ein wichtiger Aspekt ist auch die bestehende Transportwegeinfrastruktur. Dies wird an folgendem Beispiel und nachstehender Abbildung deutlich: Eine zu treffende konstruktive Entscheidung möge festlegen, welche von zwei technisch äquivalenten Betriebsmittelabfolgen der Fertigung zugrundezulegen ist. Die erste Alternative (1) besteht in der Betriebsmittelabfolge A-B-C; die zweite (2) lautet A-C-B. Kennt der Konstrukteur lediglich die Koordinaten der Betriebsmittel, so würde er gemäß Abbildung 3.18a) seine konstruktive Entscheidung so treffen, daß der Durchlauf A-B-C lautet (vereinfachend wird hier von linear mit der Transportentfernung steigenden Kosten ausgegangen). Wird aber das konkrete Fabriklayout einbezogen, das z. B. die Gestalt der Abbildung 3.18b) haben könnte, so ändert sich in diesem Fall die aus logistischer Sicht optimale Konstruktionsauslegung. Die Abfolge A-C-B weist hier die kürzere Transportentfernung auf.

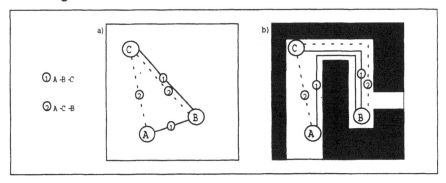

Abb. 3.18: Bestimmung der technischen Vorrangbeziehungen unter alleiniger Beachtung der Betriebsmittelstandorte (a) und zusätzlich der Transportwegeinfrastruktur (b)

---

[13] Vgl. Montageplanung ... (1992), S. 22-26; Moritzen (1990), S. 250f.

Neben der reinen Transportstrecke sind auch das jeweilige Transportaufkommen und die auf diesen verkehrenden Transportmittel zu beachten.

Kenntnisse über die Belastung der Transportstrecke sind wichtig, damit eine wegeminimale Transportstrecke nicht mit langen Wartezeiten auf freie Transportmittel erkauft wird. Entsprechende Informationen erhält die Konstruktion aus einer Kapazitätsterminierung, die auch die Transportmittel kapazitativ belastet und somit etwaige Transportengpässe identifizieren kann.

Hinsichtlich der *Transportmittel* gilt es, Restriktionen, die sich durch die Größe von Paletten oder sonstigen Transporthilfsmitteln ergeben, ebenso in den Konstruktionsentscheidungen zu berücksichtigen wie z. B. die Erschütterung oder die Beschleunigung, die die Werkstücke während des Transports oder bei etwaigen Zwischenlagerungen erfahren können. Durch entsprechende konstruktive Gestaltung und gegebenenfalls eine simulative Absicherung ist deshalb dafür Sorge zu tragen, daß eine transportbedingte Beschädigung der Werkstücke möglichst ausgeschlossen wird. Zu diesen konstruktiven Maßnahmen zählen beispielsweise Kontaktflächen, Hängevorrichtungen oder Tragehilfen an den Werkstücken, die diesen eine zusätzliche Standsicherheit während des Transports geben. Auf die Transportmittel abgestimmte Werkstückgrößen erleichtern zudem die optimale Nutzung der Transportkapazitäten. Abhängig von den eingesetzten Fördermitteln sollten die Teile rollfähig, gleitfähig bzw. richtungsstabil sein.

Um *Umschlagoperationen* wie Auf-, Um- und Abspannen zu erleichtern, sind Spannlaschen, Greifflächen oder Griffmulden am Teil vorzusehen, die sich nicht aus der Funktionsbeschreibung des Produkts, sondern aus den fertigungstechnischen und logistischen Bedingungen ergeben.

Analog gilt es, die sich aus Größe, Gestalt bzw. technischer Auslegung der *Lagerplätze und -mittel* ergebenden Restriktionen zu beachten. Wie auch bezüglich der zum Transportieren und Umschlagen eingesetzten Ressourcen, so sind auch hinsichtlich der Lagerplätze und -mittel die Anforderungen der Produkte im Rahmen der konstruktiven Möglichkeiten zu vereinheitlichen. So sollten die Werkstücke möglichst stapelfähig sein[14] und insbesondere bei großem Volumen simultan zu den Lagergegebenheiten entwickelt werden.

Entscheidender Einfluß auf den logistischen Aufwand während der Produktentstehung geht bei einem aus mehreren Einzelteilen oder Komponenten bestehenden Produkt von der *Montageintensität* aus. Montageoperationen führen hinsichtlich des Fertigungsablaufs immer zu vernetzter Fertigung, wo-

---

[14] So berichtet Pfohl von einem Stuhlhersteller, dessen Transportkosten bei Auslieferung sich halbieren, wenn die Stühle ineinander passen. Vgl. Pfohl (1990), S. 54.

bei jede Montageoperation das hinsichtlich Ort, Termin und Menge exakte Zusammenführen mehrerer bis dahin unabhängiger Arbeitsvorgangsketten bedingt. Innerhalb der Konstruktion findet der Aspekt Montageintensität Berücksichtigung in der Entscheidung für eine Differential-, eine Verbund- oder eine Integralbauweise, wobei diese Bauweisen meist kombiniert auftreten.[15]

Bei gleicher Teileanzahl unterscheiden sich Verbund- und Differentialbauweise durch die Montageabfolge. *Verbundbauweise* bedeutet, daß Einzelteile durch eine frühzeitige, unlösbare Verbindung zu einem Werkstück zusammengefaßt werden, das in dieser Form noch weiterer Bearbeitung bedarf. Die *Differentialbauweise* geht hingegen von beliebiger Montagereihenfolge aus. Abbildung 3.19 verdeutlicht diesen Unterschied anhand beispielhafter Stücklisten.

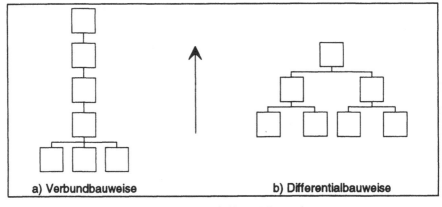

Abb. 3.19: Stückliste bei Verbund- und bei Differentialbauweise

Aus der jeweiligen Bauweise resultieren gesonderte Alternativen für die Gestaltung logistischer Abläufe. So legt die Verbundbauweise - bei entsprechendem Teilevolumen - eine flußorientierte, durchlaufzeitverkürzende Betriebsmittelanordnung nahe. Zudem reduziert sie durch die frühzeitige Verbindung einzelner Werkstücke zu einem Objekt die Anzahl an Planungseinheiten und somit den Aufwand zur Planung und Steuerung der zugehörigen logistischen Abläufe. Hingegen könnte das während des Fertigungsprozesses anwachsende Volumen des Werkstücks erhöhte Anforderungen an die Logistik stellen, weil z. B. das Werkstückhandling schwieriger wird. Die Differentialbauweise eröffnet bei entsprechender Fertigungs- und Materialflußorganisation Möglichkeiten zur Durchlaufzeitenreduktion, indem pa-

---

15 Vgl. Pahl, Beitz (1993), S. 371-377. Schulte Herbrüggen stellt diese Bauweisen unter dem Aspekt der Wahl einer "Materialflußgerechten Baustruktur" dar. Vgl. Schulte Herbrüggen (1991), S. 249-256. Zur Integral- und Differentialbauweise vgl. auch Ehrlenspiel (1985), S. 46f. u. S. 222-226.

rallel gefertigt und montiert werden kann. Darüber hinaus fördert diese Bauweise das Modular Sourcing, indem Baugruppen so angelegt werden, daß sie von einem Systemlieferanten bezogen werden können. Dabei werden gegebenenfalls auch nur die Schnittstellen grob spezifiziert und die Detailkonstruktion dem Zulieferer überlassen.

Verglichen mit der Integralbauweise unterscheiden sich die Differential- und die Verbundbauweise, bei gleicher Baustruktur eines Werkstücks, durch die Anzahl der Teile, die verwendet werden. Im folgenden wird der Integralbauweise nur noch die Differentialbauweise, als die allgemeinere der beiden Bauweisen, gegenübergestellt.

Integralbauweise bedeutet die Fertigung eines Werkstücks aus einheitlichem Werkstoff, wobei im wesentlichen Urformverfahren (Gießen, Sintern) oder Umformverfahren (Massivumformen, Blechumformen) eingesetzt werden. Ein in Differential- oder Verbundbauweise erzeugtes Werkstück zeichnet sich hingegen durch die Montage mehrerer (fertigungstechnisch günstiger) Einzelteile aus.

Die folgende Abbildung verdeutlicht anhand eines einfachen Rohlings für Gußformen, wie die gleiche Baustruktur einmal integral (a) - z. B. durch Gießen - und zum anderen differential (b) - durch Verbinden von vier Bolzen mit einem Grundblock, in den Löcher gebohrt wurden - produzierbar ist.

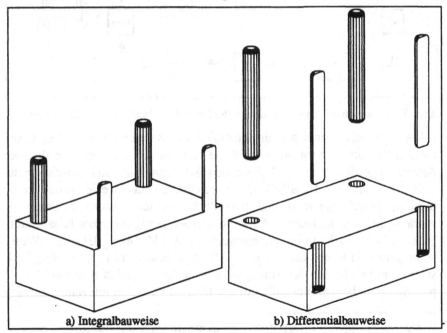

a) Integralbauweise   b) Differentialbauweise

Abb. 3.20: Integral- und Differentialbauweise

Aus beiden Konstruktionsprinzipien lassen sich unterschiedliche logistische Implikationen ableiten: Während die Fertigung des integral gebauten Werkstücks nur die Bereitstellung des Gußrohmaterials und den Abtransport des Fertigteils bedingt, da der gesamte Herstellungsprozeß ausschließlich in der Gießerei stattfindet, sind die Transportbewegungen beim Werkstück in Differentialbauweise aufgrund der verteilten Produktionsvorgänge komplexer. Der gegossene Grundblock ist mit vier Bohrungen zu versehen, und die Bolzen sind zu schneiden und mit einer Nut abzurunden. Schließlich bedarf es eines geeigneten Verbindungsverfahrens, um die insgesamt fünf Einzelteile zum fertigen Werkstück zu montieren.

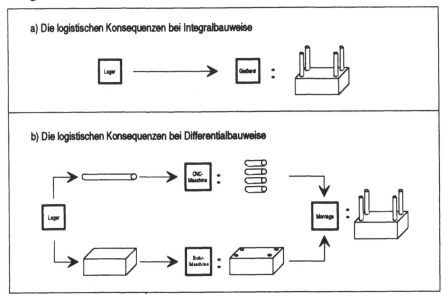

Abb. 3.21: Die logistischen Konsequenzen der Integral- und der Differentialbauweise

Aus logistischer Sicht hat die Integralbauweise durch die mit einer Komplettbearbeitung einhergehende zeitliche und räumliche Integration diverser Arbeitsgänge den Vorteil, daß sie den Steuerungsaufwand deutlich reduziert.[16] Anstelle von Einzelteilen, die bei Differentialbauweise einzeln transportiert, zwischengelagert und schließlich montiert werden müssen, beschränkt sich der logistische Aufwand bei der Fertigung eines baustrukturgleichen Werkstücks in Integralbauweise auf ein Minimum. Ist dieses Werkstück jedoch in seiner kompakten Ausführung besonders groß, sperrig bzw. schwer, so erhöht sich der Transportaufwand im Vergleich zum Einzeltransport der Teile bei Differentialbauweise. Dies ist vor allem relevant, wenn das

---

[16]   Vgl. Schulte Herbrüggen (1991), S. 252, der im übrigen von "materialflußgerechter Konstruktion" spricht.

Endprodukt erst "vor Ort" aus den einzeln gelieferten Komponenten montiert werden soll (sog. Lieferung completely knocked down[17]). In diesem Fall kann auch die Entwicklung einer Verpackung, die verschiedene Teile optimal umfaßt, zu den Aufgaben der Konstruktion gehören.

Zudem besitzt die Differentialbauweise den Vorteil, daß sie den Einbau von Teilen mit hoher Kapitalbindung oder Empfindlichkeit, großem Volumen oder Gewicht oder einem hohen Variantenbestimmungsgrad auf einer späten Stufe des Produktentstehungsprozesses gestattet.[18] Dadurch wird eine auf-tragsanonyme Bevorratungsebene möglich, die entweder die Kapitalbindung reduziert (sofern ansonsten auf Fertigteilebene gelagert wird) oder die Auf-tragsabwicklungszeit senkt (sofern ansonsten auf einer frühen Stufe ausge-sprochen geringer Produktkonkretisierung gelagert wird). Ferner wird das gesamte logistische Handling erleichtert. Verantwortlich hierfür ist vor allem ein möglichst später Variantenbestimmungspunkt (order penetration point), weil aus einer Verbindung mit kundenspezifischen Teilen im folgenden oft auch eigenständiger logistischer Aufwand resultiert.

Anhand des Vergleichs von Differential- und Integralbauweise zeigt sich auch, daß die vielschichtigen Forderungen, die an die Konstruktion gestellt werden, nicht nur in harmonischer, sondern oft in konfliktärer Beziehung zu-einander stehen. So ist eine differentiale Bauweise im Regelfall fertigungsge-rechter als eine integrale, da die Einzelteile leichter einspann- und bearbeitbar sind und die Ausschußgefahr im allgemeinen geringer ist. Handelt es sich überdies um Gleich- oder Wiederholteile, sind Kostendegressionseffekte eher nutzbar, und die Anschaffung einer Sondermaschine ist rentabler. Die inte-grale Bauweise steht zudem im Widerspruch zu einer demontagegerechten Konstruktion. Allerdings ist die Integralbauweise im Regelfall montagege-rechter, da im Extremfall die Montage entfällt.

Der logistisch interessante Aspekt der Reduzierung der Teileanzahl läßt sich nicht nur über eine Verminderung der Gesamtzahl der in ein Produkt eingehenden Einzelteile erreichen, wie sie durch forcierte Integralbauweise herbeigeführt wird, sondern auch durch eine Verringerung der Anzahl ver-schiedener Teile (*Bausteinbauweise*).

Neben dem Funktionsprinzip und der Baugröße ist die Stückzahl die we-sentliche konstruktive Kosteneinflußgröße.[19] Innerbetrieblich lassen sich die

---

[17] Vgl. Ihde (1991), S. 229f.; Pfohl (1990), S. 278. Die komplett-zerlegte-Lieferung ist z. B. bei Auslandsmontage zur Ausnutzung eines niedrigen Lohnniveaus oder aufgrund von Einfuhrzöllen auf Endprodukte angebracht.

[18] Vgl. Schulte Herbrüggen (1991), S. 256.

[19] Vgl. Ehrlenspiel (1985), S. 77.

Stückzahlen insbesondere durch die Vereinheitlichung von Lösungen, d. h. durch *Normung*[20] erhöhen. Normung subsumiert folgende Möglichkeiten:

- Gleichteile: Mehrfachverwendung von Teilen in *einem* Produkt.

- Wiederholteile: Mehrfachverwendung von Teilen in *unterschiedlichen* Produkten.

- Normteile: Verwendung intern oder extern genormter Teile.

- Teilefamilien: Standardisierung von Teilen gleicher Funktion[21].

- Baukastensysteme: Teile und Baugruppen werden bewußt so konstruiert, daß sie auf diverse Arten zu Produkten mit *unterschiedlicher Gesamtfunktion* zusammengefügt werden können. Sie stellen damit Wiederholteile dar.

- Baureihen: Die Teile einer Baureihe sind hinsichtlich ihrer qualitativen *Funktion* und Konstruktion *identisch* und bezüglich Werkstoff und Fertigungsart möglichst gleich, unterscheiden sich aber in ihrer quantitativen Leistung und ihren Abmessungen.

Zielsetzung der Mehrfachverwendung bereits konstruierter Teile ist es, ein Maximum an verkaufsfähigen Teilen mit einer begrenzten Anzahl an Stücklisten zu erreichen oder die Minimierung der Stücklistenanzahl bei gegebener Variantenvielfalt.[22] Neben den unmittelbaren Vorteilen in der Konstruktion (geringerer Aufwand für Neukonstruktionen) und in der Fertigung, in der eine intensivere Realisierung des Erfahrungskurveneffekts Lieferzeitverkürzungen und Produktqualitätssteigerungen herbeiführt, leistet die Teilemehrfachverwendung aus logistischer Sicht folgende Beiträge:

-         Durch die sich über verschiedene Komponenten aufaddierende Teilemenge wird eine Teilefertigung in eigenständigen, objekt- und flußorientiert angelegten *Fertigungsinseln* attraktiv. Damit erfolgt eine drastische Reduzierung der notwendigen Transporte, denn Produktion in Fertigungsinseln bedeutet qua definitione geringen logistischen Aufwand.[23]

---

[20] Vgl. Pahl, Beitz (1993), S. 402-411; Ehrlenspiel (1985), S. 212-249.

[21] Die Bildung von Teilefamilien aufgrund von Fertigungsähnlichkeit zu sog. Fertigungsfamilien ist Aufgabe der Produktion und nicht der Konstruktion.

[22] Die von Rück, Stockert, Vogel (1992), S. 615 vorgegebene Maßgabe "mit einem Minimum an unterschiedlichen Stücklisten ein Maximum an Verkaufsvarianten darzustellen" ist keine operationale Vorgabe.

[23] Zu den logistischen Implikationen der Fertigungsinsel vgl. ausführlich Kapitel 4.2.

- Eine durch stärkere Verwendung von Gleich- und Wiederholteilen verringerte Teilevielfalt führt zu größeren Mengen in der Beschaffung und Fertigung. In der Folge lassen sich im *Einkauf* geringere Kosten durch *günstigere Mengen-Rabattkonditionen* erzielen. *In der Fertigung* ergeben sich *Kostendegressionsvorteile*, weil Prozeßmengen (z. B. Transportmenge, Bearbeitungsmenge in der Galvanik oder im Brennofen) sich eher verwirklichen lassen und die Produktion auf Spezialmaschinen zu geringeren Stückkosten führt. Außerdem können für die Aufgaben des Transportierens, des Umschlagens und des Lagerns verstärkt Standardbetriebsmittel und -hilfsmittel eingesetzt werden.

- Je kleiner die Teilevielfalt ist, desto *geringer* sind der unmittelbar daraus ableitbare *Ersatzteileaufwand* und folglich die Aufwendungen innerhalb der Ersatzteillogistik. Neben Dispositions- und Administrationsaufwand (z. B. Bestellabwicklung, Lagerverwaltung) *sinkt* damit auch *die Kapitalbindung*, da für weniger Teile Sicherheitsbestände vorzuhalten sind.

- Innerhalb der Fertigung steigt die Transparenz, da im Durchschnitt die Fertigungsauftragsgröße steigt, während die Anzahl der Fertigungsaufträge abnimmt. Folglich werden Probleme, die aus einer "Überfrachtung" der Fertigung mit Aufträgen resultieren (sog. Durchlaufzeitensyndrom[24]), tendenziell vermieden.

Das Ziel einer hohen Mehrfachverwendung von Teilen ist allerdings kritisch hinsichtlich der individuellen Kundenanforderungen zu sehen, falls damit Einschränkungen der vom Kunden empfundenen Typenvielfalt einhergehen.[25] So ist beispielsweise der Entscheidung über eine eher integrale oder eine mehr differentiale Bauweise die Überlegung zugrunde zu legen, in welchem Ausmaß beide Bauweisen zu kombinieren sind, um sowohl das Ausnutzen von Kostendegressionseffekten bei auftragsneutralen Teilen zu erlauben als auch durch Einzelelemente ein kundeneigenes Produkt zu beschreiben. Baukasten- und Bausteinsysteme als Spezialformen der Differentialbauweise stellen hier durch ihre an einer Teilemehrfachverwendung ausgerichteten Vorgehensweise einen geeigneten Ansatz dar, der zu unterscheidbaren Produkten führt. Der Beitrag einer logistikgerechten Konstruktion liegt dabei in der Anlage kundenneutraler, logistikgerechter Baugruppen.

Über die dargestellten Aspekte hinaus gehört zu einer logistikgerechten Konstruktion eine Reihe weiterer, individueller und oft detaillierter Gestal-

---

[24] Das Durchlaufzeitensyndrom beschreibt den Fall, daß die zeitlich frühere Auftragsfreigabe zu einem überproportionalen Anstieg der mittleren Durchlaufzeiten führt.

[25] Vgl. Schulte Herbrüggen (1991), S. 254.

tungsempfehlungen. Beispiele hierfür sind Positioniererleichterung durch Definition von Bezugskanten, Anordnen von Greifflächen in Schwerpunktlage und Vermeidung von Fast-Symmetrien bei erforderlicher Vorzugslage.[26]

> Ein wesentliches Element einer logistikgerechten Konstruktion stellt die Entscheidung hinsichtlich der Bauweise dar. Die Differential-, die Verbund- und die Integralbauweise besitzen hinsichtlich ihrer Konsequenzen auf die Logistik eigene Charakteristika. Es läßt sich aus logistischer Sicht keine pauschale Vorteilhaftigkeit einer dieser Bauweisen bestimmen. Erhebliche Effizienzgewinne - vor allem auch aus Sicht der Logistik - bringt in jedem Fall die Bausteinbauweise, sofern sie nicht mit einer vom Markt als negativ empfundenen Einschränkung der Typenvielfalt einhergeht.

3.3.3 Möglichkeiten der informatorischen Unterstützung der Konstruktion

Den gestiegenen Funktionalitätsanforderungen im Produktionsvorfeld, speziell in der Konstruktion, kann nur entsprochen werden, wenn die zur Verfügung stehenden Informationen entsprechend aufbereitet sind. Eine wesentliche Aufgabe im Rahmen einer logistikgerechten Konstruktion ist es, für ein Werkstück zu entscheiden, ob die erforderlichen Logistikprozesse standardmäßig sind oder ob sie individuell nur für dieses Werkstück anfallen. Es stellt sich also die Frage nach dem Toleranzbereich eines Werkstücks, innerhalb dessen auf logistische Standardressourcen Rückgriff genommen werden kann.

Eine einfache, auf Geometriemerkmale beschränkte Möglichkeit, die aus logistischer Sicht irrelevanten Abweichungen eines zu konstruierenden Werkstücks Merkmale auszuschließen, stellt die Verwendung der *Black-Box-Methode*[27] dar, die durch die folgenden Abbildungen veranschaulicht wird. Mit geringem Definitionsaufwand lassen sich dadurch die hinsichtlich anfallender Transport-, Umschlag- und Lageraufgaben zulässigen Gestaltvariationen festlegen. Das nachstehende Black-Box-Modell (Abbildung 3.22) könnte z. B. zur Ermittlung der Teile angelegt worden sein, die eine bestimmte Transportform nutzen können. Dabei ist die Größe und Gestalt der Werkstückschicht, die für die Transportstabilität sorgt und die die Transportform abschließt, fest vorgegeben. Die Schicht des Black-Box-Modells mit dem

---

[26] Eine umfangreiche Darstellung eines Maßnahmenkatalogs zur logistikgerechten Konstruktion findet sich bei Schulte Herbrüggen (1991), S. 323-331 sowie der dort angegebenen Literatur.

[27] Vgl. Thoben (1990), S. 104.

kleineren Durchmesser stellt hingegen nur das Maximalvolumen dar. Dieser Werkstückteil möge hinsichtlich der Transportsicherheit keine Bedeutung besitzen und ist somit diesbezüglich aus logistischer Sicht irrelevant. D. h. dieser Teil ist hinsichtlich Größe, Gestalt und Schichtenzahl insoweit variabel, wie die geometrischen Grenzen des Black-Box-Modells nicht überschritten werden (Beispielteile enthält Abbildung 3.23).

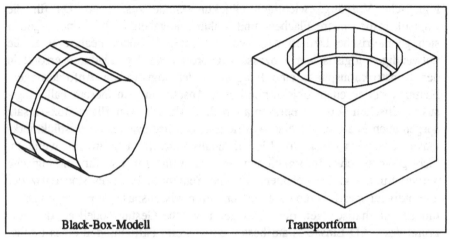

Black-Box-Modell   Transportform

Abb. 3.22: Verwendung einer Black-Box am Beispiel einer Transportform

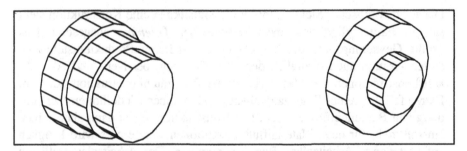

Abb. 3.23: Beispielhafte Teile, die vom Black-Box-Modell erfaßt werden

Legt man eine derart bestimmte Black-Box dem Konstruktionsprozeß zugrunde, lassen sich zudem die Anforderungen an Transportmittel- und -hilfsmittel standardisieren. Im Regelfall reichen die geometrischen Daten der Konstruktion für die Bestimmung der logistischen Konsequenzen jedoch nicht aus. Vielmehr sind auch technische Informationen wie Maß- und Toleranzangaben oder Oberflächenbeschaffenheiten relevant für den Fertigungsablauf. In Kapitel 2.1.2 wurde mit dem STEP-Standard ein umfassend definiertes Produktmodell vorgestellt. Entsprechend kann sich Teileähnlichkeit aus logistischer Sicht auch nur daran bemessen, inwieweit die Teile hinsichtlich des logistischen Aufwands vergleichbare Anforderungen

stellen. Die hierfür benötigten Informationen bestehen neben den geometrischen Daten z. B. auch aus Gewichtsangaben oder Angaben zur Lage des
Schwerpunkts eines Werkstücks. Derartige logistikrelevante Bauteilemerk-
male sollten in sog. *Logistikfeatures* abgelegt werden. Analog zu Fertigungs-
features, unter denen die "für die Fertigung relevanten Bereiche eines
Werkstücks [...] verstanden werden"[28], fassen Logistikfeatures alle für
logistische Vorgänge wichtigen Objektmerkmale zusammen. Da für die
Logistik insbesondere Flächen- und Volumenangaben wichtig sind, ergeben
sich geometrische Definitionen, wobei zusätzlich jedem Feature u. a. die
notwendigen logistischen Prozesse zugeordnet werden. Dadurch erfolgt in
der Konstruktionsphase eine Integration der logistischen Anforderungen.
Features stellen einen objektorientierten Ansatz zur - in diesem Fall - logi-
stikspezifischen Wissensrepräsentation dar. Ähnlich dem Black-Box-Ansatz
sorgen auch Features für eine Abstraktion von irrelevanten Werkstückmerk-
malen. Über das Black-Box-Modell hinaus wird das Feature mit weiteren,
nicht geometrischen Informationen verbunden und sorgt so für eine logische
Verknüpfung von Formelementen[29] und Semantik. Features sind entweder
interaktiv zu spezifizieren oder werden durch wissensbasierte Erkennungsme-
thoden automatisch generiert. Das geometrische Gestaltmodell als das aufgrund des CAD-Einsatzes am besten entwickelte Partialmodell eines umfassenden Produktmodells wird dadurch um weitere Teilmodelle erweitert.[30]

Die aus theoretischer Sicht zu fordernde logistikgerechte Konstruktion sieht
sich in realiter allerdings einem wesentlichen *Dilemma* ausgesetzt. Das
größte Gestaltungspotential hinsichtlich der späteren Produktentstehungs-
stufen - mithin auch bezüglich der Logistik - liegt bei Neu- und Ähnlich-
keitskonstruktionen vor; das geringste bei Variantenkonstruktion oder, im
Extremfall, bei reiner Stückzahlanhebung, d. h. einer wiederholten Verwendung von Bauteileinformationen. Die Konstruktion leistet dann aber keinen
Anstoß mehr für neue Materialflußkonzeptionen, sondern es wird lediglich
auf bestehende Arbeitspläne Bezug genommen. Der Arbeitsplan stellt die
wichtigste Informationsgrundlage zur Bestimmung der logistischen Konsequenzen dar. Ein Standardarbeitsplan liegt bei wiederholter Verwendung
vor bzw. läßt sich bei Variantenkonstruktion aus bestehenden generieren.
Für die hinsichtlich ihres Gestaltungspotentials auf die Logistik bedeutsa-
mere Neukonstruktion ist er hingegen erst in einer Phase hoher

---

[28] Vgl. Maßberg, Xu (1990), S. 152. Zur Feature-Technologie vgl. auch Schaal (1992), S. 44-61;
        Krause (1990), S. 148f.

[29] Formelemente (Fasen, Nuten etc.) sind geometrische Gruppen, die einen festen Zusammenhang
        von Flächen darstellen. Formelemente sind oft fertigungs- bzw. logistikabhängig oder -bedingt.

[30] Vgl. Grabowski, Anderl, Schmidt (1992), S. 52.

Konkretisierung ableitbar. Aus Mangel an Informationen erscheint somit die Integration logistischer Kriterien in Konstruktionsentscheidungen gerade im interessanten Fall der Neukonstruktion als besonders schwierig. Die vor allem durch Ausführungen zur konstruktionsbegleitenden Kalkulation bekannte gegenläufige Entwicklung von Beeinflußbarkeit und Kenntnis einer Größe während der frühen Produktentstehungsphasen[31] besteht somit für logistische Überlegungen in zumindest gleichem Maße.

> Zur Integration der Anforderungen der Logistik in den Konstruktionsprozeß sind Werkstückbeschreibungen nowendig, die auf logistikrelevante Aspekte verdichtet sind, d. h. daß nicht die gesamte Geometrieinformation benötigt wird. Möglichkeiten hierzu bieten das *Black-Box-Modell* als Abstraktion von geometrischen Daten und *Features*, die die geometrischen Daten um weitere Semantik, hier um Aspekte der Logistik, ergänzen. Das Dilemma einer logistikgerechten Konstruktion besteht darin, daß sich der Umfang des Gestaltungspotentials und die Verfügbarkeit der notwendigen Informationen (Arbeitspläne) invers zueinander verhalten.

3.3.4 Prozeßkosten als Entscheidungsgrundlage einer logistikgerechten Konstruktion

Das Ziel einer logistikgerechten Konstruktion ist (ceteris paribus) die Minimierung der Logistikkosten. Die Zielerreichung erfordert allerdings die Überwindung von im wesentlichen drei Schwierigkeiten:

- Die konstruktionssynchrone Prognose von Logistikkosten wird zunächst einmal mit einem *mangelhaften Mengengerüst* konfrontiert. Es fehlen zumeist Planungsgrundlagen in Form logistischer Bezugsgrößen. Oft sind die logistischen Leistungen nicht quantifiziert, so wie beispielsweise fertigungstechnische Abläufe in Arbeitsplänen dokumentiert sind. Darüber hinaus lassen sich viele Faktoren, die die Logistikkosten determinieren, nur schwer prognostizieren (z. B. Stückzahlen, Transportaufwand, Inanspruchnahme des Lagers).

- *Logistikkosten werden* in Produktkalkulationen *selten als Einzelkosten ausgewiesen*, da ein Großteil dieser Kosten als Gemeinkosten gilt. Je größer aber der Gemeinkostenanteil ist, desto ungenauer ist das Wertgerüst. Unabhängig von der tatsächlichen Beanspruchung der logistischen Ressourcen erfolgt oft eine Belastung der Produkte durch pauschale Gemeinkostenumlagen. Somit fehlt eine verursachungsgerechte

---

[31] Vgl. Abb. 3.17, S. 215 und Becker (1990), S. 353.

Kostenzuordnung zu den konstruktiven Entscheidungen, mithin der Ursache-Wirkungs-Zusammenhang.

Aufgrund der Tatsache, daß der gesamte Wertschöpfungsprozeß von logistischen Abläufen begleitet wird, müssen die Logistikkosten vollständig prozeßorientiert erfaßt werden (Gesamtkostendenken). Dies bedeutet, daß die einem Produkt zurechenbaren Kosten der Beschaffungs-, der Produktions- und der Distributionslogistik genauso einzubeziehen sind wie die zum Ende des Produktlebenszyklus durch entsorgungslogistische Aufgaben anfallenden Kosten (Life Cycle Costing).

Die letzte Forderung trägt dazu bei, daß die heterogenen Anforderungen einer beschaffungs-, einer produktions-, einer distributions- und einer entsorgungslogistikgerechten Konstruktion zu einem eindimensionalen Zielwert - Logistikkosten - verdichtet werden müssen. Den drei genannten Anforderungen trägt insbesondere eine konstruktionsbegleitende prozeßorientierte Kalkulation Rechnung.

An dieser Stelle soll keine grundsätzliche Darstellung der *Prozeßkostenrechnung*[32] erfolgen. Hierfür wird auf die mittlerweile umfangreiche Literatur verwiesen.[33] Die nachstehende Tabelle 3.3 faßt lediglich die grundsätzlichen Schritte der Prozeßkostenrechnung zusammen.

1	Tätigkeitsanalyse	Durch Sekundäranalysen, Beobachtungen etc. werden die Prozesse einer Kostenstelle definiert.
2	Ermittlung des Prozeßgrößen	Pro Kostenstelle erfolgt die Bestimmung der Prozeßgrößen (= Bezugsgrößen); kostenstellenübergreifend werden zusammengehörige Teilprozesse zu Hauptprozessen zusammengefaßt.
3	Planung der Prozeßmengen	Kapazitäts- oder engpaßorientiert werden die Prozeßmengen festgelegt, d. h. die erwartete Häufigkeit, mit der sich der möglichst repetitive Prozeß in einer Periode wiederholt.
4	Bestimmung der Prozeßkosten	Basierend auf den geplanten Prozeßmengen werden die Kosten - sofern sie wertschöpfend (leistungsmengeninduziert) sind - den Teilprozessen zugeordnet.
5	Berechnung der Prozeßkostensätze	Der Quotient aus zusammengehörenden Prozeßkosten und Prozeßmengen ergibt den Prozeßkostensatz, mit dem jede Inanspruchnahme einer Prozeßmengeneinheit belastet wird.

Tab. 3.3: Vorgehensweise bei der Prozeßkostenrechnung

---

[32] Amerikanische Begriffe sind Activity-Based Costing oder Cost-Driver Accounting System.

[33] Wesentliche Anstöße für die Prozeßkostenrechnung gingen von Miller, Vollmann (1985) aus. Im deutschsprachigen Raum gelten - trotz einer rasch anwachsenden Anzahl an Beiträgen - die Aufsätze von Coenenberg, Fischer (1991) und Horvath, Mayer (1989) weiterhin als grundlegend.

Im folgenden werden die Aspekte aufgezeigt, die den Einsatz der Prozeßkostenrechnung insbesondere zur konstruktionsbegleitenden Kostenprognose interessant erscheinen lassen.[34]

- Durch die Tätigkeitsanalyse sowie durch die Ermittlung von Teil- und Hauptprozessen werden auch die indirekten Bereiche, zu denen auch die Logistik gehört, einer besseren Erfaßbarkeit zugänglich gemacht. Häufig erlaubt erst der EDV-Einsatz in diesen nicht unmittelbar mit der Leistungserstellung verbundenen Bereichen eine Erfassung, Verfügbarkeit und Auswertung der Prozeßgrößen.[35]

- Die Möglichkeit, auch die Kosten, die von der Komplexität (Logistikintensität) und der Variantenvielfalt einer Produktgruppe abhängen, nach Bezugsgrößen verteilen zu können, entspricht dem diesbezüglichen Gestaltungspotential der Konstruktion. Wie bei jeder Bezugsgrößenkalkulation bringen auch die Prozeßkostensätze in Verbindung mit den Teilemengen, die die Prozesse in Anspruch nehmen, zum Ausdruck, daß komplexe, "exotische" Produkte einen größeren Ressourcenverbrauch aufweisen als Standardteile.

- Durch die Bestimmung der Prozeßkosten wächst die Transparenz in den indirekten Bereichen. Entscheidend ist in diesem Zusammenhang eine möglichst verursachungsgerechte Zuordnung der Kosten zu den einzelnen Prozessen.

- Die Prozeßkostenrechnung umfaßt durch die Bildung von kostenstellenübergreifenden Hauptprozessen den gesamten Produktlebenszyklus und entspricht somit dem Gesamtkostendenken der Logistik. Eine logistikgerechte Konstruktion setzt an den zu diesen Prozessen zugehörigen Kostentreibern (cost driver) an. Von der Konstruktion beeinflußbare Kostentreiber mit gemeinkostentreibender Wirkung für die Logistik sind beispielsweise die Anzahl unterschiedlicher Einzelteile in einem Produkt, die Anzahl unterschiedlicher Materialien oder das Volumen der Einzelteile und Baugruppen.[36] Gemeinkostenverursachend wirken in der Logistik weiterhin Faktoren wie Ein- und Auslagerungen, Wareneingänge, Wareneingangskontrollen, Transport- und Umschlagvorgänge.[37] So drückt sich die Entscheidung, die Werkstücke weniger

---

[34] Zur Verwendung von Prozeßkosten innerhalb der konstruktionsbegleitenden Kalkulation vgl. z. B. Fischer, Koch, Schmidt-Faber (1992), S. 60-62; Wäscher (1991), S. 71f.

[35] Vgl. Wäscher (1991), S. 74.

[36] Vgl. Fischer, Koch, Schmidt-Faber (1992), S. 62.

[37] Vgl. Wäscher (1991), S. 69.

komplex zu gestalten oder die Teileanzahl zu reduzieren, in einer geringeren Beanspruchung logistischer Ressourcen aus. Insoweit der Konstrukteur durch die Wahl des Materials und des benötigten Produktionsverfahrens den Betriebsmitteldurchlauf determiniert, verfügt er mit der jeweiligen Ausprägung der cost driver über einen Beurteilungsmaßstab.

Auch wenn die Frage, inwieweit die Prozeßkostenrechnung, die im Kern eine Bezugsgrößenkalkulation darstellt, eine eigenständige kostenrechnerische Innovation darstellt, sicher berechtigt ist, so forciert die Prozeßkostenrechnung doch zumindest die notwendige, kostenrechnerische Durchdringung der indirekten Bereiche: "Less immediately visible but every bit as critical to the improvement of operations are the overhead costs incurred by the 'hidden factory' of off-line transactions. The indirect work imbodied in *logistical*, balancing, quality, and change transactions now accounts for the lion´s share of value added in most production-based industries."[38]

Die Prozeßkostenrechnung sieht sich teilweise vehementer Kritik ausgesetzt. Diese setzt insbesondere an ihrem Ansatz als Instrument der Vollkostenrechnung an. Mit ihrem Einsatz ist folglich eine strenge Beachtung ihrer Prämissen verbunden. Hierzu zählt vor allem die Erkenntnis, daß der Kostenabbau in den indirekten Bereichen keinem Automatismus folgt, sondern eigenständiger dispositiver Maßnahmen bedarf. Soweit es sich um fixe Kosten handelt, ist die Information über den Zeitraum, in dem diese Fixkosten abbaubar sind, eine wichtige Entscheidungsgrundlage.

| Der besondere Wert der Prozeßkostenrechnung liegt in der Ermittlung von Bezugsgrößen in den indirekten Bereichen, zu denen auch die Logistik zählt, sowie in der Ermittlung von kostenstellenübergreifenden Hauptprozessen. Die zugehörigen cost driver sind Ansatzpunkte für eine Konstruktion, die den aus späteren Phasen des Produktlebenszyklus stammenden Anforderungen gerecht zu werden versucht. |

Ein für die Kostenorientierung innerhalb der Konstruktion wichtiges Instrument ist die *Produkt-Wertanalyse*.[39] Da sie sich im Rahmen der hier diskutierten Fragestellung auf zu konstruierende und nicht auf bereits bestehende Produkte bezieht, spricht man auch vom Value Engineering. Ziel der Wertanalyse ist es, die Kosten von Produkten mit hoher Wertschöpfung unter Beibehaltung der geforderten Funktionen zu senken. Die aktuellen Funktionen und die mit diesen Funktionen verbundenen Kosten werden deshalb

---

[38] Miller, Vollmann (1985), S. 142. Hervorhebung durch die Autoren.

[39] Zur Wertanalyse vgl. z. B. Bühner (1992), S. 331-334.

hinsichtlich ihrer Notwendigkeit und ihrer Abbaufähigkeit ermittelt und geprüft. Neue Lösungen werden in Gruppenarbeit mittels Kreativitätstechniken entworfen, diskutiert, bezüglich ihrer technischen und wirtschaftlichen Durchführbarkeit bewertet und ggf. eingeführt. Der besondere Nutzen der Wertanalyse liegt in ihrer Verknüpfung von Kundenanforderungen (notwendige Produktfunktionen) und betrieblichen Abläufe (Kosten der Funktionen).

3.3.5 Interdependenzen einer logistikgerechten Konstruktion

Aufgrund der frühen Stellung der Konstruktion innerhalb des Produktentstehungsprozesses sowie des hohen Gestaltungspotentials der Konstruktion bestehen vielfältige Interdependenzen zu den CIM-Funktionen.

Die *Kalkulation* stellt der Konstruktion möglichst synchron zum Entwicklungsprozeß Logistikkostendaten zur Verfügung, die z. B. durch einen Ähnlichkeitsvergleich gewonnen wurden.

Von der *Materialwirtschaft* erhält die Konstruktion für ggf. fremd zu beziehende Einzelteile oder Baugruppen Lieferanteninformationen (Lieferbarkeit, Lieferzeiten, Einstandskosten etc.) .

Von der *Versandsteuerung* stammen Restriktionen bezüglich Kommissionier-, Transport- und Umschlagvorgänge im Distributionskanal. Zudem bedingt der Fall der completely knocked down-Lieferung eine Abstimmung zwischen Versandsteuerung und Konstruktion, weil der optimale Zerlegungsgrad sich insbesondere auch unter Beachtung der damit verbundenen distributionslogistischen Aufgaben ergibt.

Mit der *Arbeitsplanung* erfolgt eine iterative Abstimmung, da die Konstruktion die Freiheitsgrade der Arbeitsplanung einschränkt. Die *CAM-Komponenten* Transport-, Lager- und Montagesteuerung stellen Restriktionen an die logistikgerechte Produktgestaltung. So sollte - wie dargestellt - das Produkt den Gegebenheiten der innerbetrieblichen Transportbedingungen entsprechend gestaltet und bei Bedarf stapelfähig und montage-/demontagefreundlich sein.

Abbildung 3.24 zeigt zusammenfassend die genannten unmittelbaren Interdependenzen zwischen der Aufgabe "Logistikgerechte Konstruktion" und den Funktionen des CIM-Ansatzes auf.

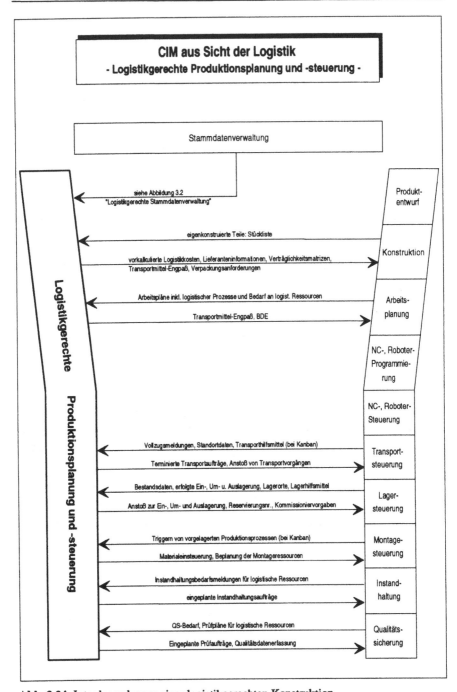

Abb. 3.24: Interdependenzen einer logistikgerechten Konstruktion

Literaturempfehlungen zu Kapitel 3.3:

Rück, R., Stockert, A., Vogel, A. O.: CIM und Logistik im Unternehmen. Praxiserprobtes Gesamtkonzept für die rechnerintegrierte Auftragsabwicklung. München, Wien 1992, S. 615-622.

Die Autoren beschreiben Einzelprojekte innerhalb des Logistik-Maßnahmepakets "Produktgestaltung verbessern" bei der MTU Friedrichshafen. Dazu gehören u. a. die Reduzierung vor Varianten und der Teilevielfalt, die Wertanalyse und die fertigungstechnische Beratung der Konstruktion.

Schulte Herbrüggen, H.: Modellanalyse von Materialflußsystemen für eine kundennahe Produktion. Eine empirische Untersuchung. Köln 1991. [Zugl. Uni Passau, Diss. 1991], S. 247-259 und S. 323-331.

Die logistischen Konsequenzen der Differential-, der Verbund-, der Integral- und der Bausteinbauweise werden von Schulte Herbrüggen ausführlich erläutert. Ein im Anhang befindlicher umfangreicher Maßnahmenkatalog zur logistikgerechten Konstruktion enthält diverse, teilweise sehr detaillierte Gestaltungsempfehlungen.

Pawellek, G.; Schulte, H.: Logistikgerechte Produktion und Produktgestaltung. ZwF, 82 (1987) 8, S. 447-450.

Dieser Aufsatz stellt insbesondere die Konsequenzen der wachsenden Teilevielfalt für die logistischen Systeme Beschaffung, Materialfluß, Fertigung und Vertrieb heraus.

Ehrlenspiel, K.: Kostengünstig Konstruieren. Berlin u. a. 1985.

Dieses umfassende Werk zur konstruktionsbegleitenden Konstruktion enthält eine Reihe von Gestaltungsempfehlungen, die insbesondere auch aus logistischer Sicht relevant sind.

Pahl, G; Beitz, W.: Konstruktionslehre. Methoden und Anwendung. 3. Aufl., Berlin u. a. 1993.

In diesem Grundlagenbuch zur Konstruktion werden neben allgemein einsetzbaren Lösungs- und Beurteilungsmethoden sowie Methoden zur Produktplanung und zum Konzipieren, insbesondere Methoden zum Entwerfen dargestellt, die einen Eindruck von der Funktionsintegration in der Konstruktion vermitteln.

3.4 Logistikgerechte Arbeitsplanung

3.4.1 Besonderheiten der Arbeitsplanung für logistische Prozesse

Die logistischen Bedingungen während des Produktentstehungsprozesses werden nur dann vollständig im Produktionsvorfeld vorweggenommen, wenn über eine logistikgerechte Konstruktion hinaus auch die Arbeitsplanung den speziellen Anforderungen der Logistik Rechnung trägt.

Ein Arbeitsplan beschreibt die Abfolge der für die Produktentstehung notwendigen Verfahrensschritte. Neben der Stückliste bildet er die wesentliche Informationsgrundlage für diverse Planungs-, Steuerungs- und Auswertungsaufgaben. So ist beispielsweise die Aufnahme logistischer Vorgänge in den Arbeitsplan eine wesentliche Datengrundlage für eine produktbezogene Kalkulation logistischer Kosten.

Ebenso setzt auch die Planung logistischer Leistung auf diesen Daten auf.[1] Damit erfolgt eine Ablösung der bislang zumeist aus der Fertigungskapazitätsplanung abgeleiteten Einsatzplanung von Logistikkapazitäten, zu denen neben Transportmitteln und -hilfsmitteln, Umschlag- und Lagereinheiten auch das im Logistikbereich eingesetzte Personal gehört. Anstelle eines engpaßumgehenden Vorhaltens von überdimensionierten Kapazitäten werden die Logistikressourcen bei Zugrundelegung von Arbeitsplänen, die auch logistische Vorgänge berücksichtigen, bedarfsorientiert geplant.

Wichtig ist hierbei, daß die logistischen Abläufe entsprechend den fertigungstechnischen Prozessen analytisch geplant werden, d. h. für jeden Teiledurchlauf einzeln hergeleitet werden. Ansonsten besteht die Gefahr, daß alleine aufgrund von Mengenangaben oder der Kenntnis der fertigungstechnischen Abläufe die logistischen Vorgänge pauschal prognostiziert werden, ohne daß jedoch eine hinreichend stabile Beziehung besteht.

Beispielsweise kann ein Verfahrenswechsel in der Produktionstechnik, der durch den Einsatz einer Spezialmaschine mit einer deutlichen Fertigungszeitverringerung verbunden ist, für die Ausführung des Transports zum nächsten Betriebsmittel ohne Bedeutung sein. Fertigungstechnische und logistische Komplexität sind mithin nicht gleichzusetzen.

Unter logistikgerechter Arbeitsplanung soll hier die direkte Antizipation logistischer Vorgänge während der Arbeitsplanerstellung verstanden werden.

---

[1] Vgl. Weber (1991), S. 52-56; Pape (1990), S. 10f.

Zielsetzung ist es, die bislang im wesentlichen fertigungstechnisch orientierte Arbeitsvorbereitung um logistikrelevante Angaben zu ergänzen und somit Ergebnisse - d. h. hier Arbeitspläne - zu erhalten, die die logistischen Konsequenzen berücksichtigen.[2] Dazu gehört auch die Aufgabe, die Vorgaben aus der Konstruktion auf ihre Logistikgerechtheit zu überprüfen und ggf. eine Änderungskonstruktion mit dem Ziel einer höheren Logistikgerechtheit anzustoßen.

In diesem Kapitel zur logistikrechten Arbeitsplanung wollen wir unbetrachtet lassen, daß Arbeitspläne zwangsläufig auch gegenwärtige Entwicklungen abbilden, die die tayloristische Arbeitsteilung aufheben, indem sie die Anzahl der ablauforganisatorischen Schnittstellen und somit den logistischen Aufwand reduzieren.

Als ein Beispiel hierfür sei die im Rahmen des Total Quality Managements diskutierte, prozeßintegrierte Selbstkontrolle genannt. Die damit verbundene Reduzierung des Transportaufwands ist in diesem Fall kein Resultat einer logistikorientierten Arbeitsplanung, sondern Ergebnis von Organisationsveränderungen, die nur u. a., aber nicht im wesentlichen Logistikaspekte berücksichtigen.

Die logistischen Implikationen aktueller Produktionskonzepte (s. a. Lean Production, Fertigungsinseln, Flexible Fertigungssysteme) wurden bzw. werden in anderen Kapiteln ausführlich dargestellt.

An eine logistikrechte Vorbereitung der Fertigung sind einige Anforderungen zu stellen, die von den üblichen Arbeitsplaninhalten nicht abgedeckt werden. Hierzu gehört, daß ein Arbeitsplan nicht nur die Vorgänge ausweist, die für eine qualitative Werkstückveränderung sorgen, sondern er hat auch die räumliche und zeitliche Veränderung der Produkte abzubilden. Entsprechend sind

-   Transportmittel als Planungsgröße in die Arbeitspläne einzubeziehen, um in der Kapazitätsplanung Berücksichtigung finden zu können. Die Transportmittel sind abhängig von ihrer Kapazitätsauslastung mit einer Kennung zu versehen, die Auskunft erteilt, ob ein Kapazitätsabgleich durchzuführen ist.

-   Transporthilfsmittel wie Spannvorrichtungen, Paletten etc. sind ggf. als Ressourcen auszuweisen, deren Verfügbarkeit im Rahmen der Auftragsfreigabe zu prüfen ist.

---

2   Vgl. auch Pape (1990), S. 5ff.

-    Zur Bestimmung des logistischen Aufwands ist der Zeitbedarf für die
     benötigte Transportleistung zu ermitteln. Dieser wird durch die Ar-
     beitsplatz- und Pufferverkettung, die Transportorganisation und die
     mittlere Kapazitätsbelastung beeinflußt.[3] Zur Ermittlung des Zeitbe-
     darfs sind u. a. Transportzeitmatrizen zu verwenden, die die von Stand-
     orten aufeinanderfolgender Arbeitsplätze abhängenden Transportzeiten
     wiedergeben. Des weiteren ist die jeweilige Prozeßmenge zeitbe-
     stimmend, d. h. die mit einem Transportvorgang gleichzeitig transpor-
     tierbare Menge.

Es kommt damit zu einer Erweiterung der Arbeitsplaninformationen. Die bisherige Abbildung logistischer Leistungen in Form von pauschalen Übergangszeiten, die generell für einen Arbeitsplatz gelten und somit im Betriebs-
mittelsatz hinterlegt sind, wird aufgehoben. Vielmehr gilt es, Transportvorgänge als eigene, zu den fertigungstechnischen Abläufen gleichrangige Arbeitsgänge mit Ressourcen- und Zeitbeanspruchung abzubilden.

Prozeßnah zu treffenden Entscheidungen liegen umfangreichere Freiheitsgrade zugrunde, wenn der Arbeitsplan neben einem (z. B. transportkostenmi-
nimalen) Soll-Transportmittel alternative Transportmittel vorsieht.[4] Deren Inanspruchnahme kann sich trotz höherer Kosten lohnen, falls beispielsweise
das standardmäßig vorgesehene Transportmittel kapazitativ überlastet ist und
nur so die für eine termingerechte Fertigstellung notwendige Durchlaufzeit
erzielbar ist. Sind in einem Alternativarbeitsplan mehrere funktions- und ko-
stengleiche Betriebsmittel angegeben, kann aus logistischer Sicht die Minimierung des Transportwegs ein Entscheidungskriterium bei der Auswahl des
zu verwendenden Arbeitsplans sein.[5]

Eine automatisierte Arbeitsplangenerierung wird dadurch unterstützt, daß
der Stammarbeitsplan abhängig von der Stückzahl, der Auftragspriorität oder
der Transportanforderungen des Teils einzusetzende Transportmittel ausweist, die gemäß dem jeweiligen Auftrag ausgewählt werden.

Manche Produktentstehungsprozesse beinhalten prozeßbedingte Liegezeiten. Beispielsweise müssen glühende Brammen vor Weiterverarbeitung des
Eisens ausreichend abgekühlt sein. Trockenvorgänge nach einer Lackierung
sind ebenfalls prozeßbedingte Liegezeiten. In solchen Fällen bedarf es einer
Überprüfung, inwieweit derartige Abkühlungs- und Trockenvorgänge auch
während des Transports stattfinden können - Produktion, Transport und La-

---

[3]   Vgl. Pawellek, von Hassel (1991), S. 82f.

[4]   Zu Alternativarbeitsplänen vgl. auch Kapitel 4.3.2, S. 292-297.

[5]   Vgl. auch Abb. 3.18, S. 218.

gerung mithin simultan möglich sind.[6] Bei prozeßbedingten Liegezeiten ist innerhalb des Arbeitsplans im Anschluß an einen fertigungstechnischen Arbeitsgang das Maximum dieser beiden Zeiten - die prozeßbedingte Liegezeit oder die Transportzeit - anzusetzen.

Arbeitsgänge, die logistische Operationen beschreiben, unterscheiden sich von fertigungstechnischen Arbeitsgängen dadurch, daß

- im Normalfall kein Ausschuß auftreten kann,

- anstelle von Rüst- und Abrüstzeiten Vor- und Nachlaufzeiten für den Standortwechsel existieren,

- die Transportzeit über eine Prozeßmenge definiert wird, die im Regelfall größer als eins ist. Es ergibt sich mit wachsender Transportmenge folglich eine abschnittsweise definiert verlaufende Transportzeit. Bei Fertigungsaggregaten mit konstanter Intensität kann hingegen zumeist nur ein Teil zugleich gefertigt werden; somit ist die Bearbeitungszeit linear von der Stückzahl abhängig (vgl. Abbildung 3.25).

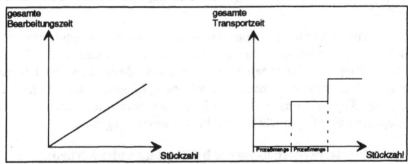

Abb. 3.25: Unterschied Bearbeitungs- und Transportzeit

Logistikgerechte Arbeitsplanung bedeutet die Integration logistischer Prozesse in die Arbeitsvorbereitung, um so die Datengrundlage für die Planung und Steuerung der Logistik zu schaffen. Logistische Prozesse weisen im Vergleich zu fertigungstechnischen einige Besonderheiten auf (kein Ausschuß, Vor- und Nachlaufzeiten, sprungfixe Transportzeiten).

---

[6] Vgl. Kirsch (1973), S. 284.

3.4.2 Logistische Aspekte bei Maßnahmen zur Durchlaufzeitverkürzung

In derzeitigen Arbeitsplänen geben im Regelfall einzig die Angaben zu Übergangszeiten und möglichen Durchlaufzeitverkürzungen logistische Bedingungen wieder.[7] Zu letzteren zählen der Transportzeitreduzierungsfaktor, die Mindestweitergabemenge bei überlappender Fertigung und etwaige Restriktionen hinsichtlich der Möglichkeiten zum Splitting.

a)   Transportzeitreduzierungsfaktor

Der Faktor, um den sich die Transportzeit reduzieren läßt, zeigt die insbesondere für Eilaufträge zur Verfügung stehende Durchlaufzeitverkürzung mittels Transportzeitreduzierung an. Der Transportzeitreduzierungsfaktor hängt entscheidend von der Zeitdifferenz zwischen Standard- und schnellstem einsetzbaren Transportmittel ab. Der technisch bzw. ablauforganisatorisch maximal möglichen Beschleunigung ist die Reduzierungszeit gegenüberzustellen, die notwendig ist, um Verzugszeiten des Auftrags zu vermeiden. Aus der möglichen und der notwendigen Reduzierungszeit ist das Minimum auszuwählen.

Der Transportzeitreduzierungsfaktor stellt ein gut quantifizierbares Element der in Planungssystemen oft implementierten, pauschaleren Wartezeitverringerung dar. Die Möglichkeit, für einzelne Bestandteile der Übergangszeit (z. B. mittlere Wartezeit auf Bearbeitung, Liegezeit vor bzw. nach Bearbeitung, Kontrolle und Transport) Reduzierungsfaktoren anzusetzen und zu pflegen, ist allerdings nicht in allen PPS-Systemen gegeben.

b)   Mindestweitergabemenge bei überlappender Fertigung

Die im Arbeitsplan angegebene Mindestweitergabemenge gibt einen Hinweis darauf, ab welcher Fertigungsauftragsmenge eine *überlappende* (oder auch *offene) Fertigung* technisch möglich bzw. wirtschaftlich sinnvoll ist. Überlappende Fertigung bedeutet, daß Teilmengen eines Arbeitsgangs noch vor Fertigstellung der Gesamtmenge zum nächsten Betriebsmittel weitertransportiert und dort bearbeitet werden. Durch Überlappung werden somit zwei Arbeitsgänge, die ansonsten sequentiell abzuarbeiten wären, zumindest teilweise parallel ausgeführt.

Soll eine überlappende Fertigung ihren durchlaufzeitverkürzenden Nutzen entfalten, muß das nachgeschaltete Transportwesen einen entsprechend kontinuierlichen Transport gewährleisten können. Da aber die Mindestweiterga-

---

[7]   Zu einer ausführlichen Darstellung der Maßnahmen zur Durchlaufzeitreduzierung vgl. z. B. Kurbel (1992), S. 153-159; Glaser, Geiger, Rohde (1992), S. 153-176. Müller widmet sich ausführlich dem Splitting und der Überlappung. Vgl. Müller (1980).

bemenge die Möglichkeiten zur überlappenden Fertigung nur aus Sicht des Fertigungsmittels charakterisiert, bedarf es zusätzlich der Angabe, ob überhaupt *überlappender Transport* möglich ist. Die vorhandene Transportkapazität stellt also einen wesentlichen Einflußfaktor für eine überlappende Fertigung dar.[8] Folglich sollte auch die Festlegung der Mindestweitergabemengen innerhalb der Arbeitsplanung unter Beachtung der Transportrestriktionen erfolgen.

Besondere Bedeutung besitzt das Transportieren bei überlappender Fertigung und unterschiedlichen Intensitäten zweier aufeinander folgenden Betriebsmitteln. Wie die nachstehende Abbildung 3.26 zeigt, treten im Falle einer höheren Intensität auf dem nachfolgenden Aggregat n+1 dort Stillstandszeiten auf, wenn die Weitergabemengen und die Transportzeiten unverändert bleiben (a). Wird auf dem vorgelagerten Betriebsmittel die höhere Intensität gefahren, kommt es zu ablaufbedingten Wartezeiten vor dem anschließenden Betriebsmittel n+1 (b).

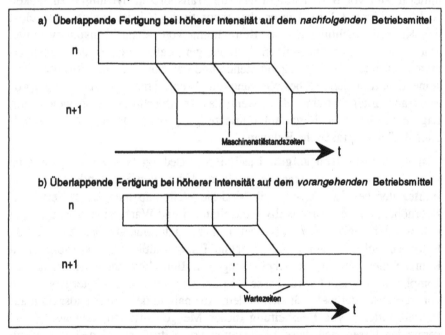

Abb. 3.26: Die Konsequenzen unterschiedlicher Intensitäten bei überlappender Fertigung

Hinsichtlich der Transportaufgabe bei überlappender Fertigung bestehen zwei Gestaltungsparameter: die Variation der Transportmenge und die der Transportintensität. Je nachdem, ob Betriebsmittel n oder n+1 die höhere In-

---

[8]   Vgl. Becker (1991), S. 136.

tensität aufweist, lassen sich durch Veränderung dieser beiden Variablen Maschinenstillstandszeiten bzw. Auftragswartezeiten reduzieren. Im folgenden werden die Wirkungen von Veränderungen dieser beiden Variablen getrennt dargestellt. Das Ergebnis einer simultanen Veränderung von Transportmenge und -geschwindigkeit läßt sich daraus leicht ableiten.

Ist die Transportzeit variabel, so kann sie zur Vermeidung von Maschinenstillständen bzw. ablaufbedingter Wartezeiten für den Abgleich unterschiedlicher Intensitäten sorgen. Besitzt das nachfolgende Betriebsmittel n+1 eine Intensität (x_{n+1}), die höher ist als die Intensität des Betriebsmittels n (x_n), so ist bei konstanten Weitergabemengen die Transportgeschwindigkeit im Zeitablauf zu erhöhen (vgl. Abbildung 3.27a), wodurch Stillstandszeiten des Aggregats n+1 verhindert werden.

Im umgekehrten Fall ($x_n > x_{n+1}$) wäre zur Vermeidung von Stillstandszeiten des Betriebsmittels n bzw. von ablaufbedingten Wartezeiten nach Betriebsmittel n oder vor Betriebsmittel n+1 die Transportzeit dynamisch zu senken (vgl. Abbildung 3.27b). Dieser eher theoretische Fall ist jedoch - losgelöst von Kostenbetrachtungen - bei Betrachtung von reinen Transportsystemen unter den sehr einschränkenden Bedingungen, daß ausreichende Transportmittelkapazitäten zur Verfügung stehen und daß vor dem Betriebsmittel n+1 keine Lagermöglichkeit besteht, sinnvoll. Wenn Transport- und Lagerprozesse aber integriert sind, d. h. wenn das Transportmittel auch gleichzeitig Lagermittel ist (z. B. Regal auf Förderzeug), gewinnt der Fall b aus Abbildung 3.27 auch praktische Relevanz.

Ist die Transportzeit aufgrund technischer Bedingungen fix, so trägt eine *Variation der Transportmengen* zu einem Abbau von Stillstandszeiten bzw. Wartezeiten bei. Falls $x_n > x_{n+1}$ gilt, sind die Weitergabemengen im Zeitablauf zu erhöhen, um Maschinenstillstandszeiten auf und Wartezeiten vor Aggregat n bzw. Wartezeiten vor Aggregat n+1 zu unterbinden. Das zuletzt von Betriebsmittel n zu n+1 weitergegebene Teillos müßte dabei Wartezeiten in Kauf nehmen, sofern die Arbeitsmenge auf Betriebsmittel n hintereinander komplett abgearbeitet wird. Diese Wartezeit für die letzte Weitergabemenge vor Betriebsmittel n+1 läßt sich in dem Ausmaß, in dem Stillstandszeiten auf Betriebsmittel n vor Bearbeitung dieser Menge auftreten, abbauen. Ganz vermeiden lassen sich diese Wartezeiten vor Betriebsmittel n+1 nur, wenn das letzte Teillos auf Betriebsmittel n "just-in-time" erstellt werden würde, so daß Stillstandszeiten auf Betriebsmittel n+1 vermieden werden. Dann würde die Teilmenge jedoch Wartezeiten bei Betriebsmittel n aufweisen.

Weist das nachfolgende Betriebsmittel eine höhere Intensität auf ($x_n < x_{n+1}$), sind die Weitergabemengen sukzessiv zu reduzieren, um keine Stillstandszeiten auf Aggregat n+1 auftreten zu lassen.

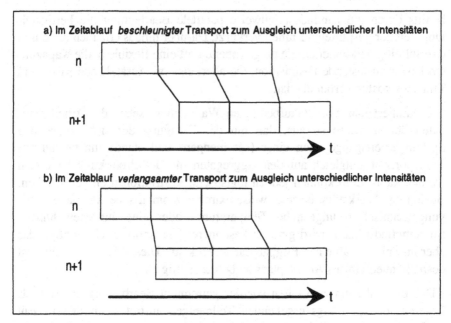

Abb. 3.27: Dynamische Anpassung der Transportzeiten in Abhängigkeit von den Intensitäten

Derartige Variationen der Transportmenge sind allerdings nur dann beliebig realisierbar, wenn es keine Bindung zwischen Fertigungs- und Transportlosen gibt. Ein Fertigungssteuerungsverfahren, daß sich die positiven Effekte unterschiedlich großer Fertigungs- und Transportlose zunutze macht, ist OPT.

Im Fall der überlappenden Fertigung ist für eine wirtschaftliche Entscheidung die Beachtung der Transportkosten unerläßlich, da erst dadurch die Anzahl an Überlappungen nach oben begrenzt wird. Zugleich gilt für alle Variationen von Transportgeschwindigkeit und -menge, daß die damit einhergehenden Kostenwirkungen stets den Kosten gegenüberzustellen sind, die mit etwaigen Maschinenstillstandszeiten bzw. Auftragswartezeiten oder aber mit der intensitätsmäßigen Anpassung der beteiligten Aggregate verbunden sind.

c) Splitting

Ein weiteres wichtiges Kennzeichen mit logistischer Bedeutung stellen innerhalb des Arbeitsplans Angaben bzgl. etwaiger *Splitting*möglichkeiten, z. B. in Form von Splittingmindestmengen, dar. Unter Arbeitsgangsplitting versteht man die mit dem Ziel der Durchlaufzeitverkürzung erfolgende Aufteilung eines Fertigungsauftrags (Auftragssplitting) oder einzelner Arbeitsgänge (Arbeitsgangsplitting) auf mehrere Betriebsmittel. Bei freien Kapazitäten wird

bereits durch die zumindest teilweise parallele Bearbeitung die Fertigstel-
lungszeit der gesplitteten Einheit verkürzt. Darüber hinaus erlauben die durch
das Splitting verkleinerten Planungseinheiten oft eine flexiblere, die Kapazitäten besser auslastende Disposition, die allerdings mit zusätzlichen Rüst- und
Transportkosten verbunden ist.

Abstrahiert man von ablaufbedingten Wartezeiten, sehen die Arbeitsplan-
daten üblicherweise so aus, daß mit der Fertigung der sich ergebenden
Splittingarbeitsgänge nach einer (oft mengen- und standortunabhängigen)
Transportzeit zeitgleich auf den Aggregaten mit der Produktion begonnen
werden kann. Dem können jedoch logistische Restriktionen entgegenstehen.
Besitzt das Werkstück beispielsweise extreme geometrische Ausmaße, fertigungstechnisch bedingt hohe Temperaturen oder eine außergewöhnliche
Stoßempfindlichkeit, wird ggf. ein besonderes Transportmittel benötigt, das
aber im Splittingfall einen Engpaß darstellen kann. Dieses Transportmittel ist
deshalb innerhalb des Arbeitsplans zu berücksichtigen.

Der Engpaß kann zum einen *vor* der getrennten Bearbeitung der sich als
Ergebnis des Splittings ergebenden Teilmengen auftreten. In diesem Fall
müßte die zweite Splittingmenge so lange gelagert werden, wie ein Trans-
portzyklus dauert (vgl. Abbildung 3.28a, in der vereinfachend beide Splittingarbeitsgänge zeitgleich fertiggestellt sind). Andererseits kann die gleiche Situation auch für den Weitertransport *nach* vollendeter paralleler Bearbeitung
der Teilmengen eintreten: Bevor die Teilmengen zur gemeinsamen Weiterbearbeitung zusammengeführt (gerafft) werden können, würde in einem solchen
Fall auf jede Teilmenge Wartezeit für die Zeit des Transports der jeweils anderen Menge entfallen (vgl. Abbildung 3.28b).

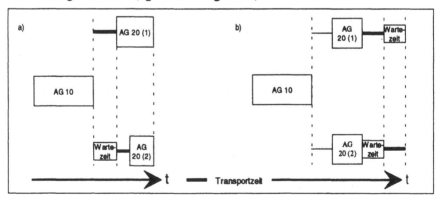

Abb. 3.28: Arbeitsgangsplitting bei einem Transportmittelengpaß

Ein derartiges Problem kann nur bei flexibler Verkettung, d. h. individueller
Umsetzung des Transportauftrags - z. B. mittels Gabelstapler - auftreten und

wird durch starre Verkettung - z. B. mittels Rollenbahnen - aufgehoben.[9] Des
weiteren wird dieses Problem gemindert, wenn Splitting mit überlappender
Fertigung einhergeht, d. h. wenn die erste Splittingmenge bereits abtranspor-
tiert wird, während die zweite noch bearbeitet wird und das Transportmittel
bei Abschluß dieser Fertigung wieder zur Verfügung steht. Werden die Teilmengen nicht parallel gefertigt - das Splitting somit also lediglich für eine
flexiblere Disposition genutzt - sinkt ebenfalls die Wahrscheinlichkeit, daß
das individuelle Transportmittel zum Engpaß wird. Arbeitspläne, die derartige logistische Restriktionen erfassen sollen, müssen mithin im Falle des Splittings Transportzeiten ausweisen, die sich in Abhängigkeit davon ergeben, ob
das notwendige Transportmittel einen Engpaß darstellt oder nicht.

Die obigen Ausführungen haben gezeigt, daß durch die Abbildung der logistischen Konsequenzen durchlaufzeitverkürzender Maßnahmen wie Transportzeitreduzierung, Überlappung und Splitting im Arbeitsplan eine dem oft
einseitig verfolgten Ziel der Durchlaufzeitminimierung gegenläufige Kosten-
entwicklung gegenübergestellt wird.

Dem hier skizzierten hohen Informationsaufwand bei einer stärkeren
Durchdringung der Zeitanteile innerhalb der Produktentstehung steht der
Nutzen gegenüber, in geringerem Maße entkoppelnde Pufferzeiten einplanen
zu müssen. Eine logistikgerechtere Arbeitsplanung leistet somit dadurch, daß
sie über die zumeist gut quantifizierbaren, aber anteilsmäßig geringen Fertigungszeiten weitere Teile der Übergangszeit planerisch erfaßt, einen Beitrag
zu erhöhter Planungsqualität.

Gleichwohl darf der daraus resultierende Effekt nicht überschätzt werden.
Zum einen ist der Anteil der Transportzeit an der gesamten Durchlaufzeit
sehr gering. Ordnet man hingegen auch die Liegezeit den logistischen
Prozessen zu, nehmen diese einen Großteil der Durchlaufzeit ein.[10]

Andererseits reduziert eine verkürzte Transportzeit nur dann die
Durchlaufzeit, wenn die mittlere Transportzeit größer als die durchschnittliche Wartezeit vor dem nächsten Fertigungsaggregat ist, wie dies z. B. bei
unterausgelasteten Betriebsmitteln der Fall sein kann.[11]

---

[9]   Zu den Begriffen flexible und starre Verkettung vgl. Pawellek, von Hassel (1991), S. 84.

[10] So zu finden bei Pape (1990), S. 5.

[11] Vgl. Schulte Herbrüggen (1991), S. 173.

> In der Produktionsplanung und -steuerung zeigt sich bei den Maßnahmen zur Durchlaufzeitverkürzung, der Verkürzung der Übergangszeit, der überlappenden Fertigung und dem Splitting, daß der angestrebte Effekt wesentlich auch von logistischen Bedingungen abhängt. Der Transport bietet zudem durch Variation der Transportmenge und der Transportgeschwindigkeit eigene Gestaltungsparameter.

3.4.3 Interdependenzen einer logistikgerechten Arbeitsplanung

Logistikgerechte Arbeitspläne sind die Datengrundlage für die planerische Berücksichtigung der Logistikprozesse. Insbesondere das PPS-System greift für seine betriebswirtschaftlich-planerischen Funktionen auf die Arbeitspläne zu.

Zur (Logistik-)Kostenkalkulation werden Daten aus den Arbeitsplänen benötigt. Dies sind entweder Stammdaten (dann werden sie über die Stammdatenverwaltung zur Verfügung gestellt) oder auftragsbezogene Daten, die die Arbeitsplanung aktuell in Abhängigkeit von der momentanen Kapazitätsbelegung erstellt.

Daten über Lager- und Liegezeiten von Aufträgen, die im Materialfluß der Werkstattfertigung den größten Anteil ausmachen, werden der Arbeitsplanung über die Materialwirtschaft zur Verfügung gestellt. Diese Daten finden in den Arbeitsplänen Eingang in die Zeitermittlung von Arbeitsplänen, die für die Vorwärts- und Rückwärtsterminierung benötigt werden.

Der in den Arbeitsplänen dokumentierte Zeit- und Ressourcenverbrauch für logistische Prozesse ist die Planungsgrundlage für die kapazitätswirtschaftlichen Aufgaben. Diese Daten werden in der Arbeitsplanung erzeugt und über die integrierte Stammdatenverwaltung der Kapazitätswirtschaft zur Verfügung gestellt. Innerhalb der Auftragsfreigabe erfolgt die Verfügbarkeitsprüfung für die im Arbeitsplan festgelegten Ressourcen. Prozeßnah nutzt die Fertigungssteuerung die Arbeitsplaninformationen zur Maschinen- und Transportmittelbelegungsplanung.

Umgekehrt erhält die Arbeitsplanung vom PPS-System Informationen zu potentiellen Engpaßtransportmitteln. Dadurch kann bereits bei der Arbeitsplanerstellung auf logistische Engpaßsituationen Rücksicht genommen werden. Eine ähnliche Bedeutung haben Betriebsmitteldaten (Standorte, Auslastung), die die Arbeitsplanung von der Fertigungssteuerung erhält. Insbesondere, wenn die Arbeitsplanung Fertigungsvorschriften erst kurz vor der eigentlichen Produktion erstellt (wozu sehr marktnah arbeitende Unternehmen z. T. übergehen), fließen die aktuellen geplanten Kapazitätsbelegungen in die

Erstellung des Arbeitsplans mit ein, d. h. es werden - wo möglich - die Fertigungsverfahren ausgewählt, die Betriebsmittel beanspruchen, welche aktuell nicht den Engpaß darstellen.

Von der Betriebsdatenerfassung stammen Ist-Daten, die der Aktualisierung der in den Arbeitsplänen festzulegenden Zeitangaben dienen.

Innerhalb der CAD/CAM-Schiene besteht ein enger Informationsverbund der Arbeitsplanung mit vor- und nachgelagerten Funktionen des Produktentstehungsprozesses. Von besonderer Bedeutung sind die Interdependenzen und gegenseitigen Restriktionen mit der Konstruktion. Beim Design völlig neuer Produkte hat die Konstruktion viele Freiheitsgrade, auch bezüglich der fertigungstechnischen und logistischen Restriktionen, da bei Verwirklichung des Simultaneous-Engineering-Ansatzes Produkt-, Produktions- und - in Erweiterung des klassischen Simultaneous-Engineering-Ansatzes - Logistikprozesse parallel geplant werden. Hier kann nicht festgemacht werden welcher Bereich welchem Restriktionen auferlegt, da bei simultaner Planung sich die (gegenseitigen) Restriktionen sukzessive ergeben.

Soll aber eine Neukonstruktion mit dem vorhandenen Betriebsmittelpark und der vorhandenen Logistikinfrastruktur den Produktionsprozeß durchlaufen oder handelt es sich um Anpassungs- oder Variantenkonstruktion, bilden Betriebsmittel-, Transport- und Lagerdaten, die z. T. übergreifenden Stammdatencharakter haben, einschränkende Bedingungen für die Konstruktion. Durch die Konstruktion wiederum werden Einschränkungen hinsichtlich der möglichen Arbeitsgangfolgen vorgenommen. Einerseits erstellt die Arbeitsplanung aufgrund der durch die Konstruktion definierten Produktdaten (logistikgerechte) Arbeitspläne. Andererseits ist die Konstruktion über die Konsequenzen der Produktgestaltung auf die Freiheitsgrade der Arbeitsplanung zu informieren.

Aus den CAM-Komponenten stammen Informationen wie z. B. Prozeßmengen und Transportzeiten je Transportmittel zwischen Bearbeitungsstationen (aus der Transportsteuerung), Lagerrestriktionen (aus der Lagersteuerung) und Montagestandorte (aus der Montagesteuerung). Zur Integration der Qualitätssicherung sind die Arbeitspläne um Prüfaufgaben zu ergänzen. Besondere Qualitätsanforderungen an die Ausführung der TUL-Prozesse sind festzuhalten.

Abbildung 3.29 stellt die Interdependenzen einer logistikgerechten Arbeitsplanung mit den im Y-CIM-Modell enthaltenen Funktionen dar.

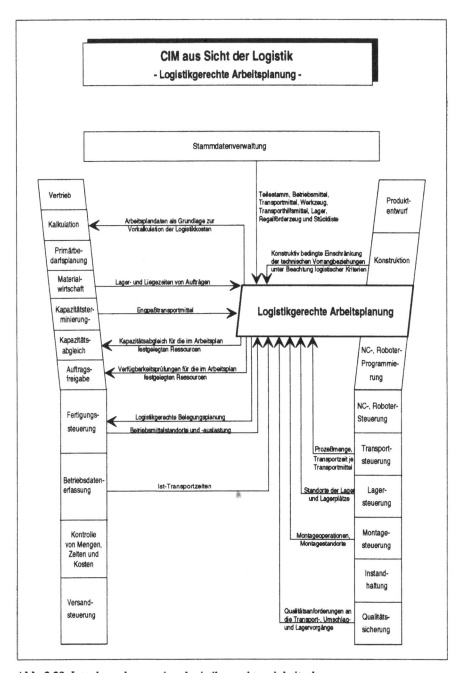

Abb. 3.29: Interdependenzen einer logistikgerechten Arbeitsplanung

3.5 Logistikgerechte CAM-Funktionen

3.5.1 Logistik-Bezug der CAM-Funktionen

Der Bereich CAM - also die Teilefertigung (in der flexibel automatisierten Fabrik realisiert mit Hilfe der NC- und Robotersteuerung), die Transport- und Lagersteuerung sowie die Montagesteuerung - ist von allen CIM-Bereichen der mit dem höchsten direkten logistischen Anteil. Während in den Planungsprozessen (Produktionsplanung und CAD/CAP) und in der Produktionssteuerung logistische Gegebenheiten nur indirekt Objekt der Betrachtung sind, finden im Computer Aided Manufacturing logistische Vorgänge unmittelbar statt.

In den vorangegangenen Kapiteln wurden die Veränderungen im Informationsfluß herausgearbeitet, die notwendig sind, damit die dort genannten Funktionen (PPS, CAD, CAP) logistikgerecht - also so, daß logistische Belange berücksichtigt sind - ausgeführt werden können. CAM aus Sicht der Logistik zu gestalten bedeutet hingegen, den Logistikleistungsgrad selber zu erhöhen.

Der Logistikbezug der Teilbereiche Transport- und Lagersteuerung manifestiert sich dabei bereits in der Begrifflichkeit. Wenn auch in der Teilefertigung die eigentliche Produktion vorrangiges Steuerungsobjekt ist, so sind auch hier die logistischen Funktionen direkt betroffen. Ein NC-gesteuertes Bearbeitungszentrum z. B. vereint in einem Betriebsmittel bereits Produktions- und Logistikprozesse. Die Montage schließlich ist in einem Unternehmen die logistisch anspruchsvollste Aufgabe, da hier die Materialflüsse aus der Teilefertigung und Vormontage zusammenlaufen und zeitlich, mengenmäßig und räumlich koordiniert werden müssen.

Auch im CAM-Bereich wird die eingangs gewählte Terminologie aufrecht erhalten. Der Transport das Lagern und die physische Materialflußbewegungen in der Teilefertigung und in der Montage sind Logistikaufgaben, die sie steuernden Informationflüsse sind CIM-Aufgaben. Konkret bedeutet dies, daß die Plazierung durch ein Regelförderzeug einer Palette in einem Hochregallagerplatz Betrachtungsgegenstand der Logistik ist. Eine Speicherprogrammierbare Steuerung (SPS)[1], die dafür verantwortlich ist, daß das

---

[1]   SPS sind Steuerungen, deren Programm in einem Programmspeicher gespeichert sind. Sie lassen sich in austauschprogrammierbare und freiprogrammierbare Steuerungen unterteilen und sind aufgrund der möglichen Umprogrammierung sehr flexibel.

Regalförderzeug tatsächlich den Weg nimmt, den es nehmen soll, und ein Softwareprogramm, das den Informationsfluß regelt, sind Betrachtungsgegenstand des Computer Integrated Manufacturing.

Standen im zweiten Kapitel die Anforderungen im Vordergrund, die Logistik-Konzepte an die Informationsverarbeitung stellen, so soll nun betrachtet werden, welche Konsequenzen informationstechnische Entwicklungen, hier Automatisierung, Flexibilisierung und Integration der Fertigung, im Hinblick auf die logistische Ausgestaltung haben und wie sie sie substantiell verändern, bzw. z. T. sogar eliminieren können.

3.5.2 Automatisierung von Transport-, Umschlag- und Lagervorgängen

Die Informationsdurchdringung im Lagerbereich führt einerseits zur Automatisierung von Vorgängen, die ansonsten manuell durchgeführt würden, andererseits ermöglicht sie (wirtschaftlich) erst bestimmte Lagerorganisationsformen.

Zur ersten Kategorie gehören automatische Regalförderzeuge, die die Aufgabe haben, Materialien (u. U. auf Ladehilfsmitteln) in bestimmte Lagerplätze zu befördern, und damit z. B. personenbediente Hochregalstapler ablösen.

Die Organisationsform der chaotischen Lagerplatzvergabe ist ein Beispiel für die zweite Kategorie. Eine chaotische Lagerhaltung ist wirtschaftlich nur realisierbar, wenn ein Informationssystem die Zuordnung von Lagerplätzen zu Teilen verwaltet und steuert. Dies liegt darin begründet, daß für die Steuerung permanent zwei Betrachtungsweisen notwendig sind: die der Lagerplätze (um z. B. für eine Einlagerung einen freien Lagerplatz ausfindig machen zu können) und die der Teile (um z. B. für die Auslagerung eines bestimmten Teils den Lagerplatz zu finden, auf dem ein solches Teil vorhanden ist, zusätzlich evtl. unter Beachtung der Forderung, daß das zuerst eingelagerte Teil auch zuerst entnommen werden soll). Zwar ist eine manuelle Steuerung *grundsätzlich* möglich, sie würde aber wegen der zweifachen Bestandsführung zu hohen Kosten führen.

Das Informationssystem führt also zu geänderter Lagerorganisation, die natürlich auch kein Selbstzweck ist, sondern der Effizienz der Lagerhaltung dient. Diese wird dadurch erreicht, daß eine chaotische Lagerhaltung eine gute Ausnutzung des Lagerangebots gestattet, da prinzipiell jedes Teil jedem Lagerplatz zugeordnet werden kann.

Zum Umschlagen und zum Transportieren kommen neben anderen Einrichtungen Roboter zum Einsatz.

"Industrieroboter sind universell einsetzbare Bewegungsautomaten mit mehreren Achsen, deren Bewegungen hinsichtlich Bewegungsfolge und Wegen bzw. Winkeln frei (d. h. ohne mechanischen Eingriff) programmierbar und gegebenenfalls sensorgeführt sind. Sie sind mit Greifern, Werkzeugen oder anderen Fertigungsmitteln ausrüstbar und können Handhabungs- und/oder Fertigungsaufgaben ausführen."[2]

Aufgrund ihrer technischen Beschaffenheit (Logistikaspekt) und ihrer Steuerung (CIM-Aspekt) sind sie in der Lage, zu bearbeiten (Analogie zur NC-gesteuerten Werkzeugmaschine) und zu transportieren (Analogie zum Fahrerlosen Transportsystem).

Wurden Roboter im Automobilbau bisher primär zum Schweißen und Lackieren eingesetzt, so erweitert sich das Anwendungsgebiet nicht nur im Bereich der Fertigung (Montage- und Fügetechnik, Entgraten), sondern vor allem auch in den logistischen Prozessen des Palettierens, Be- und Entladens, Kommissionierens, Bedienens, Verkettens von Maschinen und Verpackens.[3] Gerade durch die Entwicklung von mobilen Robotern gewinnt der logistische Anteil an Bedeutung. Man unterscheidet hier zwischen Handhabungsrobotern und Transportrobotern, die keine Handhabungsachsen besitzen.[4]

Die wichtigste Eigenschaft des Roboters ist seine Flexibilität, d. h. die Anpassungsfähigkeit an wechselnde Aufgaben. Sie wird erreicht durch die Robotersteuerung und ihre Programmiermöglichkeit. Es ist zu differenzieren zwischen einfachen Steuerungen ohne Meßsystem und ohne geregelte Antriebe der einzelnen Achsen, Punkt- und Bahnsteuerungen und Play-back-Verfahren.[5] Die Programmierung erfolgt über Angabe der Positionen oder mit Hilfe des Teach-in-Verfahrens (der Bediener fährt die Position an, wobei die Koordinatenwerte in den Speicher übernommen werden).

Mobile Roboter übernehmen im Materialfluß Aufgaben des Umschlags (von Lager oder Werkzeugmaschine zu Roboter), des Transports und wiederum des Umschlags (Zuführung zu Werkzeugmaschine oder Übergabe an Lager).

Mit der Kopplung von Robotersteuerungen und Sensorsystemen wird die Flexibilität der Roboter im Materialfluß weiter erhöht. Der Roboter "erkennt" über optische oder taktile Sensoren die Werkstücke, die er zu

---

[2] VDI-Richtlinie 2680.

[3] Vgl. Kief (1990), S. 385.

[4] Vgl. Jünemann (1989), S. 344.

[5] Vgl. Kief (1990), S. 374-377.

handhaben oder zu transportieren hat, ohne daß die Steuerung im vorhinein das nächste Werkstück zu kennen braucht.

Während Roboter, insbesondere mobile Roboter, Transport- und Umschlagvorgänge miteinander verbinden, übernehmen Regale auf Flurförderzeugen[6] oder schienengeführten Wagen gleichzeitig Transport- und Lageraufgaben. Dadurch entfallen Umschlagprozesse und damit auch die Steuerung und Verwaltung der Schnittstellen zwischen Transport und Lager. Derartig mobile Regale sind z. B. geeignet, um bei nicht vollständig synchronisierten aufeinanderfolgenden Fertigungseinrichtungen neben der Transportfunktion eine Pufferungsfunktion zu übernehmen, so daß ein zusätzlicher Lagervorgang entfallen kann. Eine derartige Funktion kann z. B. bei der bereits skizzierten überlappenden Fertigung im Falle unterschiedlicher Intensitäten der beteiligten Aggregate sinnvoll sein[7].

Der Materialfluß kann nur dann optimal gesteuert werden, wenn Lagersteuerung, Transportsteuerung und Steuerung der Fertigungseinrichtungen integriert zusammenarbeiten. Die Steuerung eines Handhabungsroboters, der einer Werkzeugmaschine Werkstücke zuführen soll, muß direkt mit der NC-Steuerung der Maschine kommunizieren, damit ein reibungsloser Umschlag erfolgen kann. Wegen der engen zeitlichen Abstimmung (realtime) sollte in diesem Fall auch nicht der "Umweg" über das Fertigungssteuerungssystem (z. B. Leitstand) beschritten werden, welches ansonsten die zentrale "Drehscheibe" für die Koordination der kurzfristigen Fertigungs- und Logistikaufgaben darstellt.

Der nächste Abschnitt zeigt, wie die Integration von TUL-Prozessen untereinander und mit der eigentlichen Fertigung durch unterschiedliche Ausprägungen der flexiblen Automatisierung ermöglicht wird.

3.5.3 Komplexitätsreduktion der TUL-Prozesse durch Konzepte der flexiblen Automatisierung

Die flexible Automatisierung beruht auf der Möglichkeit, Fertigungsmaschinen nicht mehr manuell bedienen zu müssen, sondern sie über eine *numerische Steuerung* (Numerical control, NC) dazu zu veranlassen, daß die Werkzeuge die gewünschten Operationen an den Werkstücken ausführen. Das NC-Programm enthält Weg- und Schaltinformationen, also Informationen über die Geometrie des Werkstücks, Angaben zu den Werkzeugen und

---

[6] Vgl. hierzu Jünemann (1989), S. 167.

[7] Vgl. Kapitel 3.4.2, S. 242f.

Ausführungsanweisungen (Spindeldrehzahl, Vorschubgeschwindigkeit etc.). Ergänzt werden NC-Steuerungen z. B. durch Meßeinrichtungen, die u. a. Verschleiß von Werkzeugen erkennen können. Mit Hilfe der AC-Funktion (Adaptive control) können während der Bearbeitung ständig bestimmte Einstellungen, wie beispielsweise die Vorschubgeschwindigkeit, verändert werden.

Zur Automatisierung der Werkstattfertigung bzw. zur Flexibilisierung der Fließfertigung existieren verschiedene, numerisch gesteuerte Fertigungskonzepte, die von der CNC-Maschine bis zum Flexiblen Fertigungssystem reichen. Erst sie bewirken durch ihren überwachungsarmen Betrieb und die schnelle Durchführung von Rüstvorgängen eine zumindest teilweise Auflösung des Zielkonflikts von Flexibilität und Produktivität.[8]

Basisbaustein aller Ausprägungen der flexiblen Automatisierung ist die *CNC* (Computerized numerical control)-*gesteuerte Maschine*. Sie zeichnet sich dadurch aus, daß - im Gegensatz zur traditionellen NC-Maschine - die Bearbeitungsfolge nicht Schritt für Schritt von einem Datenträger (Lochstreifen) eingelesen wird, sondern die Werkzeugmaschine über einen integrierten Computer verfügt. Dieser stellt der Maschine die Arbeitsanweisungen des NC-Programms direkt zur Verfügung. Im *DNC* (Direct numerical control)-*Betrieb* sind mehrere CNC-Maschinen an einen Rechner angeschlossen, der die NC-Programme verwaltet. So können die Programme zur Ausführungszeit vom DNC-Verwaltungsrechner online auf die CNC-Maschine geladen werden.

Vorteile des DNC-Betriebs sind:

- Das Handling wird vereinfacht (Wegfall manueller Tätigkeiten)

- Fehlermöglichkeiten werden verringert

- Die Informationsbereitstellung für die CNC-Maschine wird beschleunigt

- Erstellung, Wartung und Test (Simulation) der NC-Programme können am DNC-Rechner erfolgen, ohne daß die CNC-Maschinen in Anspruch genommen werden.

Die nächste Stufe der flexiblen Automatisierung ist das *Bearbeitungszentrum (BAZ)*, bei dem eine CNC-Maschine mit einem automatischen Werkzeugwechsler versehen wird. Dadurch wird es möglich, daß in einer Aufspannung mehrere Bearbeitungen (z. B. Bohren und Fräsen mit unterschiedlichen Werkzeugen) an einem Werkstück durchgeführt werden können.

---

8 Vgl. Helberg (1987), S. 43f; Wildemann (1987), S. 19.

Die folgende Stufe bildet die *Flexible Fertigungszelle (FFZ)*. Sie besteht aus einem Bearbeitungszentrum mit einer automatischen Werkstückzufuhr, d. h. hier können unterschiedliche Teile nacheinander unterschiedliche Bearbeitungen erfahren. Die Werkstückzufuhr kann z. B. durch einen Roboter erfolgen.

Auf der höchsten Stufe der flexiblen Automatisierung steht das *Flexible Fertigungssystem* (FFS), bei dem mehrere Fertigungszellen durch Außenverkettung miteinander verbunden werden. Außenverkettung bedeutet, daß der Weg, den das Werkstück durch die Fertigung nimmt, nicht von vornherein vorbestimmt ist, sondern von Werkstück zu Werkstück variieren kann. Als Transportmittel werden hierbei neben schienengebundenen Systemen und Förderketten induktiv gesteuerte Fahrzeuge eingesetzt. Damit sind Flexible Fertigungssysteme die automatisierte Produktionstechnologie mit der höchsten Durchlauffreizügigkeit, d. h. dem größten Freiheitsgrad bei der Festlegung der Abarbeitungsreihenfolge für ein gegebenes Werkstückspektrum.

Aus logistischer Sicht sind vor allem die Auswirkungen der flexiblen Automatisierung auf die TUL-Prozesse von Bedeutung.

Da im Bearbeitungszentrum durch den automatischen Werkzeugwechsel mehrere Bearbeitungen an einem Werkstück durchgeführt werden, entfallen die Umschlag- und Transportvorgänge (und damit die evtl. bei nicht sofort anschließender Weiterbearbeitung anfallenden Lagervorgänge) zwischen den bei herkömmlicher Bearbeitung unterschiedlichen Bearbeitungsstätten. Die Arbeitsgangfolge "Fräsen - Umschlagen - Transportieren - Umschlagen - Lagern - Umschlagen - Transportieren - Bohren" verkürzt sich somit auf "Fräsen - Bohren".

In der Flexiblen Fertigungszelle sind Transport-, Umschlag- und Lagervorgänge vor dem Bearbeitungszentrum in einem System integriert. In einem Pufferlager vor der Fertigungseinrichtung werden Werkstücke gelagert, die über ein integriertes Transportsystem der Bearbeitungsstätte zugeführt werden und über eine automatische Umschlageinrichtung (den Werkstückwechsler) direkt in das Bearbeitungszentrum eingeschleust werden. Durch die relativ große Autonomie erhält die Flexible Fertigungszelle eine zeitlich größere Unabhängigkeit von anderen Fertigungseinheiten. In einer bedienungsarmen dritten Schicht z. B. kann die Produktion innerhalb der Flexiblen Fertigungszelle fortgeführt werden. Voraussetzung ist hierfür, daß das Pufferlager innerhalb der FFZ mit ausreichend Material gefüllt ist.

Während in der Flexiblen Fertigungszelle nur die Transportvorgänge vom Pufferlager vor den Bearbeitungszentren in die Fertigungsstätte zu steuern sind, was von geringer Komplexität ist, sind im Flexiblen Fertigungssystem

Transportvorgänge zwischen den verschiedenen Fertigungseinrichtungen explizit Objekte der Planung und Steuerung.

Wir sprechen in FFS von planenden und steuernden Aufgaben, weil einerseits die Durchführung des Transports zwischen zwei definierten Punkten sichergestellt sein muß (Steuerung), andererseits die Belegung der Maschinen mit Fertigungsauftrags-Arbeitsgängen so zu erfolgen hat, daß das Transportsystem kapazitätsmäßig in der Lage ist, das resultierende Transportaufkommen zu bewältigen. Innerhalb von FFS werden Transportsysteme nicht nur zum Werkstück-, sondern auch zum Fertigungshilfsmitteltransport und zur Entsorgung eingesetzt.

In Flexiblen Fertigungssystemen werden neben Transportvorgängen und - damit verbunden - (meist eher implizit) Umschlagvorgängen auch die in das FFS integrierten Lagersysteme, ebenfalls für Werkstücke und Fertigungshilfsmittel, geplant und gesteuert. Die logistischen Implikationen von BAZ, FFZ und FFS lassen sich also folgendermaßen charakterisieren:

BAZ: Wegfall von TUL-Prozessen durch Mehrfachbearbeitung in einer Fertigungsstätte

FFZ: Integration der einer Fertigungsstätte direkt vor- und nachgelagerten TUL-Prozesse

FFS: explizite Planung und Steuerung der TUL-Prozesse im Verbund von Fertigungsstätten.

3.5.4 Auswirkungen des CAM auf die TUL-Prozesse

Die flexible Automatisierung innerhalb des CAM hat - das haben die vorstehenden Erläuterungen gezeigt - folgenden Einfluß auf den Materialfluß:

1. *Automatisierung* von TUL-Prozessen

    Transport- und Lagervorgänge werden automatisiert, z. B. durch induktiv gesteuerte Fahrerlose Transportsysteme oder automatische Regalförderzeuge. Auch den Umschlag übernehmen automatisierte Einheiten (z. B. Roboter).

2. *Zusammenfassung* von TUL-Prozessen

    Transport- *und* Umschlagvorgänge werden durch einheitliche automatisierte Systeme übernommen (z. B. mobile Materialflußroboter).

3. *Entfall* von TUL-Prozessen

Transport-, Umschlag- und Lagerprozesse entfallen, wenn flexibel automatisierte Fertigungseinrichtungen mehrere Bearbeitungen eines Werkstücks in einer Aufspannung vollziehen, wie es in einem Bearbeitungszentrum der Fall ist (dadurch ist kein Transport zwischen unterschiedlichen Bearbeitungsstätten mehr notwendig).

4. *Kombination von Entfall* einiger *und Automatisierung* anderer TUL-Prozesse

Die genannten drei Ausprägungen können miteinander verbunden werden. Dies wird ermöglicht durch die Formen der Flexiblen Fertigungszelle (Zusammenfassung mehrerer Bearbeitungen und damit Entfall einiger TUL-Prozesse bei Automatisierung des Umschlags, d. h. der Zuführung der Werkstücke zur Fertigungseinrichtung) und des Flexiblen Fertigungssystems (Wegfall einiger Transportvorgänge durch mehrfache Bearbeitung in den Fertigungseinrichtungen und Automatisierung von Transport-, Umschlag- und Lagervorgängen).

3.5.5 Interdependenzen logistikgerechter CAM-Funktionen

Die Automatisierung der CAM-Prozesse führt insgesamt zu einer höheren EDV-Durchdringung dieses Bereiches. Dies zieht Schnittstellen zu den betriebswirtschaftlich-dispositiven Systemen nach sich. In Kapitel 2.2.4 wurden generell die Anforderungen an die Integration der TUL-Prozesse im Computer Aided Manufacturing mit den Systemen der Fertigungssteuerung, Betriebsdatenerfassung und Kontrolle von Mengen, Zeiten und Kosten angesprochen. Es wurde deutlich, daß vor allem die Funktionsintegration im Sinne von Triggern von Funktionen eine wichtige Rolle bei der Einbindung des CAM spielt. Bei den hier vorgestellten Komponenten der flexiblen Automatisierung kommt ein weiterer Aspekt zum Tragen: Wegen der Vereinigung mehrerer Aufgaben an einer Arbeitsstätte ist die *Funktionsintegration im Sinne von Zusammenwachsen von Funktionen* von außerordentlicher Wichtigkeit. Als Beispiele wurden skizziert: Mobile Materialflußroboter, die die Aufgabe haben, zu transportieren und umzuschlagen; Regale auf Flurförderzeugen, die transportieren und lagern; in Bearbeitungszentren entfallen Aufgaben des Transportierens, Umschlagens und Lagerns zwischen zwei Arbeitsgängen, da diese unmittelbar hintereinander von einer Maschine in einer Aufspannung durchgeführt werden; in Flexiblen Fertigungszellen werden zusätzlich Umschlagvorgänge integriert; und das Flexible Fertigungssystem, dessen Ausprägungen und informatische Gestaltung Gegenstand des

Kapitels 4.3 sein wird, vereinigt schließlich Transport-, Umschlag-, Lager- und Fertigungsvorgänge räumlich, organisatorisch und EDV-technisch.

Bezüglich der Interdependenzen (vgl. Abbildung 3.30) ist allgemein festzu- halten, daß bei zunehmender Stufe der flexiblen Automatisierung die Interde- pendenzen innerhalb der flexiblen (Transport-, Umschlag-, Lager-, Fertigungs-) Einrichtung steigen, und die Interdependenzen zum überge- lagerten System tendenziell abnehmen. Die Steuerung eines Flexiblen Fertigungssystems ist ein hochkomplexer Vorgang, da viele Komponenten berücksichtigt und zeitlich und räumlich koordiniert werden müssen: Werkstücke, Werkzeuge, Meß- und Prüfmittel, Transport- und Trans- porthilfsmittel, Umschlageinrichtungen, Lager, die Lagersteuerung der auto- matisierten Lagermittel und die Lagerverwaltung, die eigentlichen Ferti- gungs- und Prüfeinrichtungen. Dafür ist das Fertigungssteuerungssystem (z. B. Leitstand) aber von allen diesen Funktionen befreit und hat "nur noch" die Aufgabe, die Koordination mit vor- und nachgelagerten Stellen sicher- zustellen.

Damit CAM-Funktionen so gestaltet werden können, daß sie logistikopti- mal sind, muß eine Reihe von Datenstrukturinterdependenzen beachtet wer- den. Zur Ausgestaltung der flexiblen Automatisierung sind Informationen notwendig, inwieweit Flexibilitätsanstrengungen getrieben werden sollen, d. h. Informationen über zukünftig abzusetzende Produkte und ihre Mengen müssen vom Vertrieb (Marketing) und Konstruktion bereitgestellt werden.

Bei der Gestaltung des Transport-, Umschlag- und Lagersystems sind be- stimmte Konstruktionsmerkmale der Werkstücke einzubeziehen, wie Ab- messungen und Gewicht der Einzelteile, Baugruppen, Fertigerzeugnisse, notwendige Werkzeuge, Fertigungshilfsmittel und Ersatzteile sowie äußere Einflüsse, denen die Güter während der TUL-Prozesse ausgesetzt sind, wie Erschütterungen, Temperaturschwankungen, Luftverunreinigungen, Luft- feuchtigkeit etc.

Sind die Entscheidungen zur Ausgestaltung des CAM gefallen (Standort und Art der flexibel automatisierten Fertigungs-, Transport-, Umschlag- und Lagereinrichtungen), bilden diese Restriktionen für die Konstruktion und Arbeitsplanung.

Zu ersteren zählen die Größe von Paletten oder sonstigen Transport- und Lagerhilfsmitteln, höchstzulässiges Gewicht, für das die Hilfsmittel ausgelegt sind und das die Flur- und Regalförderzeuge verkraften, Erschütterungen, denen die Werkstücke während des Transports ausgesetzt sind, sowie die sonstigen oben genannten Bedingungen.

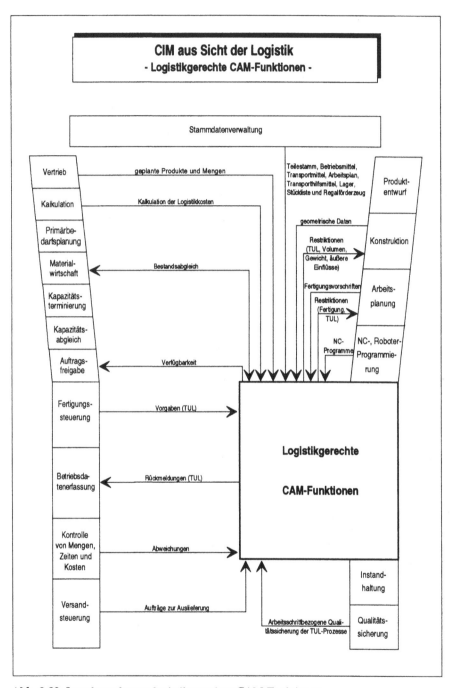

Abb. 3.30: Interdependenzen logistikgerechter CAM-Funktionen

In Unternehmungen mit eigener Betriebsmittelkonstruktion werden z. T. auch die Transporteinrichtungen intern konstruiert. Simultaneous Engineering kann hier die gleichzeitige und integrierte Planung neuer Produkte, neuer Produktionsanlagen und neuer Transportanlagen umfassen.

In der operativen logistikgerechten Durchführung der CAM-Funktionen werden die Geometriedaten aus der Konstruktion, die Arbeitsplanvorgaben aus der Arbeitsplanung, die NC- und RC-Programme[9] aus dem Bereich der Programmierung und die aus den Fertigungsaufträgen resultierenden Arbeitsgang- oder Arbeitsfolge-Vorgaben einschließlich der verbindenden TUL-Prozesse aus der Fertigungssteuerung benötigt. Bei Lagerbewegungen muß ein Bestandsabgleich mit dem Materialwirtschaftssystem stattfinden. Für fertiggestellte Teile stellt die Versandsteuerung die Aufträge zur Auslieferung zusammen, die an die entsprechenden CAM-Komponenten übermittelt werden, damit dort die Produkte ausgelagert und bereitgestellt werden können. Rückmeldungen erfolgen an die Betriebsdatenerfassung. Das Produktionsdatenanalysesystem meldet Abweichungen, sofern diese nicht bereits in der arbeitsschrittbezogenen Qualitätssicherung (anhand der Vorgaben der QS) erfaßt und verarbeitet worden sind.

Literaturempfehlungen zu Kapitel 3.5:

CIM-Handbuch. 2. Aufl., Hrsg.: U. W. Geitner. Braunschweig 1991. S. 333-493.

Insgesamt sieben Aufsätze beschäftigen sich unter dem Thema CAM mit verschiedenen Aspekten der rechnergestützten Fertigung. Dabei werden flexibel automatisierte Fertigungssysteme sowie Handhabungs-, Transport- und Lagersysteme vorgestellt. Darstellungen zum Einsatz der adaptiven Steuerung und Sensorik, der Simulation sowie (ausführliche) Beschreibungen des Lösungsbeitrags von Expertensystemen innerhalb des CAM runden die Ausführungen ab.

Geitner, U. W.: Betriebsinformatik für Produktionsbetriebe. Teil 5. Produktionsinformatik. 2. Aufl., Darmstadt 1987. S. 145-271.

Dieses in Zusammenarbeit mit dem REFA erstellte Buch, stellt grundlegende Fertigungs-, Handhabungs-, Transport- und Lagertechniken dar. Dabei werden material- und informationsflußtechnische Aspekte gleichermaßen behandelt.

---

[9] RC steht für Robot control.

4 Die Integration von gruppenzentrierten Organisationsformen der Fertigung in das Produktionsumfeld durch Logistik und CIM

4.1 Gruppenzentrierte Organisationsformen in der Fertigung

In den vorangegangenen Kapiteln wurde jeweils wechselseitig Logistik und CIM in den Vordergrund gestellt. In Kapitel 2 war es die Logistik, wobei für jedes der vier funktionalen Subsysteme die Möglichkeiten der informationstechnischen Unterstützung aufgezeigt werden (Logistik aus Sicht des CIM). Kapitel 3 basierte auf dem Quasi-Standard-Verständnis von CIM, dem Y-CIM-Modell von Scheer, und skizzierte die logistikgerechte Gestaltung der CIM-Funktionen (CIM aus Sicht der Logistik). Nunmehr geht es um die *gemeinsame* Betrachtung von CIM und (Produktions-)Logistik bei der Integration von objektorientierten Organisationsformen der Fertigung in das Produktionsumfeld. Damit werden zugleich beide Konzepte auf ihren Kerninhalt, ihre eigentliche Innovation zurückgeführt: die prozeßorientierte, fokussierende Sicht auf betriebliche Abläufe, hier konkret auf den Material- bzw. auf den Informationsfluß.

Die in diesem Kapitel betrachteten Organisationsformen sind stets objektorientiert nach dem Gruppenprinzip gebildet. Objektorientierung bedeutet, daß die Organisation sich an den zu fertigenden Werkstücken orientiert. Durch das Gruppenprinzip erfolgt aber keine dauerhafte Festlegung des Werkstückdurchlaufs, sondern die Arbeitsgangfolgen sind variabel. Dieses Grundprinzip unterscheidet sich damit deutlich von den in Kapitel 2.2 erläuterten Organisationsformen:[1]

---

[1] Vgl. zur Einordnung der in diesem Kapitel betrachteten Organisationsformen in die Gesamt-systematik produktionswirtschaftlicher Organisationsformen Kapitel 2.2, S. 91-93.

- der *Werkstattfertigung*, die dem Verrichtungsprinzip folgt. Hierbei stehen Funktionen (Dreherei, Fräserei etc.) im Vordergrund, und das Werkstück durchläuft bis zur Fertigstellung entsprechend viele Werkstätten;

- den zwar ebenfalls objektorientierten, jedoch nach dem Flußprinzip und zumeist deutlich anlagenintensiver angelegten Organisationsformen der Reihenfertigung, der Transferstraße und des *Fließbands*;

- der Werkbank- bzw. der *Baustellenfertigung*, bei der das Werkstück während der Bearbeitung ortsfest bleibt und - im Falle der Baustellenfertigung - die Werkzeuge über große Entfernungen zu transportieren sind.

Die Ausführungen beschränken sich an dieser Stelle aus zwei Gründen auf nach dem Objekt- und Gruppenprinzip organisierte Fertigungseinheiten.

Zum einen sind die Prinzipien und Probleme der übrigen Organisationsformen (vor allem der Werkstatt- und der Fließbandfertigung) in der betriebswirtschaftlichen Literatur bereits intensiv dokumentiert. Aus materialfluß- und informationsflußtechnischer Sicht besonders interessante Gesichtspunkte wurden zudem in den Kapiteln 2.2 "Produktionslogistik" und 3.2 "Logistikgerechte Produktionsplanung und -steuerung" abgehandelt.

Andererseits beinhalten die hier betrachteten Organisationsformen auch Aspekte der nicht dargestellten Formen, nämlich das Objektprinzip, wie es sich beim Flußprinzip findet, sowie die nicht determinierten Arbeitsgangabfolgen, die auch in der Werkstattfertigung existieren. Zusätzlich besteht bei den im folgenden untersuchten Organisationsformen die Aufgabe der organisatorischen Integration dieser Fertigungseinheiten in das betriebliche Umfeld, sofern man den realen Fall unterstellt, daß die Werkstückfertigstellung nicht komplett in der Fertigungseinheit vollzogen wird. Damit kann an einem überschaubaren, klar abgrenzbaren und zur Produktionsperipherie interdependenten Objekt der integrative Beitrag von Logistik und CIM aufgezeigt werden.

Die mit der informations- und materialflußtechnischen Integration einhergehenden Aufgaben unterscheiden sich in Abhängigkeit davon, wie das Objekt- und Gruppenprinzip ausgelegt wird. Angesichts der Vielzahl an Begrifflichkeiten für objekt- und gruppenorientierte Organisationsformen in der Fertigung erfolgt hier eine Beschränkung auf die allgemeine Form der Fertigungsinsel als die (klassische) organisatorische Realisierung des Gruppen- und Objektprinzips. Darüber hinaus wird das Flexible Fertigungssystem (FFS) als technische Realisierungsform des Objekt- und Gruppenprinzips dargestellt.

Neben der Fertigungsinsel und dem Flexiblen Fertigungssystem existiert eine ganze Reihe von Ansätzen, die gruppenzentrierte, objektorientierte Formen definieren.

Hierzu gehört beispielsweise der Denkansatz der *Fraktalen Fabrik*[2]. Bei einem Fraktal handelt es sich um "eine selbständig agierende Unternehmenseinheit, deren Ziele und Leistung eindeutig beschreibbar sind."[3] Fraktale zeichnen sich durch Selbstähnlichkeit, Selbstorganisation, Selbstoptimierung, Zielorientierung und Dynamik aus. Konsequent ist es deshalb, daß die Fraktale Fabrik als einziges Konzept das bewußte Auflösen seiner Elemente - der Fraktale - als Folge veränderter Rahmenbedingungen zum Inhalt hat. Der größte Wert der Fraktalen Fabrik ist in dem Aufwurf bekannter Strukturen zu sehen, der durch die Betonung der Dynamik und der Humanisierung erreicht wird.

Stärker an der Logistikkette orientiert ist das Konzept der *Modularen Fabrik*[4], deren Elemente die *Fertigungssegmente* sind. Diese gehen insbesondere durch die Integration mehrerer Stufen der Logistikkette über andere objektorientierte Prinzipien aus. Ein Fertigungssegment[5] charakterisiert sich durch seine Markt- und Zielausrichtung (Aufbau wettbewerbsspezifischer Fertigungsbereiche), seine Produktorientierung (Objektprinzip), die Integration planender und indirekter Funktionen sowie eine Kosten-/Ergebnisverantwortung. Letzteres ist in der Realisierung als Cost Center, als Service Center oder als Profit Center denkbar. Fertigungssegmente streben durch die Produktausrichtung eine Reduktion des Koordinationsaufwands an. Aus logistischer Sicht interessant ist ihr eigenständiger Marktzugang.

Abbildung 4.1 stellt als einordnende Systematik die Fertigungsinsel, die Fraktale Fabrik, das Fertigungssegment und das Flexible Fertigungssystem, in Beziehung. Als Begriff, der die sowohl eher organisationszentrierten (Fertigungsinsel) als auch die stärker technikzentrierten Konzepte (FFS) beinhaltet, wird im folgenden allgemein von der *Fertigungseinheit* gesprochen.

In Kapitel 4.2 steht die Fertigungsinsel als die grundlegende aller objektorientierten Organisationsformen im Vordergrund. Es werden dabei die Charakteristika der Fertigungsinsel dargestellt.

---

[2] Vgl. Warnecke (1992).

[3] Warnecke (1992), S. 142.

[4] Vgl. Wildemann (Modulare Fabrik) (1992).

[5] Zur Definition des Fertigungssegements vgl. Wildemann (Modulare Fabrik) (1992), S. 66-70.

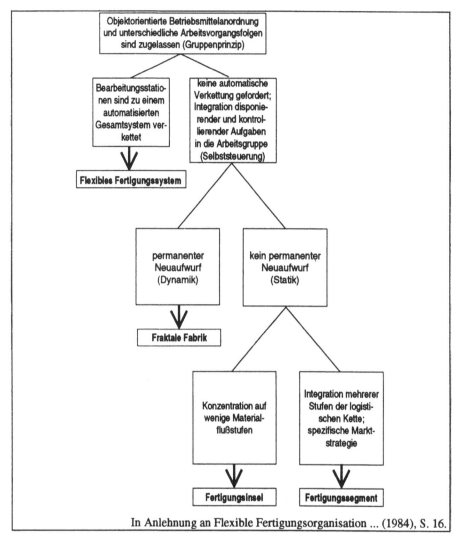

In Anlehnung an Flexible Fertigungsorganisation ... (1984), S. 16.

Abb. 4.1: Objektorientierte Organisationsformen nach dem Gruppenprinzip

Insbesondere wird auf die Aufgabe der ablauforganisatorischen Integration der Fertigungsinsel eingegangen. Aufbauend auf den Determinanten des material- und des informationsflußtechnischen Koordinationsbedarfs, werden Wege und Probleme der Einbettung in die Produktionsperipherie dargestellt.

Kapitel 4.3 widmet sich der technikzentrierten Organisationsform des Flexiblen Fertigungssystems und stellt die aus der hochflexiblen, automatisierten Auslegung dieses Konzepts resultierenden Anforderungen an Logistik und CIM heraus, die über die in Kapitel 4.2 skizzierten hinausgehen.

Logistik und CIM stehen nicht nur in einer wechselseitigen Beziehung, sondern leisten gemeinsam einen eigenständigen Beitrag bei der Integration von Fertigungseinheiten in den Produktionsablauf. Die Anforderungen an die informations- und materialflußtechnische Integration von Fertigungseinheiten lassen sich allgemein an der Fertigungsinsel aufzeigen. Darüber hinausgehende Restriktionen resultieren aus einer spezifischen, technischen Auslegung einer Fertigungseinheit, die am Beispiel des Flexiblen Fertigungssystems gezeigt werden können.

Literaturempfehlungen zu Kapitel 4.1:

Becker, J. (Objektorientierung): Objektorientierung - eine einheitliche Sichtweise für die Ablauf- und Aufbauorganisation sowie die Gestaltung von Informationssystemen. In: Integrierte Informationssysteme. Hrsg.: H. Jacob; J. Becker; H. Krcmar. Wiesbaden 1991 (SzU, Band 44), S. 135-152.

Dieser Aufsatz untersucht, inwieweit die Objektorientierung - produktionswirtschaftlich und softwaretechnische verstanden - eine einheitliche Betrachtungsweise darstellt. U. a. werden die Fertigungsinsel als organisatorische Gestaltungsalternative und die objektorientierte Programmierung, objektorientierte Entwurfstechniken und Analyseverfahren, Datenbanksysteme und Benutzerschnittstellen erläutert.

Warnecke, H.-J.: Die Fraktale Fabrik. Revolution der Unternehmenskultur. Berlin u. a. 1992.

Der "Begründer" der Fraktalen Fabrik stellt in diesem Buch seinen neuen Denkansatz vor. Ausgehend von einer Darstellung des produktionswirtschaftlichen Strukturwandels, charakterisiert er das Weltbild der Chaostheorie. Ausführlich werden die Definitionsmerkmale der Fraktale erklärt.

Wildemann: Die Modulare Fabrik. Kundennahe Produktion durch Fertigungssegmentierung. 3. Aufl., St. Gallen 1992.

Neben einer grundlegenden Darstellung der Alternativen bei der Gestaltung eines Fertigungssegments enthält dieses Buch insbesondere praktische Realisierungsbeispiele der Idee der Modularen Fabrik. Empirische Untersuchungen, eine ausführliche Beschreibung der Planung von Fertigungssegmenten sowie ein Leitfaden zur Reorganisation im Anhang runden dieses umfassende Werk zur Konzeption der Modularen Fabrik ab.

4.2 Die organisatorische Integration von Fertigungsinseln

4.2.1 Merkmale der Fertigungsinsel

Die Fertigungsinsel ist als drittes grundlegendes Organisationsprinzip der Fertigung neben der Werkstatt- und der Fließfertigung anzusehen. Sie verbindet die (räumliche) Modularität der Werkstattfertigung mit der Objektorientierung der Fließfertigung. Das Idealziel einer Fertigungsinsel ist die Komplettbearbeitung einer unter gruppentechnologischen Kriterien gebildeten, möglichst homogenen Teilefamilie auf objektorientiert angeordneten Betriebsmitteln. Die Homogenität der zu fertigenden Teilefamilie bezieht sich dabei im wesentlichen auf die zur Produktentstehung notwendigen Arbeitsgänge, auf den benötigten Kapazitätsbedarf jedes Arbeitsgangs eines Werkstücks und auf die Geometrie der Werkstücke.[1]

Die Grundgedanken der Konzeption der Fertigungsinsel entsprechen der schon seit den 30er Jahren diskutierten *Gruppentechnologie*[2]. Diese läßt sich durch vier Prinzipien charakterisieren:

- Zusammenfassung fertigungsähnlicher Teile zu Teilefamilien,

- objektorientierte Betriebsmittelanordnung,

- Arbeitserweiterung durch Bildung einer Arbeitsgruppe,

- Aufgabendelegation in die Arbeitsgruppe.

Als statistische Methode zur objektorientierten Reorganisation bietet sich die *Clusteranalyse* an. Unter dem Begriff der Clusteranalyse wird eine wichtige Verfahrensgruppe innerhalb der multivariaten Analyse, zu der des weiteren z. B. die Faktoren- und die Diskriminanzanalyse gehören, zusammengefaßt. Die Clusteranalyse dient dazu, eine Anzahl von Objekten bei gleichzeitiger Auswertung einer Vielzahl festzulegender Merkmale zu Klassen (Gruppen, Cluster) zu vereinigen. Die Objekte innerhalb dieser Gruppen sollten möglichst homogen und die Gruppen untereinander möglichst heterogen sein.

Zur Veranschaulichung der Clusteranalyse dienen die Abbildungen 4.2-4.5, die sich auf eine Analyse der Arbeitsgangfolgen beschränken.[3]

---

[1] Vgl. Becker (Objektorientierung) (1991), S. 136f.

[2] Zur Gruppentechnologie vgl. Vajna (1992); Ruffing (1991), S. 24-32; Brödner (1986), S. 145-160; Warnecke, Osman, Weber (1980).

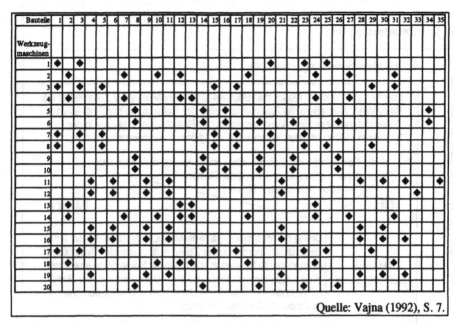

Quelle: Vajna (1992), S. 7.

Abb. 4.2: Typische Zuordnung von Arbeitsgängen verschiedener Bauteile zu Betriebsmitteln

Die Darstellung 4.2 zeigt, auf welchen Betriebsmitteln welche Arbeitsgänge durchzuführen sind, um ein bestimmtes Bauteil zu fertigen. Die hierfür notwendigen Informationen sind in Arbeitsplänen enthalten.

Durch die Clusteranalyse werden die Elemente der Matrix entlang der Hauptdiagonalen angeordnet, wobei sich mehr oder weniger stark ausgeprägte Untermatrizen (Cluster) bilden. Die clusteranalytische, simultane Betriebsmittelgruppen- und Teilefamilienbildung gibt einen Hinweis für eine physische Zusammenfassung von Betriebsmitteln, die sich dadurch auszeichnet, daß innerhalb dieser Betriebsmittel für eine Menge zugeordneter Bauteile (Teilefamilie) eine fast vollständige Komplettfertigung erfolgen kann.

Ein einfaches Verfahren für diese Problemstellung ist das auf der Clusteranalyse basierende *Rank Order Clustering (ROC)*[4]. Dabei handelt es sich um eine Sortierregel, die die Zeilen und Spalten als duale Zahlen interpretiert und diese abwechselnd nach der Größe solange umsortiert, bis die Matrix sich nicht mehr verändert. Der Algorithmus des ROC ist dem nachstehenden Struktogramm zu entnehmen.

---

[3] Vgl. Vajna (1992), S. 6f. Vgl. auch Fertigungsinseln in CIM-Strukturen (1993), S. 19-21; Auch (1989), S. 26-28.

[4] Vgl. hierzu King (1980), S. 219-231.

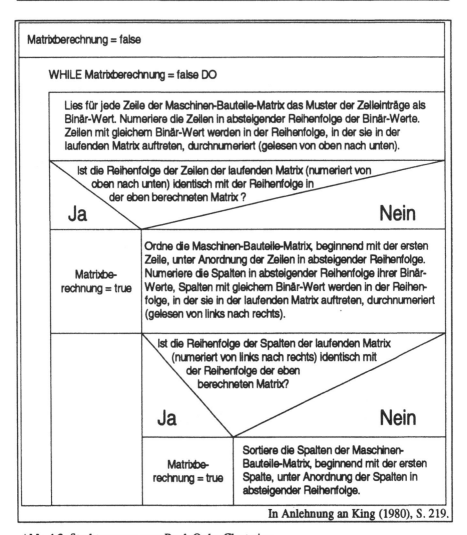

Abb. 4.3: Struktogramm zum Rank Order Clustering

Das Ergebnis der Anwendung des ROC auf die Situation in Abbildung 4.2 gibt Abbildung 4.4 wieder, wobei jede Untermatrix eine potentielle Fertigungsinsel repräsentiert. Es lassen sich hier zwei Fertigungsinseln leicht identifizieren. Hingegen befindet sich dazwischen eine gering kompakte Untermatrix.

ROC ist lediglich ein Rangordnungsverfahren, das eine zulässige Eröffnungslösung, und nicht eine optimale Lösung, zum Ergebnis hat. Deshalb ist auch an diesem Beispiel offensichtlich, daß sich die Lösung durch einige Vertauschungen von Spalten und Zeilen verbessern läßt.

Bauteile	1	-3	5	15	17	23	20	29	25	31	14	8	19	26	2	12	24	10	18	27	7	13	22	16	34	4	9	11	21	6	28	30	32	35	33
Werkzeug-maschinen																																			
8	◆	◆	◆	◆	◆	◆	◆	◆	◆	◆																									
7	◆	◆	◆	◆	◆	◆	◆																												
17	◆	◆	◆	◆	◆	◆		◆	◆																										
3	◆	◆	◆	◆	◆			◆		◆																									
1	◆	◆					◆	◆		◆																									
20							◆								◆	◆	◆	◆																	
2											◆				◆	◆	◆	◆	◆	◆	◆	◆													
14											◆				◆	◆	◆	◆	◆	◆	◆	◆	◆												
18											◆				◆	◆	◆	◆	◆	◆															
6							◆	◆	◆	◆														◆	◆	◆									
10							◆	◆	◆	◆														◆	◆										
9							◆	◆	◆	◆														◆											
5							◆	◆																◆	◆										
4												◆	◆	◆							◆	◆	◆												
13												◆	◆	◆									◆												
11																												◆	◆	◆	◆	◆	◆	◆	◆
16																												◆	◆	◆	◆	◆	◆	◆	
15																												◆	◆	◆	◆	◆	◆		
12																												◆	◆	◆	◆			◆	
19																												◆	◆	◆	◆		◆	◆	

Abb. 4.4: Ergebnis des Rank Order Clustering

Eine Zielwertverbesserung bedeutet hierbei, daß die Zuordnung von Aggregaten und Teilefamilien abgestimmter ist. Bildlich gesprochen: es bestehen weniger weiße Flächen innerhalb eines Clusters. Wie Abbildung 4.5 zeigt, ergeben sich nach einer Veränderung der mittels ROC erhaltenen Eröffnungslösung vier Cluster (Fertigungsinseln). Es ist eine Blockdiagonalenform erkennbar.

Insgesamt existieren zwei Ausnahmefälle, d. h. Elemente, die keinem Cluster angehören (gekennzeichnet durch □)[5]. Die Häufigkeit, mit der Arbeitsgänge außerhalb von Untermatrizen liegen, ist ein erstes Indiz für die eingeschränkte Autonomie der Fertigungsinseln. Solche Ausnahmen müßten vor Anwendung der Clusteranalyse aussortiert werden. Hierbei besteht allerdings das Dilemma, daß diese Ausnahmearbeitsgänge erst nach der Clusteranalyse bekannt sind.

Dieses Beispiel stellt eine starke Vereinfachung der objektorientierten Reorganisation dar. Der Erfolg hängt selbstverständlich davon ab, inwieweit eine Blockdiagonalenform der Bauteile-Aggregate-Matrix überhaupt vorhanden ist.

---

[5] Zur Behandlung von Ausnahmefällen vgl. auch King (1980), S. 221-223.

Bauteile	1	3	5	15	17	20	29	25	23	31	2	12	24	10	18	27	7	13	14	8	19	26	22	16	34	4	9	11	21	6	28	30	32	35	33
Werkzeug- maschinen																																			
8	◆	◆	◆	◆	◆	◆	◆	◆	◆	◆																									
7	◆	◆	◆	◆	◆	◆			◆																										
17	◆	◆	◆	◆	◆			◆	◆	◆																									
3	◆	◆	◆	◆	◆			◆					□																						
1	◆	◆					◆		◆	◆																									
2											◆	◆	◆	◆	◆	◆	◆	◆	◆																
14											◆	◆	◆	◆	◆	◆	◆	◆	◆																
18											◆	◆	◆	◆	◆	◆			◆																
4											◆	◆	◆				◆	◆	◆																
13											◆	◆	◆						◆																
20									□											◆	◆	◆	◆												
6																				◆	◆	◆	◆	◆	◆	◆									
10																				◆	◆	◆	◆	◆	◆										
9																				◆	◆	◆	◆	◆											
5																				◆	◆			◆	◆										
11																												◆	◆	◆	◆	◆	◆	◆	◆
16																												◆	◆	◆	◆	◆	◆	◆	◆
15																												◆	◆	◆	◆	◆	◆	◆	
12																												◆	◆	◆	◆	◆			◆
19																												◆	◆	◆	◆		◆	◆	◆

Abb. 4.5: Ergebnis einer Nachbesserung der mittels Rank Order Clustering erhaltenen Lösung

Über die reine Zusammenfassung von Bauteilen mit ähnlichen Arbeitsgängen hinaus sind in einer umfassenden Clusteranalyse zu beachten:[6]

- das prognostizierte Auftragsvolumen (Anzahl und Größe der Lose), die Bearbeitungszeiten der einzelnen Arbeitsgänge und die Betriebsmittelkapazitäten in einer Periode. Generell ist durch einen statischen Profilvergleich von Kapazitätsnachfrage und -angebot (sowohl im Zeitablauf als auch über die verschiedenen Aggregate einer Fertigungsinsel) eine gegenseitige Entsprechung zu gewährleisten. Darüber hinaus gilt, daß die Gefahr, daß ein Betriebsmittel zum Engpaß wird, umso größer ist, je kleiner die Kapazität dieses Betriebsmittels ist und je zeitintensiver gleichzeitig die über das gesamte Auftragsvolumen einer Periode kumulierten Arbeitsinhalte der auf diesem Aggregat zu vollziehenden Arbeitsgänge sind. Damit sind zugleich die anderen Betriebsmittel dieser Fertigungsinsel potentiell unterausgelastet.

- die technischen Vorrangbeziehungen zwischen den Arbeitsgängen, um innerhalb der Fertigungsinsel den Transportaufwand zu minimieren.

- die tatsächlichen Fertigungsalternativen. Die ausschließliche Nutzung von Arbeitsplaninformationen bedeutet, sich auf Arbeitsabläufe zu berufen, die in der Vergangenheit und bei einer anderen Form der Fertigungsorganisation erstellt wurden. Gerade die Zielsetzung der objekt-

---

6   Vgl. Vajna (1992), S. 6f.

orientierten Reorganisation bedingt aber eine zielgerichtete Veränderung der Arbeitspläne durch Nutzung aller produkt- und prozeßseitig gegebenen Freiheitsgrade. Nur so kann eine Loslösung von der bisherigen Materialflußstruktur und der dazugehörigen Arbeitsplaninformationen erfolgen.[7] Dabei besteht allerdings folgende Interdependenz: Für die Arbeitsplanung, die die Eingangsinformationen für die Clusteranalyse zu liefern hat, wird gefordert, daß möglichst auf Maschinen innerhalb einer Fertigungseinheit zurückzugreifen ist. Welche Betriebsmittel aber räumlich und organisatorisch zusammengefaßt werden, steht erst nach der Clusteranalyse fest.

- die jeweiligen Fertigungskosten.

- die Möglichkeit der Erweiterung der Teilefamilien oder der Aggregate, ohne die gesamte Organisationsstruktur neu aufzuwerfen.

- die räumlichen Restriktionen (Ausmaße der Fertigungshalle, Transportwegeinfrastruktur, Standort zentraler Betriebsmittel), die die Größe und die Anordnung der Fertigungsinseln beschränken.

Aus logistischer Sicht bedeutet die Reorganisation zur Fertigungsinsel auch die räumliche Konzentration der meisten Logistikaktivitäten, wodurch der logistische Aufwand reduziert wird. Des weiteren lassen sich Logistik-Kosten durch eine der Teilefamilie optimal angepaßte Automatisierung und durch Lerneffekte bei den Inselmitarbeitern senken. Dies findet seinen Ausdruck in einer sinkenden *Logistikrate*, einer Kennzahl, die wie folgt definiert ist:[8]

$$\text{Logistikrate} = \frac{\text{Logistikkosten}}{\text{Fertigungskosten}}$$

Dadurch kann es auch innerhalb der Ablaufplanung zu neuen Ergebnissen kommen. So lassen niedrigere Logistik-Kosten ggf. die Fertigung eines Auftrags innerhalb einer Insel günstiger erscheinen als die auf zwei Inseln verteilte Fertigung, obwohl die dabei eingesetzten Betriebsmittel kostengünstiger sind.

Neben dem Ziel eines hohen Fertigungsvollzugs am Werkstück, das durch die simultane Betriebsmittelgruppen- und Teilefamilienplanung verfolgt wird, charakterisiert sich die Fertigungsinsel insbesondere durch die Integration weiterer, fertigungsvorgelagerter bzw. fertigungssynchroner Funktionen,[9] wie

---

[7] Vgl. Auch (1989), S. 44f.

[8] Vgl. Analyse und Neuordnung der Fabrik (1991), S. 47.

[9] Vgl. z. B. Ruffing (1991), S. 33-48 und S. 188-191; Mönig (1985), S. 85-87.

- Arbeitsplanung und -vorbereitung (NC-Programmierung, Rüsten),

- Fertigungssteuerung,

- Qualitätssicherung,

- Instandhaltungswesen,

- Fertigungshilfsmittelwesen,

- logistische Aufgaben,

- Kostenrechnung.

Fertigungsinseln gehören zu den Organisationsformen, die insbesondere aufgrund der mit der objektorientierten Betriebsmittelanordnung einhergehenden logistischen Konsequenzen (kurze Transportwege) eingeführt werden. Durch die verstärkte Funktionsintegration tragen sie zunehmend auch informationsflußtechnischen Aspekten Rechnung.

4.2.2 Die materialflußtechnische Integration

a)   Determinanten der materialflußtechnischen Integration

Bei der Fertigungsinsel handelt es sich (im Gegensatz zum Flexiblen Fertigungssystem) um eine technologieneutrale Organisationsform. Mithin kann die materialflußtechnische Verflechtung mit dem Umfeld auch nur anhand der Anzahl bestehender Schnittstellen untersucht werden, nicht aber aufgrund der qualitativen Ausprägung der Schnittstellen.

Eine Fertigungsinsel gilt als materialflußtechnisch unabhängig, wenn sämtliche Arbeitsgänge und alle Transportvorgänge, die für die Erstellung eines Werkstücks notwendig sind, innerhalb der Fertigungsinsel erfolgen. Der Regelfall ist allerdings eine mit dem Umfeld materialflußtechnisch verwobene Fertigungsinsel.[10] Das Ausmaß, indem eine Fertigungsinsel hinsichtlich des Materialflusses Interdependenzen zum Produktionsumfeld aufweist, also die Anzahl an bestehenden Materialflußschnittstellen, hängt von den folgenden Determinanten ab:

- Wesentlichster Bestimmungsfaktor der materialflußtechnischen Abhängigkeit ist der *Profilvergleich zwischen den einer Fertigungsinsel zugeordneten Aggregaten und den Fertigungsanforderungen der zugehörigen Teilefamilie.* Die Fertigungsinsel ist vom Produktionsumfeld umso unabhängiger, je hinreichender die ihr zugeordneten Aggregate

---

[10]   Vgl. Fertigungsinseln in CIM-Strukturen (1993), S. 62.

für die Komplettfertigung dieser Teilefamilie sind. Wirtschaftliche Einschränkungen findet die Zielsetzung Komplettbearbeitung vor allem aus Gründen fehlender Maschinenauslastung und hoher Anlagenintensität, wenn funktionsgleiche Aggregate in unterschiedlichen Fertigungsinseln vorgehalten werden.[11] Die Abhängigkeit steigt mit der Anzahl an derartigen inselexternen Ressourcen. Hierzu zählen beispielsweise Galvanikbäder, Sägezentren, Lackiererei oder Brennöfen.

- Sofern *inselexterne Ressourcen* für die Teilefertigung notwendig sind, ist die Fertigungsinsel materialflußtechnisch unabhängiger, wenn diese Bearbeitungsvorgänge entweder vor oder nach den der Fertigungsinsel zugeordneten Arbeitsgängen liegen. Befinden sie sich dagegen dazwischen, so bedarf es sowohl einer Ein- als auch einer Aussteuerung des Teils.[12]

- Bedeutsam ist zudem das *Verhältnis von Kapazitätsangebot und -nachfrage*. Je mehr unbediente, inselinterne Kapazitätsnachfrage besteht, die nicht durch zeitliche Arbeitsgangverschiebung oder redundant vorgehaltende Inselaggregate befriedigt werden kann, desto mehr Arbeitsgänge müssen auf funktionsgleiche Aggregate in anderen Fertigungsinseln verlagert werden - und damit steigt die materialflußtechnische Verflechtung. Dies gilt selbstverständlich auch umgekehrt, also für die Fälle, in denen die Fertigungsinsel Aufträge aus anderen, überlasteten Fertigungsinseln übernimmt.

- Des weiteren wird die Verflechtung des Materialflusses durch die *Anzahl möglicher Systemein- und -ausgänge* der Fertigungsinsel bestimmt. Besteht lediglich ein Eingangs- und ein Ausgangspuffer, so läßt sich die Fertigungsinsel als ein wohldefinierter Abschnitt innerhalb der Materialflußkette auffassen und z. B. über die jeweilige Bestandshöhe in diesen Schnittstellenzwischenlagern steuern. Mit wachsender Anzahl an Systemschnittstellen verliert die inselinterne Transportinfrastruktur hingegen an Geschlossenheit, und an verschiedenen Stellen einfließende Materialströme sind mit den inselinternen Materialbewegungen zu synchronisieren.

Die materialflußtechnische Unabhängigkeit einer Fertigungsinsel bestimmt sich schließlich auch durch die im Fall einer *Maschinenstörung* bestehenden, interdependenten Alternativen.

---

[11] Vgl. Ruffing (1991), S. 26; Habich (1990), S. 85.

[12] Vgl. Auch (1989), S. 86.

-   Die Unabhängigkeit ist umso höher, je größer die Fertigungsredundanz innerhalb der Fertigungsinsel ist. Sofern zu einem Betriebsmittel funktions gleiche oder -ähnliche Aggregate innerhalb der Fertigungsinsel vorhanden sind, kann im Falle des Funktionsausfalls dieses Betriebsmittels auf räumlich naheliegende, sich innerhalb des eigenen Verantwortungsbereichs befindliche Maschinen ausgewichen werden.

-   Die materialflußtechnische Abhängigkeit ist umso größer, je mehr Störungen je Zeiteinheit auftreten und je mehr zur gestörten Maschine funktionsgleiche Aggregate anderen Inseln zugeordnet sind.

-   Je größer die Kapazitätsauslastung innerhalb der Fertigungsinsel ist, desto größer ist die Notwendigkeit, die Störung durch Fertigung auf einem Ausweichaggregat in einer anderen Insel zu beheben, anstelle sie innerhalb der Insel bzw. durch spätere Fertigung in dieser Insel auszugleichen.

Eine Kennzahl, die diese Determinanten der materialflußtechnischen Autonomie näherungsweise quantifiziert ist der *Geschlossenheitsgrad* (GG), der in folgenden drei Ausprägungen existiert:[13]

$$(1) \quad GG_{DF} = \frac{1}{\text{Anzahl zu durchlaufender Fertigungseinheiten eines Teils}}$$

$$(2) \quad GG_{FV} = \frac{\text{Anzahl Fertigungsvorgänge innerhalb der Fertigungsinsel}}{\text{Gesamtzahl Fertigungsvorgänge eines Teils}}$$

$$(3) \quad GG_{FZ} = \frac{\text{Summe der Fertigungszeiten in der Fertigungsinsel}}{\text{gesamte Stückfertigungszeit}}$$

GG_{DF} gibt als Durchschnittswert über das gesamte Teilespektrum einer Fertigungsinsel groben Aufschluß über die Abhängigkeit dieser Fertigungseinheit vom Produktionsumfeld. Da dieser Indikator aber aus Sicht des Werkstücks gebildet wird, gibt er keine Information über den Bearbeitungsanteil der Fertigungsinsel.

Dies leisten die Kennzahlen GG_{FV} und GG_{FZ}, die den Bearbeitungsanteil der Fertigungsinsel am gesamten Fertigungsvolumen eines Teils beschreiben. GG_{FZ} könnte zudem in der Produktionsplanung als Grundlage für die Verteilung von Pufferzeiten auf die einzelnen Fertigungsinseln dienen.

---

[13] Vgl. Schmitz-Mertens (1988), S. 22f. Vgl. auch Auch (1989), S. 83-89, der den Geschlossenheitsgraden vergleichbare 'Gütefaktoren' verwendet.

Wie die Ausführungen zu den Determinanten des materialflußtechnischen Integrationsaufwands gezeigt haben, ist die gesamtheitliche Synchronisation des Materialflusses unter Einschluß der Fertigungsinsel eine primär langfristige Planungsaufgabe im Rahmen der Teilefamilienbildung und der Layoutfestlegung.

Je größer die Entflechtung des Materialflusses ist, desto mehr entspricht die Fertigungseinheit einem *logistisch autonomen Regelkreis.* Da der Materialfluß - im Gegensatz zum Informationsfluß - nur eine horizontale Dimension besitzt, ist es hinreichend, die Betrachtung der materialflußtechnischen Autonomie auf die Schnittstellen im Materialfluß zu konzentrieren.

---

b)   Synchronisation des Materialflusses

Hinsichtlich der materialflußtechnischen Synchronisation ist generell zu unterscheiden zwischen den inselübergreifenden und den inselinternen Materialflüssen.

Während die inselinternen Entscheidungen losgelöst vom übrigen Produktionsumfeld getroffen werden können, besteht an den Schnittstellen, die die Insel mit dem Umfeld verbinden, Koordinationsbedarf hinsichtlich der inselübergreifenden Transportaufgabe. Zu unterscheiden sind hierbei das Bring- und das Holprinzip. Beim *Bringprinzip* (Schiebelogik) ist die Insel im Anschluß an die Werkstückbearbeitung verantwortlich für den Weitertransport zur nachfolgenden Bearbeitungsstelle. Das *Holprinzip*[14] charakterisiert sich umgekehrt durch die Verantwortlichkeit der im Prozeß nachgelagerten Stufe zur bedarfsgesteuerten Abholung der Werkstücke (vgl. Abbildung 4.6).

Der entscheidende Vorteil des Holprinzips liegt darin, daß in vorgelagerten Stufen keine Materialflußstauungen aufgrund von späteren Kapazitätsengpässen auftreten können, da die Bestände der nachfolgenden Stelle direkt das Arbeitsvolumen der vorgelagerten Stufe beeinflussen.[15]

Diesem ebenso einfachen wie effektiven Prinzip stehen jedoch als Nachteile die rigiden Einsatzvoraussetzungen gegenüber. Hierzu zählen insbesondere die flußorientierte und hinsichtlich der Kapazitätsquerschnitte harmonisierte Betriebsmittelanordnung.

---

[14] Vgl. auch die Ausführungen zu Kanban, Kapitel 3.2.7, S. 196-200.

[15] Vgl. Habich (1990), S. 54.

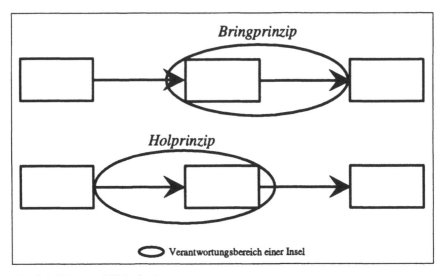

Abb. 4.6: Bring- und Holprinzip

Der wesentliche Vorteil bei der Bildung von weitgehend autonomen organisatorischen Subsystemen ist die Möglichkeit zur individuellen systeminternen Auslegung der informationstechnischen und der logistischen Prozesse. Aus logistischer Sicht bedeutet dies beispielsweise die optimale Anpassung der Transport-, Umschlag- und Lagermittel sowie der jeweiligen Hilfsmittel an die Bedingungen der zu fertigenden Objekte.

4.2.3 Die informationsflußtechnische Integration

Die informationsflußtechnischen Abhängigkeiten einer Fertigungsinsel sind zweigeteilt.

Hinsichtlich der *horizontalen* Informationsflußeinbindung kann weitestgehend auf die obigen Ausführungen zur materialflußtechnischen Autonomie verwiesen werden. Jeder Arbeitsgang, der für die Teilefertigstellung außerhalb der Fertigungsinsel notwendig ist, sorgt für bereichsübergreifende Auftragsinterdependenzen und beschränkt die hinsichtlich des Informationsflusses bestehende Autonomie.

Im Gegensatz zum Materialfluß lassen sich bezüglich des Informationsflusses auch Aussagen zur *vertikalen* Autonomie treffen. Die Intensität des vertikalen Informationsflusses wird insbesondere durch den Zentralisationsgrad des PPS-Systems determiniert. Konventionelle, zentralistische PPS-Systeme legen bei Werkstattfertigung oft noch die detaillierte, d. h. die minuten- und maschinengenaue Betriebsmittelplanung fest. Dabei erhalten die einzelnen Werkstätten sequenzgenaue Arbeitsvorgaben.

Da keine dezentralen Dispositionsspielräume existieren, sind zudem alle lokalen Ereignisse zurückzumelden. Durch diese permanenten Fertigungsfortschritts- und Störmeldungen ist folglich auch das Volumen der Rückmeldungen umfangreich.

Die in vertikaler Richtung bestehende Autonomie ist umso größer, je weniger Informationen zwischen den Hierarchieebenen fließen und je größer der innerhalb der Insel liegende Dispositionsspielraum ist. Der größtmögliche dezentrale Dispositionsspielraum ist gegeben, wenn die zentrale Ebene sich auf planerische und koordinative Aufgaben beschränkt und lediglich noch Ecktermine auf der Basis von Rumpfarbeitsplänen sowie die zugehörigen Auftragsmengen an die dezentralen Fertigungseinheiten weitergibt. In umgekehrter Richtung melden diese die Fertigstellung von Inselaufträgen und innerhalb der Insel nicht zu regelnde Störungen zurück.

Innerhalb der Fertigungsinsel werden bei zentraler Auftragskoordination auf der Basis von Rumpfarbeitsplänen die Aufgaben der prozeßnahen Arbeitsplanung und der Fertigungssteuerung wahrgenommen. Damit wird die Komplexität auf zentraler Ebene abgebaut, da dort die Anzahl an Planungseinheiten durch die Arbeit mit verdichteten Größen (Rumpfarbeitspläne, Arbeitsblöcke, Kapazitätsgruppen) reduziert wird. Außerdem erhöht sich in der Fertigungsinsel die Informationsverarbeitungsgeschwindigkeit durch größere Prozeßnähe der Entscheidungsträger. Die Beziehung zwischen den zentralen und den dezentralen Planungseinheiten wird durch die folgende Abbildung 4.7 erläutert.

Auf zentraler Koordinationsebene werden die Arbeitsgänge eines Auftrags, die in einer Insel unmittelbar hintereinander zu fertigen sind, zu einem *Arbeitsblock*[16] zusammengefaßt. Die Ecktermine dieses Arbeitsblocks sind zwingend einzuhaltende Vorgaben für die jeweilige Fertigungsinsel. Die Vernetzung der Arbeitsblöcke auf zentraler Ebene gibt einen Eindruck von der Auftragsstruktur und den Interdependenzen zwischen den Fertigungsinseln. Dezentral erfolgt die Ablaufplanung auf der Basis von Arbeitsgängen innerhalb der vorgegebenen Arbeitsblock-Ecktermine.

Damit läßt sich eine Selbstähnlichkeit der Planungsfunktionen auf zentraler und dezentraler Ebene feststellen. Die Aufgabe der Belegungsplanung ist auf beiden Stufen identisch. Unterschiedlich sind nur die Planungseinheiten, die auf der zentralen Ebene Arbeitsblöcke, auf der dezentralen Ebene Arbeitsgänge sind. Auch in zentraler und dezentraler Arbeitsplanung ist eine derartige Selbstähnlichkeit zu erkennen.

---

[16] Vgl. auch Ruffing (1991), S. 78f., der statt Arbeitsblock die Bezeichnung Arbeitsfolge verwendet.

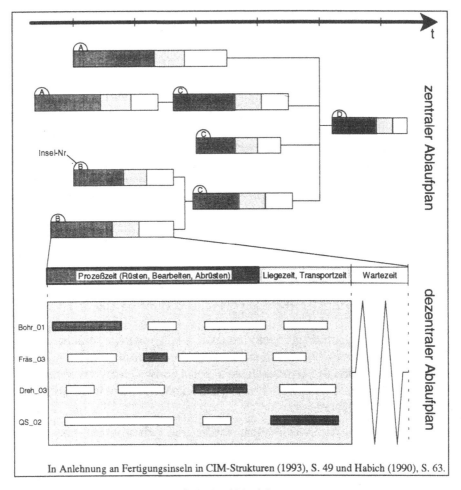

In Anlehnung an Fertigungsinseln in CIM-Strukturen (1993), S. 49 und Habich (1990), S. 63.

Abb. 4.7: Zentrale und dezentrale Sicht der Ablaufplanung

Eng mit der Frage der Zuständigkeit für den Transport ist die Personaleinsatzplanung verbunden. Es ist dabei zu differenzieren zwischen Kurztransporten, die bei automatisierten Fertigungskonzepten vom Personal zwischen zwei manuell vorzunehmenden Umrüst- oder Werkstückwechselvorgängen ohne zusätzliche Personalkosten durchgeführt werden können, und Langtransporten, deren Transportdauer länger ist als die unterbrechungsfreie (d. h. ohne Personaleingriff stattfindende) Bearbeitungszeit der Betriebsmittel, und die somit eigenständiges, gegebenenfalls zentral zu disponierendes Personal benötigen.[17]

---

[17] Vgl. Schulte Herbrüggen (1991), S. 166.

Je mehr inselübergreifende Transportaufgaben in die Insel delegiert werden, desto stärker werden auch material- und informationsflußtechnische Schnittstellen zu einer getrennten Organisationseinheit abgebaut.[18]

Zusätzlich zu den Aufgaben der Fertigungs- und Transportsteuerung bestimmt sich die Intensität des vertikalen Informationsflusses durch das Ausmaß, in dem weitere, mit der Fertigung direkt oder indirekt verbundene dispositive Tätigkeiten in die Insel delegiert werden. Einen Eindruck von der mit der Umstellung auf Fertigungsinseln einhergehenden, wachsenden Informationsautonomie vermittelt die nachstehende Abbildung 4.8, die das geänderte Aufgabenumfeld der Fertigungsinsel-Mitarbeiter darstellt.

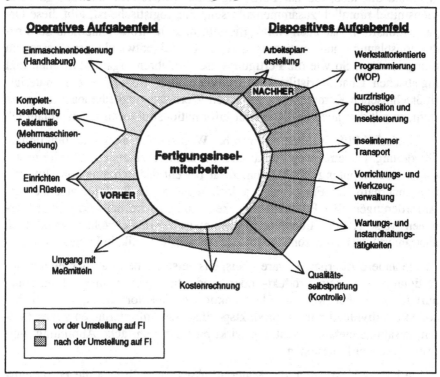

Abb. 4.8: Tätigkeitsprofiländerung bei Fertigungsinseln

Die im Rahmen der informationsflußtechnischen Integration anfallenden Aufgaben besitzen eine vertikale und eine horizontale Dimension. Die vertikalen Informationsflüsse finden zwischen zentralem PPS-System und Fertigungsinsel, die horizontalen zwischen den Fertigungsinseln untereinander statt.

---

[18] Vgl. Schulte Herbrüggen (1991), S. 173.

a) Vertikale Koordination

Die Motivation für eine Reduzierung des Aufwands zur *vertikalen Koordination* liegt darin, daß eine zentrale Instanz

- bei Planung mit atomistischen Daten einem hohen Datenvolumen gegenübersteht,

- keine unmittelbare Prozeßnähe besitzt und damit weder so reaktionsschnell noch so kompetent wie die Mitarbeiter vor Ort entscheiden kann.

Während die Idee, die zur Fertigung einer Teilefamilie notwendigen Betriebsmittel räumlich zusammenzufassen, eine logistische ist, gibt diese Organisationsform also auch Anlaß, die Informationsströme innerhalb der Produktionsplanung und -steuerung und des Produktentwicklungsprozesses zu reorganisieren. So wie die Fertigungsinsel mit ihren organisatorischen und logistischen Charakteristika - insbesondere ihrer Reduktion der materialflußtechnischen Komplexität - zwischen Werkstatt- und Fließbandfertigung steht, so gilt dies auch bezüglich der informationsflußtechnischen Abläufe.[19]

'Klassische' PPS-Systeme besitzen bei Werkstattfertigung eine funktionale Gliederung. Die einzelnen Funktionen werden nacheinander und mit nur geringer Rückkopplung durchlaufen. Zwar besteht dadurch eine hohe Integration innerhalb der Funktionen, jedoch müssen die Funktionen dabei die Anforderungen aller Produkte abdecken. Zudem wird bei sukzessiver Vorgehensweise von den Interdependenzen zwischen den einzelnen Funktionen abstrahiert (starke horizontale, aber nur schwache vertikale Integration).

Eine andere Alternative wäre - beispielsweise für den Fall der Fließbandfertigung - eine rein produkt- oder produktgruppenorientierte Funktionsaufteilung. Dabei werden alle Funktionen objektorientiert, d. h. insbesondere individuell auf die produktspezifischen Anforderungen zugeschnitten, zusammengefaßt. Nachteilig wirkt hier die mehrfache Abbildung gleicher, einfacher Funktionen.

Wie bereits hinsichtlich des Materialflusses, so stellt sich die Fertigungsinsel auch bezüglich der Gliederung der PPS-Funktionen als Mittelweg dar. Die in die Insel integrierten Funktionen können für eine begrenzte Anzahl an Objekten (Teilefamilie) spezifisch ausgelegt werden. Hingegen besteht weiterhin eine funktionale Gliederung der PPS-Funktionen durch die den Inseln vorgelagerten Aufgaben (z. B. Vertrieb, Materialwirtschaft, Entwurf und Konstruktion). Damit wird einerseits die Möglichkeit zur individuellen Gestaltung der inselinternen, produktionsnahen Funktionen genutzt. Ande-

---

[19]   Vgl. im folgenden Scheer (1991), S. 15-18.

rerseits entstehen Degressionseffekte dadurch, daß Funktionen inselübergreifend eingesetzt werden. Generell gilt, daß Funktionen umso eher in die
Insel zu verlagern sind, je spezifischer die Anforderungen der Teilefamilie
sind. Dies kann im Extremfall bedeuten, daß auch die der Fertigungsinsel
vorgelagerten Aufgaben objektorientiert gegliedert werden.[20]

Die nachstehende Abbildung 4.9 gibt anhand des Y-CIM-Modells schematisch eine mögliche Gestaltung der Funktionen des betriebswirtschaftlich-
dispositiven Auftragdurchlaufs (linker Ast im Y-Modell) und des technischen Produktdurchlaufs (rechter Ast) bei Fertigungsinseln wieder. Dabei
sind die der Fertigung vorgelagerten, produktionsplanenden und die technischen, fertigungsvorbereitenden Aufgaben funktional gegliedert, während
die steuernden und realisierenden Funktionen eine produktorientierte Gliederung aufweisen. Die Komplexität dieser Lösung liegt in der notwendigen
Kopplung der objektorientierten Funktionen mit den inselübergreifenden
Funktionen.

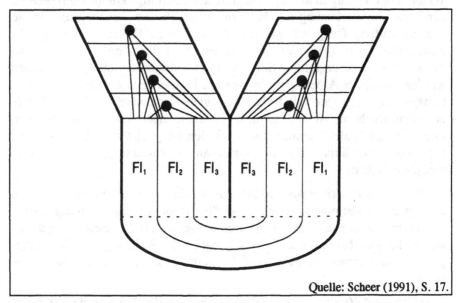

Quelle: Scheer (1991), S. 17.

Abb. 4.9: Funktionsgliederung bei Fertigungsinseln

Die Intensität des vertikalen Informationsflusses bestimmt sich insbeson-
dere durch die Anzahl an inselübergreifenden Abläufen, die einer zentralen
Koordination bedürfen. Eine Determinante ist in diesem Zusammenhang die
Entscheidung zwischen Bring- und Holprinzip (vgl. Abbildung 4.6, S. 276).

---

[20] Scheer bezeichnet diese durchgehend produktorientierte Funktionsgliederung innerhalb der
Produktionsplanung als *Logistikinsel* und innerhalb der produktionsvorgelagerten Stufen des
technischen Ablaufs als *Entwicklungsinsel*. Vgl. Scheer (1991), S. 18.

Während das Holprinzip eine dezentrale, unmittelbar bedarfsorientierte Steuerung und mithin eine horizontale Koordination ermöglicht, beruht das Bringprinzip auf einem zentralen Anstoß, also auf vertikaler Koordination.

b) Horizontale Koordination

Der vertikale Kommunikationsweg innerhalb der PPS läßt sich durch die Möglichkeit zur *horizontalen Koordination* entlasten. Dabei erfolgt auf dezentraler Ebene die Ausregelung von Störungen, wobei die gemäß den bestehenden Auftragsinterdependenzen relevanten Fertigungseinheiten beteiligt sind.

Beispielsweise kann durch Maschinenausfall in einer Insel die Verletzung eines Ecktermins für einen Arbeitsgang drohen. Nachfolgende Inseln, die ebenfalls an dem Fertigungsauftrag beteiligt sind, zu dem dieser Arbeitsgang gehört, sind über den drohenden Terminverzug in Kenntnis zu setzen. Wenn dieser Verzug in nachfolgenden Inseln allerdings kompensiert werden kann, hat die Verletzung des Ecktermins bei diesem Arbeitsgang für die gesamte Auftragsfertigstellung keine Konsequenzen. Hierfür sind entsprechende Information einzuholen und dispositive Maßnahmen in den nachfolgenden Inseln zu ergreifen. Soll die Eckterminüberschreitung vermieden werden, so ist der Arbeitsgang in anderen Fertigungsinseln, die über funktionsgleiche Aggregate mit bedarfsgerechten Kapazitäten verfügen, fertigzustellen. Unabdingbar sind für diese Entscheidungen Kosteninformationen. Dies gilt nicht zuletzt deshalb, weil mit den Möglichkeiten der zeitlichen, der intensitätsmäßigen und der quantitativen Anpassung weitere Alternativen bestehen.

Innerhalb der horizontalen Koordination sind zwei Probleme zu lösen. Erstens ist zu bestimmen, welche Insel überhaupt von einer Störung betroffen ist (informatorisches Problem). Des weiteren bedarf es einer Vorgehensweise, die auch bei horizontaler Koordination die Wahrung eines inselübergreifend definierten Globalziels sicherstellt (betriebswirtschaftliches Problem).

Abbildung 4.10 gibt zusammenfassend wieder, daß bei Einsatz von Fertigungsinseln und einer entsprechend dezentralisierten PPS der dispositive Aufwand weit weniger informationsintensiv ist als z. B. bei Werkstattfertigung und zentraler PPS. Entscheidend ist, daß für die Fertigungsinseln eine hohe Eigensteuerungsfähigkeit angenommen werden kann. Zudem läßt sich die horizontale Koordination - und damit auch die horizontale Kommunikation - bei Fertigungsinseln aufgrund der deutlich geringeren Anzahl an Fertigungseinheiten deutlich leichter als bei Werkstattfertigung realisieren.

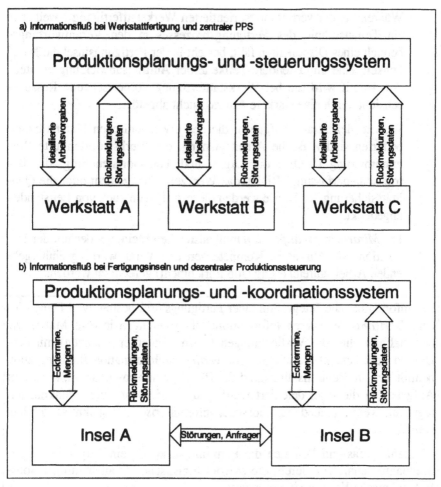

Abb. 4.10: Informationsflüsse bei Werkstatt und bei Inselfertigung

Abschließend sei darauf hingewiesen, daß das Einräumen einer unter informationsflußtechnischen Gesichtspunkten bestehenden Autonomie alleine noch nicht ausreichend für die Dezentralisierung der PPS-Funktionen ist. Vielmehr bedarf es auch der lokalen Möglichkeiten bzw. Kompetenzen zur Nutzung dieser informationsflußtechnischen Autonomie:

-   In der Fertigungsinsel ist eine *adäquate DV-Unterstützung notwendig*, um eine zielgerichtete, lokale Entscheidungsfindung zu gewährleisten. So ist die Fertigungssteuerungsaufgabe beispielsweise durch einen elektronischen Leitstand[21] zu unterstützen, für dessen Funktionalität bei dieser Organisationsform das optimale Wirkungsfeld vorliegt.

---

[21] Vgl. Kapitel 3.2.6, S. 190-195.

Während in der verrichtungsorientierten Werkstattfertigung jeweils nur ein Teilausschnitt des Fertigungsprozesses in den Verantwortungsbereich eines Disponenten fällt, besteht in der Fertigungsinsel die Möglichkeit, eine umfassendere Teilkette der Auftragsabwicklung zu steuern. Damit wird die bei Werkstattfertigung vorherrschende Ressourcensicht durch eine stärkere Auftragssicht abgelöst.

Weitere dezentrale Aufgaben, die der DV-technischen Unterstützung bedürfen sind z. B. die Arbeitsplanung, die Werkstattorientierte Programmierung (WOP), die Lager- und Transportsteuerung, die Betriebsdatenerfassung (BDE), das Werkzeugmanagement oder die Qualitätssicherung. Teilweise werden diese Aufgaben auch von Leitständen abgedeckt.

- Die *Mitarbeiterqualifikation* muß ausreichend sein, um der mit der Delegation von Aufgaben, Kompetenzen und Verantwortung einhergehenden Arbeitsanreicherung (Job Enrichment) gerecht zu werden.

Die informatorische Integration einer Fertigungsinsel besitzt zwei Dimensionen. *Horizontal* existieren Informationsflußbeziehungen in dem Maße, wie materialflußtechnische Verflechtungen (Auftragsinterdependenzen) mit dem Umfeld bestehen. Der Aufwand zur *vertikalen* Informationsflußintegration bemißt sich am Zentralisationsgrad des PPS-Systems sowie daran, inwieweit Aufgaben in die Insel delegiert werden, d. h. wie sehr durch Funktionsintegration weitestgehend geschlossene, informatorische Regelkreise gebildet werden.

Zusammenfassend läßt sich die Fertigungsinsel als eine organisatorische Maßnahme charakterisieren, die sowohl logistische als auch informationsflußtechnische Komplexität reduziert.

Literaturempfehlungen zu Kapitel 4.2:

Fertigungsinseln in CIM-Strukturen. Band-Hrsg.: W. Maßberg. Berlin u. a. 1993 (CIM-Fachmann. Hrsg.: I. Bey).

Hinsichtlich der Ausführungen zur Koordination von Fertigungsinseln entspricht die Darstellung dem Konzept von Habich, der als Co-Autor an diesem Buch beteiligt war. Darüber hinaus werden sowohl allgemeine als auch spezielle, in Zusammenhang mit Fertigungsinseln auftretende Problemstellungen skizziert. Hierzu zählen beispielsweise die Planung, Konzeption, Einführung und Integration von Fertigungsinseln. Praxisbeispiele zeigen auf, wie die Reorganisation der Produktion hin zu Fertigungsinseln realisiert wurde.

Flexible Fertigungsorganisation am Beispiel von Fertigungsinseln. Hrsg.: AWF. Eschborn 1984.

Dieses Handbuch beschreibt die grundlegende Konzeption der Fertigungsinsel. Wirtschaftlichkeitsbetrachtungen, Hinweise für die Planung von Fertigungsinseln sowie Einsatzerfahrungen unterstreichen die Praxisorientierung dieses Buches.

Habich, M.: Handlungssynchronisation autonomer, dezentraler Dispositionszentren in flexiblen Fertigungsstrukturen. Diss. Universität Bochum 1990. (Schriftenreihe des Lehrstuhls für Produktionssysteme und Prozeßleittechnik. Heft 90.5).

Habich zeigt in seiner Arbeit einen Ansatz auf, wie der Funktionsumfang von PPS-Systemen durch Erweiterung um zusätzliche Module auf die aus der Koordination dezentraler Dispositionsbereiche resultierenden Anforderungen angepaßt werden kann. Basierend auf dem Einsatz elektronischer Leitstände, widmet er sich bei der Beschreibung des Koordinationsprozesses, insbesondere der Gestaltung einer Koordinationsebene, die die Funktion einer Auftragsleitebene besitzt.

Keller, G.; Kern, S.: Dezentrale Inselstrukturen in Planung und Fertigung. In: Fertigungssteuerung. Expertenwissen für die Praxis. Hrsg.: A.-W. Scheer. München, Wien 1991, S. 105-125.

Die Autoren beschreiben die Nutzeffekte von Fertigungsinseln. Die Potentiale der Daten- und Funktionsintegration werden aufgezeigt und Inselstrukturen in der Auftragsabwicklungs- und in der Produktentstehungskette dargestellt. In drei Szenarien werden unternehmensindividuelle Umsetzungen der Fertigungsinsel skizziert.

Mönig, H.: Fertigungsorganisation und Wirtschaftlichkeit einer Fertigungsinsel. zfbf, 37 (1985) 1, S. 83-101.

Mönig führt die grundsätzlichen Definitionsmerkmale einer Fertigungsinsel an und beschreibt Erfahrungen, die bei der praktischen Umsetzung des Konzepts bei einem Maschinenbauunternehmen gewonnen wurden.

Ruffing, T.: Fertigungssteuerung bei Fertigungsinseln. Eine funktionale und datentechnische Informationsarchitektur. In: Neue Formen der Arbeitsorganisation. Hrsg.: Fertigungsinsel-Informationsstelle im AWF. Köln 1991. (Zugl. Diss., Uni Saarbrücken).

Neben einer gründlichen Darstellung des Konzepts der Fertigungsinsel sowie einer Skizzierung der Eignung von PPS-Verfahren bei Einsatz von Fertigungsinseln liegt der besondere Wert dieses Buchs in dem Entwurf einer funktionalen und einer datentechnischen Informationsarchitektur zur Fertigungssteuerung bei Fertigungsinseln. Ruffing geht insbesondere auch auf die in diesem Kapitel behandelte Koordination von Fertigungsinseln ein.

4.3   Die organisatorische Integration von Flexiblen Fertigungssystemen[1]

4.3.1 Charakterisierung Flexibler Fertigungssysteme

Gleichzeitiger Druck zur Ausweitung der Variantenvielfalt sowie zur Senkung der Kosten zwingt die Industrieunternehmen zur Automatisierung der Werkstattfertigung bzw. zur Flexibilisierung der Fließfertigung. Hierfür existieren verschiedene, numerisch gesteuerte Fertigungskonzepte, die von der CNC-Maschine bis zum Flexiblen Fertigungssystem reichen.[2]

Das Flexible Fertigungssystem (FFS) stellt die umfassendste Realisierungsstufe der flexiblen Automatisierung dar, weil es durch die Außenverkettung mehrerer Fertigungszellen die höchste Durchlauffreizügigkeit aufweist, d. h. die Bearbeitungsfolgen sind werkstückindividuell.

FFS bestehen aus drei wesentlichen Komponenten: dem Bearbeitungssystem, dem Materialflußsystem und dem diese beiden Systeme überlagernden Informationssystem (vgl. Abbildung 4.11).

Zum *Bearbeitungssystem* zählen die eigentlichen Bearbeitungsmaschinen, Meß- und Prüfsysteme zur Betriebs- und Qualitätsdatenerfassung sowie Werkzeugwechselsysteme, die die Werkzeugversorgung übernehmen. Die systeminterne Werkstück- und Werkzeugversorgung innerhalb eines FFS ist sehr spezifisch und kann unterschiedlichste Ausgestaltungsformen annehmen.[3] Hinsichtlich der Werkstückversorgung wird unterschieden in halbautomatische (manuelles Auf- und Abspannen der Werkstücke, automatischer Palettentransport) und vollautomatische Konzepte (automatische Vorrichtungsbestückung am Spannplatz oder direkt an der Maschine). Das Toolmanagement kann manuell oder in unterschiedlichen Ausprägungen halb- bzw. vollautomatisch (bspw. Werkzeugkassetten, Trommel-, Stern- oder Kettenmagazine) erfolgen. Das *Materialflußsystem* sorgt für (Einzel- oder Sammel-)Transport, Umschlag inkl. Handhabung und Lagerung (Speicherung) von Werkzeugen und Werkstücken. Die Steuerung und Überwachung des Fertigungsablaufs sowie der Systemkomponenten übernimmt schließlich das *Informationssystem*.

---

[1]   Vgl. Becker, Rosemann (1993).

[2]   Vgl. zur Systematisierung der Konzepte der flexiblen Automatisierung Kapitel 3.5.3, S. 252ff.

[3]   Vgl. Viehweger (1992), S. 12; Weck (1989), S. 15-23.

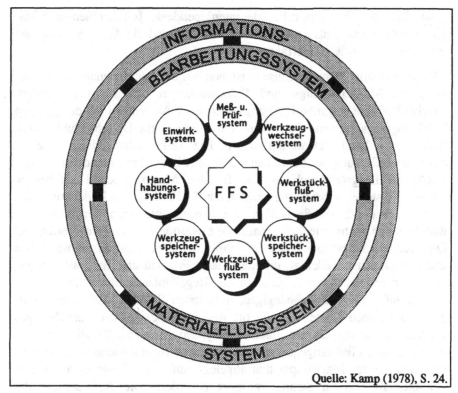

Quelle: Kamp (1978), S. 24.

Abb. 4.11: Die Bestandteile eines FFS

Es ist ausdrücklich darauf hinzuweisen, daß FFS und Fertigungsinseln keine sich gegenseitig ausschließenden Alternativen darstellen. Fertigungsinseln erschließen Rationalisierungspotential durch Reorganisation; FFS erreichen dies durch anlageintensive Investitionen in Konzepte der flexiblen Automatisierung. Ein FFS kann die technische Realisierung einer Fertigungsinsel darstellen, eine Fertigungsinsel kann aber auch durch konventionelle Aggregate umgesetzt werden.

4.3.2 Neugestaltung der Funktionen und Daten

Die automatisierte Auslegung eines Flexiblen Fertigungssystems führt zu einer *Ausdünnung der PPS-Funktionalitäten* im Bereich der Produktionssteuerung, an dessen Stelle die technische Prozeßsteuerung tritt. Hingegen besteht innerhalb der bereichsübergreifenden Planung die zusätzliche Aufgabe der koordinativen Einbindung des FFS in die Produktionsumgebung, wodurch es zu einer *Erweiterung des PPS-Systems* kommt. Diese geänderten Funktionsanforderungen haben unmittelbaren Einfluß auf Dateninhalte und -strukturen.

Aus Sicht der Funktionen tritt die interdependente Teilefamilien- und Magazinierungsplanung als *neues* Problem auf, während die Ablaufplanung eine umfassende Modifikation erfährt.

Neue *operative* Planungskreise entstehen mit der interdependenten Problematik der Magazinierungs- und Teilefamilienplanung.[4] Letztere definiert, welche Produkte aufgrund fertigungstechnischer Ähnlichkeit mit der gleichen Werkzeugmagazinierung - und damit ohne wesentliche Unterbrechung durch Rüstzeiten - bearbeitet werden sollen. Die Teilefamilienbildung erweitert durch Beeinflussung der Parameter Rüstzeiten bzw. -kosten und Fertigungszeiten das Losgrößenproblem. Die für den Magazinwechsel anfallenden Rüstkosten stellen dabei Gemeinkosten für alle Produkte der Teilefamilie dar. Hinsichtlich der Losgröße in FFS ist es zudem interessant hervorzuheben, daß die lange postulierte "wirtschaftliche Losgröße 1" selten anzutreffen ist.[5] Des weiteren ist bezüglich der Losgröße zwischen rotationssymmetrischen und prismatischen Teilen zu differenzieren.[6] Prismatische Teile werden wegen ihrer geometrischen Vielfalt in der Regel manuell mit Spannvorrichtungen auf werkstückunabhängigen, normierten Paletten positioniert. Aufgrund der hohen Kosten für die oft werkstückspezifischen Vorrichtungen werden sie zumeist einzeln durch das System gesteuert. Rotationssymmetrische Teile stellen hingegen geringere Flexibilitätsanforderungen. Sie werden in speziellen Magazinpaletten abgelegt, auf diese Weise maschinennah bereitgestellt und im Sammeltransport befördert. Die Aufspannung der Werkstücke geschieht erst direkt in der Maschine, so daß eine losweise Fertigung begünstigt wird.

Die Zuordnung von Werkzeugen zu Magazinen ist Aufgabe der *Magazinierungsplanung*. In Flexiblen Fertigungssystemen liegt grundsätzlich eine Konzeption sich zumindest teilweise ersetzender Maschinen vor. Damit besteht ein weiterer Freiheitsgrad dieser Planungsaufgabe in der Zuweisung von Werkzeugen bzw. Magazinen zu verschiedenen Maschinen. Es wird unterschieden zwischen ergänzender Magazinierung - für jedes benötigte Werkzeug ist genau ein Werkzeugplatz vorhanden - und ersetzender Magazinierung - über die benötigten Werkzeugplätze hinaus sind noch weitere Magazinierungsplätze mit Werkzeugen bestückbar. Bei ersetzender Magazinierung ist somit die Festlegung, in welchem Ausmaß welche Werkzeuge redundant gehalten werden, eine weitere Variable der Magazinierungsplanung.

---

4   Vgl. Köhler (1988), S. 38-59.

5   Vgl. Hirt, Reineke, Sudkamp (1991), S. 43f. Die Autoren kommen in ihrer empirischen Studie zu dem Ergebnis, daß nur in 15 % aller Fälle die Losgröße kleiner bzw. gleich 5 ist.

6   Vgl. Warnecke (1991), S. 339; Helberg (1987), S. 62f.

Somit bestehen folgende Freiheitsgrade bzw. Entscheidungsspielräume:

-    Zuordnung von Werkzeugen zu Maschinen,

-    Zuordnung von Werkzeugen zu Magazinen,

-    Zuordnung von Werkzeugen zu Teilefamilien,

-    Zuordnung von Magazinen zu Maschinen

(und weitere wie die Zuordnung von Teilefamilien zu Maschinen).

Die Interdependenz zwischen der Teilefamilienplanung und der Magazinie-rungsplanung ergibt sich durch wechselseitigen Informationsbedarf:[7] Grund-lage der Teilefamilienplanung sind die erst mit der Magazinierungsplanung determinierten Rüstzeiten bzw. -kosten sowie die Fertigungszeiten je Teilefa-milienlos. Andererseits beruht die Magazinierungsplanung auf der mit abge-schlossener Teilefamilienbildung erfolgten Festlegung, welche Werkzeuge von einer Teilefamilie benötigt und wie oft dabei einzelne Arbeitsoperationen durchgeführt werden.

Einerseits bedingt die Beschränkung menschlicher Eingriffe auf Auf-, Um-und Abspannungsvorgänge einen automatisierten Fertigungs- und Transport-ablauf, der insbesondere auch in bedienerarmen Nachtschichten stabil sein muß. Andererseits eröffnet die anlagentechnisch vorhandene Flexibilität derart viele Freiheitsgrade, daß ein menschlicher Disponent quantitativ und qualitativ überfordert wäre. Beispielsweise bestehen für ein zu fertigendes Teil im Regelfall alternative Abläufe (variable routing) durch den Einsatz sich ersetzender Maschinen, wobei aber stets zu beachten ist, daß die alternative Steuereinheit auch in dem relevanten Zeitpunkt hinsichtlich ihres Rüstzu-stands oder der aktuellen Belegung als ersetzend betrachtet werden kann. Auch ist die Beplanung nur einer Ressource, zumeist der Betriebsmittelkapa-zitäten, bei einem FFS kritisch, da nunmehr auch Vorrichtungen, NC-Pro-gramme, Werkzeuge oder Transporteinheiten zu Engpässen werden können. Mithin ist die Verfügbarkeitsprüfung auszudehnen bzw. die Belegungspla-nung z. B. auch für Spannplätze oder Transporteinheiten zu betreiben. Schließlich wird durch die Fertigung im Auftragsmix sowie die aufgrund der hohen Umrüstflexibilität eines FFS abnehmende optimale Losgröße die An-zahl an Planungseinheiten je Zeiteinheit gleich zweifach vergrößert.

Mit dem Einsatz eines FFS ändert sich auch die Aufgabenstellung für frühe Phasen des Produktentstehungsprozesses. So ist es im Sinne einer *ferti-gungsgerechten Konstruktion* notwendig, die Voraussetzungen für eine

---

[7]   Vgl. Köhler (1988), S. 58f. Köhler entwickelt in seiner Arbeit zur Berücksichtigung dieser In-terdependenz ein hierarchisch rückgekoppeltes Planungsmodell.

automatisierte Ausführung der Spann-, Handhabungs-, Bearbeitungs- und Transportfunktionen durch z. B. Spannlaschen oder Greifflächen am Teil zu unterstützen. Gleichsam gilt es, die Ansprüche eines Produkts an Werkzeuge, Vorrichtungen etc. frühzeitig durch entsprechende konstruktive Maßnahmen zu beschränken bzw. zu standardisieren, um so zu verhindern, daß daraus resultierende Restriktionen das maximal zu fertigende Werkstückspektrum einengen.[8]

Die aufgezeigten, komplexitätssteigernden Funktionserweiterungen können nur dann in ein Planungs- und Steuerungsverfahren integriert werden, wenn die zugrundeliegende *Datenbasis* - und damit die gesamte Organisation der Produktionsplanung - entsprechend modifiziert wird. Insbesondere gilt es, zwei wesentliche Planungsgrundlagen neu zu organisieren: Stücklisten und Arbeitspläne.

In der traditionellen Werkstattfertigung ist die *Stückliste* tief gegliedert, da nach einem oder nach wenigen Arbeitsgängen ein Werkstück eine Werkstatt verläßt, möglicherweise eingelagert wird und als Teil identifizierbar sein muß. Ihm ist also eine eigene Teilenummer zuzuordnen. Daraus folgt, daß viele Teile definiert werden und die Arbeitspläne (als Beschreibung des Übergangs zwischen zwei definierten Teilen) nicht sehr umfangreich sind. Es ergibt sich die in Abbildung 4.12a) aufgeführte Struktur.

Bringt man einen Zwangsablauf in die Fertigung, der eine Reihe von Arbeitsgängen für ein Werkstück hintereinanderschaltet, ohne daß dies die Arbeitsfolge verlassen kann, verringert sich die Anzahl der Stufen in der Stückliste. Pro Arbeitsplan müssen aber mehrere Arbeitsgänge festgehalten werden. Die Struktur aus Abbildung 4.12b) gibt dies treffend wieder.

Bei Einsatz eines Flexiblen Fertigungssystems werden mehrere Arbeitsgänge eines Fertigungsauftrags innerhalb des FFS durchgeführt. Diese werden durch ein oder. mehrere NC-Programme beschrieben. Innerhalb des Arbeitsplans ("Teil komplett fertigen") ist auf diese Steuerprogramme lediglich noch zu verweisen (Abbildung 4.12c). Damit hat die Gliederungstiefe der Stückliste erheblich abgenommen. In konkreten Projekten konnte durch den Einsatz von FFS eine Reduzierung der Stücklistentiefe zum Teil bis auf ein Viertel der ursprünglichen Ebenen erreicht werden.

Dies hat erhebliche Auswirkungen auf die Komplexität der PPS-Systeme. Nahmen die traditionellen, monolithischen PPS-Systeme für sich in Anspruch, den gesamten Planungskomplex von der mittel- und langfristigen

---

[8] Vgl. Helberg (1987), S. 46f. Förster und Hirt sprechen in diesem Zusammenhang von *automatisierungsgerechter Konstruktion*. Vgl. Förster, Hirt (1988), S. 95.

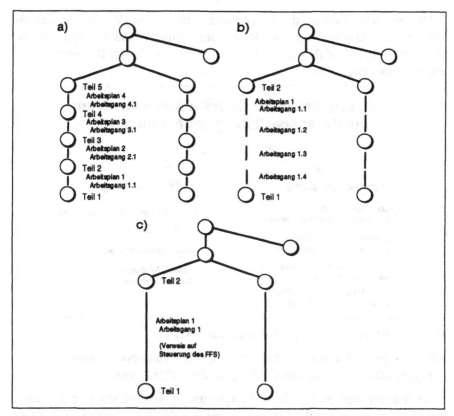

Abb. 4.12: Stückliste in traditioneller Fertigung (a), in Fertigung mit Zwangsablauf (b), im FFS (c)

Produktionsplanung bis zur kurzfristigen, minutengenauen Steuerung der Maschinen beherrschen zu können, geht heute die Entwicklung zu hierarchisch organisierten Systemen.

Diese Entwicklung wird von Flexiblen Fertigungssystemen, die intern nahezu autark arbeiten, sehr stark forciert. Die Produktionsplanung arbeitet mit aggregierten Daten, die Fertigungssteuerung basiert auf "atomistischen" Daten. Damit wird die Komplexität der Einzelsysteme (Planung und Steuerung) und die Gesamtkomplexität geringer, da die Koordination der Einzelsysteme wegen der überschaubaren Schnittstellen weit weniger aufwendig ist als die bisherige Integration aller Planungsstufen.

Der Einsatz Flexibler Fertigungssysteme verringert durch die Mehrfachbearbeitung von Teilen und die Zwangsablaufsteuerung in den Fertigungseinrichtungen die Stücklistentiefe und damit die Anzahl notwendiger Arbeitspläne.

Der Einfluß des FFS auf die Ausgestaltung der *Arbeitspläne* beruht zum einen auf der Automatisierung der Rüst-, Bearbeitungs- und Transportabläufe und zum anderen auf der hohen Variabilität der möglichen Bearbeitungsabfolgen (Abbildung 4.13).

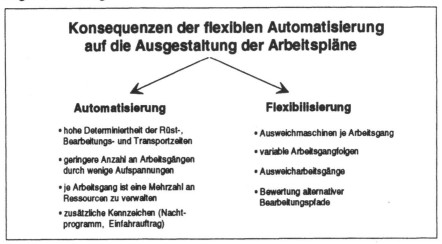

Abb. 4.13: Arbeitsplanung bei flexibler Automatisierung

Der weitgehend von menschlichen Eingriffen entkoppelte, automatisierte Fertigungsablauf vereinfacht die Aufgabe der Arbeitsplanung zweifach:

Die Varianz der Rüst-, Bearbeitungs- und Transportzeiten je Betriebs- bzw. Transportmittel sinkt durch die konstante Wiederholbarkeit technischer Prozesse.[9] Damit steigt die Genauigkeit der Planungsgrundlage für die Zeitwirtschaft. Außerdem reduziert sich die Interdependenz zur Personaleinsatzplanung, da die Notwendigkeit, Zeiten in Abhängigkeit vom Leistungsgrad des eingesetzten Personals zu ermitteln, im wesentlichen entfällt. Dies gilt umso mehr, als durch die weitgehende Komplettbearbeitung in einer bzw. in wenigen Aufspannungen der Anteil der personalabhängigen Ausführungszeiten an der gesamten Systemdurchlaufzeit weiter abnimmt. Wie bereits Abbildung 4.12c) zu entnehmen war, verringert sich durch die Automatisierung die Anzahl zu planender Arbeitsgänge, so daß sich diesbezüglich die Arbeitsplanung auch "quantitativ" vereinfacht.

Gleichwohl führt die Automatisierung auch zu einer Erweiterung des Datenvolumens innerhalb eines Arbeitsplans. So ist zur Vermeidung organisatorischer Stillstandszeiten jedem Arbeitsgang eine Mehrzahl an Ressourcen wie

---

9   Hingegen existiert aus Sicht des Arbeitsgangs durch die Möglichkeit der Einplanung auf mehrere, sich ersetzende, aber u. U. hinsichtlich der Intensität nicht identische Maschinen eine varianzerhöhende Tendenz.

Werkzeuge, Paletten, Vorrichtungen, Meßmittel, Lager- und Pufferplätze sowie Steuerungsdaten (NC-, Roboterprogramme) zuzuordnen, für die jeweils festzulegen ist, ob eine Verfügbarkeitsprüfung zu erfolgen hat.

Zudem ist im Arbeitsplan eine Beziehung zwischen den verschiedenen Zeitkomponenten und den jeweils beanspruchten Ressourcen herzustellen. Anders als beim hauptzeitintermittierenden Rüsten der konventionellen Fertigung, bei dem Zeiten für das Rüsten und Abrüsten ausschließlich dem Kapazitätskonto der Maschine angelastet werden, sind bei Flexiblen Fertigungssystemen die Zeiten für das Rüsten und Abrüsten von Vorrichtungen den Belastungskonten von Spann-/Rüstplätzen bzw. dem eingesetzten Personal zuzubuchen.[10]

Des weiteren sind Arbeitspläne für FFS hinsichtlich der folgenden Kriterien zusätzlich zu kennzeichnen:

- Nachtprogramm

  Die Kapazitätsnutzung eines FFS im Abschaltbetrieb[11] wird determiniert durch den maximal möglichen Arbeitsvorrat im Werkstückspeicher sowie die Länge des störungsfreien Betriebs. Um letztere zu maximieren, werden in der personalarmen Nachtschicht insbesondere Werkstücke mit unkritischem Zerspanverhalten, die zudem keiner besonderen Rüst- oder Umspannungsvorgänge bedürfen, in möglichst hoher Losgröße gefertigt.[12]

- Einfahrauftrag

  Das erstmalige Testen und Optimieren eines NC-Programms erfordert zumindest die Anwesenheit des Maschinenbedieners, gegebenenfalls sind zusätzlich Programmierer, Meister, Einrichter und Werkzeugvoreinsteller anwesend. Einfahraufträge bedingen damit eine Erweiterung der Verfügbarkeitsprüfung auf das entsprechend benötigte Personal.[13]

Die aus der Automatisierung resultierenden Anforderungen an eine detaillierte Formulierung der Arbeitspläne sind mit dem hohen Flexibilitätspotential eines FFS in Einklang zu bringen.

Dabei sind *drei planerische Freiheitsgrade* zu unterscheiden:[14]

---

[10] Vgl. Ruffing (1991), S. 244f.; Förster, Hirt (1988), S. 82f.

[11] Unter Abschaltbetrieb versteht man den bedienerlosen Betrieb eines FFS.

[12] Vgl. Förster, Hirt (1988). S. 122f.

[13] Vgl. Herterich, Zell (1988), S. 5f.

[14] Vgl. Maier, U. (1980), S. 52f.

- In einem FFS-Konzept mit sich teilweise ersetzenden Maschinen und einem Transportsystem, das das wahlfreie Ansteuern jeder Station ermöglicht, kann ein Arbeitsgang im Störungsfall oder bei Kapazitätsüberhängen alternativ auf *Ausweichaggregaten* eingeplant werden. Es handelt sich folglich um einen systemabhängigen Freiheitsgrad.

- Kann ein Arbeitsgang durch einen anderen, verfahrenstechnisch unterschiedlichen *Ausweicharbeitsgang* substituiert werden, handelt es sich um einen Gestaltungsparameter, der sowohl vom Werkstück als auch vom Maschinenpark abhängt. Oft ist sogar eine ganze Arbeitsgangsequenz durch einen einzigen Arbeitsgang ersetzbar.

- Ist die zeitliche Reihenfolge der Arbeitsoperationen nicht technisch festgelegt, besteht die Möglichkeit, die Arbeitsgangreihenfolge operativ zu planen. Bei *variablen Arbeitsgangfolgen*, die z. B. bei einer Mehrseitenbearbeitung ohne Durchdringung denkbar sind, liegt somit ein vom Werkstück abhängiger Freiheitsgrad vor.

Diese drei Freiheitsgrade sind selbstverständlich auch in Kombination einsetzbar. Beispielsweise könnte die aus drei Arbeitsgängen bestehende Reihenfolge [A, B, C] durch die alternative Arbeitsgangfolge [A, C, B] ersetzt werden, in welcher gleichzeitig die Arbeitsgangfolge [C, B] durch den Ausweicharbeitsgang [D] substituiert wird. Folglich ist die Arbeitsgangfolge [A, D] eine technologische Alternative zu [A, B, C]. Schließlich sind diese Gestaltungsspielräume insbesondere auch für Überlegungen zum Lossplitting - "das wesentliche Instrument zur Sicherung der Leistungsfähigkeit in einem FFS"[15] - relevant. Der besondere Vorteil des Splittings liegt in einer Verringerung der Belegungszeiten der einzuplanenden Arbeitsgänge pro Betriebsmittel, wodurch sie noch flexibler eingeplant werden können.

Die Belegungsplanung hat die Maximierung der von ihr beeinflußbaren Differenz aus Erlösen und Kosten zum Ziel. Aufgrund von Bewertungsschwierigkeiten werden im allgemeinen ersatzweise die Ziele der Minimierung der Durchlaufzeiten und der Bestände sowie der Maximierung der Auslastung und der Termintreue verfolgt.

Die Auswahl alternativer Bearbeitungspfade kann durch ein Mengenkriterium gesteuert werden. Über die Festlegung von Grenzstückzahlen wird dabei z. B. festgelegt, ab welchen Stückzahlen die Fertigung auf einer Sondermaschine kostengünstiger ist als die Belegung des FFS. Darüber hinaus kann dies auch ein Kriterium für die Schichtzuteilung sein (große Lose sind

---

15 Warnecke, Dangelmaier (1988), S. 77.

möglichst in die Nachtschicht zu legen). Neben der Losgröße wird der Bearbeitungspfad u. a. bestimmt durch:

- den aktuellen Rüst- und Belegungszustand,

- die Verfügbarkeit von Fertigungshilfsmitteln,

- die Intensität der Betriebsmittel,

- die Kostensätze der Maschinen,

- die (interne, externe) Auftragspriorität.

Die Bestimmung des optimalen Bearbeitungspfads ist von diversen Zielkonflikten geprägt. So kann es sinnvoll sein, von einer Maschinenstillstandszeiten vermeidenden Abarbeitungsreihenfolge zugunsten einer schnelleren Fertigstellung auf ein Aggregat mit höherer Intensität auszuweichen. Dies kann sowohl zu vorübergehend stillstehenden Maschinen als auch zu sich aufbauenden Warteschlangen führen. Denkbar ist auch, daß ein mit hoher externer Priorität versehener (Chef-)Auftrag andere Aufträge verdrängt, die ansonsten die Rüstzustände der Maschinen optimal nutzen würden. Nicht zuletzt gilt auch innerhalb eines FFS der klassische Zielkonflikt, das Dilemma der Ablaufplanung. Die Nutzung obiger Freiheitsgrade bei der Arbeits- bzw. Belegungsplanung und sich ersetzende Maschinen mindern jedoch das Ausmaß dieses Zielkonflikts. Die hohe Flexibilität ermöglicht so zumindest eine Verkürzung der Durchlaufzeit bei gleichzeitig erhöhter Systemauslastung über das bei konventioneller Fertigung erreichbare Verhältnis hinaus.[16] Dies wird allerdings mit einer erhöhten Planungskomplexität erkauft.

Da während der Abarbeitung innerhalb eines FFS ein menschlicher Eingriff nicht mehr möglich ist, bedarf es zur Berücksichtigung des aufgezeigten Flexibilitätspotentials auch einer entsprechenden Flexibilisierung der konventionell starren, linearen Arbeitspläne. Es gilt, alle technisch möglichen Bearbeitungsabfolgen im Arbeitsplan abzubilden und systemabhängig jederzeit alternative Wege der Bearbeitung aufzuzeigen. Für diese Anforderungen wurden *zustandsorientierte Darstellungen*[17] von Arbeitsplänen entwickelt, deren Idee anhand der Abbildung 4.14 erläutert werden soll.

Innerhalb des beispielhaften linearen Fertigungsablaufs sind zwei bzw. drei Arbeitsgänge durchzuführen, die in sechs verschiedenen Reihenfolgen abgearbeitet werden können.

---

[16] Vgl. auch Maier, U. (1980), S. 97-100.

[17] Vgl. Döttling (1981), S. 45-56. Vgl. auch Helberg (1987), S. 195-200; Maier, U. (1980), S. 59f.

Unter Beibehaltung der herkömmlichen Formulierung von Arbeitsplänen ergibt sich eine lineare Darstellung, die für jede mögliche Abarbeitungsfolge einen Alternativarbeitsplan enthält. In dieser starren Form ist nach Fertigungsbeginn kein Übergang zwischen den Arbeitsplänen möglich, so daß die nach dem Fertigungsbeginn bestehende Flexibilität nicht abgebildet wird. Zudem existieren mit der expliziten Beschreibung jedes Alternativwegs erhebliche Redundanzen.

Eine prinzipiell andere Struktur liegt der zustandsorientierten Darstellung zugrunde. Die Knoten des Zustandsgraphen stellen potentiell mögliche Werkstückzustände dar und die Kanten die jeweiligen Arbeitsgänge. Die möglichen Ausweichmaschinen werden je Arbeitsgang hinterlegt. Sie können auch direkt in den Graphen übernommen werden, indem zwischen zwei Werkstückzuständen je Operation so viele Kanten eingezeichnet werden, wie Betriebsmittel alternativ einsetzbar sind.[18] Abhängig von einem erreichten Bearbeitungszustand werden in der zustandsorientierten Darstellung die alternativen Abarbeitungswege aufgezeigt, wobei die theoretisch möglichen Variationen durch die aktuelle Werkzeugbestückung eingeschränkt werden. Auch ist es denkbar, daß Qualitätsanforderungen bestimmte Arbeitsgangfolgen ausschließen.[19]

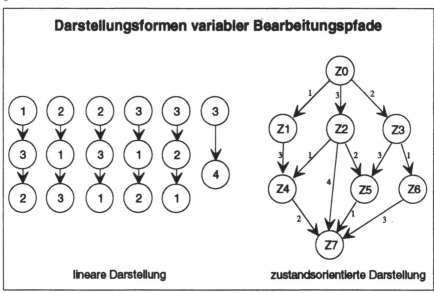

Abb. 4.14: Alternativarbeitspläne und zustandsorientierte Arbeitsplandarstellung

---

[18] Vgl. Schmitz-Mertens (1988), S. 67ff.

[19] Vgl. Ruffing (1991), S. 266.

Durch diese fertigungssynchrone Arbeitsplankonkretisierung kommt es zu einer Integration von Arbeitsplanung und Fertigungssteuerung.[20] Daraus resultiert ein erhöhtes Echtzeitverhalten der Arbeitsplanung, die auf Restriktionen durch die aktuelle Ressourcenbeanspruchung ereignisorientiert reagieren kann. Dies ist umso bedeutsamer, als die hochautomatisierte FFS-Auslegung die übliche Vorgehensweise, bei der ein Arbeitsplan aus mehreren Alternativarbeitsplänen ausgewählt wird und der Disponent sich angesichts der aktuellen Fertigungssituation improvisierend von der vorgegebenen Arbeitsgangfolge trennen muß, gar nicht zuläßt. Folglich führt der für die Ablaufplanung erweiterte Gestaltungsspielraum zu einer tendenziell erhöhten Zielerreichung innerhalb des aus Durchlaufzeit- und Bestandsreduktion, Termintreue und Auslastungsmaximierung bestehenden Zielsystems. Schließlich wird auch eine prozeßbegleitende Fertigungsfortschrittskontrolle durch die Aufnahme des jeweiligen Zustands in den Arbeitsplan begünstigt.

> Die sich aus dem Flexibilitätspotential von FFS ergebenden Freiheitsgrade (Alternativaggregat, Ausweicharbeitsgang, variable Arbeitsgangfolgen) können durch zustandsorientierte Arbeitspläne berücksichtigt werden. Diese Arbeitspläne sind um Kennzeichen wie Nachtprogramm oder Einfahrauftrag zu ergänzen.

4.3.3 Die materialflußtechnische Integration

Investitionen in automatisierte Fertigungseinrichtungen haben den Interdependenzen zwischen dem Bearbeitungs-, dem Materialfluß- und dem Informationsflußsystem Rechnung zu tragen (vgl. auch Abbildung 4.11, S. 287).[21]

Während die systeminterne Produktionstechnologie nur innerhalb der Fertigungseinheit relevant ist, erfolgt durch den Materialfluß und den Informationsfluß jeweils die Integration in die betriebliche Organisation. Diese Aufgabe der Einbindung wird durch die Koordinationskonzepte Logistik und CIM wahrgenommen. Besondere Betonung erfahren mit der informationsflußtechnischen (CIM) und der materialflußtechnischen (Logistik) Sichtweise die koordinationsrelevanten Merkmale eines Objekts, hier also eines Flexibles Fertigungssystems. Folglich gilt es, die koordinierende Betrachtung, die die Ausgestaltung des objektübergreifenden Material- und Informationsflusses zum Ziel hat, von den objektinternen Abläufen zu trennen. So wird beispielsweise zwar der Ablauf innerhalb eines FFS auch aus Sicht der Logistik und

---

[20] Vgl. Kreutzfeldt, Schmidt (1992), S. 58.

[21] Vgl. Dangelmaier (1990) S. 46; Handke (1986), S. 8.

aus der des CIM betrachtet. Für die Integration relevant sind aber vor allem die Material- und Informationsbewegungen an den Systemschnittstellen.

Die Einbindung des FFS in den Materialfluß umfaßt das Ein- und Ausschleusen von Werkstücken, Werkzeugen, Paletten und Vorrichtungen. Insbesondere kleine oder sich im sukzessiven Aufbau befindliche, modular zusammengesetzte Systeme sind zumeist nicht autark, sondern eng mit vor- und nachgelagerten und teilweise sogar zwischengeschalteten Fertigungseinheiten verbunden.[22] Empirische Erhebungen haben ergeben, daß FFS von der traditionellen Fertigung oft räumlich getrennt, teilweise sogar in eigens erstellten Produktionshallen stehen.[23] Wenn sie jedoch keine Komplettbearbeitung ermöglichen, ist es zwingend notwendig, sie auch hinsichtlich des Fabriklayouts vollständig in die logistische Kette der Fertigung zu integrieren. Ansonsten verstärkt die wachsende Transportintensität die Gefahr, daß das FFS zur 'Flexibilitätsinsel' wird, deren Vorteile von der Produktionsumgebung wieder kompensiert werden.

Um die Synchronisation des Materialflusses zwischen einem Flexiblen Fertigungssystem und den ablauforganisatorisch verbundenen Produktionssystemen herzustellen, reicht es aus, für die übergeordneten Systeme das FFS als eine aggregierte Steuereinheit zu betrachten. Diese ist Planungseinheit auf einer neuen Koordinationsebene der Produktionsplanung- und -steuerung, in der die Abläufe zwischen unterschiedlichen FFS und zwischen diesen und z. B. Werkstätten und Montagestrecken harmonisiert werden. Der systeminterne Materialfluß, von dem im PPS-System abstrahiert wird (hier werden nur globale Daten wie frühester Anfangs- und spätester Endtermin verwaltet), wird während der Ausführung prozeßnah und zustandsabhängig auf der Ebene der Prozeßrechner gesteuert und auf der Ebene der Leitrechner für alle innerhalb des FFS anfallenden Vorgänge geführt. Treffen an der Schnittstelle zwischen FFS und übriger Produktionsumgebung unterschiedliche Automatisierungsgrade aufeinander, sind im Regelfall zwei verschiedene Flexibilitätspotentiale abzugleichen. Die Werkstattfertigung erhält sich konventionell eine Anpassungsreserve durch hohe Lagerbestände, d. h. die Flexibilität ist insbesondere im Umlaufvermögen gebunden *(Umlaufflexibilität)*. Innerhalb eines FFS ist diese Strategie aufgrund der begrenzten Werkstückspeicherplätze jedoch nicht praktikabel. Vielmehr stellen die Möglichkeiten des schnellen Programmwechsels, des hauptzeitparallelen Werkzeugwechsels, der Außenverkettung sowie der Fertigungsredundanz durch sich ersetzende Maschinen ein im Anlagevermögen befindliches Flexibilitätspotential *(Anlagenflexibilität)* dar.

---

[22] Vgl. Eversheim, Schmitz-Mertens, Wiegershaus (1989), S. 74.

[23] Vgl. Wildemann (1987), S. 115.

Durch einen geeigneten Werkstückpuffer, der im Zugriffsbereich der automatisierten Werkstückhandhabung (z. B. Portalroboter) liegt, ist dafür Sorge zu tragen, daß der Maschinenbediener vom Takt der Maschine entkoppelt wird. Ein vor dem FFS liegender Bestand an Rohmaterialien und Teilen, die eventuell durch andere Arbeitsplätze bereits angearbeitet worden sind, ist unvermeidlich, wenn das FFS z. B. durch Nacht- oder Wochenendbetrieb eine höhere Nutzungszeit aufweist als die Produktionsumgebung.

Da das im bedienerarmen Abschaltbetrieb bewältigte Arbeitsvolumen auch vom Zeitpunkt des Auftritts einer zur Produktionseinstellung führenden Störung abhängt, ist der Pufferbestand nur aufgrund von Schätz- oder Simulationswerten dimensionierbar. Ist er überdimensioniert, wird unnötig Kapital gebunden und die Durchlaufzeit in der Fertigung erhöht; ist der Pufferbestand zu klein gewählt, wird das abgearbeitete Arbeitsvolumen u. U. durch den Arbeitsvorrat und nicht durch das Auftreten einer Störung bestimmt.

Erfahren Teile, bevor sie in das FFS eingeschleust werden, eine Bearbeitung an anderen Arbeitsplätzen, so müssen diese Betriebsmittel eine ausreichende Kapazität aufweisen, um das mit einer längeren Nutzungszeit eingesetzte FFS permanent versorgen zu können.

Damit wird deutlich, daß es einer systemübergreifenden Steuerung bedarf, um auch die Bestände, die vor dem FFS liegen, zu berücksichtigen.

Lagerbestände können sich aber auch hinter dem FFS aufbauen. Dies ist z. B. dann der Fall, wenn sich an die Bearbeitung im FFS ein Härteprozeß in einem Ofen anschließt, der in hohen Losgrößen beschickt wird.

Die durch beschleunigte Rüstvorgänge innerhalb eines FFS realisierbare steigende Anzahl kleinerer Lose bedeutet für die System-Peripherie eine erhöhte Bereitstellungs- und Entsorgungsintensität verschiedenster Ressourcen. Von dieser dem Fertigungsablauf entsprechenden zeit- und bedarfsgerechten Bereitstellung sind u. a. Werkstücke, Vorrichtungen, Werkzeuge sowie Meßmittel betroffen. Hier gilt es, die Kapazitäten der Fertigung mit denen des Materialflusses z. B. dadurch abzustimmen, daß kontinuierlich transportiert wird. Ein nur losweiser Transport von überdies großen Stückzahlen kann hingegen dazu führen, daß das FFS Lose sequentiell statt im Auftragsmix abarbeitet und das hohe Flexibilitätspotential mithin ungenutzt bleibt.[24]

---

[24] Vgl. Schmitz-Mertens (1988), S. 21.

Die materialflußtechnische Integration eines FFS in das Produktionsumfeld bedingt zumeist, daß unterschiedliche Flexibilitäten (Umlauf- und Anlagenflexibilität) und Nutzungszeiten zwischen dem FFS und den vor- und nachgelagerten Fertigungseinheiten anzugleichen sind. Aufgaben hierbei sind die Gewährleistung einer entsprechenden Bereitstellungsfrequenz für Werkstücke und Werkzeuge (Magazinierungsplanung) sowie die Dimensionierung des Werkstückpuffers vor dem FFS.

4.3.4 Die informationsflußtechnische Integration

Die Flexibilität eines FFS entfaltet nur dann ihren hohen Nutzen, wenn es gelingt, die in konventionellen Fertigungsorganisationen vorhandenen Bestände "durch Informationen zu ersetzen" und das FFS informatorisch sowohl mit vor- und nachgelagerten Bearbeitungsverfahren als auch mit dem überlagerten PPS-System zu verbinden. Verglichen mit der Koordination des Materialflusses, der ausschließlich horizontal erfolgt, ist der Informationsfluß nicht nur horizontal, sondern zusätzlich auch vertikal, nämlich gemäß dem PPS-Stufenkonzept von der kurzfristigen Steuerung bis zur mittel- und langfristigen Planung zu analysieren. Ziel beider Integrationsrichtungen ist es, das durch flexible Automatisierung entstandene lokale Optimum in ein Gesamtoptimum zu überführen.

Die informationsflußtechnische Einbindung eines FFS hat dabei zwei Voraussetzungen:

- grundsätzlich gemeinsames Datenmanagement in PPS und FFS-Steuerung mit FFS-spezifischer Datendetaillierung und

- kommunikationstechnische Integration.

Horizontal erfolgt die informatorische Einbindung des FFS über die Auftragsvernetzung. Für die Steuerung des FFS sind die innerhalb der Zeitwirtschaft ermittelten Eckdaten bei Systemeintritt und -austritt Restriktionen des Dispositionsspielraums. Pufferzeiten mindern dabei die Gefährdung der mit der Durchlaufterminierung erzeugten zeitlichen Koordination des Auftragsdurchlaufs.

Gemäß der zugrundegelegten Vorgehensweise, von systeminternen Material- und Informationsflüssen zu abstrahieren, reicht es zur systemübergreifenden zeitlich-horizontalen Koordination aus, sämtliche Arbeitsgänge innerhalb des FFS für das übergeordnete System zu einem Arbeitsgang zu aggregieren und entsprechend das FFS als eine Kapazitätseinheit anzusehen. Derartige zentral gepflegte Rumpfarbeitspläne haben den Vorteil, daß die Planungskomplexität auf der übergeordneten Ebenen drastisch reduziert wird und von unterschiedlichen Automatisierungsgraden abstrahiert werden kann. Bereits auf dieser aggregierten Ebene der Rumpfarbeitspläne ist es denkbar, variable Abarbeitungsfolgen zu verwenden. Auf einer Ebene stärkerer Datendetaillierung - und damit größerer Prozeßnähe - ist die Arbeitsplandarstellung innerhalb des FFS dezentral zustandsorientiert zu komplettieren.

Die folgende Abbildung 4.15 erläutert exemplarisch diese Form der Arbeitsplandetaillierung, in der der Arbeitsgang Nummer 3 die Zusammenfassung aller Arbeitsgänge innerhalb des FFS darstellt. Die Arbeitsplanung für das FFS erfolgt zustandsorientiert, wobei die Zustände $Z0$ und $Z5$ den Eintritts- bzw. Austrittszustand des Werkstücks darstellen. Als solche liegen sie wiederum der materialflußtechnischen Synchronisation zugrunde, für die sie z. B. Handhabungsrestriktionen darstellen.

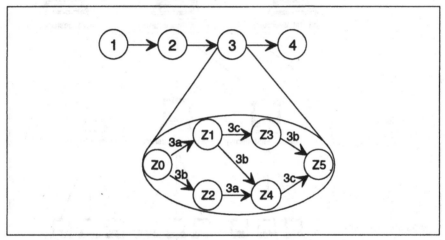

Abb. 4.15: FFS-spezifische Arbeitsplandetaillierung

Mit dem Einsatz eines FFS erhöht sich die Heterogenität innerhalb der Fertigung, da sich z. B. Durchlaufzeitverhalten, Automatisierungsgrad oder die Anforderungen an die einzusetzende Hard- und Software deutlich von den übrigen Produktionsbedingungen abheben. Um den unterschiedlichen Ansprüchen organisatorisch gerecht zu werden, sind für die einzelnen Subsysteme selbststeuernde Regelkreise zu schaffen. Diese erlauben innerhalb gegebener Toleranzwerte die autonome Systemsteuerung. Die Zusammenführung und damit die Koordination der einzelnen Subsysteme erfolgt auf Ebenen gleichen Aggregationsniveaus, wie dies bereits beispielhaft durch Abbildung 4.15 verdeutlicht wurde.

Die so entstehende kaskadenförmige Regelkreisstruktur findet ihre äquivalente EDV-technische Umsetzung in dem Aufbau einer *hierarchischen*

Rechnerarchitektur.[25] Die dabei erfolgende Verteilung der Funktionen soll beispielhaft an einem aus vier Ebenen bestehenden Konzept aufgezeigt werden (Abbildung 4.16).

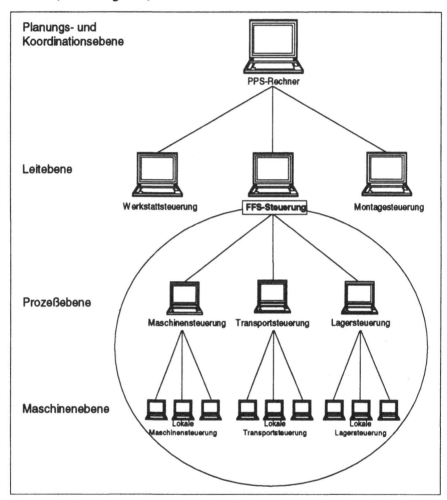

Abb. 4.16: Rechnerhierarchie

Die *Maschinenebene* als prozeßnahe Rechnerebene umfaßt lokale CNC- und speicherprogrammierbare Steuerungen (SPS). Die Realzeitanforderungen sind hier am höchsten. Bedingt durch die unmittelbare Prozeßnähe sind vor allem hardwarenahe Schnittstellen wichtig. Die Aufgabe der CNC-Komponenten ist die Abarbeitung der im DNC-Betrieb geladenen NC-Programme sowie die Übertragung von Vollzugs- und Störungsinformationen

---

[25] Zu Rechnerverbundsystemen vgl. Hammer (1991), S. 358-372; Zörntlein (1988), S. 3-9.

an die Prozeßrechner. SPS sind zur Durchführung diverser Teilprozesse einsetzbar. Hierzu können die Überwachung der Werkzeugmagazine und der Werkzeugstandzeiten oder die Ausführung von Transportvorgängen gezählt werden. Darüber hinaus sind auf dieser Ebene Meßsysteme, Robotersteuerungen oder Funktionen der Betriebsdatenerfassung (BDE) angesiedelt, sofern die Betriebsdaten über automatische Sensoren oder Meßwertgeber direkt im Prozeß aufgenommen werden.

Auf der nächsthöheren *Prozeßebene* werden jeweils die lokalen Maschinen-, Transport- und Lagersteuerungen koordiniert. Die aus der Leitebene übertragenen Planungsdaten werden hier in Bearbeitungs- und Transportprozesse umgesetzt. Des weiteren erfolgt auf dieser Ebene u. a. die Reihenfolgeoptimierung, die physische Verfügbarkeitsprüfung und die Steuerung des Werkzeugwechsels.

Die *Leitebene* dient der Gesamtkoordination des FFS. Der Auftragsdurchlauf wird hier geplant, optimiert und überwacht. Dazu zählen beispielsweise eine offline erfolgende Maschinenbelegungsplanung, die Bedarfsplanung für die Fertigungshilfsmittel, das Übergeben von Zellaufträgen und die Bereitstellung von NC-Programmen. Vom übergelagerten PPS-System werden grobgeplante Fertigungsaufträge übernommen, und umgekehrt erfolgt eine Rückmeldung des Fertigungsfortschritts.

Die gesamtbetriebliche Koordination ist Aufgabe der *Planungs- und Koordinationsebene*. Eine zentral durchgeführte Durchlaufterminierung auf Basis aggregierter Arbeitsgänge und Kapazitätseinheiten stellt hier den FFS-übergreifenden Zusammenhang her.

Informationsflußtechnisch wird ein FFS dadurch integriert, daß es eine Kapazitätseinheit auf der Ebene des PPS-Systems darstellt, der Arbeitsblöcke zugewiesen werden (vertikale Integration). Diese werden dezentral detailliert (z. B. in Form von zustandsorientierten Arbeitsplänen). Durch die Vorgabe von Eckterminen erfolgt die Verknüpfung mit vor- und nachgelagerten Fertigungsprozessen (horizontale Integration). Die auf verschiedene Planungsebenen verteilten Aufgaben finden ihre äquivalente Umsetzung in einer mehrstufigen Rechnerhierarchie.

4.3.5 Die Integration des FFS in das betriebliche Umfeld durch Logistik und CIM

Aus Sicht von CIM stellt der Einsatz eines FFS vor allem neue Anforderungen an die Ausgestaltung der Produktionsplanung und -steuerung. Die hohe Systemautonomie des nahezu autarken technischen Ablaufs und das große Flexibilitätspotential führen zu gegenüber klassischer Werkstattfertigung geänderten Datenstrukturen und Funktionalitäten. Durch den großen Bearbeitungsfortschritt, der innerhalb eines FFS an einem Teil vollzogen wird, kann die Stücklistentiefe reduziert werden, da die Anzahl an zu identifizierenden Teilzuständen abnimmt. Die entsprechende Zunahme der Anzahl Arbeitsgänge je Arbeitsplan wird zweifach kompensiert. Einerseits werden die Arbeitspläne hierarchisch strukturiert. Auf der Koordinationsebene ist die FFS-Bearbeitung durch einen aggregierten Arbeitsgang erfaßt. Zur Belegungsplanung des FFS dient eine zustandsorientierte Arbeitsplandarstellung, die das gesamte Flexibilitätspotential redundanzarm widerspiegelt. Zum anderen führt die numerisch gesteuerte Bearbeitung dazu, daß viele Arbeitsgänge in NC-Programmen zusammengefaßt werden, auf die innerhalb des Arbeitsplans lediglich zu verweisen ist. Diese technisch-autonomen Abläufe werden durch eine Prozeßsteuerung koordiniert, die an die Stelle der üblichen Produktionssteuerung tritt. Eine umfangreiche Verfügbarkeitsplanung hat schließlich sicherzustellen, daß der Systemnutzungsgrad nicht durch organisatorische Stillstandszeiten gemindert wird.

Die materialflußtechnischen Konsequenzen eines Flexiblen Fertigungssystems betreffen innerhalb der logistischen Subsysteme die *Produktionslogistik*. Durch die Zulieferung von Rohteilen bzw. angearbeiteten Einzelteilen und die Bereitstellung von Fertigteilen für eine sich anschließende Montage besteht ein enger Verbundbetrieb mit der Produktionsumgebung. Über kontinuierliche Transportsysteme sind hohe Ver- und Entsorgungsintensitäten zu realisieren. Zudem ist durch eine geeignete Pufferdimensionierung der personalarme Abschaltbetrieb eines FFS in die im Regelfall personalintensive übrige Fertigungsumgebung zu integrieren. Ebenfalls sind die unterschiedlichen Flexibilitätspotentiale - Anlagenflexibilität beim FFS und Flexibilität durch hohes Umlaufvermögen bei konventioneller Werkstattfertigung - abzugleichen. Aus der internen Logistik eines FFS resultieren geringe Materialdurchlaufzeiten, die in der objektorientierten Betriebsmittelanordnung sowie dem Einsatz von automatisierten Transport- und Handhabungssystemen begründet sind. Außerdem vergrößert sich im Vergleich zur konventionellen Fertigungsweise die Gefahr, daß der Materialfluß zum Engpaß wird, weil die Anzahl der umlaufenden Paletten systemtechnisch beschränkt ist und weil teure, werkstückspezifische Vorrichtungen und Werkzeuge nur in begrenzter Anzahl angeschafft werden.

Die abschließende Darstellung (Abbildung 4.17) stellt zusammenfassend die informations- und materialflußtechnische Integration eines Flexiblen Fertigungssystems dar. Nur wenn der Ausgestaltung dieser Einbettung bei der Planung und Realisation eines FFS der gleiche Stellenwert beigemessen wird wie der in Theorie und Praxis zumeist im Vordergrund stehenden internen Auslegung, gelingt es, die hohe Flexibilität eines FFS zum gesamtbetrieblichen und nicht nur zum lokalen Nutzen zu gestalten.

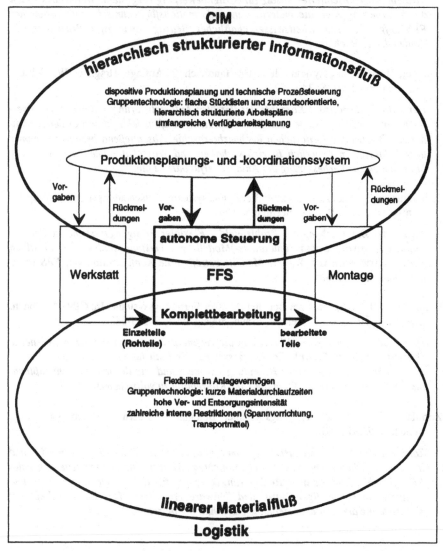

Abb. 4.17: Die organisatorische Integration eines FFS durch Logistik und CIM

Literaturempfehlungen zu Kapitel 4.3:

Flexible Fertigungssysteme. Hrsg.: D. Adam. Wiesbaden 1993 (SzU, Band 46).

Dieser Sammelband skizziert in sechs Aufsätzen den State-of-the-Art der betriebswirtschaftlichen Forschung sowie praktische Erfahrungen beim Einsatz von Flexiblen Fertigungssystemen. Aufbauend auf einer Darstellung der Gründe für den FFS-Einsatz wird ein prozeßorientierter Ansatz zur Kostenbewertung vorgestellt. Weiterhin werden die Anforderungen an die material- und informationsflußtechnische Integration des FFS aufgezeigt. Ein arbeitswissenschaftlicher Beitrag sowie zwei Praxisbeispiele runden dieses Buch ab.

Hammer, H.: Fertigungssysteme. In: CIM-Handbuch. 2. Auflage, Hrsg.: U. W. Geitner. Braunschweig 1991, S. 346-382.

Der Autor systematisiert Konzepte der flexiblen Automatisierung und nennt die jeweiligen Funktionskomponenten und Einsatzbereiche. Ausführlich erläutert er den Aufbau der zur Steuerung erforderlichen Rechnerhierarchie. Abschließend berichtet Hammer über Erfahrungen bezüglich Betriebsverhalten und Wirtschaftlichkeit und weist auf Maßnahmen zur Verbesserung der Anlagenverfügbarkeit hin.

Tempelmeier, H.; Kuhn, H.: Flexible Fertigungssysteme. Entscheidungsunterstützung für Konfiguration und Betrieb. Berlin u. a. 1992.

Nach einer Beschreibung der Problemfelder Flexibler Fertigungssysteme, stellen die Autoren (analytische und Simulations-)Modelle zur Leistungsanalyse von Flexiblen Fertigungssystemen vor. Weitere Modelle betreffen die Konfiguration von FFS sowie die Einlastungsplanung.

Warnecke, H. J.: Konzepte - am Beispiel flexibler Fertigungssysteme. In: CIM-Handbuch. 2. Auflage, Hrsg.: U. W. Geitner. Braunschweig 1991, S. 333-345.

Der Aufsatz gewährt einen Einblick in die rechnerunterstützte Produktion. Warnecke skizziert realisierte Flexible Fertigungssysteme. Er stellt heraus, warum der Maschinenperipherie eine besondere Bedeutung zukommt und wie die informationsflußtechnische Einbindung eines FFS in die CIM-Konzeption zu vollziehen ist.

Zörntlein, G.: Flexible Fertigungssysteme. Belegung, Steuerung, Datenorganisation. München, Wien 1988.

Zörntlein skizziert - aufbauend auf einer grundlegenden Darstellung von FFS und ihren technischen Komponenten - ein Schichtenmodell für die Gesamtsteuerung eines FFS. Anschließend stellt er Realisierungskonzepte für die einzelnen Schichten und erläutert die notwendigen Hard- und Softwarebestandteile. Das Buch schließt mit Kriterien, die die lokale, prozeßnahe Datenhaltung betreffen.

Glossar

Arbeitsplan(ung)

Ein Arbeitsplan enthält die Vorschriften zur Fertigung eines Teils und ist in fertigungsverfahrenbezogene Arbeitsgänge aufgeteilt. Er wird z. T. ergänzt um Qualitätsarbeitsgänge und Arbeitsgänge für die ⇨TUL-Prozesse.

Bausteinbauweise

Erfolgt die Auflösung einer Baustruktur durch ⇨Differentialbauweise so, daß die entstehenden Werkstücke auch in anderen Produkten verwendet werden können, spricht man von Fertigungsbausteinen. Die Bausteinbauweise reduziert die Teileanzahl also durch eine Vereinheitlichung von Lösungen (Normung).

Bearbeitungszentrum

Ein Bearbeitungszentrum umfaßt eine ⇨CNC-Maschine, die um einen automatischen Werkzeugwechsler ergänzt ist. Dadurch ist es möglich, daß ein Werkstück in einer Aufspannung mehrere Bearbeitungen erfährt.

Belastungsorientierte Auftragssteuerung (BoA)

Die belastungsorientierte Auftragssteuerung ist ein stochastisches Verfahren zur Produktionsplanung und -steuerung, dessen zentrale Funktion die Auftragsfreigabe ist.

Beschaffungslogistik

Die Beschaffungslogistik ist verantwortlich für den Materialfluß im Rahmen einer bedarfsgerechten, wirtschaftlichen Versorgung eines Unternehmens mit betriebsfremden Roh-, Hilfs- und Betriebsstoffen, Handelswaren, nicht selbst gefertigten Einzelteilen sowie mit Kaufteilen. Ihre Verantwortung endet, wenn die Güter das Wareneingangslager verlassen.

Bestellpunktmodell

In Bestellpunktmodellen wird bei Unterschreiten einer Meldemenge (s) eine Bestellung in Höhe der optimalen Bestellmenge (s,q-Politik) oder bis zu einem Richtbestand (s,S-Politik) ausgelöst.

Bestellrhythmusmodell

In einem Bestellrhythmusmodell wird in festen Zeitabständen (t) eine Bestellung in Höhe der optimalen Bestellmenge (t,q-Politik) oder bis zum Erreichen eines Richtbestands (t,S-Politik) ausgelöst.

Betriebliche Umweltinformationssysteme (BUIS)

BUIS stellen ökologierelevante Daten zur Verfügung, bereiten sie auf und wirken entscheidungsunterstützend für die betrieblichen Umweltschutzaufgaben.

Bildschirmtext (Btx)

Btx ist ein Fernmeldedienst der Telekom für die individuelle Textkommunikation.

Es lassen sich Informationen abrufen und Mitteilungen versenden.

CAD

Mit CAD (Computer Aided Design) bezeichnet man die DV-gestützte Konstruktion.

CAD-Schnittstellen

CAD-Schnittstellen dienen dem Austausch von produktdefinierenden Daten. Standards hierfür sind z. B. STEP, IGES, SET und VDAFS.

CAM

Unter dem Begriff CAM (Computer Aided Manufacturing) wird die Steuerung von computergestützten Transport-, Lager-, Produktions- und Montageprozessen verstanden.

CAQ

CAQ (Computer Aided Quality Assurance) bezeichnet die computergestützte Qualitätssicherung, welche das Produkt von der Planung und Entwicklung über die Fertigung bis hin zu Vertrieb und Wartung begleitet.

CIM

CIM (Computer Integrated Manufacturing) integriert die inner-, zwischen- und überbetrieblichen Informationsflüsse aller betriebswirtschaftlich-dispositiven (⇨PPS) und technischen (⇨CAD, ⇨CAM) Aufgaben einer Unternehmung.

CIM-Interface-System

Ein CIM-Interface-System ist eine systemneutrale Schnittstelle, die den bei mehreren Kommunikationspartnern mit einer bilateralen Abstimmung verbundenen Aufwand reduziert, indem sie die

Anzahl an Schnittstellen durch Vorgabe eines Standards vermindert.

(C)NC -Maschinen

Als NC (=Numerical control)-Maschinen bezeichnet man Fertigungsmaschinen, deren Steuerung ein numerisches Programm übernimmt, das meist über Lochstreifen eingelesen wird. Demgegenüber kann die Programmierung von CNC (=Computerized numerical control)-Maschinen direkt über einen an die Maschine angeschlossenen Kleinrechner erfolgen.

Datenintegration

Datenintegration umfaßt die gemeinsame Nutzung von Daten durch unterschiedliche betriebliche Funktionsbereiche sowie die Beteiligung unterschiedlicher Funktionen an der Datensatzerstellung.

Datenstrukturintegration

Unter Datenstrukturintegration versteht man die Verwendung eines Datensatzaufbaus für unterschiedliche Inhalte sowie die Nutzung gleichartigen Zusammenwirkens mehrerer Datensätze.

Datex-P

Datex-P (Data-Exchange Paketdienst) ist ein speichervermittelter Datendienst der Telekom, bei dem eine zu übermittelnde Nachricht in kleine Pakete geteilt wird, die unabhängig voneinander zum Zielort gesendet werden.

Differentialbauweise

Unter Differentialbauweise wird die Auflösung eines Einzelteils in mehrere fertigungstechnisch günstige Werkstücke verstanden. Die Differentialbauweise geht im Gegensatz zur ⇨Verbundbauweise von einer beliebigen Montagereihenfolge der einzelnen in ein Produkt eingehenden Teile aus.

Direkte Kopplung von Systemen

Werden Informationssysteme unmittelbar, d. h. ohne Zwischenschaltung von systemnahen Schnittstellen, miteinander verbunden, handelt es sich um eine direkte Kopplung von Systemen.

Distributionslogistik

Die Distributionslogistik ist verantwortlich für den Materialfluß zwischen Unternehmung und Nachfragerseite (Händler, weiterverarbeitende Industrie, Endverbraucher). Sie ist gekennzeichnet durch die Absatzwegewahl, die Gestaltung des Distributionskanals, die Tourenplanung, die Lagerhaltung im Vertriebsweg und die physische Warendistribution.

DNC-Betrieb

Der DNC (=Direct numerical control)-Betrieb stellt eine Erweiterung des ⇨CNC-Prinzips dar, wobei mehrere Werkzeugmaschinen von einem zentralen Computer (DNC-Verwaltungsrechner) gesteuert werden.

Durchlaufzeit

Die Durchlaufzeit umfaßt die gesamte Zeitdauer vom Beginn bis zum Ende eines Auftrags und setzt sich aus Bearbeitungs-, Transport-, Kontroll- und Liegezeiten zusammen. Die ⇨TUL-Prozesse, insbesondere Liegezeit, erfordern den größten Anteil an der Durchlaufzeit (60-98%).

EDI

Electronic Data Interchange ist die elektronische Datenübermittlung, bei der zumeist Geschäftsdaten übertragen werden.

Standards sind z. B.: SEDAS im Handel, SWIFT bei Banken, ODETTE in der Automobilindustrie, ⇨EDIFACT.

EDIFACT

EDIFACT (Electronic Data Interchange For Administration, Commerce and Transport) soll als standardisierte Schnittstellenbeschreibung (⇨CIM-Interface-System) die branchen- und grenzübergreifende Übermittlung von Handels- und Geschäftsdaten zwischen beliebigen Geschäftspartnern ermöglichen.

Entsorgungslogistik

Zu den entsorgungslogistischen Aufgaben zählen die mit dem intra- und interbetrieblichen Recycling sowie der Abfallstoffbeseitigung verbundenen Materialflüsse. Objekte der Entsorgungslogistik sind unerwünschte Kuppelprodukte (Rückstände).

ERM

Das ERM (Entity-Relationship-Modell) ist die verbreitetste Modellierungstechnik für den Entwurf eines konzeptionellen Datenmodells.

Ersatzteillogistik

Die Ersatzteillogistik als Teilaufgabe der ⇨Distributionslogistik ist verantwortlich für den Materialfluß in der After-Sales-Phase.

Fahrerlose Transportsysteme

Fahrerlose Transportsysteme werden durch einen übergeordneten Rechner automatisch gesteuert, disponiert und verwaltet. Die Fahrzeuge, die zum Transportieren und Stapeln eingesetzt werden, bewegen sich je nach Führungsprinzip entlang bestimmter Linien oder frei ohne direktes menschliches Einwirken.

Fertigungsinsel

Fertigungsinseln sind eine objektorientierte, gruppenzentrierte Organisationsform der Produktion, deren zentrale
Merkmale die Zusammenfassung des zu
produzierenden Teilespektrums (Teilefamilienbildung), die räumliche Anordnung der Betriebsmittel und die Bildung
einer Arbeitsgruppe sind. Damit verbunden ist eine weitgehende Delegation von
Aufgaben, Kompetenzen und Verantwortung in diese Arbeitsgruppe.

Fertigungssegment

Fertigungssegmente gehen durch die Integration mehrerer Stufen der Logistikkette über andere objektorientierte Prinzipien hinaus. Ein Fertigungssegment charakterisiert sich durch seine Markt- und
Zielausrichtung, seine Produktorientierung, die Integration planender und indirekter Funktionen sowie seine Kosten-
/Ergebnisverantwortung.

Flexibles Fertigungssystem (FFS)

Ein FFS verbindet numerisch gesteuerte
Fertigungsmaschinen, ein automatisiertes
Transportsystem und ein Informationssystem so, daß verschiedene Werkstücke
gleichzeitig und ohne Rüstunterbrech-
ungen bearbeitet werden können. Dabei
können Teile eines Werkstückspektrums
automatisch in wahlfreier Folge (Außenverkettung) bearbeitet werden.

Flexible Fertigungszelle (FFZ)

Eine Flexible Fertigungszelle (FFZ) ergänzt ein ⇨Bearbeitungszentrum um eine automatische Werkstückzufuhr.

Flurförderzeug

Flurförderzeuge sind gleislose, überwie-
gend innerbetrieblich verwendete, manuell bediente oder automatisch gesteuerte Transportfahrzeuge.

Fließfertigung

Die Fließfertigung realisiert das Objektprinzip durch eine flußorientierte Betriebsmittelanordnung. Getaktete Formen
der Fließfertigung sind das Fließband und
die Transferstraße; die Reihenfertigung
weist keine Taktung auf.

Fortschrittszahl

Kumulierte Zahl, die pro Kontrollblock
(Teilbereich der Produktion, Wareinein-
gangs- oder -ausgangslager) als Men-
gen-Zeit-Relation die bis zu einem bestimmten Zeitpunkt zu erstellende (zu lie-
fernde, auszuliefernde) Menge eines Produkts oder Teils (Soll-Fortschrittszahl)
und die tatsächlich erbrachte Leistung
(Ist-Fortschrittszahl) darstellt.

Frachtführerinformationssystem

Frachtführerinformationssysteme erlauben die Kommunikation der Frachtführer
mit der Zentrale zur flexiblen Tourenplanung und mit dem Empfänger zur Verbesserung seiner Wareneingangsdisposi-
tion.

Frachtraumbörse

Eine Frachtraumbörse ist ein elektronischer Markt, in dem Laderaum und Ladung angeboten und nachgefragt werden.
Als Medium wird meist ⇨Bildschirmtext
(Btx) eingesetzt. Die eigentliche Ver-
tragsaushandlung geschieht außerhalb
der Frachtraumbörse.

Fraktale Fabrik

Betrachtung der Fabrik als ein Gebilde,
das aus selbstähnlichen (ein beliebiger
Teilbereich ähnelt einem Bereich auf der
nächsthöheren Ebene) Elementen (Fraktalen) besteht. Weitere Eigenschaften
sind Selbstorganisation, Selbstoptimierung, Zielorientierung und Dynamik.

Funktionsintegration

Eine Funktionsintegration liegt vor, wenn das Ergebnis einer Bearbeitung in einem Bereich die Bearbeitung in einem anderen Bereich anstößt (Triggern von Funktionen) oder wenn zwei vorher getrennte Funktionen zusammenwachsen.

Gebietsspedition

Bei der Gebietsspedition werden regional zusammenliegende Lieferanten Spediteuren zugeordnet, die die einzelnen Beschaffungsvorgänge konsolidieren und den Abnehmer in Sammelladungen beliefern. Der Spediteur übernimmt eine Datensammel- und -verteilungsfunktion, wenn Sammelbestellungen für alle einem Spediteur zugeordneten Zulieferer erteilt werden.

Global Sourcing

Global Sourcing beschreibt die systematische Ausweitung der Zulieferquellen über die Landesgrenzen hinaus.

GSM

Das GSM-System (Global System for Mobile Communication) ist ein europäisches digitales Mobilfunknetz. Es bietet Übergänge zum öffentlichen Telefonnetz, zu den Datexnetzen (⇨Datex-P) und zu ⇨ISDN.

Handhaben

Handhaben umfaßt das Schaffen, definierte Verändern oder vorübergehende Aufrechterhalten einer vorgegebenen räumlichen Anordnung von geometrisch bestimmten Körpern in einem Bezugssystem (nach VDI-Richtlinie 2860).

ISDN

Bei ISDN (Integrated Services Digital Network) handelt es sich um ein integriertes digitales Netz, welches die Qualität und Schnelligkeit der Sprach-, Daten-, Text- und Bildkommunikation erhöht.

Integralbauweise

Integralbauweise bedeutet das Vereinigen mehrerer Einzelteile zu einem Werkstück. Typisches Beispiel ist die Fertigung eines Werkstücks aus einheitlichem Werkstoff, wobei im wesentlichen Urformverfahren (Gießen, Sintern) oder Umformverfahren (Massiv-, Blechumformen) eingesetzt werden.

Just-in-time (JIT)

Die Just-in-time-Philosophie ist durch eine bedarfssynchrone Warenbereitstellung in der Beschaffung, in der Produktion und im Absatzbereich gekennzeichnet. Ziel ist es, Lager aufgrund vorzeitiger Bereitstellung und Bereitstellungsverzug weitgehend zu vermeiden. JIT ist nur für ein kleines Teilespektrum geeignet.

Kanban

Kanban (jap. Karte) ist ein verbrauchsgesteuertes Verfahren für die Fertigungssteuerung bei flußorientierter Betriebsmittelanordnung, das auf dem Gedanken des Holprinzips basiert. Dies impliziert einen dem Materialfluß entgegengesetzten Informationsfluß.

Lagern

Jedes geplante Liegen von Arbeitsgegenständen im Materialfluß wird als Lagern bezeichnet (nach VDI-Richtlinie 2411).

Lean Production

Lean Production beschreibt ein Organisationsprinzip, das durch Prozeßvereinfachung und Funktionsintegration eine Konzentration auf den Wertschöpfungsprozeß und eine Reduzierung der

Komplexität anstrebt (schlanke Fertigung).

Leitstand

Leitstände werden im Rahmen der Fertigungssteuerung vorrangig zur dezentralen Maschinenbelegungs- und Auftragsreihenfolgeplanung sowie zur Auftragsfortschrittsüberwachung eingesetzt. Ihr Kernmodul ist die Plantafel (Gantt-Diagramm).

Lieferservice

Als zentrale Leistungsgröße der Distribution setzt sich der Lieferservice aus den vier Komponenten Lieferzeit, Lieferzuverlässigkeit, Lieferungsbeschaffenheit und Lieferflexibilität zusammen.

Logistik

Logistik umfaßt alle planenden, steuernden und realisierenden Tätigkeiten, die die Raum- und Zeitüberbrückung im Realgüterbereich sicherstellen. Der inner-, zwischen- und überbetriebliche Materialfluß wird insbesondere durch die Kernfunktionen des Transportierens, Umschlagens und Lagerns hergestellt.

Logistischer Betrieb

Betrieb, dessen Hauptaufgabe in der Erbringung logistischer Leistungen liegt, z. B. Speditionen

Mobilkommunikation

Die Kommunikation mittels regional nicht gebundener Kommunikationsdienste (Funkrufdienste, Funktelefondienste, Mobile Datenkommunikationsdienste und Satelliten-Mobilfunk) wird als Mobilkommunikation bezeichnet.

Modular Sourcing

Unter Modular Sourcing wird die Beschaffung gesamter Montagekomponenten von Systemlieferanten verstanden. Dieses führt u. a. zu einer Beschränkung der Lieferantenzahl und zu einer deutlichen Reduzierung der unterschiedlichen Arten von Transportvorgängen und der physischen Warenanlieferungen.

Modulintegration

Als Modulintegration bezeichnet man die gemeinsame Nutzung von EDV-Modulen (=Teile eines umfassenden Softwaresystems, z. B. Lagerverwaltung, Disposition, Einkauf) durch mehrere CIM-Bereiche in unterschiedlichen Umgebungen (Rechner, Betriebssystem, Datenbank).

MRP und MRP II

Während MRP (Material Requirement Planning) die materialwirtschaftlichen Module eines ⇨PPS-Systems, insbesondere Brutto-/Nettobedarfsrechnung und Losgrößenbestimmung, umfaßt, enthält die MRP II (Manufacturing Resource Planning)-Logik die gesamten, insbesondere auch absatzorientierten Funktionen von der Produktionsprogrammplanung bis hin zur kurzfristigen Fertigungssteuerung.

OPT

OPT (Optimized Production Technology) stellt ein engpaßorientiertes PPS-Verfahren dar, dessen wesentliche Funktion die Identifikation des Engpasses sowie die darauf basierende Mittelpunktsterminierung ist.

PPS-Systeme

Produktionsplanungs- und -steuerungssysteme unterstützen im Maximalfall die Auftragsabwicklung von der langfristigen

Produktionsplanung über die Material-
und Kapazitätswirtschaft und der kurzfristigen Fertigungssteuerung bis hin zur
Versandsteuerung. Basierend auf der
⇨MRP-Entwicklung liegt der Schwerpunkt in den materialwirtschaftlichen
Funktionen.

Produktionslogistik

Die Produktionslogistik setzt mit Eintritt
der Güter in den Fertigungsprozeß ein.
Über alle Produktionsstufen hinweg sind
Materialien, Bauteile und Baugruppen bis
zum Erreichen des Endlagers in perma-
nenter Abstimmung mit den produktionstechnischen Prozessen zu transportieren,
umzuschlagen und (zwischen) zu lagern.

Prozeßkostenrechnung

Die Prozeßkostenrechnung erfaßt die Gemeinkosten für definierte Prozesse und
verdichtet diese zu Prozeßkostensätzen.
Die Produktkalkulation ergibt sich aus
dem mit den Prozeßkostensätzen bewerte-
ten Ressourcenverbrauch sowie der dem
Produkt direkt zurechenbaren Einzelkosten.

Regalförderzeug

Regalförderzeuge sind liniengebundene
(Lauf- oder Führungsschienen), im Lagerbereich eingesetzte, meist automatisierte, unstete Fördermittel zur Ein- und
Auslagerung von Gütern.

Relationale Datenbank

In einem relationalen Datenbanksystem
werden Datenstrukturen in Form von
zweidimensionalen Tabellen mit einer
beliebigen Anzahl von Zeilen dargestellt.
Die Datenverknüpfung zwischen mehreren Tabellen geschieht über gleiche Da-
tenfeldinhalte.

Retrograde Terminierung (RT)

Die RT stellt ein Rahmenplanungskon-
zept dar, das als Zeitwirtschaftskomponente eine an den Lieferterminen orientierte, prioritätsgesteuerte Belegungsplanung vornimmt.

Roboter

Als Roboter werden frei programmierbare
Bewegungsautomaten bezeichnet, die bearbeiten und bewegen können. Sie besitzen Antriebe, die mit mehreren (meist
5-6) Achsen ausgestattet sind, und Sensoren, um Eigenschaften von Werkstücken
zu erfassen.

Sammellager

Die gemeinsame Bestandsführung läßt
sich durch Sammellager realisieren, die
meistens von einem Spediteur geführt
werden. Dabei erfolgt die Belieferung des
Speditionslagers gemäß den Orders des
Abnehmers.

Simultaneous Engineering

Unter Simultaneous Engineering (auch
Concurrent Engineering) versteht man
die Parallelisierung von interdependenten
Produkt- und Prozeßentwicklungsarbeiten
mit dem Ziel der Durchlaufzeitverkürzung im Produktionsvorfeld.

Simultanplanungsmodell

Zur Erfassung der Interdependenzen
zwischen den einzelnen PPS-Teilbereichen wurden frühzeitig umfassende lineare oder gemischt-ganzzahlige Programme als Simultanplanungsmodelle aufge-
stellt. Sie führen zwar zu einer stärkeren
Problemdurchdringung, stellen aber aufgrund ihrer Komplexität keinen praktikablen Lösungsweg für die Planung dar.

Single Sourcing

Single Sourcing bedeutet die Einquellenversorgung hinsichtlich eines zu beziehenden Teils. Der Vorteil gegenüber dem Multi Sourcing (Vielzahl von Lieferanten) liegt in Kostendegressionseffekten (hohe Stückzahlen und niedrige Werkzeugkosten) sowie in der Bedeutung für den Aufbau eines gegenseitigen Vertrauensverhältnisses.

Systemlieferant

Systemlieferanten bilden die Spitze der Zuliefererpyramide. Sie liefern vormontierte Teile (⇨ Modular Sourcing) und sind im Regelfall diesbezüglich Einzellieferant (⇨ Single Sourcing).

Total Quality Management (TQM)

TQM ist ein Qualitätsmanagement-Konzept, das unter Einbeziehung aller Hierarchieebenen und Funktionen eine umfassende, kundenorientierte Qualitätsausrichtung sicherstellen soll. Neben aufbau- und ablauforganisatorischen Strukturvorgaben stehen personalwirtschaftliche Aspekte im Vordergrund.

Transportieren

Transportieren bezeichnet die Beförderung von Rohmaterialien, Halbfertig- oder Fertigerzeugnissen vom Ort der Gewinnung oder Herstellung zum Ort des Verbrauchs bzw. allgemein die Veränderung der Raumkoordinaten von Gütern mit manuellen oder technischen Hilfsmitteln.

TUL-Prozesse

TUL-Prozesse ist die Kurzbezeichnung für die logistischen Kernfunktionen ⇨ Transportieren, ⇨ Umschlagen und ⇨ Lagern.

Unternehmensdatenmodell (UDM)

Das UDM gibt das logische Datenmodell für eine gesamte Unternehmung wieder. Einzelsysteme sollten auf Grundlage des UDM entworfen werden bzw. Standardsoftware u. a. mittels des UDM ausgewählt werden.

Umschlagen

Umschlagen stellt laut DIN 30781 die Gesamtheit der Förder- und Lagervorgänge beim Übergang der Güter auf ein Transportmittel, beim Abgang der Güter von einem Transportmittel und beim Wechsel von Transportmitteln dar.

Verbundbauweise

Bei der Verbundbauweise werden Einzelteile durch eine frühzeitige, unlösbare Verbindung zu einem Werkstück zusammengefaßt.

Werkstattorganisation

Die Fertigungsform der Werkstattfertigung folgt dem Verrichtungsprinzip. Funktionsgleiche oder -ähnliche Betriebsmittel werden räumlich und organisatorisch zu einer Werkstatt zusammengefaßt. Dem Vorteil der Fertigungsflexibilität steht aus logistischer Sicht eine hohe Transportintensität gegenüber.

Y-CIM-Modell

Das Y-CIM-Modell von Scheer gilt mittlerweile als eine Standarddefinition von CIM. Der linke Ast enthält die eher betriebswirtschaftlichen Funktionen des Auftragsabwicklungsprozesses (⇨ PPS), der rechte Ast die eher technischen Aufgaben des Produktentstehungsprozesses (⇨ CAD/CAM-Schiene).

Literaturverzeichnis

Adam, D.: Produktionsplanung bei Sortenfertigung - Ein Beitrag zur Theorie der Mehrproduktunternehmung. Wiesbaden 1969.

Adam, D.: Die Eignung der belastungsorientierten Auftragsfreigabe für die Steuerung von Fertigungsprozessen mit diskontinuierlichem Materialfluß. ZfB, 58 (1988) 1, S. 98-115.

Adam, D. (PPS-Systeme): Aufbau und Eignung klassischer PPS-Systeme. In: Fertigungssteuerung. Grundlagen und Systeme. Wiesbaden 1992 (SzU, Band 38/39 (Doppelband)), S. 9-25.

Adam, D. (RT): Fertigungssteuerung im Maschinenbau auf der Basis Retrograder Terminierung. In: Praxis und Theorie der Unternehmung. Hrsg.: K.-W. Hansmann; A.-W. Scheer. Wiesbaden 1992, S. 13-37.

Adam, D. (Ökologie): Ökologische Anforderungen an die Produktion. In: Umweltmanagement in der Produktion. Hrsg.: D. Adam. Wiesbaden 1993 (SzU, Band 48), S. 5-31.

Adam, D. (Planung): Planung und Entscheidung. 3. Aufl., Wiesbaden 1993.

Adam, D. (Produktion): Produktionsmanagement. 7. Aufl., Wiesbaden 1993.

Ahlert, D.: Distributionspolitik. 2. Aufl., Stuttgart, Jena 1991.

Analyse und Neuordnung der Fabrik. Band-Hrsg.: H.-P. Wiendahl. Berlin u. a. 1991 (CIM-Fachmann. Hrsg.: I. Bey).

Anderl, R.: CAD-Schnittstellen. München, Wien 1993.

Auch, M.: Fertigungsstrukturierung auf der Basis von Teilefamilien. Berlin u. a. 1989.

Augustin, S.: Informationslogistik - worum es wirklich geht! io Management Zeitschrift, 59 (1990) 9, S. 31-34.

Aupperle, G.; Böckmann, F.; Moßmann, M.: Planung der Endfertigung in der Möbelindustrie. CIM-Management, 8 (1992) 3, S. 36-39.

Barg, A.: Recyclinggerechte Produkt- und Produktionsplanung. VDI-Z, 133 (1991) 11, S. 64-74.

Becker, J.: Entwurfs- und konstruktionsbegleitende Kalkulation. krp, o. Jg. (1990) 6, S. 353-358.

Becker, J. (Fertigungssteuerung): Einbindung der Fertigungssteuerung in ein CIM-Informationssystem. In: Fertigungssteuerung. Expertenwissen für die Praxis. Hrsg.: A.-W. Scheer. München, Wien 1991, S. 39-62.

Becker, J. (Integrationsmodell): CIM-Integrationsmodell - Die EDV-gestützte Verbindung betrieblicher Bereiche. Berlin u. a. 1991.

Becker, J. (Objektorientierung): Objektorientierung - eine einheitliche Sichtweise für die Ablauf- und Aufbauorganisation sowie die Gestaltung von Informationssystemen. In: Integrierte Informationssysteme. Hrsg.: H. Jacob; J. Becker; H. Krcmar. Wiesbaden 1991 (SzU, Band 44), S. 135-152.

Becker, J.: Computer Integrated Manufacturing aus Sicht der Betriebswirtschaftslehre und der Wirtschaftsinformatik. ZfB, 62 (1992) 12, S. 1381-1407.

Becker, J.; Priemer, J.: Die universelle CIM-Schnittstelle - mehr als ein Data Dictionary? HMD, 28 (1991) 161, S. 142-155.

Becker, J.; Rosemann, M.: Organisatorische Integration von Flexiblen Fertigungssystemen durch CIM und Logistik. In: Flexible Fertigungssysteme. Hrsg.: D. Adam. Wiesbaden 1993 (SzU, Band 46), S. 55-80.

Becker, J.; Scheer, A.-W.: Mit CIM strategische Vorteile erzielen. Gablers Magazin. o. Jg. (1989) 12, S. 16-20.

Bertuleit, R.: DARTS - Das Datenverarbeitungssystem für Ford-Händler in Europa. In: Datenverarbeitung im Kfz-Service und -Vertrieb. Hrsg.: R. Thome. Berlin u. a. 1983, S. 187-196.

Bichler, K.; Kalker, P.; Wilken, E.: Logistikorientiertes PPS-System. Wiesbaden, Berlin 1992.

Bjelicic, B.: Logistik. Eine sprachhistorische und begriffsinhaltliche Untersuchung. Muttersprache, Band 97 (1987), S. 153-161.

Boch, W.: Fortgeschrittene Telematikdienste im Verkehrswesen - eine europäische Herausforderung. 15. Verkehrsforum "Kommunikationssysteme im Straßenverkehr" der Industrie- und Handelskammer Münster Gelsenkirchen-Buer. O. O. 1991.

Böndel, B.: Derzeitiger Strukturwandel birgt Chancen und Risiken. Handelsblatt (Technische Linie) Nr. 169 vom 2.9.1992, S. B1.

Boothroyd, G.; Dewhurst, P.: Product Design for Manufacture and Assembly. Manufacturing Engineering, o. Jg. (1988) 4, S. 42-46.

Brändli, N.: Standardisierung von Datenaustauschformaten. CIM-Management, 7 (1991) 1, S. 9-16.

Brödner, P.: Fabrik 2000. Alternative Entwicklungspfade in die Zukunft der Fabrik. 3. Aufl., Berlin 1986.

Büchel, M.; Gradl, U.: Identifikationssysteme auf dem Vormarsch. VDI-Z, 133 (1992) 2, S. 92-94.

Bühner, R.: Betriebswirtschaftliche Organisationslehre. 6. Aufl., München, Wien 1992.

Bullinger, H.-J.; Wasserloos, G.: Reduzierung der Produktentwicklungszeiten durch Simultaneous Engineering. CIM-Management, 6 (1990) 6, S. 4-12.

Busch, U.: Entwicklung eines PPS-Systems. 2. Aufl., Berlin 1987.

Chancen und Risiken von CIM. Ergebnisbericht eines vom Bundesminister für Forschung und Technologie berufenen Sachverständigenausschusses. Hrsg.: Projektträger Technikfolgenabschätzung. VDI-Technologiezentrum Düsseldorf. Düsseldorf 1991.

Chen, P. P.-S.: The Entity Relationship Model - Toward a Unified View of Data. ACM Transactions on Database-Systems, 1 (1976) 1, S. 9-36.

CIM. Expertenwissen für die Praxis. Hrsg.: H. Krallmann. München, Wien 1990.

CIM-Handbuch. 2. Aufl., Hrsg.: U. W. Geitner. Braunschweig 1991.

CIM-OSA. Reference Architecture Specification. Hrsg.: CIM-OSA/AMICE. Brüssel 1989.

Coenenberg, A. G.; Fischer, T.: Prozeßkostenrechnung - Strategische Neuorientierung in der Kostenrechnung. DBW, 51 (1991) 1, S. 21-38.

Computer Integrated Manufacturing und Unternehmenslogistik. Hrsg.: H.-J. Bullinger. Kongreßband der 4. Europäischen Kongreßmesse für Technische Automation. Velbert 1987.

Computer Integrated Manufacturing. Current Status and Challenges. Hrsg.: I. B. Turksen. Berlin u. a. 1988 (NATO ASI Series F: Computer and Systems Sciences. Vol. 49).

Corsten, H.; Reiss, M.: Recycling in PPS-Systemen. DBW, 51 (1991) 5, S. 615-627.

Dangelmaier, W.: Eine stetige Optimierung von Material- und Informationsfluß. Computerwoche, 17 (1990) 42, S. 45-48.

Daum, M.; Piepel, U.: Lean Production - Übertragung auf andere Branchen. io Management Zeitschrift, 61 (1992) 7/8, S. 64-67.

Die neue Ersatzteil-Disposition für DARTS. Aktualisierte Programmdokumentation. Hrsg.: Ford-Werke AG. Köln 1984.

Dikow, U.: Planung und Steuerung des Auftragsflusses bei nachfrageorientierter Kapazitätsplanung - Ein Anwendungsfall der Retrograden Terminierung. Diss., Uni Münster 1993.

DIN 30781. Teil 2 (Entwurf) - Transportkette - Systematik der Transportmittel und Transportwege. Hrsg.: Deutsches Institut für Normung (DIN). Berlin, Köln 1987.

Dinkelbach, W.: Zum Problem der Produktionsplanung in Ein- und Mehrproduktunternehmen. Würzburg, Wien 1964.

Dirlewanger, W.: EDIFACT, der Schlüssel zu weltweitem elektronischen Geschäftsverkehr. PIK, 15 (1992) 1, S. 36-40.

Dochnal, H.-G.: Darstellung und Analyse von OPT (Optimized Production Technology) als Produktionsplanungs- und -steuerungskonzept. Arbeitsbericht Nr. 31 des Seminars für Allgemeine Betriebswirtschaftslehre, Industriebetriebslehre und Produktionswirtschaft. Universität zu Köln. Hrsg.: W. Kern. Köln 1990.

Döttling, W.: Flexible Fertigungssysteme. Berlin, Heidelberg 1981.

Duelli, H.; Pernsteiner., P.: Alles über Mobilfunk: Dienste, Anwendungen, Kosten, Nutzen. 2. Aufl., München 1992.

Dutschke, W.: Qualitätssicherung mit SPC. VDI-Z, 131 (1989) 2, S. 62-65.

Dutz, E.: Auch Abfall braucht Logistik. Teil 2. Logistik Heute, 13 (1991) 12, S. 30-31.

Dutz, E.: Abfallwirtschaftliche Strategien. In: Jahrbuch der Logistik 1992. Hrsg.: C. Bonny. Düsseldorf 1992, S. 160-163.

EDI ohne «FACT». Online, o. Jg. (1992) 9, S. 6-11.

Ehrlenspiel, K.: Kostengünstig Konstruieren. Berlin u. a. 1985 (Konstruktionsbücher. Band 35. Hrsg.: G. Pahl).

Elsner, T.: Automatische Identifikation im Fertigungsfluß. ZwF, 87 (1992) 6, S. 328-331.

Engelhardt, W. H.; Schütz, P.: Total Quality Management. WiSt, 20 (1991) 8, S. 394-399.

Engelke, D.: Das neue Ersatzteillager und Verteilzentrum der Mercedes Benz AG in Germersheim. In: Information als Produktionsfaktor. Tagungsband zur 22. GI-Jahrestagung. Hrsg.: W. Görke; H. Rininsland; M. Syrbe. Berlin u. a. 1992, S. 685-689.

Eversheim, W.; Hartmann, M.; Linnhoff, M.: Zukunftsperspektive Demontage. VDI-Z, 134 (1992) 6, S. 83-86.

Eversheim, W.; Schmitz-Mertens, H.-J.; Wiegershaus, U.: Organisatorische Integration flexibler Fertigungssysteme in konventionelle Werkstattstrukturen. VDI-Z, 131 (1989) 8, S. 74-78.

Falk, J.; Spieck, S.: Weiterentwicklung der Theorie Teilintelligenter Agenten und ihre prototypische Realisierung für Aufgaben in der Logistik. Teil 1: Erste Ergebnisse. Arbeitspapier Nr. 6/1992 der Abteilung für Wirtschaftsinformatik der Universität Erlangen-Nürnberg. Hrsg.: F. Bodendorf; P. Mertens. Nürnberg 1992.

Feierabend, R.: Just-in-time und der Datenverbund zwischen Lieferanten und Kunden, Problemstellung - Lösungsansätze. In: Logistik. Band I. Hrsg.: BVL, Berlin 1985, S. 542-558.

Fertigungsinseln in CIM-Strukturen. Band-Hrsg.: W. Maßberg. Berlin u. a. 1993 (CIM-Fachmann. Hrsg.: I. Bey).

Fertigungssteuerung. Grundlagen und Systeme. Hrsg.: D. Adam. Wiesbaden 1992 (SzU, Band 38/39 (Doppelband)).

Fischer, J.; Koch, R.; Schmidt-Faber, B.: Konstruktionsbegleitende Prozeßkostenprognose für den Produktlebenszyklus. CIM-Management, 8 (1992) 5, S. 57-65.

Fischer, K.: Retrograde Terminierung. Wiesbaden 1990. (Zugl. Diss., Uni Münster 1989).

Fleing, J.: Alle 33 Minuten verläßt ein LKW das Firmengelände. Handelsblatt (Technische Linie) Nr. 169 vom 2.9.1992, S. B7.

Flexible Fertigungsorganisation am Beispiel von Fertigungsinseln. Hrsg.: AWF. Eschborn 1984.

Flexible Fertigungssysteme. Hrsg.: D. Adam. Wiesbaden 1993 (SzU, Band 46).

Förster, H.-U.; Hirt, K.: PPS für die flexible Automatisierung. Köln 1988.

Garbracht, K.: Bereits bei der Konstruktion der Autos soll an die Wiederverwertung gedacht werden. Handelsblatt (Technische Linie) vom 26.8.1992, S. B 3.

Glaser, H.; Geiger, W.; Rohde, V.: PPS Produktionsplanung und -steuerung. 2. Aufl., Wiesbaden 1992.

Goldratt, E. M.: Computerized shop floor scheduling. International Journal of Production Research, 26 (1988) 3, S. 443-455.

Grabowski, H.; Anderl, R.; Schmitt, M.: Das Produktmodellkonzept von STEP. VDI-Z, 131 (1989) 12, S. 84-96.

Grabowski, H.; Anderl, R.; Schmitt, M.: STEP: Die Beschreibung von Produktstrukturen mit dem Teilmodell PSCM. VDI-Z, 134 (1992) 3, S. 51-55.

Grabowski, H.; Schilli, B.: Konzepte zur Implementierung genormter Schnittstellen für den Produktdatenaustausch. Informatik Forschung und Entwicklung, 6 (1991) 1, S. 90-101.

Grob, H.-L.: Investitionsrechnung mit vollständigen Finanzplänen. München 1989.

Grob, H.-L.: Fallstudien zur Betriebswirtschaftslehre. Düsseldorf 1993.

Grochla, E.: Materialwirtschaft. Wiesbaden 1958.

Günther, H.-O.: Bestellmengenplanung aus logistischer Sicht. ZfB, 61 (1991) 5/6, S. 641-666.

Gutenberg, E.: Grundlagen der Betriebswirtschaft. 1. Band: Die Produktion, 24. Aufl., Berlin u. a. 1983.

Haasis, H.-D.; Hackenberg, D.; Hillenbrand, R.: Betriebliche Umweltinformationssysteme. Information Management, 4 (1989) 4, S. 46-53.

Habich, M.: Handlungssynchronisation autonomer, dezentraler Dispositionszentren in flexiblen Fertigungsstrukturen. Diss., Uni Bochum 1990 (Schriftenreihe des Lehrstuhls für Produktionssysteme und Prozeßleittechnik. Heft 90.5).

Hackstein, R.: Produktionsplanung und -steuerung. 2. Aufl., Düsseldorf 1989.

Hammann, P.: Betriebswirtschaftliche Aspekte des Abfallproblems. DBW, 48 (1988) 4, S. 465-476.

Hammer, H.: Fertigungssysteme. In: CIM-Handbuch. 2. Aufl., Hrsg.: U. W. Geitner. Braunschweig 1991, S. 346-382.

Handke, G.: Das Zusammenwirken von Logistik und CIM-Systemen in der Unternehmensstruktur. In: RKW-Handbuch Logistik. Band 2, Kennzahl 6810. Berlin 1986.

Hansen, H. R.: Wirtschaftsinformatik I - Einführung in die betriebliche Datenverarbeitung. 6. Aufl., Stuttgart 1992.

Harrington, J.: Computer Integrated Manufacturing. New York 1973, 2. Aufl. 1979.

Hars, A.; Scheer, A.-W.: Stand und Entwicklungstendenzen von Leitständen. In: Fertigungssteuerung. Expertenwissen für die Praxis. Hrsg.: A.-W. Scheer. München, Wien 1991, S. 247-268.

Hartmann, M.; Lehmann, F.: Demontage. VDI-Z, 135 (1993) 1/2, S. 100-110.

Heinemeyer, W.: Die Planung und Steuerung des logistischen Prozesses mit Fortschrittszahlen. In: Fertigungssteuerung. Hrsg.: D. Adam. Wiesbaden 1992 (SzU, Band 38/39 (Doppelband)), S. 161-188.

Helberg, P.: PPS als CIM-Baustein. Berlin 1987.

Hensche, H. H.: Zeitwettbewerb in der Textilwirtschaft: Das Quick Response Konzept. In: Moderne Distributionskonzepte in der Konsumgüterindustrie. Hrsg: J. Zentes. Stuttgart 1991, S. 275-309.

Hentze, J.; Kammel, A.: Lean Production: Erfolgsbausteine eines integrierten Management-Ansatzes. WISU, 21 (1992) 8/9, S. 631-639.

Hertel, J.: Design mehrstufiger Warenwirtschaftssysteme. Heidelberg 1992. (Zugl. Diss., u. d. T.: Das Konzept der operativen Einheiten in mehrstufigen Warenwirtschaftssystemen. Saarbrücken o. J.).

Herterich, R.; Zell, M.: Interaktive Fertigungssteuerung teilautonomer Bereiche. Veröffentlichung des Instituts für Wirtschaftsinformatik, Heft 59. Hrsg.: A.-W. Scheer. Saarbrücken 1988.

Hilty, L. M.; Rolf, A.: Anforderungen an ein ökologisch orientiertes Logistik-Informationssystem. In: Information als Produktionsfaktor. Tagungsband zur 22. GI-Jahrestagung. Hrsg.: W. Görke; H. Rininsland; M. Syrbe. Berlin u. a. 1992, S. 254-263.

Hirschberger, D.; Reher, I.: Entsorgungslogistik als unternehmensübergreifendes Konzept. In: RKW-Handbuch Logistik. Band 2, Kennzahl 5760. Berlin 1991.

Hirt, K.; Reineke, B.; Sudkamp, J.: Einsatzbedingungen von flexiblen Fertigungssystemen. VDI-Z, 133 (1991) 1, S. 41-44.

Hoff, H.; Hammer, H.-J.: Vom Leitstand zum Fertigungsleitsystem. FB/IE, 41 (1992) 6, S. 280-287.

Hoitsch, H.-J.; Lingnau, V.: Neue Ansätze der Fertigungssteuerung - Ein Vergleich. WISU, 21 (1992) 4, S. 300-312.

Horvath, P.; Mayer, R.: Prozeßkostenrechnung, der neue Weg zu mehr Kostentransparenz und wirkungsvolleren Unternehmensstrategien. Controlling, 1 (1989) 4, S. 214-219.

Hoschützky, A.; Kreft, H.: Recht der Abfallwirtschaft, Kommentar zum Abfallgesetz mit Sammlung der Rechtsvorschriften des Bundes, der Länder und der Euröpäischen Gemeinschaften. 11. Lieferung. Köln 1992.

Ihde, G.-B.: Zur Behandlung logistischer Phänomene in der neueren Betriebswirtschaftslehre. BFuP, 24 (1972) 3, S. 129-145.

Ihde, G.-B.: Distributions-Logistik. Stuttgart, New York 1978.

Ihde, G.-B.: Transport, Verkehr, Logistik. Gesamtwirtschaftliche Aspekte und einzelwirtschaftliche Handhabung. 2. Aufl., München 1991.

Initial Graphics Exchange Specification (IGES) Version 4.0. Hrsg.: US Department of Commerce, National Bureau of Standards. o. O. 1988.

Ishikawa, K.: What is Total Quality Control? The Japanese Way. Englewood Cliffs, N. J. 1985.

ISIS Personal Computer Report 1993. 11. Jahrgang. Hrsg.: Nomina Gesellschaft für Wirtschafts- und Verwaltungsregister mbH. München 1993.

ISIS Unix Report 1993. 5. Jahrgang. Hrsg.: Nomina Gesellschaft für Wirtschafts- und Verwaltungsregister mbH. München 1993.

Jourdan, H.: Computerintegrierte Logistik. it, 32 (1990) 5, S. 307-311.

Jünemann, R.: Unternehmenslogistik. Schlüsselfunktion für die Fabrik mit Zukunft. In: Unternehmenslogistik. Schlüsselfunktion für die Fabrik mit Zukunft. 5. Dortmunder Gespräche. Hrsg.: DGfL. Dortmund 1987, S. E1-E8.

Jünemann, R.: Materialfluß und Logistik. Systemtechnische Grundlagen mit Praxisbeispielen. Berlin u. a. 1989.

Kamp, A.-W.: Ein Beitrag zur Ablaufplanung bei flexiblen Fertigungssystemen. Fortschrittberichte der VDI Zeitschriften. Reihe 2, Nr. 36. Düsseldorf 1978.

Karcher, H. B.: Das mobile Funk-Büro. Elemente der mobilen Kommunikation. Office Management, 40 (1992) 9, S. 22-31.

Keller, G.; Kern, S.: Dezentrale Inselstrukturen in Planung und Fertigung. In: Fertigungssteuerung. Expertenwissen für die Praxis. Hrsg.: A.-W. Scheer. München, Wien 1991, S. 105-125.

Kettner, H.; Bechte, W.: Neue Wege der Fertigungssteuerung durch belastungsorientierte Auftragsfreigabe. VDI-Z, 123 (1981) 11, S. 459-466.

Kettner, P.; Schmidt, H.; Friederich, M.: Moderne Produktionsstrategien: Ist CIM out oder in? ZwF, 87 (1992) 10, S. 574-577.

Kief, H. B.: NC/CNC-Handbuch '90. Michelstadt, Stockheim 1990.

King, J. R.: Machine-component grouping in production flow analysis: an approach using a rank order clustering algorithm. International Journal of Production Research, 18 (1980) 2, S. 213-232.

Kirsch, W. u. a.: Betriebswirtschaftliche Logistik. Systeme, Entscheidungen, Methoden. Wiesbaden 1973.

Kloth, H.: Hersteller setzen auf Reduzierung der Schadstoffe in den Speicherzellen. Handelsblatt (Technische Linie) vom 26.8.1992, S. B5.

Köhler, R.: Produktionsplanung für flexible Fertigungszellen. Diss., Uni Münster 1988.

Kosanke, K.: Open Systems Architecture for CIM (CIM-OSA): Standards for Manufacturing. In: Proceedings of the International Conference on Computer Integrated Manufacturing ICCIM '91. Singapur 1991, S. 77-80.

Krafcik, J. F.: Triumph of the Lean Production System. Sloan Management Review. Vol. 29 (1988), Fall, S. 41-52.

Krause, F.-L.: Wissensverarbeitung für die rechnerunterstützte Produktgestaltung. ZwF, 85 (1990) 3, S. 146-150.

Krause, F.-L.; Altmann, C.: Arbeitsplanung alternativer Prozesse für flexible Fertigungssysteme. ZwF, 84 (1989) 5, S. 228-232.

Krcmar, H.: Informationslogistik der Unternehmung - Konzept und Perspektiven. In: Informationslogistik. Hrsg.: K. A. Stroetmann. Frankfurt 1992, S. 67-90.

Kreutzfeldt, J.; Schmidt, B.: Integrierte Arbeitsplanung und Fertigungssteuerung. CIM-Management, 8 (1992) 3, S. 53-60.

Kuhn, A.: CIM und Logistik. CIM-Management, 7 (1991) 4, S. 4-11.

Kummer, S.; Lingnau, M.: Global Sourcing und Single Sourcing. WiSt, 21 (1992) 8, S. 419-422.

Kurbel, K.: Produktionsplanung und -steuerung. München, Wien 1993.

Lambert, D. M.; Stock, J. R.: Strategic Logistics Management. 3. Aufl., Homewood, Boston 1993.

Lean Production in der Automobilindustrie und die Lage der Zulieferer. Eine Untersuchung in Südniedersachsen/Nordhessen. Hrsg.: FPN Arbeitsforschung + Raumentwicklung. Kassel 1992.

Lukas, G.: Logistische Aspekte der Ersatzteilversorgung. In: RKW-Handbuch Logistik. Band 2, Kennzahl 4850. Berlin 1984.

Mai, W.; Schmidt, G.: Was Leitstandsysteme heute leisten. CIM-Management, 8 (1992) 3, S. 26-32.

Maier, K.: Zwischenbetriebliche Integration bei einem Zulieferer der Automobilindustrie. HMD, Nr. 165 (1992), S. 75-84.

Maier, U.: Arbeitsgangterminierung mit variabel strukturierten Arbeitsplänen. Berlin, Heidelberg 1980.

Maier-Rothe, C.: Gemeinsame Strategien für Logistik und Computer-Integrated Manufacturing. In: RKW-Handbuch Logistik. Band 2, Kennzahl 6820. Berlin 1986.

Mally, K.: Erfahrungen mit IGES als Geometrieschnittstelle. CIM-Management, 7 (1991) 1, S. 61-64.

MAN TransCom GmbH: Intelligente Bordcomputer-Systeme für Fuhrpark und Logistik. Produktinformation. Karlsfeld o. J.

Mann, A.: Der GSM-Standard. Informatik Spektrum, 14 (1991) 2, S. 137-152.

Maßberg, W.; Xu, J.: Auf dem Weg zur Integration von CAD und CAP. ZwF, 85 (1990) 3, S. 151-154.

von Massow, H.: Logistik-Strategie - umweltbezogen. io Management Zeitschrift, 60 (1991) 7/8, S. 96-98.

Mertens, P.: Integrierte Informationsverarbeitung 1. Administrations- und Dispositonssysteme in der Industrie. 8. Aufl., Wiesbaden 1991.

Miller, J. G.; Vollmann, T. E.: The hidden factory. Harvard Business Review, Vol. 63 (1985) 5, S. 142-150.

Minutenfracht. Verkehrs-Rundschau, Nr. 17, 28. April 1990, S. 28-30.

Möhlmann, E.: Möglichkeiten der Effizienzsteigerung logistischer Systeme durch den Einsatz neuer Informations- und Kommunikationstechnologien im Güterverkehr. Göttingen 1987 (Beiträge aus dem Institut für Verkehrswissenschaft an der Universität Münster. Heft 108. Hrsg.: H. St. Seidenfuß).

Mönig, H.: Fertigungsorganisation und Wirtschaftlichkeit einer Fertigungsinsel. zfbf, 37 (1985) 1, S. 83-101.

Montageplanung in CIM. Band-Hrsg.: K. Feldmann. Köln 1992 (CIM-Fachmann. Hrsg.: I. Bey).

Morgenstern, O.: Note on the Formulation on the Theory of Logistics. Naval Research Logistics Quarterly Review, o. Jg. (1955) 2, S. 129-136.

Moritzen, K.: Montagegerechtes Entwerfen mit wissensbasierten Systemen. ZwF, 85 (1990) 5, S. 248-251.

Müller, H. J.: Splittung und Überlappung. FB/IE, 29 (1980) 5, S. 335-341.

Müller, T.: Innerbetriebliche Transportsysteme - Anforderungskriterien und Einsatzmöglichkeiten. In: RKW-Handbuch Logistik. Band 2, Kennzahl 2870. Berlin 1981.

Nedeß, C.: PPS zwischen CIM und Logistik. In: ONLINE '92. 15. Europäische Congressmesse für Technische Kommunikation. Symposium VIII-4. Hamburg 1992.

Neue Wege der Bestandsanalyse im Fertigungsbereich. Fachbericht des Arbeitsausschusses Fertigungswirtschaft (AWF) der Deutschen Gesellschaft für Betriebswirtschaft (DGfB). Hrsg.: H. Kettner. Institut für Fabrikanlagen der Technischen Universität Hannover. Hannover 1976.

Neukirchner, E. P.: Fahrerinformations- und Kommunikationssysteme. Informatik Spektrum, 14 (1991) 2, S. 65-68.

Normung von Schnittstellen für die rechnerintegrierte Produktion (CIM). DIN-Fachbericht 15. Hrsg.: DIN. Köln 1987.

Nüttgens, M.; Scheer, A.-W.; Schwab, M.: Integrierte Entsorgungssicherung als Bestandteil des betrieblichen Informationsmanagements. Arbeitspapiere des Instituts für Wirtschaftsinformatik der Universität Saarbrücken, Heft 93. Hrsg.: A.-W. Scheer. Saarbrücken 1992.

Oess, A.: Total Quality Management. 2. Aufl., Wiesbaden 1991.

Oppelt, U.; Nippa, M.: EDI-Implementierung in der Praxis. Office Management, 40 (1992) 3, S. 55-62.

Overlack, M.: Konzeption eines Umweltinformationssystems für den industriellen Bereich. In: Information als Produktionsfaktor. Tagungsband zur 22. GI-Jahrestagung. Hrsg.: W. Görke; H. Rininsland; M. Syrbe. Berlin u. a. 1992, S. 275-285.

Paetz, V.: Beitrag zur Gestaltung von Informationssystemen für die Produktionslogistik. Dortmund 1986 (Forschungsberichte zur Industriellen Logistik, Band 31. Hrsg.: R. Jünemann).

Pahl, G.; Beitz, W.: Konstruktionslehre. Methoden und Anwendung. 3. Aufl., Berlin u. a. 1993.

Pape, D. F.: Logistikgerechte PPS-Systeme. Konzeption, Aufbau, Umsetzung. Köln 1990 (Logistik Leitfaden. Hrsg.: R. Jünemann).

Pawellek, G.; von Hassel, P.: Differenzierte Übergangszeiten für eine logistikorientierte Produktionssteuerung. VDI-Z, 133 (1991) 2, S. 80-87.

Pawellek, G.; Schulte, H.: Logistikgerechte Produktion und Produktgestaltung. ZwF, 82 (1987) 8, S. 447-450.

Peters, T. J.; Waterman, R. H.: Auf der Suche nach Spitzenleistungen. Landsberg am Lech 1983.

Pfohl, H.-C.: Marketing-Logistik: Ohne Organisation kein Erfolg. Marketing-Journal, 3 (1970) 4, S. 256-258.

Pfohl, H.-C.: Marketing-Logistik. Gestaltung, Steuerung und Kontrolle des Warenflusses im modernen Markt. Mainz 1972.

Pfohl, H.-C.: Logistiksysteme. Betriebswirtschaftliche Grundlagen. 4. Aufl., Berlin u. a. 1990.

Pfohl, H.-C.: Ersatzteil-Logistik. ZfB, 61 (1991) 9, S. 1027-1044.

Pfohl, H.-C.; Stölzle, W. (Entsorgungslogistik): Entsorgungslogistik. In: Handbuch des Umweltmanagements: Anforderungs- und Leistungsprofile von Unternehmen und Gesellschaft. Hrsg.: U. Steger. München 1992, S. 571-591.

Pfohl, H.-C.; Stölzle, W. (Informationssystem): Das Informationssystem der Entsorgungs-logistik - Bericht aus einem Forschungsprojekt. In: Ökonomische Risiken und Umwelt-schutz. Hrsg.: G. R. Wagner. München 1992, S. 184-226.

Reichwald, R.; Dietel, B.: Produktionswirtschaft. In: Industriebetriebslehre. Hrsg.: E. Heinen. 9. Aufl., Wiesbaden 1991, S. 395-622.

Renz, W.: VDAFS - A Pragmatic Interface for the Exchange of Sculptured Surface Data. In: Product Data Interfaces in CAD/CAM Applications - Design Implementation and Experiences. Hrsg.: J. Encarnacao; R. Schuster; E. Vöge. Berlin u. a. 1986, S. 144-149.

Richter, H. M.: Wechselwirkung zwischen Computer Integrated Manufacturing (CIM) und Produktionsplanung und -steuerung (PPS) innerhalb der Unternehmenslogistik. In: RKW-Handbuch Logistik. Band 2, Kennzahl 6830. Berlin 1987.

Rinschede, A.; Wehking, K.-H.: Entsorgungslogistik I. Grundlagen, Stand der Technik. Berlin 1991 (Reihe Entsorgungslogistik. Hrsg.: R. Jünemann).

RKW-Handbuch Logistik. Integrierter Material- und Warenfluß in Beschaffung, Produk-tion und Absatz. Hrsg.: H. Baumgarten u. a. in Zusammenarbeit mit dem RKW e. V. Berlin 1981.

Rösch, E.: EDIFACT. CIM-Management, 7 (1991) 4, S. 23-27.

Romeike, V.: Informationssystem stellt die notwendigen Daten zur Verfügung. Handels-blatt (Technische Linie) vom 26.8.1992, S. B1.

Rosemann, M.; Wild, R. G.: Die CIM-orientierte Einbettung von TQM. io Management Zeitschrift, 62 (1993) 5, S. 81-86.

Rück, R.; Stockert, A.; Vogel, F. O.: CIM und Logistik im Unternehmen. München, Wien 1992.

Ruffing, T.: Fertigungssteuerung bei Fertigungsinseln. Köln 1991. (Zugl. Diss., Uni Saarbrücken 1991).

Ruland, D.; Gotthardt, H.: Entwicklung von CIM-Systemen mit Datenbankeinsatz: Grundlagen, Konzepte, Realisierung. München, Wien 1991.

Schaal, S.: Integrierte Wissensverarbeitung mit CAD am Beispiel der konstruktionsbegleitenden Kalkulation. München, Wien 1992 (Konstruktionstechnik, Band 8. Hrsg.: K. Ehrlenspiel (Zugl. Diss., TU München 1991)).

Schade, J.: Standardisierung der elektronischen Kommunikation: EDIFACT und SEDAS. In: Moderne Distributionskonzepte in der Konsumgüterindustrie. Hrsg.: J. Zentes. Stuttgart 1991, S. 225-241.

Scheer, A.-W.: Produktionsplanung auf der Grundlage einer Datenbank des Fertigungsbereichs. München, Wien 1976.

Scheer, A.-W. (CIM): CIM - Computer Integrated Manufacturing. Der computergesteuerte Industriebetrieb. 4. Aufl., Berlin u. a. 1990.

Scheer, A.-W. (Wirtschaftsinformatik): Wirtschaftsinformatik. Informationssysteme im Industriebetrieb. 3. Aufl., Berlin u. a. 1990.

Scheer, A.-W.: Neue Architekturen für PPS-Systeme. In: Fertigungssteuerung. Expertenwissen für die Praxis. Hrsg.: A.-W. Scheer. München, Wien 1991, S. 13-19.

Scheer, A.-W.: CIM und Lean Production. In: EDV und Rechnungswesen. Hrsg.: A.-W. Scheer. 13. Saarbrücker Arbeitstagung. Heidelberg 1992, S. 137-151.

Scheer, A.-W.; Becker, J.; Keller, G.: CIM und Logistik - Antworten auf die Herausforderung Flexibilität. Technica, 12 (1989), S. 28-31.

Schmitz-Mertens, H. J.: Entwicklung eines Steuerungskonzepts für Systeme mit heterogener Fertigungsstruktur. Diss., RWTH Aachen 1988.

Scholz-Reiter, B.: CIM-Informations- und Kommunikationssysteme. München, Wien 1990.

Scholz-Reiter, B.: CIM-Schnittstellen. 2. Aufl., München, Wien 1991.

Schulte, C.: Logistik. München 1991.

Schulte-Ebbert, H.: Anfang einer großen Karriere. Funkrufdienste setzen sich durch. net-Zeitschrift für Telekommunikation. Special vom 8. März 1991, S. 11-16.

Schulte Herbrüggen, H.: Modellanalyse von Materialflußsystemen für eine kundennahe Produktion. Bergisch Gladbach, Köln 1991. (Zugl. Diss., Uni Passau 1991).

Schulze, L.: Transport und Lagerung im Computer Aided Manufacturing (CAM). In: CIM-Handbuch. 2. Aufl., Hrsg.: U. W. Geitner. Braunschweig 1991. S. 412-437.

Seger, F.: Die schlanke Produktion (Lean Production). WiSt, 21 (1992) 8, S. 411-414.

Seiffert, H.: Einführung in die Wissenschaftstheorie 1 - Sprachanalyse-Deduktion-Induktion in Natur- und Sozialwissenschaften. 11. Aufl., München 1991.

Specht, G.; Schmelzer, H. J.: Instrumente des Qualitätsmanagements in der Produktentwicklung. zfbf, 44 (1992) 6, S. 531-547.

Spitzlay, H.: Die Bedeutung der Vereinheitlichung in der Logistik der Konsumgüterwirtschaft. RKW-Handbuch Logistik. Band 1, Kennziffer 720. Berlin 1992.

Städtler, M.: Stand und neuere Konzeptionen der zwischenbetrieblichen Integration der EDV im Güterverkehr. In: Logistische Informatik für Güterverkehrsbetriebe und Verlader. Hrsg.: G. Diruf. Berlin u. a. 1985, S. 50-63.

Stenzel, J.: CIM und Logistik - ein Widerspruch? CIM-Management, 3 (1987) 2, S. 70-76.

STEP (Standard for the Exchange of Product Model Data). ISO-Draft Proposal DP 10303. O. O. 1989.

Stölzle, W.: Beurteilung der innerbetrieblichen Entsorgungslogistik durch geeignete Wirtschaftlichkeitsrechnungen. In: Logistik-Controlling. Hrsg.: W. Männel. krp-Sonderheft 1/1992, S. 76-84.

Straube, F.; Kern, A.: Logistische Einsatzmöglichkeiten von Identifikationssystemen in der Transportsteuerung. CIM-Management, 7 (1991) 4, S. 12-16.

Strebel, H.: Recycling in einer umweltorientierten Materialwirtschaft. In: Umweltmanagement in der Produktion. Hrsg.: D. Adam. Wiesbaden 1993 (SzU, Band 48), S. 33-56.

Strukturdaten aus Spedition und Lagerei 1990. Hrsg.: Bundesverband Spedition und Lagerei e. V. Bonn 1990.

Systemüberprüfung und -bewertung. Leitfaden. Hrsg.: Ford Werke AG. O. O. 1990.

Szibor, L.; Thienel, A.: Informationen vor Ware - die Vernetzung eines logistischen Dienstleisters mit seinen Kunden und seinen Niederlassungen. Information Management, 6 (1991) 2, S. 38-41.

Teller, K.-J.: Logistische Funktionen Transportieren, Umschlagen, Lagern. In: RKW-Handbuch Logistik. Band 2, Kennziffer 2050. Berlin 1982.

Tempelmeier, H.: Material-Logistik. 2. Aufl., Berlin u. a. 1992.

Tempelmeier, H.; Kuhn, H.: Flexible Fertigungssysteme. Entscheidungsunterstützung für Konfiguration und Betrieb. Berlin u. a. 1992.

Thoben, K.-D.: CAD. Sparen durch Wiederholkonstruktion. Düsseldorf 1990. (Zugl. Diss., Uni Bremen 1990).

Tietz, B.: Computergestützte Distributionslogistik. In: Handbuch des Electronic Marketing. Hrsg.: A. Hermanns; W. Flegel. München 1992, S. 717-760.

Tönshoff, H. K.: Hamelmann, S.; Schmidt, M.-T.: Arbeitspläne für Variantenteile wissensbasiert erstellen. ZwF, 87 (1992) 7, S. 406-410.

Treutlein, K.: CIM contra Logistik? Zeitschrift für Logistik, 8 (1987) 3, S. 47-49.

Treutlein, K.; Lohmann, R.: Wie können CIM- und Logistik-Konzepte koordiniert werden? CIM-Management, 4 (1988) 5, S. 13-16.

Trippner, D.: Experience Gaines Using the IGES Interface for CAD/CAM Data Transfer. In: Produkt Data Interfaces in CAD/CAM Applications - Design Implementation and Experiences. Hrsg.: J. Encarnacao; R. Schuster; E. Vöge. Berlin u. a. 1986, S. 126-141.

Unland, R.; Schlageter, G.: Object-Oriented Database Systems: State of the Art and Research Problems. Expert Database Systems. Hrsg.: K. Jeffery. London et al 1992 (The A. P. Series № 39), S. 117-222.

Unternehmenslogistik. Hrsg.: P. Rupper. 3. Aufl., Zürich, Köln 1991.

Utzel, C.: Materialdisposition bei auftragsgebundener Einzelfertigung. Münster u. a. 1991 (Betriebswirtschaft, Band 68. (Zugl. Diss., Uni Münster 1991)).

Vajna, S.: Gruppentechnologie und CIM. CIM-Management, 8 (1992) 6, S. 4-11.

VDA-Flächenschnittstelle (VDAFS) Version 1.0. Hrsg.: VDA Verband der Deutschen Automobilindustrie. o. O. 1983.

VDI-2411. Begriffe und Erläuterungen im Förderwesen. Hrsg.: Verein Deutscher Ingenieure (VDI). Düsseldorf 1970.

VDI-2860. Blatt 1 - Handhabungsfunktionen, Handhabungseinrichtungen, Begriffe, Definitionen, Symbole. Hrsg.: Verein Deutscher Ingenieure (VDI). Düsseldorf 1982.

Venitz, U.: CIM und Logistik - Zwei Wege zum gleichen Ziel? In: Integrierte Informationssysteme. Hrsg.: H. Jacob; J. Becker; H. Krcmar. Wiesbaden 1991 (SzU, Band 44), S. 35-47.

Viehweger, B.: FFS als wesentlicher Bestandteil von Fertigungsarchitekturen. CIM-Management, 8 (1992) 2, S. 10-17.

Vossen, G.: Databases and Database Management. In: Handbooks in OR & MS, Vol. 3. Hrsg.: E. G. Coffmann et al. Amsterdam 1992, S. 133-193.

Warnecke, H.-J.: CAM. Konzepte - am Beispiel flexibler Fertigungssysteme. In: CIM-Handbuch. 2. Aufl., Hrsg.: U. W. Geitner. Braunschweig 1991, S. 333-345.

Warnecke, H.-J.: Die Fraktale Fabrik. Berlin u. a. 1992.

Warnecke, H.-J.; Dangelmaier, W.: Steuerung flexibler Fertigungssysteme. In: Fertigungssteuerung. Hrsg.: D. Adam. Wiesbaden 1988 (SzU, Band 38/39 (Doppelband)), S. 77-106.

Warnecke, H.-J.; Osman, M.; Weber, G.: Gruppentechnologie. FB/IE, 29 (1980) 1, S. 5-12.

Wäscher, D.: CIM als Basis für ein prozeßorientiertes Gemeinkostenmanagement. Controlling, 3 (1991) 2, S. 68-75.

Weber, J.: Thesen zum Verständnis und Selbstverständnis der Logistik. zfbf, 42 (1990) 11, S. 976-986.

Weber, J.: Logistik-Controlling. 2. Aufl., Stuttgart 1991.

Weber, J.: Logistik als Koordinationsfunktion. ZfB, 62 (1992) 8, S. 877-895.

Weber, J.; Kummer, S.: Aspekte des betriebswirtschaftlichen Managements der Logistik. DBW, 50 (1990) 6, S. 775-787.

Weck, M.: Werkzeugmaschinen. Band 3. Automatisierung und Steuerungstechnik. 3. Aufl., Düsseldorf 1989.

Weiler, G.: Teilelogistik - Unterstützung durch Informations- und Kommunikationssysteme im Vertrieb der Mercedes Benz AG. Informatik Spektrum, 14 (1991) 2, S. 88-102.

Weise, H.: Das intelligent geführte Auto. Die ZEIT Nr. 35 vom 21. August 1992, S. 36.

Weissflog, U.: Product Data Exchange; Design and Implementation of IGES Processors. In: Product Data Interfaces in CAD/CAM Applications - Design, Implementation and Experiences. Hrsg.: J. Encarnacao; R. Schuster; E. Vöge. Berlin u. a. 1986, S. 116-125.

Weltweites Qualitätsbewertungssystem. Leitfaden. Hrsg.: Ford Werke AG. O.O. 1990.

Werner, H.: Betriebswirtschaftliche Aspekte der Integration von Verkehrsdienstleistungen. zfbf, 44 (1992) 1, S. 67-77.

Westkämper, E.: CIM und Lean Production. VDI-Z, 134 (1992) 10, S. 14-21.

Wicke, L. u. a.: Betriebliche Umweltökonomie. München 1992.

Wiendahl, H.-P.: Belastungsorientierte Fertigungssteuerung. München, Wien 1987.

Wildemann, H.: Einführungsstrategien für neue Produktionstechnologien - dargestellt an CAD/CAM-Systemen und Flexiblen Fertigungssystemen. ZfB, 56 (1986) 4/5, S. 337-369.

Wildemann, H.: Investitionsplanung und Wirtschaftlichkeitsrechnung für flexible Fertigungssysteme (FFS). Stuttgart 1987.

Wildemann, H.: Produktionssynchrone Beschaffung. München 1988.

Wildemann, H.: Flexible Werkstattsteuerung durch Integration von KANBAN-Prinzipien. 2. Aufl., München 1989.

Wildemann, H.: Das Just-In-Time-Konzept. Produktion und Zulieferung auf Abruf. 2. Aufl., München 1990.

Wildemann, H. (Modulare Fabrik): Die modulare Fabrik. 3. Aufl., St. Gallen 1992.

Wildemann, H. (Qualitätssicherung): Qualitätsentwicklung in F & E, Produktion und Logistik. ZfB, 62 (1992) 1, S. 17-41.

Womack, J. P.; Jones, D. T.; Roos, D.: Die zweite Revolution in der Autoindustrie. 7. Aufl., Frankfurt, New York 1992.

Zänker, K.: Der elektronische Speditionsauftrag. Der Spediteur, 40 (1992) 6, S. 219-228.

Zeilinger, P.: JUST-IN-TIME. Ein ganzheitliches Konzept zur Erhöhung der Flexibilität und Minimierung der Bestände. RKW-Handbuch Logistik. Band 2, Kennziffer 5310. Berlin 1987.

Zörntlein, G.: Flexible Fertigungssysteme. München, Wien 1988.

Sachverzeichnis

Im Sachverzeichnis sind Seitenangaben, die sich auf ausführlichere Darstellungen des Begriffes oder ganze Kapitel beziehen, **fett** gedruckt, solche, die sich auf das Glossar beziehen, *kursiv* gedruckt.